高等学校计算机教材

PHP 实用教程

（第 2 版）

郑阿奇　主编
周怡君　编著

電子工業出版社
Publishing House of Electronics Industry
北京・BEIJING

内 容 简 介

本书以 PHP 5.4.16 版本为平台，包含 PHP 实用教程、实验指导和综合应用实习三部分，涵盖了理论和实践教学的全过程。实用教程部分包括 HTML+CSS 基础知识、PHP 开发环境、PHP 基础语法、PHP 数组与字符串、PHP 常用功能模块、PHP 面向对象程序设计、构建 PHP 互动网页、MySQL 数据库基础、PHP 操作 MySQL、PDO 方式访问数据库、PHP 与 AJAX 等；实验指导部分着重训练学生的动手能力；综合应用实习部分介绍 PHP/MySQL 学生成绩管理系统。本书配有电子课件、书中所有实例程序源代码、综合应用实习源文件。书中所有实例程序均上机调试通过。

本书可作为大学本科和高职高专相关课程教材和教学参考书，也可供从事 PHP 应用系统开发的用户学习和参考。

图书在版编目（CIP）数据

PHP 实用教程 / 郑阿奇主编；周怡君编著. —2 版. —北京：电子工业出版社，2014.9
高等学校计算机教材
ISBN 978-7-121-24339-4

Ⅰ. ①P… Ⅱ. ①郑… ②周… Ⅲ. ①PHP 语言－程序设计－高等学校－教材 Ⅳ. ①TP312

中国版本图书馆 CIP 数据核字（2014）第 211926 号

策划编辑：袁　玺
责任编辑：底　波
印　　刷：三河市鑫金马印装有限公司
装　　订：三河市鑫金马印装有限公司
出版发行：电子工业出版社
　　　　　北京市海淀区万寿路 173 信箱　邮编　100036
开　　本：787×1 092　1/16　印张：23.25　字数：636.8 千字
版　　次：2009 年 8 月第 1 版
　　　　　2014 年 9 月第 2 版
印　　次：2018 年 1 月第 5 次印刷
定　　价：45.00 元

凡所购买电子工业出版社图书有缺损问题，请向购买书店调换。若书店售缺，请与本社发行部联系，联系及邮购电话：（010）88254888，88258888。
质量投诉请发邮件至 zlts@phei.com.cn，盗版侵权举报请发邮件至 dbqq@phei.com.cn。
本书咨询联系方式：192910558（QQ 群），dcc@phei.com.cn。

前　言

PHP 语言具有简单性、开放性、低成本、安全性和开源免费等诸多优点，适用 Linux 和 Windows 平台，而且经过发展目前已经很成熟，已经成为当今最流行的 Web 开发语言。全世界很多网站均采用 PHP 开发而成。

目前，市场上介绍有关 PHP 开发的书不少，但适合作为高等学校 PHP 教材的书并不多。2009 年，为了满足 PHP 教材的需求，我们在 PHP 应用实践和教材编写经验的基础上，编写了《PHP 实用教程》，受到读者的广泛好评，目前已经重印 7 次。《PHP 实用教程（第 2 版）》以 PHP 5.4.16 版本为平台，在《PHP 实用教程》的基础上进行了系统地修改、完善和更新，主要包括如下内容。

（1）根据教学的实际情况，HTML 内容不仅基础而且系统，并且向 HTML 5 靠拢，其实例可在常用的 Windows 环境下运行。CSS 也适当考虑到 CSS 3 的发展。

（2）PHP 学习和开发环境介绍两种情况：一种是集成开发环境，安装配置简单方便；另一种是采用分立组件构建的开发环境，安装配置比较灵活。全书主要采用集成开发环境，仅 10.3 节以分立组件开发环境作为应用示例。

（3）除了系统介绍 PHP 操作 MySQL 数据库的一般方法外，还介绍 PDO 方式访问各种异构数据库的统一的方法，并且通过 PDO 访问 SQL Server 实例进行说明。

（4）对 PHP 其他内容进行了重新组织，对面向对象程序设计的方法介绍更系统。

本书包含实用教程、实验指导和综合应用实习三部分，涵盖了理论和实践教学的全过程。

实用教程部分包括：HTML+CSS 基础知识、PHP 开发环境、PHP 基础语法、PHP 数组与字符串、PHP 常用功能模块、PHP 面向对象程序设计、构建 PHP 互动网页、MySQL 数据库基础、PHP 操作 MySQL、PDO 方式访问数据库（包括 SQL Server、Oracle、Sybase、PostgreSQL、DB2、SQLite 等）、PHP 与 AJAX 等。

实验指导部分是对实用教程内容的消化和实例的操作实践，综合应用实习旨在培养学生解决问题的能力，读者可以进行模仿，也可作为实际的应用参考。书中所有实例程序均上机调试通过，通过阅读本书，结合实验和综合应用实习，读者就能在较短的时间内基本掌握 PHP 及其应用技术。

本书配有电子课件，书中所有实例程序源代码、综合应用实习源文件，PHP 操作数据库实例包括常规方法操作 MySQL 和 PDO 方法操作 SQL Server，其他数据库模仿 PDO 方法即可。可从华信教育资源网 http://www.hxedu.com.cn 免费注册下载。

本书由郑阿奇（南京师范大学）主编，周怡君（东南大学）编著。参加系列教材编写的人员还有顾韵华、梁敬东、刘启芬、丁有和、曹弋、徐文胜、殷红先、张为民、姜乃松、钱晓军、彭作民、高茜、陈冬霞、徐斌、王志瑞、孙德荣、周怡明、刘博宇、郑进、刘毅、周何骏、陶卫冬、严大牛、邓拼博、俞琰、王守芳、周怡君、吴明祥、于金彬、陈瀚、马俊等。在此一并表示感谢！

由于我们的水平有限，疏漏和错误在所难免，敬请广大师生、读者批评指正。

E-mail: easybooks@163.com

编　者

目　　录

第1部分　实用教程

第 2 部分 实验指导

第 3 部分 综合应用实习

第 4 部分 附录

第1部分 实用教程

第 1 章

HTML+CSS 基础知识

HTML 的英文全称是 Hypertext Marked Language，中文名称叫做“超文本标记语言”。

和一般文本不同的是，一个 HTML 文件不仅包含文本内容，还包含一些 Tag，中文称“标记”。标记是描述性的，用一对“< >”中间包含若干字符表示，通常成对出现，前一个是起始标记，后一个为结束标记。

一个 HTML 文件的后缀名是.htm 或者.html。用文本编辑器就可以编写 HTML 文件。

1.1 HTML 和 PHP 介绍

1.1.1 HTML 基本结构

HTML 文档包括文档头和文档主体，其基本结构如下：

```
<html>
<head>
    文档头部分
</head>
<body>
    文档主体部分
</body>
</html>
```

基本 HTML 页面从< html >标记开始，到</ html >标记结束。它们之间是文档头部分和文档主体部分。文档主体部分用< head >…</ head >标记界定，一般包含网页标题，文档属性参数等不在页面上显示的元素。文档主体部分是网页的主体，内容均会反映在页面上，用<body>….</body>标记来界定，主要包括描述网页的文字、表格、图像、动画、超链接等内容。

【例 1.1】 使用 HTML 设计一个简单的网页。

（1）打开 Windows 的附件中的记事本功能，输入下列内容，以 EX1_1_hello.htm 作为文件名保存到 C:\wamp\www 文件夹中。本书的所有实例文件均保存在该文件夹中。

```
<html>
<head>
<title>一个 Hello 网页</title>
<script  langauge="JavaScript">
    function myp()
    {
        alert("大家好!");
    }
</script>
</head>
<body  bgcolor="#8888FF" onload="myp()">
<div  align=center>
<img  src="image\njnu.jpg" width=300  height=60><br/><br/>
<h2>
学生成绩管理系统
</h2>
</div>
</body>
</html>
```

（2）在浏览器地址栏输入“C:\wamp\www\EX1_1_hello.htm”；或者配置 IIS 后将当前的虚拟根目录设置为“C:\wamp\www”，然后在浏览器地址栏输入“http://127.0.0.1/EX1_1_hello.htm”。其中 127.0.0.1 代表本机虚拟根目录。

用浏览器打开文档，将显示如图 1.1 所示的页面。

图 1.1　浏览显示结果

在 HTML 的所有标记中，许多标记还有若干属性，通过设置属性值，可对标记内的内容进行控制（如上例中的<script>、<body>、<div>、<img>标记）。如果不设置这些标记的属性值（如上例中的<h2>标记），则使用系统的默认属性值。

有些标记（如上例<body>标记）还有一些事件，通过设置事件代码，当该事件产生时，事件代码便被执行。事件代码用脚本语言编写，目前，常用的脚本语言为 JavaScript。脚本语言编写的程序用<script>标记括起，language 属性告知浏览器<script>标记括起的脚本是用什么脚本语言编写的。

1. 文档头描述

文档头部分处于<head>与</head>标记之间，在文档头部分一般可以使用以下几种标记。

（1）指定网页的标题：<title>和</title>。

指定的网页标题在浏览器最顶端的标题栏显示，搜索引擎通过标题能够搜索到该网页。

（2）指定文档内容的样式表：<style>和</style>。

样式包括字体、颜色、格式等。在文档头部分定义了样式表后，就可以在文档主体部分引用样式表。

（3）注释：<!--和-->。

这两个标记之间的内容为 HTML 的注释部分，是网页设计人员的说明内容，浏览器不做任何处理。

（4）描述网页文档的属性：<meta >。

描述标记的格式为<meta 属性=“值” …>，常用的属性有 name、content 和 http-equiv。

name 为 meta 的名字；content 为页面的内容；http-equiv 为 content 属性的类别，http-equiv 取不同值时，content 表示的内容也不一样。

（5）脚本语言程序：<script>和</script>。

在这两个标记之间可以插入客户端脚本语言程序，例如：

```
<script language="JavaScript">
    alert("大家好!");
</script>
```

以上代码表示插入的是 JavaScript 脚本语言。

2. 文档正文标记

<body>和</body>是文档正文标记，文档的主体部分就处于这两个标记之间。<body>标记中还可以定义文档主体的一些属性，格式如下：

```
<body 属性="值"... 事件="执行的程序"...>
```

（1）<body>标记属性。

<body>标记常用的属性如下。

- 文档背景图片：background。

例如：

```
<body background="back-ground.gif">
```

表示文档背景图片名称为 back-ground.gif，上面代码中没有给出图片所在的位置，则表示图片和文档文件在同一文件夹下，如果图片和文档文件不在同一位置，则需要给出图片的路径，例如：

```
<body background=" C:/wamp/www/image/back-ground.gif">
```

说明：在指定文件位置时，为防止与转义符“\”混淆，一般使用“/”来代替“\”。

- 文档的背景颜色：bgcolor。

例如：

```
<body bgcolor="red">
```

表示文档的背景颜色为红色。

- 文档中文本的颜色：text。

例如：

```
<body text="blue">
```

表示文档中文字的颜色都为蓝色。

- 文档中链接的颜色：link。
- 文档中已被访问过的链接的颜色：vlink。
- 文档中正在被选中的链接的颜色：alink。

（2）<body>标记事件。

<body>标记中常用事件有 onload 和 onunload。

- onload 表示文档首次加载时调用的事件处理程序。
- onunload 表示文档卸载时调用的时间处理程序。

1.1.2 HTML 基本说明

HTML 中常用下列描述。

1. 颜色

许多标记也用到了颜色属性，颜色值一般用颜色名称或十六进制数值来表示。

（1）使用颜色名称来表示。例如，红色、绿色和蓝色分别用 red、green 和 blue 表示。

（2）使用十六进制格式数值#RRGGBB 来表示，RR、GG 和 BB 分别是表示颜色中的红、绿、蓝三原色的两位十六进制数据。例如，红色、绿色和蓝色分别用#FF0000、#00FF00 和#0000FF 表示。表 1.1 列出了 16 种标准颜色。

表 1.1　16 种标准颜色的名称及其十六进制数值

颜　色	名　称	十六进制数值	颜　色	名　称	十六进制数值
淡蓝	aqua(cyan)	#00FFFF	海蓝	navy	#000080
黑	black	#000000	橄榄色	olive	#808000
蓝	blue	#0000FF	紫	purple	#800080
紫红	fuchsia(magenta)	#FF00FF	红	red	#FF0000
灰	gray	#808080	银色	silver	#C0C0C0
绿	green	#008000	淡青	teal	#008080
橙	lime	#00FF00	白	white	#FFFFFF
褐红	maroon	#800000	黄	yellow	#FFFF00

2. HTML 字符实体

有些字符在 HTML 里有特别的含义，如小于号（<）就表示 HTML Tag 的开始，这个小于号是不显示在网页中的。如果我们希望在网页中显示一个小于号，就要涉及 HTML 字符实体。

一个字符实体以&符号打头后跟实体名字或者是#加上实体编号，最后是一个分号。最常用的字符实体如表 1.2 所示。

表 1.2　最常用的字符实体

显 示 结 果	说　明	实　体　名	实　体　号
	显示一个空格		
<	小于	<	<
>	大于	>	>
&	&符号	&	&
"	双引号	"	"
©	版权	©	©
®	注册商标	®	®
×	乘号	×	×
÷	除号	÷	÷

注意：

并不是所有的浏览器都支持最新的字符实体名字。而字符实体编号，各种浏览器都能处理。字符实体是区分大小写的。

更多字符实体请参见 ISO Latin-1 字符集。

3. HTML 标记常用属性

有些属性在 HTML 许多标记中出现，下面分别说明。

（1）类名：class。

（2）唯一标志：id。

（3）内样式：style。

（4）提示信息：title。

4. HTML 标记常用事件

事件处理描述是一个或一系列以分号隔开的 JavaScript 表达式、方法和函数调用，并用引号引起来。当事件发生时，浏览器会执行这些代码。

事件包括窗口事件、表单及其元素事件、键盘事件、鼠标事件。

1.1.3 HTML、XHTML 和 HTML 5

W3C 成立之前，在 HTML 的早期发展中，很多标准的制定都是在浏览器的开发者们互相讨论的情况下完成的，如 HTML 2.0、3.2 直到 4.0、4.01，这些标准大部分都是先有实现后有标准。在这种情况下，HTML 标准不是很规范的，浏览器也对 HTML 页面中的错误相当宽容。

W3C 随后意识到了这个问题，并认为这是互联网的一个基础性问题，应该加以解决。为了规范 HTML，W3C 结合 XML 制定了 XHTML 1.0 标准，这个标准没有增加任何新的 Tag，只是按照 XML 的要求来规范 HTML，并定义了一个新的 MIME Type。W3C 的初衷是对这个 MIME Type 浏览器要实行强错误检查，即如果页面有 HTML 错误，就要显示错误信息。但是由于 Web 页面中已经有了大量的错误，很多开发者拒绝使用新的 MIME Type。XHTML 2.0 竟然与原先的 HTML 不再兼容，浏览器厂商终于愤怒了，Mozilla 和苹果公司牵头成立了 WHATWG 小组。失去了厂商支持的 W3C 的 XHTML 2 标准很快就成为了一个笑话。

有了 XHTML 的教训，WHATW G 和 W3C 在制定下一代 HTML 标准，即 HTML 5 时，就将向后兼容作为了一个很重要的原则。虽然 HTML 5 引入了许多新的特性，但仍可以将任何已有的网页的第一行改成<!DOCTYPE html>，它就成为一个 HTML 5 页面，并且可以在浏览器里正常展示。

例如，以下代码可以认为是 HTML 5 文档。

```
<!DOCTYPE html>
<html>
<body>
        HTML 文本框
        <input type="text" value="'输入初值'">
</body>
</html>
```

1.1.4 PHP 语言简介

1. PHP 发展史

PHP 是“PHP：Hypertext Preprocessor”的缩写。

PHP 语法与 C 语言相似，可运行在 Apache、Microsoft Internet Information Server（IIS）和 iPlanet 等 Web 服务器上。PHP 作为一种工具，可以创建动态 Web 页面。应用 PHP 的网页与常规的 HTML 页面并无不同，用户可以用同样的方式来创建和编辑它们。PHP 允许直接在 HTML 代码中写入简单的脚本，这一点与 JavaScript 非常相似。而不同的是，PHP 不依赖于浏览器，它是服务器端的语言，而 JavaScript 却是一种客户端的嵌在 HTML 中的语言。概念上，PHP 与 Netscape 的 LiveWire Pro 产品，Microsoft 的 ASP 及 SunMicrosystem 的 JSP 相似。

PHP 最初是由丹麦的 Rasmus Lerdorf 创建的，刚开始它只是一个简单的用 Perl 语言编写的程序，用来统计网站的访问量。后来又用 C 语言重新编写，添加访问数据库的功能。1995 年，他以 Personal Home Page Tools（PHP Tools）开始对外发布第一个版本，Lerdorf 写了一些介绍此程序的文档，并且发布了 PHP 1.0。在早期的版本中，它提供了访客留言本、访客计数器等简单功能。以后越来越多的网站使用了 PHP，并且强烈要求增加一些特性，比如循环语句和数组变量等。

1995 年，PHP 2.0 发布。第 2 版定名为 PHP/FI（Form Interpreter）。PHP/FI 加入了对 MySQL 数据库的支持，从此建立了 PHP 在动态网页开发上的地位。到 1996 年年底，有 15 000 个网站使用了 PHP/FI。而到了 1997 年，使用 PHP/FI 的网站超过 50 000 个。

1997 年，Rasmus Lerdorf 开始了第 3 版的开发计划，Zeev Suraski 和 Andi Gutmans 加入了开发小组，第 3 版定名为 PHP 3。

2000 年，PHP 4.0 问世了，其增加了许多新的特性。它使用了 Zend 引擎，提供了更高的性能，同时还包含了其他一些关键功能，如支持更多的服务器、支持 HTTP Session、输出缓存、更安全的处理用户输入的方法及一些新的语言结构

2004 年 7 月 13 日，官方正式版 PHP 5.0 发布，无论对于 PHP 语言本身还是 PHP 用户来说，PHP 5.0 都算得上是一个里程碑式的版本。在 PHP 5.0 发布之前的各个版本都以简单的语法、丰富的库函数和极快的脚本解释执行速度赢得了开发者的青睐，几乎成为 Linux、UNIX 平台上首选的 Web 开发语言。但是之前的版本中，PHP 的语法特别是面向对象方面的语法设计并不完善。现在 PHP 5.0 版本强化了更多的功能。首先，完全实现面向对象，提供名为 PHP 兼容模式的功能。其次是 XML 功能，PHP 5.0 版本支持可直观地访问 XML 数据、名为 SimpleXML 的 XML 处理界面，同时还强化了 XML Web 服务支持，且支持 SOAP 扩展模块。在数据库方面，PHP 5.0 版本提供旨在访问 MySQL 的新界面——MySQLi。除之前的界面外，用户还可以使用面向对象界面和预处理语句（Prepared Statement）等 MySQL 的新功能。另外，PHP 5.0 上还捆绑有小容量 RDBMS——SQLite。本书将介绍 PHP 5 版本。

2. PHP 语言功能

PHP 作为一种被广泛使用的开放源代码多用途脚本语言，尤其适用于 Web 开发，并可以嵌入到 HTML 中。其语法利用 C、Java 和 Perl，非常容易学习。该语言的主要目标是让 Web 开发人员可以很快写出动态生成的网页，但 PHP 的功能远不止如此。

PHP 与 HTML 语言有着非常好的兼容性，用户可以直接在 PHP 脚本代码中加入 HTML 标记，或者在 HTML 语言中嵌入 PHP 代码，从而更好地实现页面控制。PHP 提供了标准的数据接口，数据库连接十分方便，兼容性好，扩展性好，可以进行面向对象编程。

PHP 脚本主要用于以下 3 个领域。

- 服务端脚本。这是 PHP 最传统，也是最主要的目标领域。开展这项工作需要具备以下 3 点：PHP 解析器（CGI 或服务器模块）、Web 服务器和 Web 浏览器。需要在运行 Web 服务器时，安装并配置 PHP，然后可以用 Web 浏览器来访问 PHP 程序的输出，即浏览服务端的 PHP 页面。
- 命令行脚本。用户可以编写一段 PHP 脚本，并且不需要任何服务器或浏览器来运行它。通过这种方式，仅仅只需要 PHP 解析器来执行。这种用法对于依赖 cron（UNIX 或 Linux 环境）或者 Task Scheduler（Windows 环境）的脚本来说是理想的选择。这些脚本也可以处理简单的文本。
- 编写桌面应用程序。对于有着图形界面的桌面应用程序来说，PHP 或许不是一种最好的语言，但是如果用户非常精通 PHP，并且希望在客户端应用程序中使用 PHP 的一些高级特性，可以利用 PHP-GTK 来编写这些程序。用这种方法，还可以编写跨平台的应用程序。PHP-GTK 是 PHP 的一个扩展，在通常发布的 PHP 包中并不包含它。

3. PHP 语言特点

PHP 作为一种服务器端的脚本语言，它的特点主要有以下 8 个方面。

（1）开放源代码。

PHP 属于自由软件，是完全免费的，用户可以从 PHP 官方站点（http: //www.php.net）自由下载，而且可以不受限制地获得源码，甚至可以从中加进自己需要的特色。

（2）基于服务端。

PHP 是运行在服务器上的，充分利用了服务器的性能，PHP 的运行速度只与服务器的速度有关，因此它的运行速度可以非常快；PHP 执行引擎还会将用户经常访问的 PHP 程序驻留在内存中，其他用户再一次访问这个程序时就不需要重新编译了，只要直接执行内存中的代码即可，这也是 PHP 高效性的体现之一。

（3）数据库支持。

PHP 能够支持目前绝大多数的数据库，如 DB2、dBase、mSQL、MySQL、Microsoft SQL Server、Sybase、Oracle、Oracle 8、PostgreSQL 等，并完全支持 ODBC，即 Open Database Connection Standard（开放数据库连接标准），因此可以连接任何支持该标准的数据库。其中，PHP 与 MySQL 是绝佳的组合，它们的组合可以跨平台运行。

（4）跨平台。

PHP 可以在目前所有主流的操作系统上运行，包括 Linux、UNIX 的各种变种、Microsoft Windows、Mac OS X、RISC OS 等。正是由于这个特点，使 UNIX/Linux 操作系统上有了一种与 ASP 媲美的开发语言。另外，PHP 已经支持了大多数的 Web 服务器，包括 Apache、IIS、iPlanet、Personal Web Server（PWS）、Oreilly Website Pro Server 等。对于大多数服务器，PHP 均提供了一个相应模块。

（5）易于学习。

PHP 的语法接近 C、Java 和 Perl，学习起来非常简单，而且拥有很多学习资料。PHP 还提供数量巨大的系统函数集，用户只要调用一个函数就可以完成很复杂的功能，编程时十分方便。因此，用户只需要很少的编程知识就能够使用 PHP 建立一个交互的 Web 站点。

（6）网络应用。

PHP 还提供强大的网络应用功能，支持诸如 LDAP、IMAP、SNMP、NNTP、POP3、HTTP、COM（Windows 环境）等协议服务。它还可以开放原始端口，使任何其他的协议能够协同工作，PHP 也可以编写发送电子邮件、FTP 上传/下载等网络应用程序。

（7）安全性。

由于 PHP 本身的代码开放，所以它的代码由许多工程师进行了检测，同时它与 Apache 编译在一起的方式也让它具有灵活的安全设定。因此，到现在为止，PHP 具有公认的安全性。

（8）其他特性。

PHP 还提供其他编程语言所能提供的功能，如数字运算、时间处理、文件系统、字符串处理等。除此之外，PHP 还提供更多的支持，包括高精度计算、公元历转换、图形处理、编码与解码、压缩文件处理以及有效的文本处理功能（如正则表达式、XML 解析等）。

4. PHP 语言发展趋势

PHP 目前在开发语言排行榜（TIOBE）排名第 5 位，仅次于 Java、C、C++和 Visual Basic。同时 PHP 是世界上使用率最高的网页开发语言。

从目前还是主流的 PHP 4 到 PHP 5，再到未来的 PHP 6，PHP 越来越完善，功能也更强大。跨平台的使用特性将使它在 Linux 平台上大放异彩。可以直接使用 Java 的类库，可以直接调用 Perl、C 等语言编写的程序，这增强了它的可扩展性。越来越成熟的 MVC 开发框架使它能适应企业级的大型应用开发，再加上它天生强大的数据库支持能力，PHP 将会得到更多 Web 开发者的青睐。

1.2　格式化 HTML 页面

HTML 页面中显示的内容都是在文档的主体部分，即<body>和</body>标记之间定义的。文档主体部分能够定义文本、图像、表格、表单、超链接和框架等。

1.2.1 设置文本格式

文本是 HTML 网页的重要内容。编写 HTML 文档时，可以将文本放在标记之间来设置文本的格式。文本格式包括分段与换行、段落对齐方式、字体、字号、文本颜色及字符样式等。

1. 分段标记

格式如下：

```
<p 属性="值"…>…</p>
```

段落是文档的基本信息单位，在 HTML 文档中原有的回车和换行均被忽略，利用段落标记可以定义一个新段落，或换行并插入一个空格。

单独用<p>标记时会空一行，使后续内容隔行显示。同时使用<p>和</p>标记则将段落包围起来，表示一个分段的块。

align 属性定义段落的水平对齐方式。其取值可以是 left（左对齐）、center（居中）、right（右对齐）和 justify（两端对齐）。当该属性省略时则使用默认值 left。例如：

```
<p align="center">分段标记演示</p>
```

在下面的标记中也会经常使用到 align 属性。

2. 换行标记

换行标记为
，该标记将强行中断当前行，使后续内容在下一行显示。

3. 标题标记

格式如下：

```
<hi 属性="值">…</hn>
```

其中 hi 可以是 h1、h2、h3、h4、h5 和 h6，都表示黑体，h1 表示字体最大，h6 表示字体最小。标题标记的常用属性也是 align，与分段标记类似。

4. 对中标记

格式如下：

```
<center>…</center>
```

对中标记的作用是将标记中间的内容全部居中。

5. 块标记

格式如下：

```
<div 属性="值"…>…</div>
```

块标记的作用是定义文档块，常用的属性也是 align。

【例 1.2】 应用前面提到的各种标记。

新建 EX1_2.htm 文件，输入以下代码：

```
<html>
<head>
<title>标记应用</title>
</head>
<body>
    <p align="center">分段标记</p>
    换行标记<br/>
    <center>对中标记</center><br/><br/>
    <div align="center">下面使用了 div 标记
    <h1>标题标记 1</h1>
```

```
        <h2>标题标记 2</h2>
        <h3 align="left">标题标记 3</h3>
        </div>
    </body>
    </html>
```

在浏览器地址栏中输入 C:\wamp\www\EX1_2.htm，运行结果如图 1.2 所示。

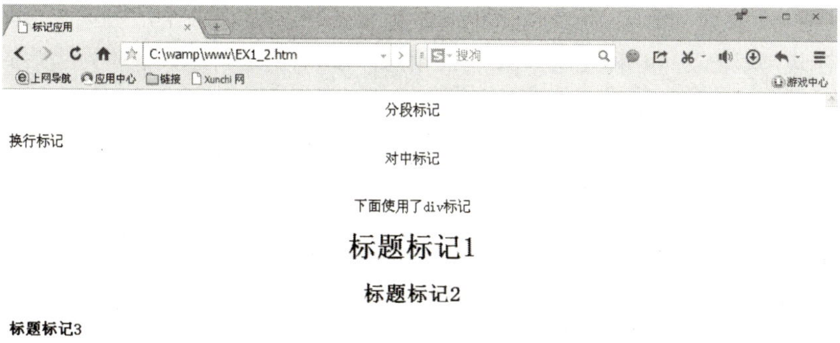

图 1.2　EX1_2.htm 运行结果

6. 水平线标记

水平线标记用于在文档中添加一条水平线，可以分隔文档。格式如下：

```
<hr 属性="值"…>
```

该标记常用的属性有 align、color、noshade、size 和 width。color 表示线的颜色；noshade 没有值，显示一条无阴影的实线；size 是线的宽度（以像素为单位）；width 是线的长度（像素或百分比）。例如：

```
<hr>
<hr size="2" width="300" noshade>
<hr size="6" width="60%" color="red">
```

7. 固定字体标记

格式如下：

```
<b>粗体</b>
<i>斜体</i>
<big>大字体</big>
<small>小字体</small>
<tt>固定宽度字体</tt>
```

8. 样式标记

格式如下：

```
<sup>上标</sup>
<sub>下标</sub>
```

9. 列表标记

列表标记可分为有序列表标记、无序列表标记和描述性列表标记。

（1）有序列表标记。

有序列表是在各列表项前面显示数字或字母的缩排列表，可以使用有序列表标记<ol>和列表项标记<li>来创建。有序列表标记的格式如下：

```
<ol 属性="值"…>
    <li>列表项 1
    <li>列表项 2
    …
    <li>列表项 n
</ol>
```

说明：

- <ol>标记。控制有序列表的样式和起始值，它通常有两个常用的属性 start 和 type。start 是数字序列的起始值；type 是数字序列的列样式，type 值有 1、A、a、I、i。1 表示阿拉伯数字 1、2、3 等；A 表示大写字母 A、B、C 等；a 表示小写字母 a、b、c 等；I 表示大写罗马数字Ⅰ、Ⅱ、Ⅲ等；i 表示小写罗马数字 i、ii、iii 等。
- <li>标记。用于定义列表项，位于<ol>和</ol>标记之间。<li>有两个常用属性 type 和 value。type 是数字样式，取值与<ol>标记的 type 属性相同；value 指定新的数字序列起始值以获得非连续性数字序列。

（2）无序列表标记。

无序列表是一种在各列表项前面显示特殊项目符号的缩排列表，可以使用标记<ul>和<li>来创建，格式如下：

```
<ul 属性="值"…>
    <li>列表项 1
    <li>列表项 2
    …
    <li>列表项 n
</ul>
```

说明：无序列表标记<ul>常用属性是 type，其取值为 disc、circle 和 square。它们分别表示用实心圆、空心圆和方块作为项目符号。

（3）描述性列表标记。

格式如下：

```
<dl>
    <dt>列表描述项
        <dd>列表项
        <dd>列表项
        …
    <dt>列表描述项
        <dd>列表项
        …
</dl>
```

【例 1.3】 创建一个有序列表，要求列表描述项字体为黑体，斜体，颜色为红色，字号为 4。列表项序列从 B 开始。

新建 EX1_3.htm 文件，输入以下代码：

```
<html>
<head>
<title>有序列表</title>
</head>
<body>
    <font face="黑体" color="red" size="4"><i>计算机课程</i></font>
    <ol type="A" start="2">
        <li>计算机导论
        <li>操作系统
        <li>计算机原理
        <li>数据结构
    </ol>
</body>
</html>
```

运行 EX1_3.htm 文件，结果如图 1.3 所示。

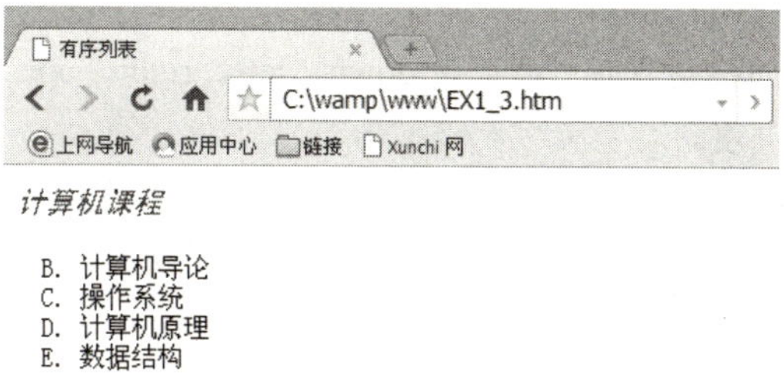

图 1.3　EX1_3.htm 运行结果

1.2.2　多媒体标记

1. 图像标记

利用图像标记可以向网页中插入图像或在网页中播放视频文件。格式如下：

```
<img 属性="值"...>
```

图像标记的属性如下：

- src。图像文件的 URL 地址，图像可以是 jpeg、gif 或 png 文件。
- alt。图像的简单说明，在浏览器不能显示图像或加载时间过长时显示。
- height。所显示图像的高度（像素或百分比）。
- width。所显示图像的宽度。
- hspace。与左右相邻对象的间隔。
- vspace。与上下相邻对象的间隔。
- align。图像达不到显示区域大小时的对齐方式，当页面中有图像与文本混排时，可以使用此属性。取值为 top（顶部对齐）、middle（中央对齐）、bottom（底部对齐）、left（图像居左）、right（图像居右）。
- border。图像边框像素数。
- controls。指定该选项后，若有多媒体文件则显示一套视频控件。
- dynsrc。指定要播放的多媒体文件。在<img>标记中 dynsrc 属性要优先于 src 属性，如果计算机具有多媒体功能，且指定的多媒体文件存在，则播放该文件，否则显示 src 指定的图像。
- start。指定何时开始播放多媒体文件。
- loop。指定多媒体文件播放次数。
- loopdealy。指定多媒体文件播放之间的延迟（以 ms 为单位）。

例如：

```
<img src="image/nj2014.jpg" alt="南京 2014" height="400" width="500" align="right" >
```

说明： src="image/nj2014.jpg"是图像的相对路径，如果页面文件处于 www 文件夹，则说明该图像文件在 www 文件夹的 image 文件夹下。

2. 字幕标记

在 HTML 语言中，可以在页面中插入字幕，水平或垂直滚动显示文本信息。字幕标记格式如下：

```
<marquee 属性="值"...>滚动的文本信息</marquee>
```

说明：

<marquee>标记的主要属性如下：

- align。指定字幕与周围主要属性的对齐方式。取值是 top、middle、bottom。

- behavior。指定文本动画的类型。取值是 scroll（滚动）、slide（滑行）、alternate（交替）。
- bgcolor。指定字幕的背景颜色。
- direction。指定文本的移动方向。取值是 down、left、right、up。
- height。指定字幕的高度。
- hspace。指定字幕的外部边缘与浏览器窗口之间的左右边距。
- vspace。指定字幕的外部边缘与浏览器窗口之间的上下边距。
- loop。指定字幕的滚动次数，其值是整数，默认为 infinite，即重复显示。
- scrollamount。指定字幕文本每次移动的距离。
- scrolldealy。指定前段字幕文本延迟多少毫秒后重新开始移动文本。

例如：

```
<marquee bgcolor="red" direction="left">滚动字幕</marquee>
```

3. 背景音乐标记

背景音乐标记只能放在文档头部分，也就是<head>与</head>标记之间，格式如下：

```
<bgsound 属性="值"...>
```

背景音乐标记的主要属性如下：

- balance。指定将声音分成左声道和右声道，取值为–10000～10000，默认值为 0。
- loop。指定声音播放的次数。设置为 0，表示播放一次；设置为大于 0 的整数，则播放指定的次数；设置为–1 表示反复播放。
- src。指定播放的声音文件的 URL。
- volume。指定音量高低，取值为–10000～0，默认值为 0。

1.2.3 表格的设置

一个表格由表头、行和单元格组成，常用于组织、显示信息或安排页面布局。一个表格通常由<table>标记开始，到</table>标记结束。表格的内容由<tr>、<th>和<td>标记定义。<tr>说明表的一个行，<th>说明表的列数和相应栏目的名称，<td>用来填充由<tr>和<th>标记组成的表格。表格格式如下：

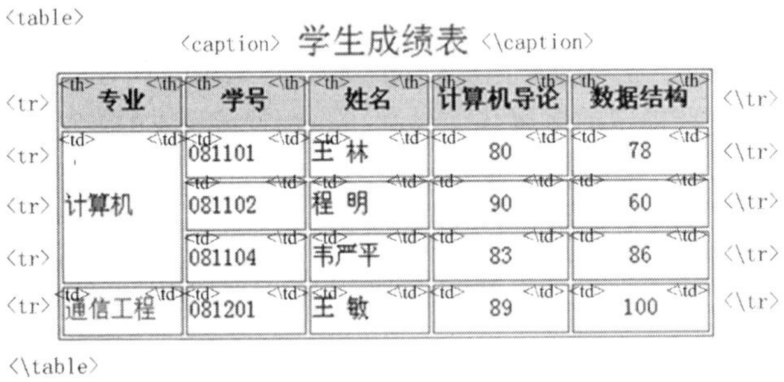

1. <table>标记的属性

用<table>标记创建表格时可以设置如下属性：

- align。指定表格的对齐方式，取值为 left（左对齐）、right（右对齐）、center（居中对齐），默认值为 left。
- background。指定表格背景图片的 URL 地址。
- bgcolor。指定表格的背景颜色。
- border。指定表格边框的宽度（像素），默认值为 0。
- bordercolor。指定表格边框的颜色，border 不等于 0 时起作用。

- bordercolordark。指定 3D 边框的阴影颜色。
- bordercolorlight。指定 3D 边框的高亮显示颜色。
- cellpadding。指定单元格内数据与单元格边框之间的间距。
- cellspacing。指定单元格之间的间距。
- width。指定表格的宽度。

2. <tr>标记的属性

表格中的每一行都是由<tr>标记来定义的，它有如下属性：

- align。指定行中单元格的水平对齐方式。
- background。指定行的背景图像文件的 URL 地址。
- bgcolor。指定行的背景颜色。
- bordercolor。指定行的边框颜色，只有<table>标记的 border 属性不等于 0 时起作用。
- bordercolordark。指定行的 3D 边框的阴影颜色。
- bordercolorlight。指定行的 3D 边框的高亮显示颜色。
- valign。指定行中单元格内容的垂直对齐方式，取值为 top、middle、bottom、baseline（基线对齐）。

3. <th>和<td>标记的属性

表格的单元格通过<td>标记来定义，标题单元格可以使用<th>标记来定义，<th>和<td>标记的属性如下：

- align。指定单元格的水平对齐方式。
- bgcolor。指定单元格的背景颜色。
- bordercolor。指定单元格的边框颜色，只有<table>标记的 border 属性不等于 0 时起作用。
- bordercolordark。指定单元格的 3D 边框的阴影颜色。
- bordercolorlight。指定单元格的 3D 边框的高亮显示颜色。
- colspan。指定合并单元格时一个单元格跨越的表格列数。
- rowspan。指定合并单元格时一个单元格跨越的表格行数。
- valign。指定单元格中文本的垂直对齐方式。
- nowrap。若指定该属性，则要避免 Web 浏览器将单元格里的文本换行。

【例 1.4】 创建一个统计学生课程成绩的表格。

新建 EX1_4.htm 文件，输入以下代码：

```
<html>
<head>
<title>学生成绩显示</title>
</head>
<body>
<table align=center border=1 bordercolor=red>
<caption><font size=5 color=blue>学生成绩表</font></caption>
    <tr bgcolor=#CCCCCC>
      <th width=80>专业</th>
      <th width=80>学号</th>
      <th width=80>姓名</th>
      <th width=90>计算机导论</th>
      <th width=90>数据结构</th>
    </tr><tr>
      <td rowspan=3><font color=blue>计算机</font></td>
```

```
        <td>081101</td>
        <td>王 林</td>
        <td align=center>80</td>
        <td align=center>78</td>
    </tr><tr>
        <td>081102</td>
        <td>程 明</td>
        <td align=center>90</td>
        <td align=center>60</td>
    </tr> <tr>
        <td>081104</td>
        <td>韦严平</td>
        <td align=center>83</td>
        <td align=center>86</td>
    </tr><tr>
        <td><font color=green>通信工程</font></td>
        <td>081201</td>
        <td>王 敏</td>
        <td align=center>89</td>
        <td align=center>100</td>
    </tr>
    </table>
    </body>
    </html>
```

其运行结果如图 1.4 所示。

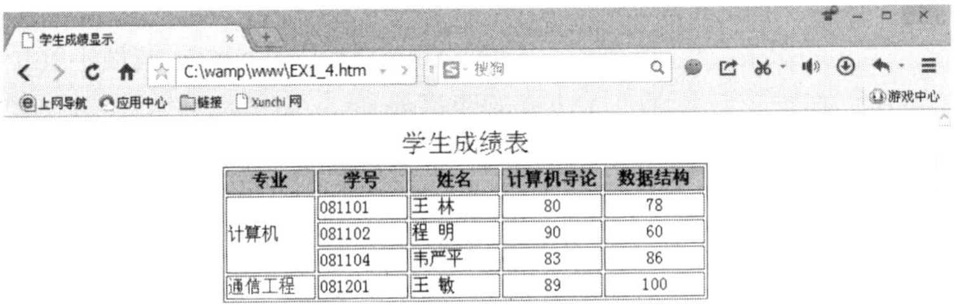

专业	学号	姓名	计算机导论	数据结构
计算机	081101	王 林	80	78
	081102	程 明	90	60
	081104	韦严平	83	86
通信工程	081201	王 敏	89	100

图 1.4　EX1_4.htm 运行结果

1.3 表　　单

1.3.1　表单标记

表单用来从用户（站点访问者）处收集信息，然后将这些信息提交给服务器处理。表单中可以包含各种交互的控件，如文本框、列表框、复选框和单选按钮等。用户在表单中输入或选择数据后提交，该数据就会提交到相应的表单处理程序，以各种不同的方式进行处理。表单定义格式如下：

```
<form 定义>
    [<input 定义>]
    [<textarea 定义>]
    [<select 定义>]
    [<button 定义>]
</form>
```

在 HTML 语言中，表单内容用<form>标记来定义，<form>标记的格式如下：

```
<form 属性="值"…事件="代码">…</form>
```

1. 表单标记<form>属性

<form>标记的常用属性如下：

（1）指定表单的名称：name。

命名表单后可以使用脚本语言来引用或控制该表单。

（2）指定唯一标志码：id。

（3）指定表单数据传输到服务器的方法：method。

取值是 post 或 get。post 表示在 HTTP 请求中嵌入表单数据；get 表示将表单数据附加到请求该页的 URL 中。例如，某表单提交一个文本数据 id 值至 page.php 页面。如果以 post 方法提交，新页面的 URL 为“http://localhost/page.php”，而若以 get 方式提交相同表单，则新页面的 URL 为“http://localhost/page.php?id=...”。

（4）指定接收表单数据的服务器端程序或动态网页的 URL 地址：action。

当提交表单之后，即运行该 URL 地址所指向的页面。

（5）指定目标窗口：target。

target 属性取值有_blank、_parent、_self 和_top，分别表示：在未命名的新窗口中打开目标文档；在显示当前文档的窗口的父窗口打开目标文档；在提交表单所使用的窗口打开目标文档；在当前窗口打开目标文档。

2. 表单标记<form>事件

<form>标记的主要事件如下。

- onsubmit：当表单被提交时执行脚本。
- onreset：当表单被重置时执行脚本。

1.3.2 表单输入控件

表单输入控件的格式如下：

```
<input 属性="值"… 事件="代码">
```

为了让用户通过表单输入数据，在表单中可以使用<input>标记来创建各种输入型表单控件。表单控件通过<input>标记的 type 属性设置成不同的类型，包括单行文本框、密码框、复选框、单选框、文件域和按钮等。

1. 单行文本框

在表单中添加单行文本框可以获取站点访问者提供的一行信息，格式如下：

```
<input type="text" 属性="值" … 事件="代码">
```

（1）单行文本框的属性。

- name。指定单行文本框的名称，通过它可以在脚本中引用该文本框控件。
- id。指定表示该标记的唯一标志码。通过 id 值就可以获取该标记对象。
- value。指定文本框的值。
- defaultvalue。指定文本框的初始值。
- size。指定文本框的宽度。
- maxlength。指定允许在文本框内输入的最大字符数。
- form。指定所属的表单名称（只读）。

例如，要设置如下文本框：

姓名：王小明

可以使用以下代码：

```
姓名：<input type=text size=10 value="王小明">
```

（2）单行文本框的方法。

- Click()。单击该文本框。
- Focus()。得到焦点。
- Blur()。失去焦点。
- Select()。选择文本框的内容。

（3）单行文本框的事件。

- onclick。单击该文本框执行的代码。
- onblur。失去焦点执行的代码。
- onchange。内容变化执行的代码。
- onfocus。得到焦点执行的代码。
- onselect。选择内容执行的代码。

2. 密码框

密码框也是一个文本框，当访问者输入数据时，大部分浏览器会以星号显示密码，使别人无法看到输入内容，格式如下：

```
<input type= "password"  属性="值"…事件="代码" >
```

其中，属性、方法和事件与单行文本框基本相同，只是密码框没有 onclick 事件。

3. 隐藏域

表单中添加隐藏域是为了使访问者看不到隐藏域的信息。每个隐藏域都有自己的名称和值。当提交表单时，隐藏域的名称和值就会与可见表单域的名称和值一起包含在表单的结果中。格式如下：

```
<input type= "hidden"  属性="值"…>
```

隐藏域的属性、方法和事件与单行文本框的设置基本相同，只是没有 defaultvalue 属性。

4. 复选框

在表单中添加复选框是为了让站点访问者选择一个或多个选项，格式如下：

```
<input type="checkbox"  属性="值"…事件="代码">选项文本
```

（1）复选框的属性。

- name。指定复选框的名称。
- id。指定表示该标记的唯一标志码。
- value。指定选中时提交的值。
- checked。如果设置该属性，则第一次打开表单时该复选框处于选中状态。被选中则值为 TRUE，否则为 FALSE。
- defaultchecked。判断复选框是否定义了 checked 属性，若已定义则 defaultchecked 值为 TRUE，否则为 FALSE。

例如，要创建如下复选框：

兴趣爱好：☑旅游 ☑篮球 □上网

可以使用如下代码：

兴趣爱好：

```
<input name=box type=checkbox checked>旅游
```

```
<input name=box type=checkbox checked>篮球
<input name=box type=checkbox>上网
```

（2）复选框的方法。

- Click()。单击该复选框。
- Focus()。得到焦点。
- Blur()。失去焦点。

（3）复选框的事件。

- onclick。单击该复选框执行的代码。
- onblur。失去焦点执行的代码。
- onfocus。得到焦点执行的代码。

5. 单选按钮

在表单中添加单选按钮是为了让站点访问者从一组选项中选择其中一个选项。在一组单选按钮中，一次只能选择一个。格式如下：

```
<input type="radio"  属性="值"  事件="代码"...>选项文本
```

单选框的属性如下：

- name。指定单选按钮的名称，若干名称相同的单选按钮构成一个控件组，在该组中只能选择一个选项。
- value。指定提交时的值。
- checked。如果设置了该属性，当第一次打开表单时该单选按钮处于选中状态。

单选按钮的方法和事件与复选框相同。

当提交表单时，该单选按钮组名称和所选取的单选按钮指定值都会包含在表单结果中。

例如，要创建如下单选按钮：

◉男 ◎女

可以使用如下代码：

```
<input name=rad type=radio value=1 checked>男
<input name=rad type=radio value=0>女
```

6. 按钮

使用<input>标记可以在表单中添加 3 种类型的按钮：“提交”按钮、“重置”按钮和“自定义”按钮，格式如下：

```
<input type="按钮类型"  属性="值" onclick="代码">
```

根据 type 值的不同，按钮的类型也不一样：

- type=submit。创建一个“提交”按钮。单击该按钮，表单数据（包括提交按钮的名称和值）会以 ASCII 文本形式传送到由表单的 action 属性指定的表单处理程序中。一般来说，一个表单必须有一个提交按钮。
- type=reset。创建一个“重置”按钮。单击该按钮，将删除任何已经输入到表单中的文本并清除任何选择。如果表单中有默认文本或选项，将会恢复这些值。
- type=button。创建一个“自定义”按钮。在表单中添加自定义按钮时，必须为该按钮编写脚本以使按钮执行某种指定的操作。

按钮的其他属性还有 name（按钮的名称），value（显示在按钮上的标题文本）。

事件 oncilck 的值是单击按钮后执行的脚本代码。

例如：

```
<input type=submit name=bt1 value="提交按钮">
```

```
<input type=reset name=bt2 value="重置按钮">
<input type=button name=bt1 value="自定义按钮">
```

7. 文件域

文件域由一个文本框和一个“浏览”按钮组成，用户可以在文本框中直接输入文件的路径和文件名，或单击【浏览】按钮从磁盘上查找、选择所需文件。格式如下：

```
<input type="file"  属性="值"...>
```

文件域的属性有 name（文件域的名称）、value（初始文件名）和 size（文件名输入框的宽度）。

例如，要创建如下文件域：

可以使用如下代码：

```
<input type="file" name=fl size="20">
```

1.3.3 其他表单控件

1. 滚动文本框

在表单中添加滚动文本框是为了使访问者可以输入多行文本，格式如下：

```
<textarea  属性="值"...事件="代码"...>初始值</textarea>
```

说明：<textarea>标记的属性有 name（滚动文本框控件的名称）、rows（控件的高度，以行为单位）、cols（控件的宽度，以字符为单位）和 readonly（滚动文本框内容不能被修改）。滚动文本框的其他属性、方法和事件与单行文本框基本相同。

例如，要创建如下滚动文本框：

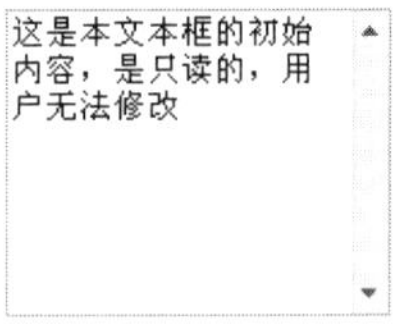

可以使用如下代码：

```
<textarea name=ta rows=8 cols=20 readonly>
这是本文本框的初始内容，是只读的，用户无法修改
</textarea>
```

2. 选项选单

表单中选项选单（下拉菜单）的作用是使访问者从列表或选单中选择选项，格式如下：

```
<select name="值" size="值" [multiple]>
    <option [selected] value="值">选项 1</option>
    <option [selected] value="值">选项 2</option>
    …
</select>
```

其中：

- name。指定选项选单控件的名称。
- size。指定在列表中一次可看到的选项数目。
- multiple。指定允许做多项选择。
- selected。指定该选项的初始状态为选中。

例如，要创建如下选项选单：

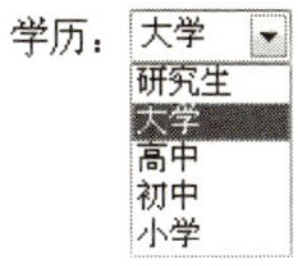

可以使用如下代码：

```
学历：<select name=se size=1 >
        <option>研究生</option>
        <option selected>大学</option>
        <option>高中</option>
        <option>初中</option>
        <option>小学</option>
        </select>
```

【例 1.5】 制作一个学生个人资料的表单，包括姓名、学号、性别、出生日期、所学专业、所学课程、备注和兴趣信息。访问者输入新的信息后使用 PHP 在另外一个页面中接收表单数据中的姓名、性别、所学专业和备注，并显示在页面上。

新建 EX1_5_stu.php，输入以下代码：

```
<html>
<head>
    <title>学生个人信息</title>
</head>
<body>
<form name="form1" method="post" action="EX1_5_PHP.php">
  <table width="400" border="0" align="center" bgcolor="#CCFFCC">
    <tr>
      <td colspan="2" bgcolor="#999999"><div align="center">学生个人信息</div></td>
    </tr>
    <tr>
      <td width="120">学号:</td>
      <td><input name="XH" type="text" value="081101"></td>
    </tr>
    <tr>
      <td>姓名：</td>
      <td><input name="XM" type="text" value="王林"></td>
    </tr>
    <tr>
      <td>性别：</td><td>
        <input name="SEX" type="radio" value="男" checked="checked">男
        <input name="SEX" type="radio" value="女">女</td>
    </tr>
    <tr>
      <td>出生日期：</td>
      <td><input name="Birthday" type="text" value="1989-05-06"></td>
    </tr>
    <tr>
      <td>所学专业：</td>
      <td><select name="ZY">
        <option>计算机</option>
        <option>软件工程</option>
        <option>信息管理</option>
      </select></td>
    </tr>
    <tr>
      <td>所学课程：</td>
      <td><select name="KC" size="3" multiple>
```

```
            <option selected>计算机导论</option>
            <option selected>数据结构</option>
            <option>数据库原理</option>
            <option>操作系统</option>
            <option>计算机网络</option>
          </select></td>
        </tr>
        <tr>
          <td>备注：</td>
          <td><textarea name="BZ">团员</textarea></td>
        </tr>
        <tr>
          <td>兴趣：</td>
          <td><input name="XQ" type="checkbox" value="听音乐" checked="checked" >听音乐
            <input name="XQ" type="checkbox" value="看小说">看小说
            <input name="XQ" type="checkbox" value="上网" checked="checked">上网</td>
          </tr>
          <tr>
            <td><input type="submit" name="BUTTON1" value="提交"></td>
            <td><input type="reset" name="BUTTON2" value="重置"></td>
          </tr>
        </table>
        </form>
        </body>
        </html>
```

新建 EX1_5_PHP.php，输入以下代码：

```
<?php
    $XM=$_POST["XM"];
    $SEX=$_POST["SEX"];
    $ZY=$_POST["ZY"];
    $BZ=$_POST["BZ"];
    echo "姓名：".$XM."<br/>";
    echo "性别：".$SEX."<br/>";
    echo "专业：".$ZY."<br/>";
    echo "备注：".$BZ."<br/>";
?>
```

运行 EX1_5_stu.php 文件，结果如图 1.5 所示，将姓名修改为“张慧”，性别修改为“女”，专业修改为“软件工程”，备注修改为“三好学生”，单击【提交】按钮，表单提交至 EX1_5_PHP.php 页面，结果如图 1.6 所示。

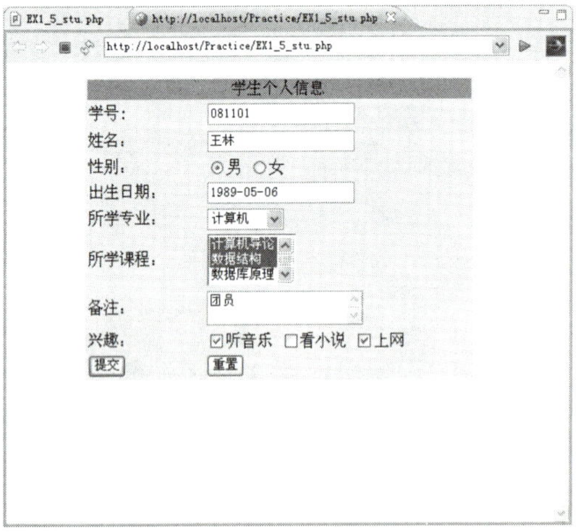

图 1.5　EX1_5_stu.php 运行结果

图 1.6　提交表单

说明：表单使用 post 方法提交数据，PHP 代码中使用$_POST 变量来接收表单数据，输出变量时使用连接符“.”连接 HTML 内容和 PHP 变量内容。本例代码需要在 PHP 集成开发环境中编辑和运行，有关 PHP 环境的安装、配置和使用方法在第 2 章中会讲到。

1.4 超 链 接

在网页中存在超链接，鼠标指针指向网页中的超链接时，鼠标指针会变成手的形状。单击超链接时，浏览器会按照超链接所指示的目标载入另一个网页，或者跳转到同一网页指定位置。构建超链接格式如下：

```
<a 属性="值"...>超链接内容</a>
```

在网页中，超链接内容通常以文本或图像形式表示。如果超链接内容是图像，则应该用图像标记描述图像。

```
<a 属性="值"...><img 属性="值"...></a>
```

超链接目标地址由<a href=URL...>描述。按照目标地址的不同，超链接分为文件链接、锚点链接和邮件链接。

1. 文件链接

文件链接的目标地址是网页文件，目标网页文件可以位于当前服务器或其他服务器上。超链接使用<a>标记来创建，其常用的属性如下。

（1）href。指定目标地址的 URL，这是必选项。

（2）target。指定窗口或框架的名称。该属性指定将目标文档在指定的窗口或框架中打开。如果省略该属性，则在当前窗口中打开。target 属性的取值可以是窗口或框架的名称，也可以是如下保留字：

- _blank。未命名的新浏览器窗口。
- _parent。父框架或窗口。
- _self。所在的同一窗口或框架。
- _top。整个浏览器窗口中，并删除所有框架。

（3）title。指向超链接时所显示的标题文字。例如：

```
<a href="http://www.qq.com">腾讯</a>
<a href="EX1_5_stu.php">链接到本文件夹中的 EX1_5_stu.php 文件</a>
<a href="../index.html">链接到上一级文件夹中的 index.html 文件</a>
<a href="image/tp.jpeg">链接到图片</a>
<a href="http://www.163.com" title="图片链接"><img src=" image/tp.jpeg "></a>
```

【例 1.6】 使用 A 标记创建超链接。

输入下列代码，以 EX1_6_a.htm 作为文件名保存：

```
<html>
<head>
<title>创建超链接</title>
</head>
<body>
<h2 >下面是超链接示例</h2>
<br><hr size="1" color="red">
<a   href="http://www.nju.edu.cn">南京大学</A>   
<a   href ="image/seu.gif">东南大学</a></p>
<p><a   href ="njnu.htm"><img src="image/njnu.jpg"></a></p>
</body>
</html>
```

用浏览器打开文档，将显示如图 1.7 所示的页面。

图 1.7 浏览显示结果

2. 锚点链接

锚点链接的目标地址是当前网页中的指定位置。创建锚点链接时，要在页面的某一处设置一个位置标记（锚点），并给该位置指定一个名称，以便在同一页面或其他页面中引用。

创建锚点用<a>"位置名"</a>表示。

例如，在 XXX.php 页面中进行如下设置：

```
<a name="xlxq"></a>
```

创建锚点后如果在同一页面中要跳转到名为“xlxq”的锚点处，可以使用如下代码：

```
<a href="#xlxq">去本页面的锚点处</a>
```

如果要从其他页面跳转到该页面的锚点处，可以使用如下代码：

```
<a href="XXX.php#xlxq">去该页面的锚点处</a>
```

3. 邮件链接

通过邮件链接可以启动电子邮件客户端程序，并由访问者向指定地址发送邮件。

创建邮件链接也使用<a>标记，该标记的 href 属性由三部分组成：电子邮件协议名称 mailto；电子邮件地址；可选的邮件主题，其形式为“subject=主题”。前两部分之间用冒号分隔，后两部分之间用问号分隔。例如：

```
<a href="mailto:easybooks@163.com?subject=PHP 教程">当前教程答复</a>
```

当访问者在浏览器窗口中单击邮件链接时，会自动启动电子邮件客户端程序，并将指定的主题填入主题栏中。

1.5 设计框架

框架可以将文档划分为若干窗格，在每个窗格中显示一个网页，从而得到在同一个浏览器窗口中显示不同网页的效果。内容多的网页不宜采用框架式结构，所以大网站几乎所有的网页都不是框架式网页。框架网页是通过一个框架集（<frameset>）和多个框架（<frame>）标记来定义的。在框架网页中将<frameset>标记放在<head>标记之后取代<body>的位置，还可以使用<noframes>标记指出框架不能被浏览器显示时的替换内容。

框架网页的基本结构如下：

```
<html>
<head>
<title>框架网页的基本结构</title>
</head>
<frameset 属性="值"...>
    <frame 属性="值"...>
```

```
        <frame 属性="值"...>
        ...
</frameset>
</html>
```

1. 框架集

框架集包括如何组织各个框架的信息，可以用<frameset>标记定义。框架是按照行、列组织的，可以用<frameset>标记的下列属性对框架结构进行设置。

（1）cols。创建纵向分隔框架时指定各个框架的列宽。取值有 3 种形式，即像素、百分比和相对尺寸。例如：

- cols=" *, *, *"。表示将窗口划分为 3 个等宽的框架。
- cols=" 30%, 200, *"。表示将浏览器窗口划分为 3 列框架，其中第 1 列占窗口宽度的 30%，第 2 列为 200 像素，第 3 列为窗口的剩余部分。
- cols=" *, 3 *, 2 *"。表示左边的框架占窗口的 1/6，中间的占 1/2，右边的占 1/3。

（2）rows。指定横向分隔框架时各个框架的行高，取值与 cols 属性类似。但 rows 属性不能与 cols 属性同时使用，若要创建既有纵向分隔又有横向分隔的框架，则应使用嵌套框架。

（3）frameborder。指定框架周围是否显示 3D 边框。若取值为 1（默认值）则显示，为 0 则显示平面边框。

（4）framespacing。指定框架之间的间隔（以像素为单位，默认为 0）。

要创建一个嵌套框架集，可以使用如下代码：

```
<html>
<head>
<title>框架网页</title>
</head>
<frameset rows="20%,400,*">
    <frame>
    <frameset cols="300, *">
        <frame>
        <frame>
    </frameset>
    <frame>
</frameset>
</html>
```

2. 框架

框架使用<frame>标记来创建，主要属性如下：

- name。指定框架的名称。
- frameborder。指定框架周围是否显示 3D 边框。
- marginheight。指定框架的高度（以像素为单位）。
- marginwidth。指定框架的宽度（以像素为单位）。
- noresize。指定不能调整框架的大小。
- scrolling。指定框架是否可以滚动。取值是 yes、no 和 auto。
- src。指定在框架中显示的网页文件。

【例 1.7】 设计一个框架网页，并在各框架中显示一个网页。

EX1_7_frame.php（框架主网页）：

```
<html>
<head>
<title>框架中显示网页</title></head>
```

```
<frameset rows="80, *">
      <frame src="EX1_7_top.php" name="frmtop">
      <frameset cols="25%,*">
            <frame src="EX1_7_right.php" name="frmleft">
            <frame src="EX1_7_content.php" name="frmmain">
      </frameset>
</frameset>
</html>
```

EX1_7_top.php（框架上部网页）：

```
<html>
<body bgcolor="#8888FF">
<marquee behavior=alternate direction=right>
      <font size=5 color=blue>欢迎登录学生成绩管理系统</font>
</marquee>
</body>
</html>
```

EX1_7_content.php（框架下部左边网页）：

```
<html>
<head>
<title>content 网页</title></head>
<body>
      <h2 align=center>这里是 content 网页。</h2>
</body>
</html>
```

EX1_7_right.php（框架下部右边网页）：

```
<html>
<head>
<title>right 网页</title></head>
<body>
      <a href="EX1_7.php" target="frmmain">学生成绩表</a><br/><br/>
      <a href="EX1_5_stu.php" target="frmmain">学生信息显示</a><br/><br/>
      <a href="EX1_7_content.php" target="frmmain">返回主页</a><br/>
</body>
</html>
```

完成后运行 EX1_7_frame.php 文件，运行效果如图 1.8 所示。

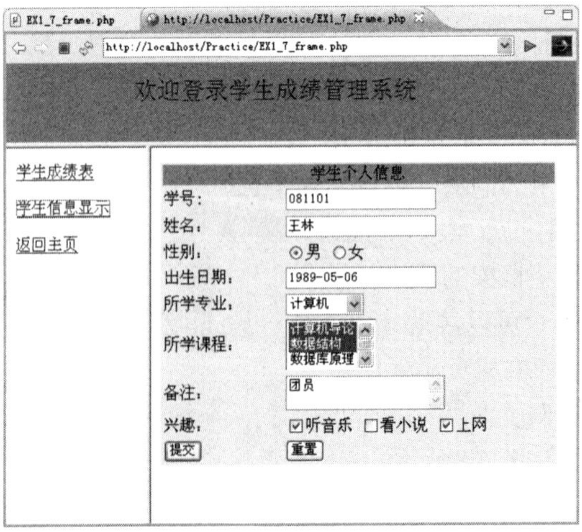

图 1.8　框架网页

1.6 样 式 表（CSS）

样式表（Cascading Style Sheets，CSS）是 W3C 协会为弥补 HTML 在显示方面的不足而制定的一套扩展样式标准。CSS 标准重新定义了 HTML 中的文字显示样式，并增加了一些新概念（如类、层等），提供了更为丰富的显示样式。同时，CSS 还可进行集中样式管理，允许将样式定义单独存储于样式文件中，这样可以把显示的内容和显示样式定义分离，使多个 HTML 文件共享样式定义。另外，一个 HTML 文件也可以引用多个 CSS 样式文件、多种样式定义。

1.6.1 样式表定义

样式表的定义是 CSS 的基础。样式表定义后，就可以在 HTML 文档中引用该样式表。

1. 内联样式

在标记中直接使用 style 属性可以对该标记括起的内容应用该样式显示。例如：

```
<p style="font-family: "宋体"; color: green; background-color: yellow; font-size: 9pt">
演示 P 的 style 样式的效果
</p>
```

使用 style 属性定义时，内容与值之间用冒号“:”分隔。用户可以定义多项内容，各项内容之间以分号“;”分隔。

其中，“font-family”表示字体，“color”表示字体颜色，“font-size”表示字号大小，“background-color”表示背景颜色。

由于这种方式是在 HTML 标记内部使用的样式，故称为内联样式。

注意：

若要在 HTML 文件中使用内联样式，必须在该文件的头部对整个文档进行单独的样式语言声明，即：

```
<meta http-equiv="Content-type" content="text/css">
```

内联样式因为它将样式和展示的内容混在一起，自然会失去一些样式表的优点，所以这种方式应尽量少用。

2. CSS 样式表定义方法

单独 CSS 样式表定义格式如下：

```
选择符{ 规则表 }
```

规则表是由一个或多个样式属性组成的样式规则，各个样式属性间由分号隔开，每个样式属性的定义格式为“样式名: 值”。

选择符包括标记符、类选择符、id 选择符或上下文选择符等方法。

（1）标记符定义。

```
标记符{ 规则表 }
```

标记符可以是一个或多个，各个标记之间以逗号分开。例如：

```
p {font-family: "宋体"; color: green; background-color: yellow; font-size: 9pt; }
h1,h2 {font-family: "隶书", "宋体"; color:#FF8800}
```

（2）类选择符定义。

```
标记符 · 类名{ 规则表 }
· 类名{ 规则表 }
```

前者为特定的标记定义的类，标记符和类名之间为“.”。该标记的 class 属性设置为该类名，使用该标记的内容才会采用这个样式。

后者为定义的一般类，类名前为“.”。只要标记的 class 属性设置为该类名都可采用这个样式。这样，相同的标记使用不同的样式，不同的标记使用相同的样式。例如：

```
p.back{font-family: "隶书", "宋体"; color:#FF8800}
.heti {font-family: "黑体"; font-size: 20pt; color: #000000; }
```

伪类是特殊的类，可区别标记的不同状态，能自动地被支持 CSS 的浏览器所识别。伪类定义格式为：

```
选择符: 伪类{ 规则表 }
```

例如：

```
a:visited{color: #0000FF; text-decoration: none}
a:link{font-family: "宋体"; font-size: 9Pt; color:#0000FF; text-decoration: none}
a:hover{font-family: "宋体"; fora-size: 12pt; color: #008000； background-color: #FF0088; text-decoration: none }
```

其中：a:link 指定超链接样式；a:visited 指定已访问链接样式；a:hover 指定可激活链接样式。

（3）id 选择符定义。

```
#id 名{ 规则表 }
```

id 选择符用于定义一个独有的样式，以“#”打头。例如：

```
#id1 {color: blue; }
```

id 选择符与类选择符的区别在于 id 选择符在一个 HTML 页面（文件）中只能被引用一次，而类选择符可以多次被引用。

因为 id 样式在网页中只能唯一性引用，所以在设计网页时，一般大的结构用 id 样式。比如，logo、导航、主体内容、版权等，可分别命名为#logo、#nav、#contenter、#copyright。

因为在 CSS 定义中具有普遍性，可以无限次重复使用，这也体现了 DIV+CSS 布局的优越性。class 常用于结构内部，这样做的好处是有利于网站代码的后期维护与修改。

（4）上下文选择符。

上下文选择符定义嵌套标记的样式。由于应用场合十分特殊，故用得很少。

3. CSS 样式表定义

CSS 样式表可以在同一个 HTML 文档中定义，也可以在独立的 CSS 样式文件中定义。

（1）在 HTML 文档中定义。

样式表定义的内容可以利用<style>标记括起，放在<head>标记范围内。嵌入在 HTML 文档中样式表的样式当然只会影响当前的 HTML 文档。

【例 1.8】 CSS 示例。

输入下列代码，以 EX1_8_CSS1.htm 作为文件名保存：

```
<html>
<head><title>CSS 示例</title>
<meta http-equiv="Content-Type" content="text/html; charset=gb2312">
<style type="text/css">
p {font-family: "宋体"; color: green; background-color: yellow; font-size: 9pt; }
h1,h2 {font-family: "隶书", "宋体"; color:#FF8800}
.heti {font-family: "黑体"; font-size: 20pt; color: #000000; }
#id1 {color: blue; }
</style>
</head>
<body topmargin=4>
<h1>内容 H1 样式显示</h1>
<h2>内容 H2 样式显示</h2>
<h3 id=id1>内容 id1 样式显示</h3>
```

```
<h4>H4 内容默认样式显示</h4>
<p>内容 P 样式显示</p>
<p class="heti">内容 heti 样式显示</p>
</body>
</html>
```

用浏览器打开文档，将显示如图 1.9 所示的页面。

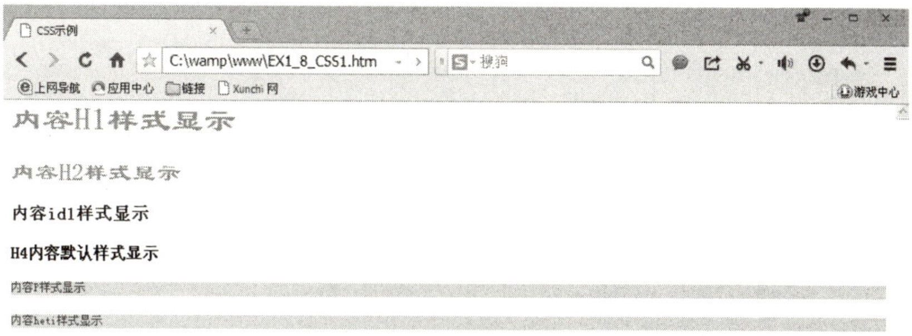

图 1.9　浏览显示结果

（2）独立的 CSS 样式文件中定义。

样式表定义的内容一般放在一个独立的 CSS 样式文件中，注意 CSS 样式文件中不包含<style>标记，因<style>标记是 HTML 标记，而不是 CSS 样式。

例如，定义样式表的内容放在 EX1_9_style1.css 文件中：

```
P {font-family: "宋体"; color: green; background-color: yellow; font-size: 9pt; }
h1,h2 {font-family: "隶书", "宋体"; color:#FF8800}
.heti {font-family: "黑体"; font-size: 20pt; color: #000000; }
#id1 {color: blue; }
```

4. 独立的 CSS 样式文件中定义的引用

（1）HTML 文档在头部用<link>标记链接 CSS 样式文件。

引用样式文件的 HTML 文档在头部用<link>标记链接 CSS 样式文件，<link>标记主要使用属性 rel、href、type 等。通常 rel=stylesheet，type="text/css", href 属性指出 CSS 样式文件的位置和文件名。

【例 1.9】 HTML 文档链接样式文件 EX1_9_style1.css。

输入下列内容，以 EX1_9_ CSS2.htm 作为文件名保存：

```
<html>
<head><title>链接外部 CSS 文件</title>
<meta http-equiv="Content-Type" content="text/html; charset=gb2312">
<link rel=stylesheet type="text/css" href="EX1_9_style1.css" >
</head>
<body topmargin=4>
<h1>内容 h1 样式显示</h1>
<h2>内容 H2 样式显示</h2>
<h3 ID=id1>内容 id1 样式显示</h3>
<h4>h4 内容默认样式显示</h4>
<p>内容 P 样式显示</p>
<p class="heti">内容 heti 样式显示</p>
</body>
</html>
```

用浏览器打开文档，将显示如图 1.10 所示的页面。

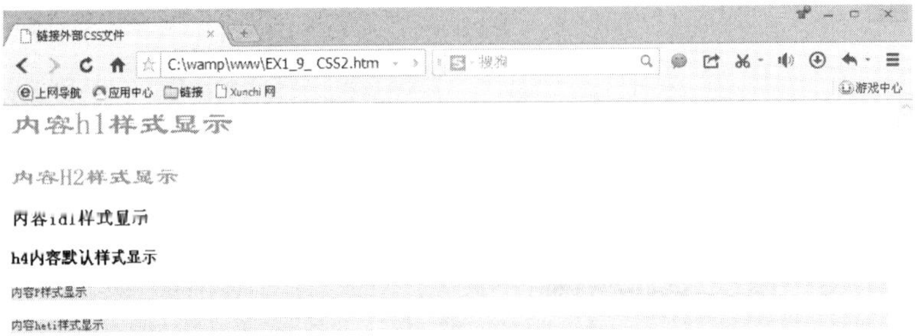

图 1.10　链接外部 CSS 文件

（2）导入 CSS 样式表文件。

引用样式文件的 HTML 文档也可以利用 CSS @import 声明导入外部样式表。例如：

```
<html>
<head><title>导入外部 CSS 文件</title>
<meta http-equiv="Content-Type" content="text/html; charset=gb2312">
<style>
        @import URL("EX1_9_style1.css ");
</style>
</head>
......
```

导入外部样式表的使用方式与链接到外部样式表很相似，两者的本质区别在于：导入方式在浏览器下载 HTML 文件时就将样式文件的全部内容复制到@import 关键字所在位置，以替换该关键字。链接方式在浏览器下载 HTML 文件时并不进行替换，而仅在 HTML 文档需引用 CSS 样式文件中的某个样式时，浏览器才链接样式文件，读取需要的内容。

【例 1.10】 CSS 伪类应用示例。

采用 EX1_10_style2.css 文件定义样式，EX1_10_CSS3.htm 文件应用定义样式。

- EX1_10_style2.css 文件：

```
a:visited{color: #0000FF; text-decoration: none}
a:link{font-family: "宋体"; font-size: 9Pt; color:#0000FF; text-decoration: none}
a:hover{font-family: "宋体"; font-size: 12pt; color: #008000;text-decoration: none }
```

- EX1_10_CSS3.htm 文件：

```
<html>
<head>
<title>CSS 伪类应用示例</title>
<style>
      @import URL("EX1_10_style2.css");
</style>
</head>
<body><p>超链接应用 CSS 伪类样式</p>
<a href="http://www.seu.edu.cn">东南大学</A><BR/>
<a href="http://www.njnu.edu.cn">南京师范大学</A><BR/>
</body>
</html>
```

用浏览器打开文档，将显示如图 1.11 所示的页面。

图 1.11　浏览显示结果

1.6.2　样式的继承和作用顺序

1. 样式继承

将包含其他标记的标记称为父标记，被包含的标记就是子标记。子标记将继承父标记的样式，这就是样式的继承。

2. 样式的作用顺序

对一个标记来说，可能有多个样式都能对标记起作用，但样式表作用到标记上时要遵循一定的优先顺序，如下所示。

（1）内联样式中所定义的样式的优先级最高。

（2）样式表按其在 HTML 文件中出现或被引用的顺序，出现得越晚，优先级越高。

（3）选择符从高到低的顺序为：上下文选择符、类选择符、id 选择符。

未在任何文件中定义的样式，将遵循浏览器的默认样式。

样式表的作用顺序较为复杂，特别是同时引用多个样式文件时应十分注意。如果希望一个属性的值不被其他样式定义中相同属性定义覆盖，可用特定参数 important。例如：

```
p{color: red; font-size: 22pt !important; }
```

1.6.3　CSS 属性

目前 CSS 包含很多属性，为方便了解和阅读，这里列出字体属性、颜色和背景属性、文本属性、列表属性、方框属性以及定位属性等。

1. 字体属性

字体（font）属性说明如表 1.3 所示。

表 1.3　字体属性说明

属　性　名	取　　值	说　　明
font-family	“宋体” “隶书” …	字体名
font-size	12pt … 8px …	字号
font-style	italic bold …	字体风格
font-weight	100 200 …	字加粗
font-variant		字体变化
font		字体综合设置

2. 颜色和背景属性

颜色和背景（background）属性说明如表 1.4 所示。

表 1.4 颜色和背景属性说明

属性名	取值	说明
color	颜色表示	指定页面元素的前景色
background-color	颜色表示 transparent	指定页面元素的背景色
background-image	URL none	指定页面元素的背景图像
background-repeat	repeat repeat-x repeat-y no-repeat	决定一个被指定的背景图像被重复的方式，默认值为 repeat
background-attachment	scroll fixed	指定背景图像是否跟随页面内容滚动，默认值为 sroll
background-position	数值表示法 关键词表示法	指定背景图像的位置
background	背景颜色、背景图像、背景重复、背景位置	背景属性综合设定

3. 文本属性

文本属性说明如表 1.5 所示。

表 1.5 文本属性说明

属性名	取值	说明
letter-spacing	长度值 normal	设定字符之间的间距
text-decoration	none underline overline line-through blink	设定文本的修饰效果，line-through 是删除线，blink 是闪烁效果，默认值为 none
text-align	left right center justify	设置文本横向排列对齐方式，其中 justify 表示将文字均分展开
vertical-align	baseline super sub top middle bottomtext-top text-bottom 百分比	设定元素纵向的对齐方式
text-indent	长度值 百分比	设定块级元素第一行的缩进量

续表

属 性 名	取 值	说 明
line-height	normal 长度值 数字 百分比	设定相邻两行的间距

4. 列表属性

列表（无序列表、有序列表）属性说明如表 1.6 所示。

表 1.6 列表属性说明

属 性 名	取 值	说 明
list-style-type	无序列表值： disc circle square none	表项的项目符号： disc——实心圆点 circle——空心圆 square——实心方形 decimal—阿拉伯数字
list-style-type	有序列表值： decimall ower-romanl upper-romanl lower-alphal upper-alpha none	lower-roman——小写罗马数字 upper-roman——大写罗马数字 lower-alpha——小写英文字母 upper-alpha——大写英文字母 none——不设定
list-style-image	url（URL）	使用图像做项目符号
list-style-position	outside、inside	设置项目符号在文字外面/里面与文字对齐

5. 方框属性

方框属性说明如表 1.7 所示。

表 1.7 方框属性说明

属 性 名	说 明
margin-top	设定 HTML 文件内容与块元素的上边界距离。值为百分比时依照其上级元素的设置值。默认值为 0
margin-right	设定 HTML 文件内容与块元素的右边界距离
margin-bottom	设定 HTML 文件内容与块元素的下边界距离
margin-left	设定 HTML 文件内容与块元素的左边界距离
margin	设定 HTML 文件内容与块元素的上边界、右边界、下边界、左边界距离。如果只给出 1 个值，则被应用于 4 个边界，如果只给出 2 个或 3 个值，则未显示给出值的边用其对边的设定值
padding-top	设定 HTML 文件内容与上边框之间的距离
padding-right	设定 HTML 文件内容与右边框之间的距离
padding-bottom	设定 HTML 文件内容与下边框之间的距离
padding-left	设定 HTML 文件内容与左边框之间的距离

续表

属 性 名	说　明
padding	设定 HTML 文件内容与上边框、右边框、下边框、左边框的距离。设定值的个数与边框的对应关系同 margin 属性
border-top-width	设置元素上边框的宽度
border-right-width	设置元素右边框的宽度
border-bottom-width	设置元素下边框的宽度
border-left-width	设置元素左边框的宽度
border-width	设置元素上边框、右边框、下边框、左边框的宽度。设定值的个数与边框的对应关系同 margin 属性
border-top-color	设置元素上边框的颜色
border-right-color	设置元素右边框的颜色
border-bottom-color	设置元素下边框的颜色
border-left-color	设置元素左边框的颜色
border-color	设置元素上边框、右边框、下边框、左边框的颜色。设定值的个数与边框的对应关系同 margin 属性
border-style	设定元素边框的样式。设定值的个数与边框的对应关系同 margin 属性。默认值为 none
width	设置元素的宽度
height	设置元素的高度
float	设置文字围绕于元素周围。left—元素靠左，文字围绕在元素右边；right—元素靠右，文字围绕在元素右边。none—以默认位置显示
clear	清除元素浮动。none—不取消浮动；left—文字左侧不能有浮动元素；right—文字右侧不能有浮动元素；both—文字两侧都不能有浮动元素

6. 定位属性

定位属性说明如表 1.8 所示。

表 1.8　定位属性说明

属 性 名	说　明
top	设置元素与窗口上端的距离
left	设置元素与窗口左端的距离
position	设置元素位置的模式
z-index	z-index 将页面中的元素分成多个层，形成多个层“堆叠”的效果，从而营造出三维空间效果

1.6.4 CSS、CSS 3

CSS 在网页制作时采用层叠样式表技术，可以有效地对页面的布局、字体、颜色、背景和其他效果实现更加精确的控制。只要对相应的代码做一些简单的修改，就可以改变同一页面的不同部分，或者页数不同网页的外观和格式。大部分的 CSS 3 规范都重复了 CSS 2.1 的内容，但也在它的基础上进行了很多增补和修订，而且把复杂的东西模块化。下面列出支持度较好、更流行且更实用的变更。

（1）不依赖图片的视觉效果。CSS 3 包含了大量新特性，可以用来创建一些以前只能通过图片（或脚本）才实现的视觉效果，如圆角、阴影、半透明背景、渐变以及图片边框等。在这些新特性之中，多数是属于“背景和边框”模块的，其余则属于“色彩和图像”模块。

（2）盒容器变形。CSS 3 中还有一类视觉效果，让我们可以在 2D 或者 3D 空间里操作盒容器的位置和形状，如旋转、缩放或者移动。这些特效称为变形，在“2D 变形”和“3D 变形”模块中都有涉及。

（3）独一无二的字体。“字体”模块引入了@font-face 规则，让用户能够引入一个存放于服务器的字体文件，并使用该字体来显示页面中的文本，这就突破了以往只能使用用户计算机中的字体的限制，可以呈现出更漂亮的页面。

（4）强大的选择器。CSS 3 新增了十多个选择器，大部分是伪类和属性选择器。可用它们选取 HTML 结构中的特定片段而无须增加特定的 id 或类，从而精简代码并使之不易出错。这些选择器都描述在“选择器”模块中。

（5）过渡与动画。CSS 3 的过渡在其同名的模块中描述。它是一种简单的动画特效，可以平缓地呈现一个元素的样式变化。例如，当用户将鼠标指针悬停于按钮之上时渐进且平滑地改变其颜色。更复杂的 CSS 3 动画特性也在其同名的模块中有相应描述，它能够实现更复杂的样式变化和元素位移，而不需要用到 Flash 或 JavaScript。

（6）媒体信息查询。“媒体信息查询”模块介绍了如何根据用户的显示终端或设备特征来提供样式，这些特征包括屏幕的可视区域宽度、分辨率以及可显示的色彩数等。媒体信息查询是一款非常好的专门针对移动设备来实现优化的工具。

（7）多列布局。CSS 3 引入了几个新模块来帮助我们更方便地创建多列布局。“多列布局”模块描述了如何像报纸布局那样把一个简单的区块拆分成多列，而“弹性盒容器布局”模块则能够让区块在水平或垂直方向上保持对齐，相对于浮动布局或绝对定位布局来说它显得更为灵活。此外，还有“模板布局”和“网格定位”的实验性布局模块。

1.6.5 HTML 5+CSS 3

HTML 5 和 CSS 3 是两项新的 Web 技术标准，HTML 5 必将被越来越多的 Web 开发人员所使用，各大主流浏览器厂家已经积极更新自己的产品，以更好地支持 HTML 5。HTML 5 围绕的一个核心就是构建一套更加强大的 Web 应用开发平台。

HTML 5 和 CSS 3 的优势：

（1）更多的描述性标签。HTML 5 引入非常多的描述性标签，如用于定义头部（header）、尾部（footer）、导航区域（nav）、侧边栏（aside）等标签，使开发人员非常方便地构建页面元素。

（2）良好的多媒体支持。对于先前的以插件方式播放音频、视频带来的麻烦，HTML 5 有了解决方案，audio 标签和 video 标签能够方便的实现应变。

（3）更强大的 Web 应用。HTML 5 提供了令人称奇的功能，在某些情况下，甚至可以完全放弃使用第三方技术。

（4）跨文档消息通信。Web 浏览器会组织不同域间的脚本交互或影响，但是对于可信任的脚本或许就是麻烦。HTML 5 引入了一套安全且易于实现的应对方案。

（5）Web Sockets。HTML 5 提供了对 Web Sockets 的支持。

（6）客户端存储。HTML 5 的 Web Storage 和 Web SQL Database API，可以在浏览器中构建 Web 应用的客户端持久化数据。

（7）更加精美的界面。HTML 5+CSS 3 组合渲染出来的界面效果有时候是无法想象的精美。

（8）更强大的表单。HTML 5 提供了功能更加强大的表单界面控件，使用非常方便。

（9）提升可访问性。内容更加清晰，使用户的操作更加简单方便，体验提升。

（10）先进的选择器。CSS 3 选择器可以方便地识别表格的奇偶行、复选框等，代码标记更少。

（11）视觉效果。精美界面的一部分，阴影、渐变、圆角、旋转等视觉效果。

对于部分浏览器尚未完全支持 HTML 5，HTML 5 可以在代码中方便地加入兼容自适应备用解决方案的代码。在编写完 HTML 5 代码时，可以 W3C 验证服务来进行验证（因为 HTML 5 标准还在演进中）。

习　题　1

1．请写出 HTML 的主体结构。

2．列举出 HTML 各种标记并介绍其作用。

3．写出字体为“黑体”，字号为“5”，颜色为“红色”的字体的 HTML 代码。

4．使用 HTML 绘制一个 5 行 4 列的表格，最后一行各列合并为一列。

5．写出一个登录表单，包含登录名、密码和“登录”按钮。

6．<form>标记中的<input>文本框、密码框类型和<textarea>有什么不同？

7．框架的分割有哪几种表示方法？

8．设计一个框架，分为左右两个页面。单击左边页面的超链接后右边页面将会显示相应的信息。

9．什么是 CSS 样式表？如何进行样式表的定义和引用？

10．简述最新 HTML 5 和 CSS 3 的优势。

第 2 章

PHP 开发环境

PHP 作为一种易学易用的服务器端脚本语言，得到了广泛应用。在讲 PHP 语言的开发技术之前，先来安装 PHP 程序的开发环境。PHP 开发环境大致可分为两种：一种是以分立组件搭建的 Web 工作环境；另一种则是以安装包方式提供的集成软件。本章分别介绍这两种开发环境的安装和使用。

2.1 PHP 分立组件环境搭建

2.1.1 组件的选择

PHP 分立组件环境涉及操作系统、Web 服务器和数据库。LAMP 一直以来是 PHP 开发的首选。所谓 LAMP 就是基于 Linux、Apache、MySQL 和 PHP 或其他语言插件的运行环境，LAMP 的名字来源于这些软件名称的第一个字母。

Linux 是现在应用十分广泛的开源操作系统，由于 Linux 的高稳定性及其他优点，世界上大部分的 Web 服务器都架设在该系统上。

Apache 是一款开放源码的 Web 服务器，其平台无关性使得 Apache 服务器可以在任何操作系统上运行，包括 Windows。强大的安全性和其他优势，使得 Apache 服务器即使运行在 Windows 操作系统上也可以与 IIS 服务器媲美，甚至在某些功能上远远超过了 IIS 服务器。在目前所有的 Web 服务器软件中，Apache 服务器以绝对优势占据了市场份额的 70%，遥遥领先于排名第二位的 Microsoft IIS 服务器。

MySQL 是一个开放源码的小型关系数据库管理系统，由于其体积小、速度快、总体成本低等优点，目前被广泛应用于 Internet 的中小型网站中。MySQL 是一个真正的多用户、多线程的 SQL 数据库服务器。由于 MySQL 源代码的开放性和稳定性，并且可与 PHP 完美结合，很多站点使用它进行 Web 开发。有关 MySQL 数据库的具体内容会在第 8 章介绍。

由于 LAMP 组合中的所有软件都是开源的，用户不花一分钱就能进行专业的 Web 开发，而且这些软件之间的兼容性也越来越高，这使 LAMP 得到了迅速推广。而 LAMP 在稳定性和安全性方面的表现也十分突出，这使得大型网站的开发也会选择 LAMP 组合。随着开源软件的发展，LAMP 已经与 J2EE、.NET 形成了三足鼎力之势。

但考虑到初学者绝大多数使用的是 Windows 操作系统，且 Windows 提供的程序开发工具软件也比 Linux 多，故 Windows 平台的 PHP 运行环境 WAMP 更适合初学者。WAMP 是指在 Windows 系统下使用 Apache、MySQL 和 PHP 进行 Web 开发的组合。由于 Windows 系统易用、界面友好、操作方便等优点，WAMP 成为新手入门的首选。本书作为 PHP 的入门教材，将选用 WAMP 组合搭建 PHP 分立组件开发环境。

2.1.2 环境的搭建

1. 安装 Apache 服务器

Apache 是开源软件，用户可以在其官方网站免费下载，地址为：http://httpd.apache.org/download.cgi，本书选用 openssl 安装版，下载得到的安装包文件名为 httpd-2.2.22-win32-x86-openssl-0.9.8t.msi，双击启动安装向导，如图 2.1 所示。单击【Next】按钮进入如图 2.2 所示的软件协议对话框，选择同意安装协议，单击【Next】按钮。

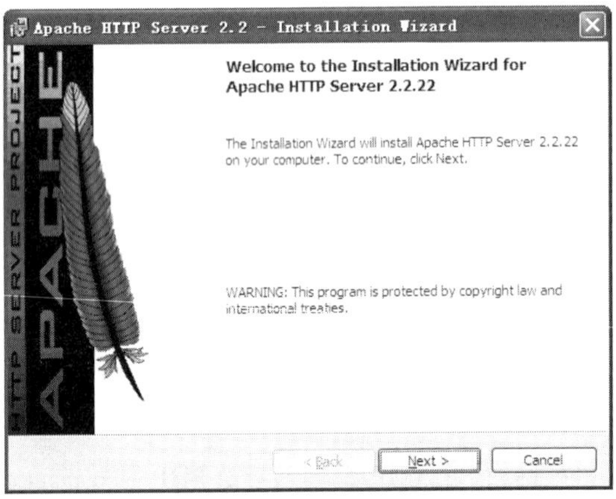

图 2.1 Apache 安装向导

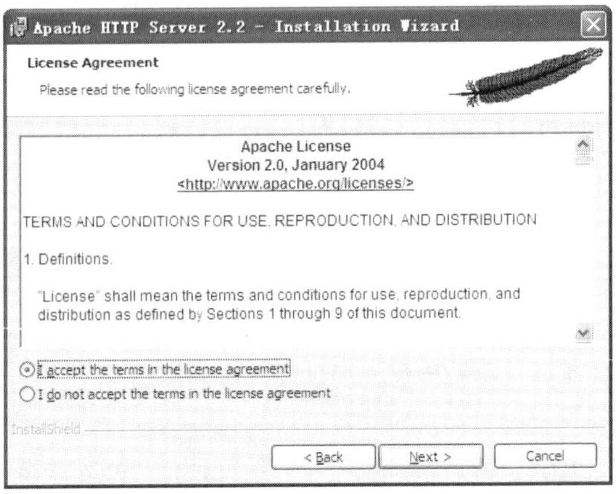

图 2.2 软件协议对话框

在服务器信息页设置如图 2.3 所示。

安装过程的其余步骤都取默认设置，跟着向导走即可。Apache 安装成功后在屏幕右下角会出现一个图标，图标内的三角形为绿色时表示服务正在运行，为红色时表示服务停止。双击该图标会弹出 Apache 管理界面，如图 2.4 所示。

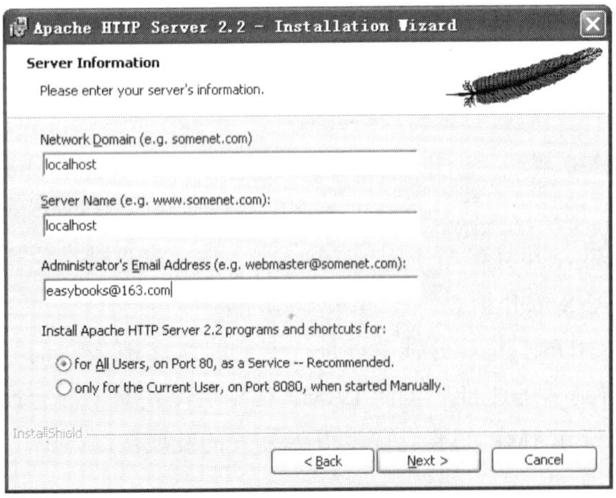

图 2.3 服务器信息设置

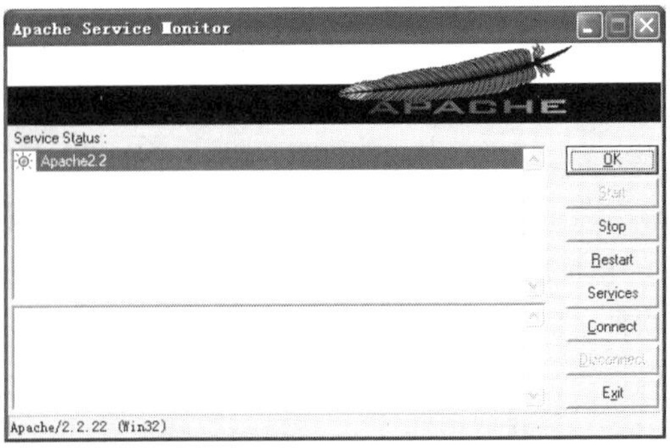

图 2.4 Apache 服务管理界面

单击【Start】、【Stop】和【Restart】按钮分别表示开始、停止和重启 Apache 服务。

Apache 安装完成后可以测试一下看能否运行。在 IE 地址栏输入 http://localhost 或 http://127.0.0.1，单击【Enter】键，如果测试成功会出现显示有“It works!”的页面。

2. 安装 PHP 插件

Apache 安装完成后，还需要为其安装 PHP 插件。PHP 官网只提供源代码或压缩包，若想获得可在 Windows 下直接安装的 installer 包，需要访问 Windows 版 PHP 下载站：http://windows.php.net/download/，目前支持的最高版本为 PHP 5.3.28。下载得到的安装文件名为 php-5.3.28-Win32-VC9-x86.msi，双击该文件，进入安装向导，如图 2.5 所示。单击【Next】按钮进入如图 2.6 所示的安装协议对话框，选择同意安装协议。

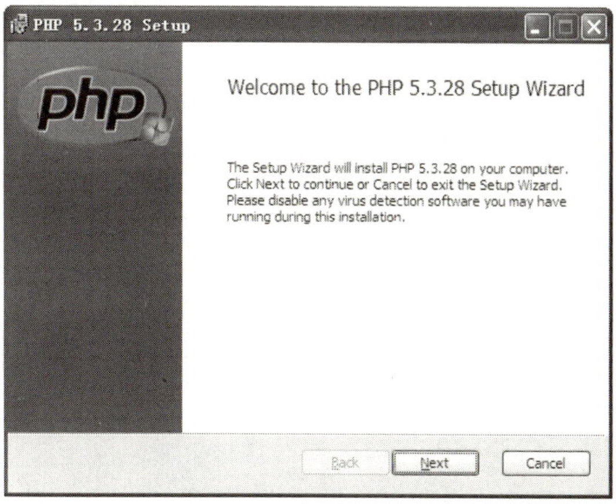

图 2.5 PHP 安装向导

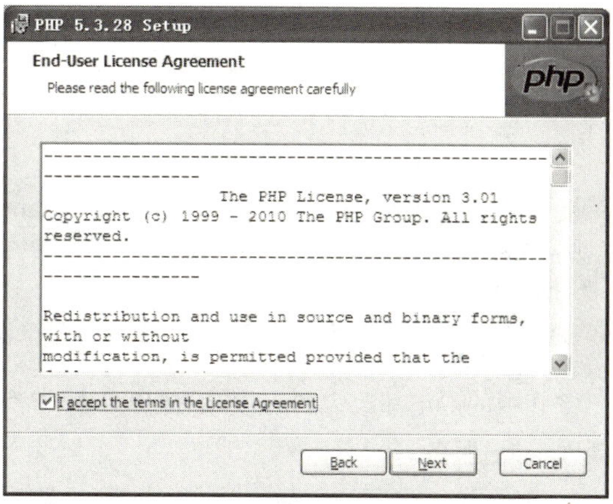

图 2.6 PHP 安装协议

按向导的指引继续操作，直至进入服务器选择对话框，如图 2.7 所示，选择“Apache 2.2.x Module”选项。

单击【Next】按钮，进入服务器配置目录对话框，此处要把 Apache 安装路径的 conf 文件夹的路径填写到对话框的文本框中，单击【Browse】按钮，找到 conf 文件夹，如图 2.8 所示，单击【OK】按钮确定修改。

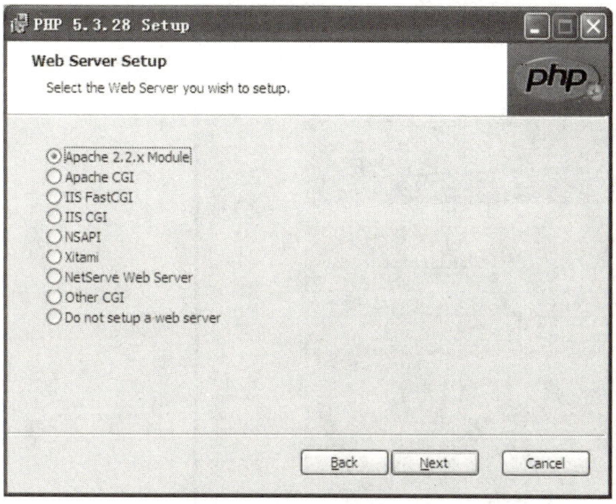

图 2.7 PHP 服务器选择

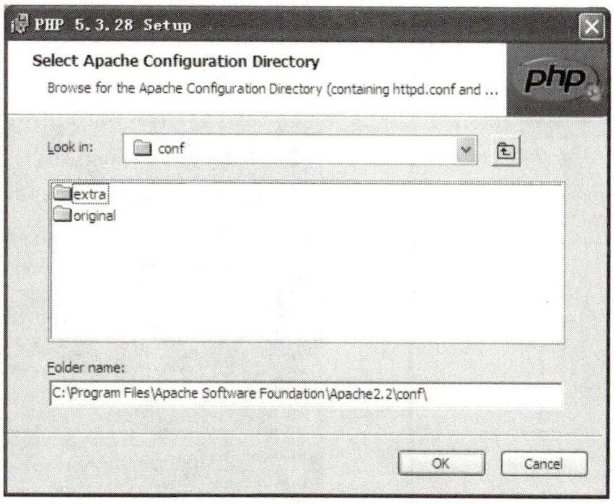

图 2.8 定位 Apache 配置路径

修改配置目录后单击【Next】按钮进入安装选项对话框，建议初学者安装所有的组件，如图 2.9 所示，单击树状结构中  右边的箭头，在展开的菜单中选择“Entire feature will be installed on local hard drive”。

安装完后重启 Apache 服务管理器，界面最下方的状态栏会显示“Apache/2.2.22 (Win32)

PHP/5.3.28”，如图 2.10 所示（注意与图 2.4 比较），这说明 PHP 已经安装成功了！

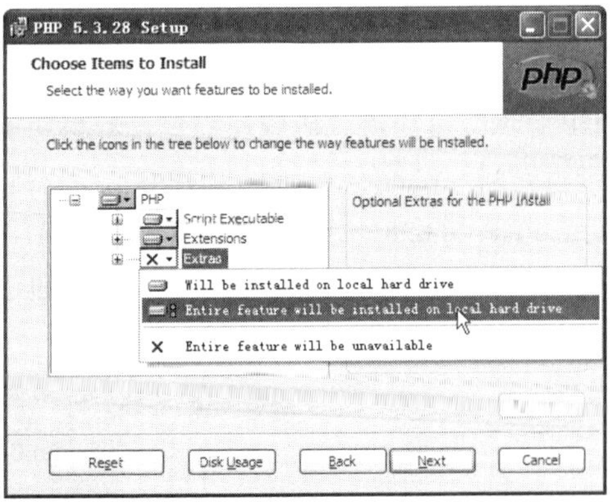

图 2.9　安装全部功能组件

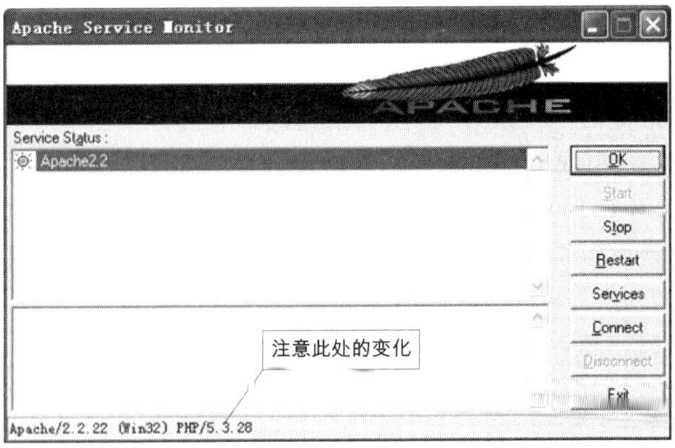

图 2.10　Apache 已支持 PHP

接下来修改 PHP 的配置文件，打开 C:\Program Files\PHP 的文件 php.ini，在其中找到如下一段内容：

```
short_open_tag = Off
; Allow ASP-style <% %> tags.
; http://php.net/asp-tags
asp_tags = Off
```

将其中的 Off 都改为 On，以使 PHP 支持<??>和<%%>的标记方式。确认修改后，保存配置文件，重启 Apache 服务。

在 Apache 根目录 htdocs 文件夹（路径为 C:\Program Files\Apache Software Foundation\Apache2.2\htdocs）里新建一个文本文件，在其中写入如下代码：

```
<?php
    phpinfo();
?>
```

保存后将文件名修改为 phpinfo.php，打开 IE 浏览器，输入 http://localhost/phpinfo.php，单击【Enter】键。如果出现如图 2.11 所示界面则表示 PHP 配置成功！

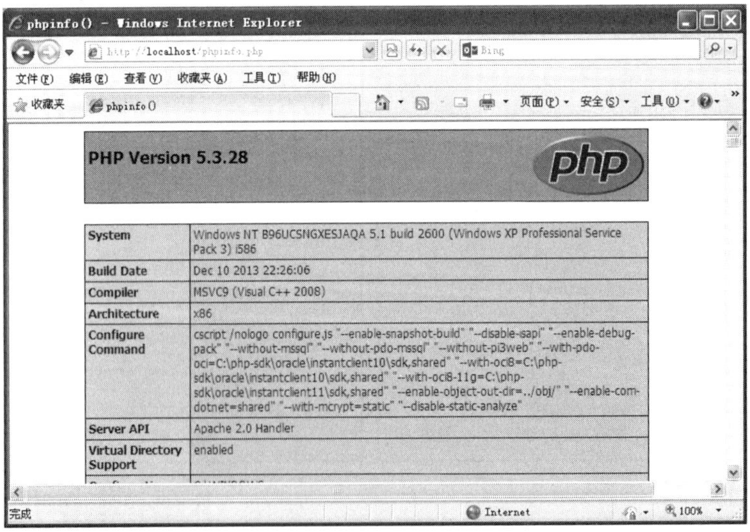

图 2.11　PHP 安装成功

3. 安装 MySQL 数据库

自 MySQL 版本升级到 5.6 以后，其安装及配置过程与原来版本相比发生了很大的变化。下面分步骤详细介绍 5.6 版本 MySQL 的下载安装、配置及运行过程。首先确保系统中安装了 Microsoft .NET

Framework 4.0。

（1）MySQL 下载安装。

MySQL 的安装包可从 http://dev.mysql.com/downloads/上免费下载，下载得到的安装包名为 mysql-installer-community-5.6.17.0.msi，双击该安装包会弹出如图 2.12 所示的欢迎窗口。

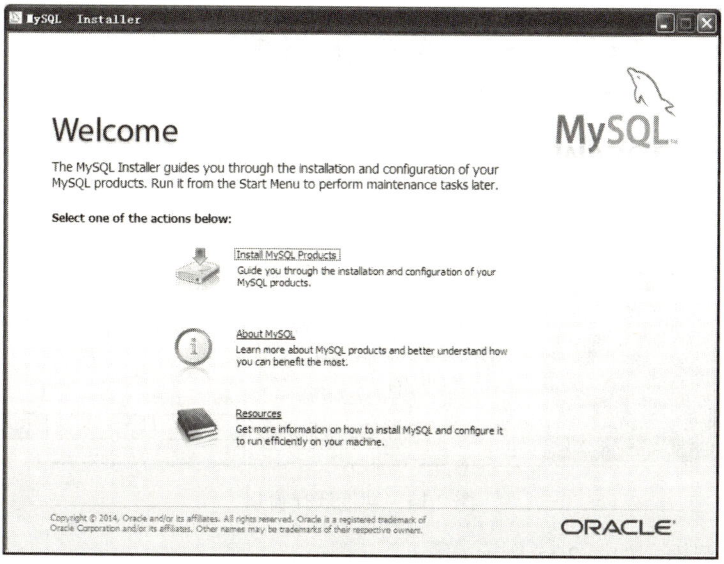

图 2.12　MySQL 欢迎界面

单击图中的“Install MySQL Products”文字链接，进入安装协议窗口，选择同意安装协议。

按向导步骤安装，在如图 2.13 所示的安装类型选择界面中，选择“Custom”选项，其余保持默认值，然后单击【Next】按钮。

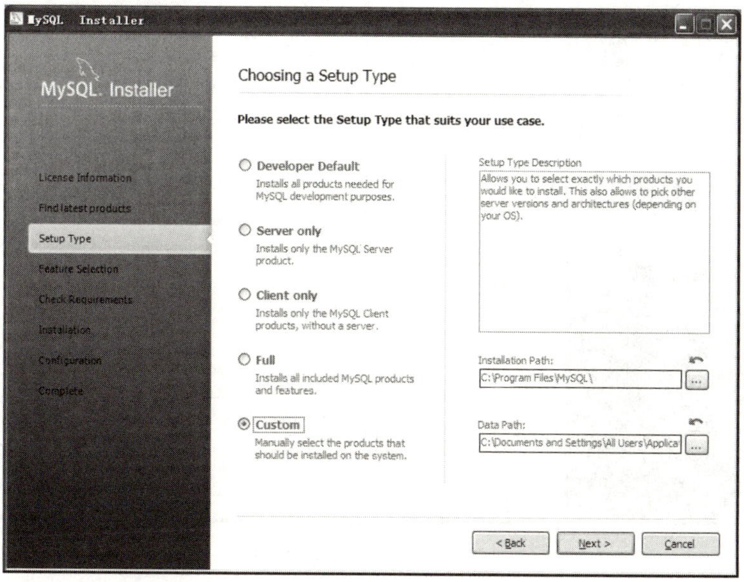

图 2.13　安装类型选择窗口

在如图 2.14 所示的功能选择界面上，取消“Applications”及“MySQL Connectors”前的复选框，然后单击【Next】按钮。

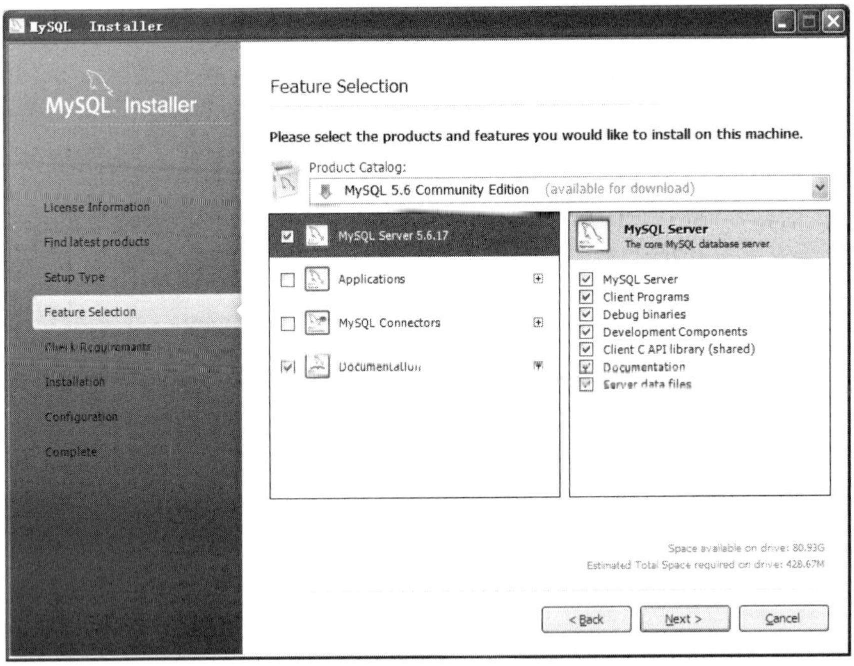

图 2.14　功能选择窗口

进入程序安装界面，如图 2.15 所示。

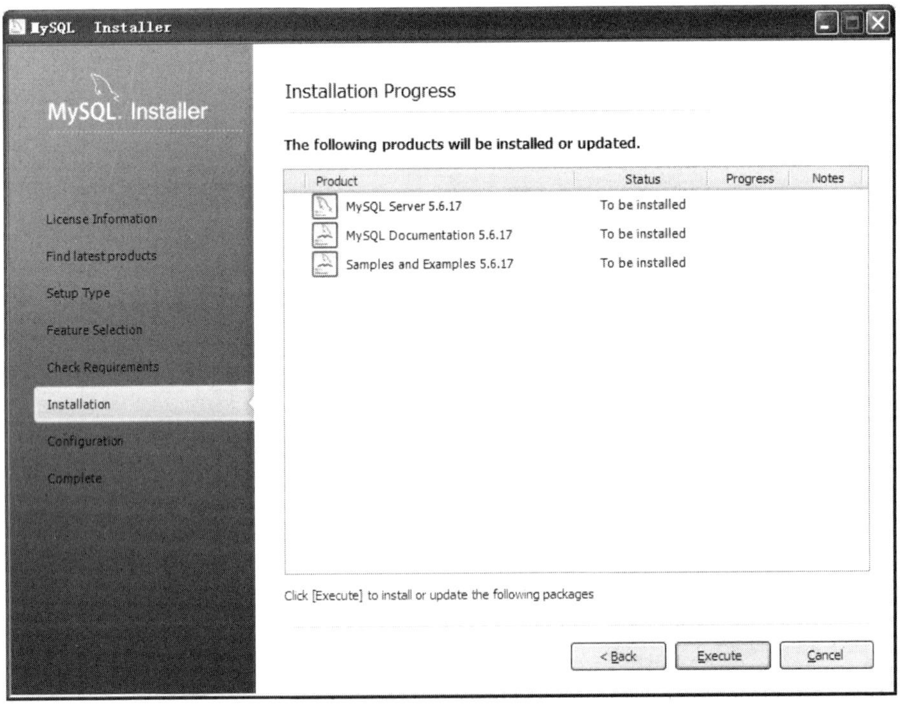

图 2.15　程序安装界面

单击【Execute】按钮开始安装进程，安装成功出现如图 2.16 所示界面。

单击【Next】按钮进入配置过程。

（2）MySQL 服务器配置。

再次单击【Next】按钮，出现第一个配置页面，如图 2.17 所示。

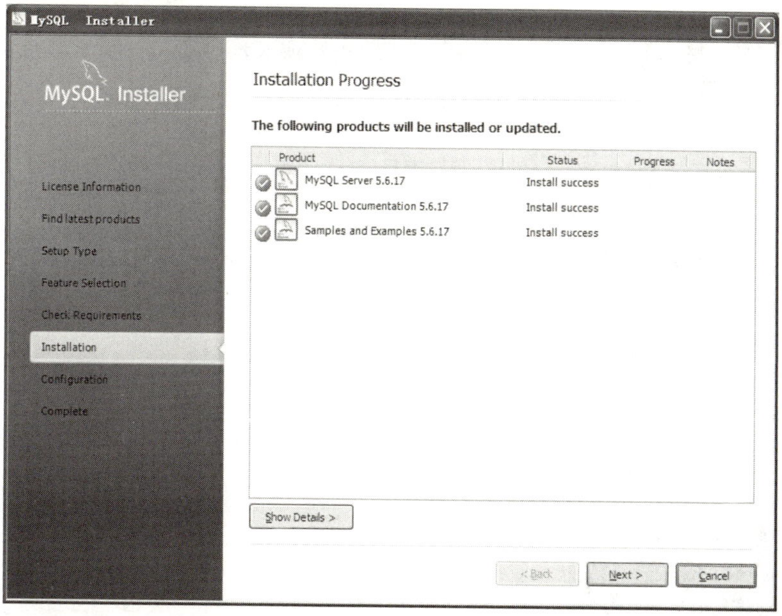

图 2.16　安装成功界面

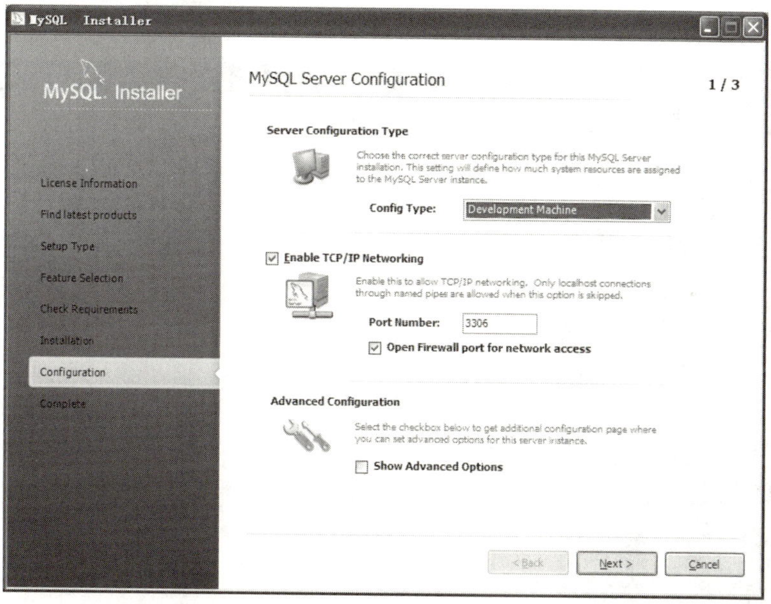

图 2.17　配置页面一

图中“Server Configuration Type”下面的“Config Type”下拉列表项用来配置当前服务器的类型。作为初学者，选择“Development Machine”（开发者机器），这样占用系统的资源比较少。其他选项都取默认值。

单击【Next】按钮，出现第二个配置页面，如图 2.18 所示，设置 Root 用户的密码（密码必须记下来，以后编程访问数据库会用到）。

单击【Next】按钮，之后的配置保留默认值即可。最终的完成安装界面如图 2.19 所示，这说明 MySQL 数据库的整个安装、配置过程都圆满完成！

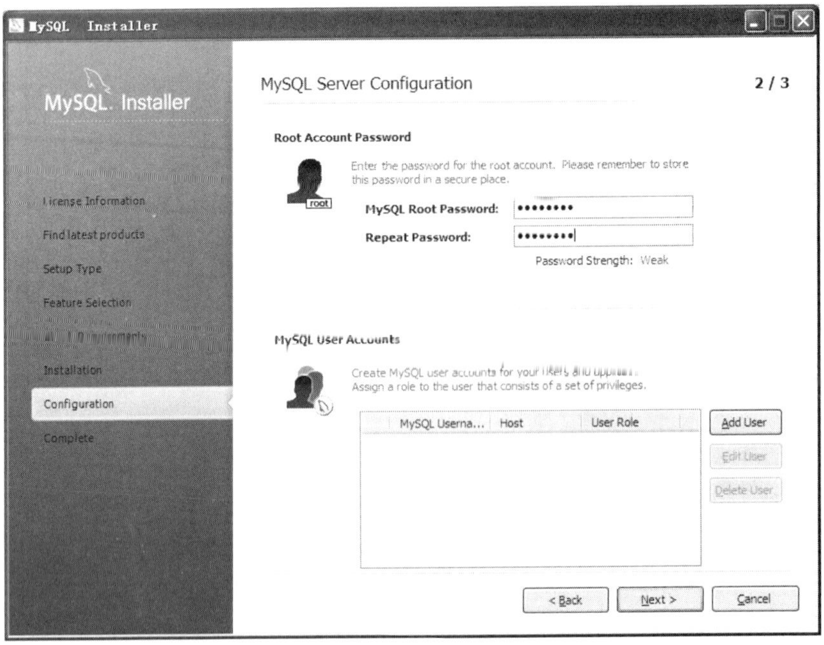

图 2.18　配置页面二

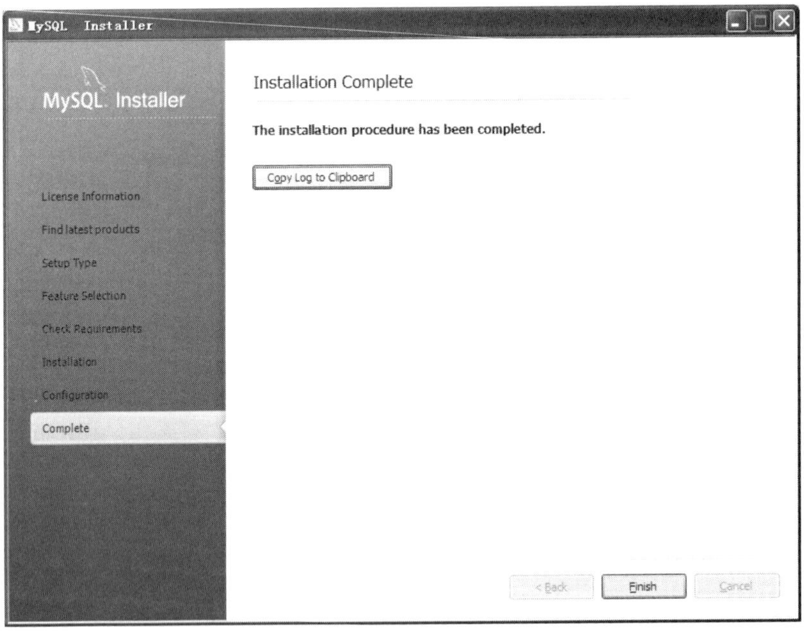

图 2.19　安装配置圆满完成

最后，单击【Finish】按钮结束向导。

（3）MySQL 试运行。

打开 Windows 任务管理器，可以看到 MySQL 服务进程 mysqld.exe 已经启动了，如图 2.20 所示。

此进程对于 MySQL 数据库的正常运行来说是至关重要的，使用 MySQL 之前，必须确保进程 mysqld.exe 已经启动。但用户关机后重新开机进入系统时，这个进程很有可能并不是默认启动的，这时就要靠用户手动开启，方法如下。

进入 MySQL 安装目录 C:\Program Files\MySQL\MySQL Server 5.6\bin（读者请进入自己安装

MySQL 的 bin 目录)，双击 mysqld.exe 即可。

进入 Windows 命令行，输入命令：

```
cd C:\Program Files\MySQL\MySQL Server 5.6\bin
```

进入 MySQL 可执行程序目录，再输入命令：

```
mysql -u root -p
```

单击【Enter】键，输入密码（读者请用之前安装时自己设的密码)：

```
19830925
```

单击【Enter】键，显示如图 2.21 所示的欢迎屏信息。

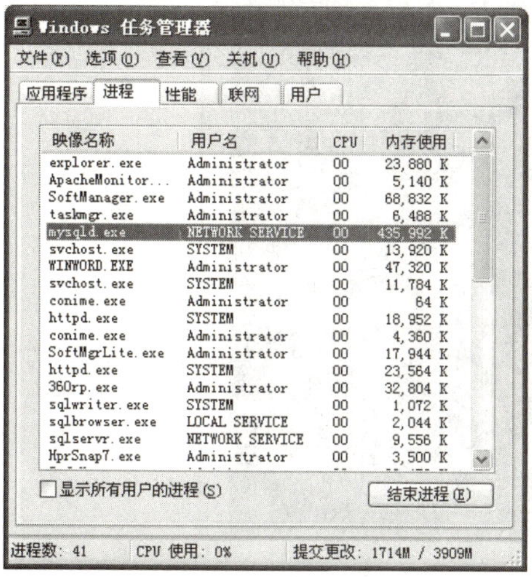

图 2.20　MySQL 服务进程

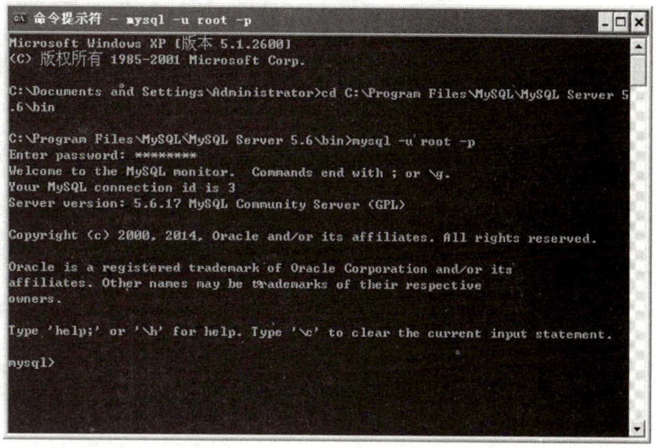

图 2.21　MySQL 成功登录

图 2.21 所示进入的其实就是 MySQL 的命令行模式，在命令行提示符“mysql>”后输入 quit，可退出命令行。

(4）设置 MySQL 字符集。

为了让 MySQL 数据库能够支持中文，必须设置系统字符集编码。

输入命令：

```
show variables like 'char%';
```

可查看当前连接系统的参数，如图 2.22 所示。

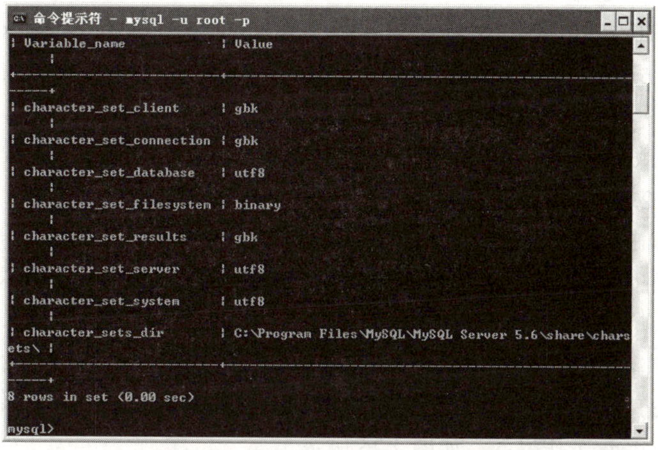

图 2.22　查看当前连接系统的参数

然后输入命令：

```
set character_set_database= 'gbk' ;
set character_set_server= 'gbk' ;
```

将数据库和服务器的字符集均设为 gbk（中文）。

最后输入命令：

```
status;
```

查看结果如图 2.23 所示。

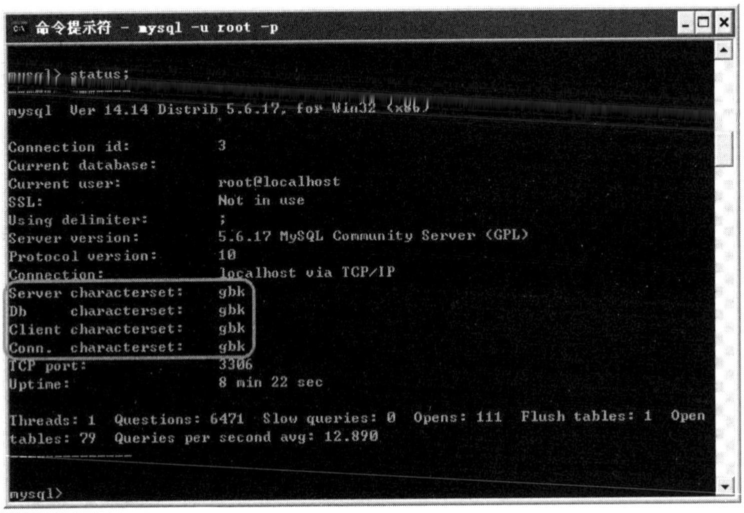

图 2.23　查看当前系统字符集

从图 2.23 所示的框内部分可见，系统的 Server（服务器）、Db（数据库）、Client（客户端）及 Conn.（连接）的字符集都改为了“gbk”，这样一来，整个 MySQL 系统就能支持中文汉字字符了！

由于 MySQL 默认并不自动支持中文，故读者在学做书上的实例时，在创建数据库之前都要记得先按上述步骤设置一下字符集编码，如此建成的数据库才支持中文字段和数据内容的存储。

4. 安装 Eclipse 开发工具

Eclipse 长期以来一直作为 Java 开发工具，目前 Eclipse 也推出了适合 PHP 的开发工具 Eclipse PDT。由于 Eclipse 是开源软件，而且 Eclipse PDT 拥有语法突出显示、代码辅助、增量调试等特性，为 PHP 程序的开发提供了方便，所以 Eclipse PDT 一经推出就得到了广大 PHP 使用者的欢迎。

Eclipse 需要 JRE 的支持，本书安装的版本是 JDK 7 Update 40，安装可执行文件名为 jdk-7u40-windows-i586.exe，双击该文件即可启动安装向导。本书安装的目录是 C:\Program Files\Java\jre7。

Eclipse PDT 下载地址为 http://www.zend.com/en/company/community/pdt/downloads/。本书选择 Zend Eclipse PDT 3.2.0（Windows 平台），即 Eclipse 和 PDT 插件的打包版，将下载的文件解压到 D:\eclipse 文件夹，双击其中的 zend-eclipse-php.exe 文件，即可运行 Eclipse。

Eclipse 启动画面如图 2.24 所示，软件启动后会自动进行配置，并提示选择工作空间，如图 2.25 所示。

在图 2.25 所示中单击【Browse】按钮可修改 Eclipse 工作空间，本书开发使用默认路径“C:\Program Files\Apache Software Foundation\Apache2.2\htdocs”。单击【OK】按钮，进入 Eclipse 的欢迎页面，关闭欢迎页面后进入 Eclipse 工作界面，如图 2.26 所示。

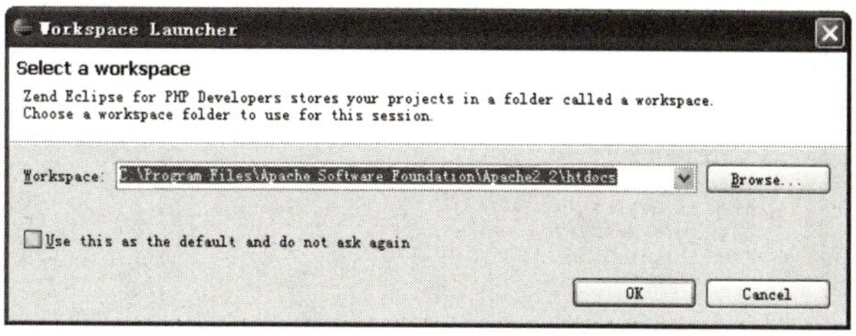

图 2.24　Eclipse 启动画面　　　　图 2.25　Eclipse 工作空间选择

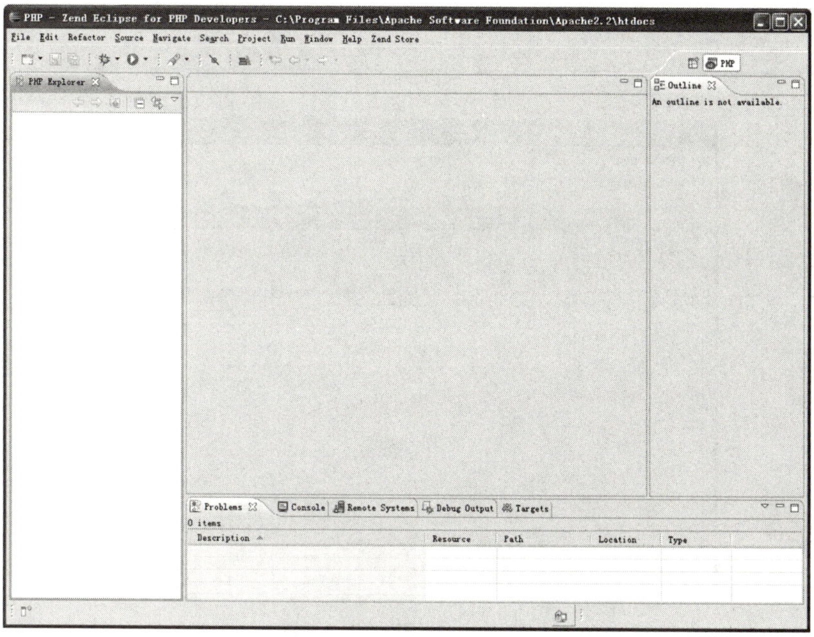

图 2.26　Eclipse 工作界面

2.1.3　编写 PHP 程序

在 PHP 开发环境搭建完成后，就可以使用 Eclipse 来编写 PHP 程序了，Eclipse 以“项目”为单位管理用户编写的 PHP 程序，故在编程之前先要创建项目，具体操作步骤如下。

（1）运行 Eclipse，进入如图 2.26 所示工作界面，单击“File”菜单，选择“New”菜单项，在其子菜单中选择“Project”菜单项。

（2）在弹出的新建项目对话框中展开 PHP 目录树，选择“Local PHP Project”子目录，如图 2.27 所示。

（3）单击【Next】按钮进入项目信息对话框，在“Project name”文本框中输入项目名称“Practice”，如图 2.28 所示，所用 PHP 版本选择“php5.3”（与之前安装的版本一致）。

（4）单击【Next】按钮，进入如图 2.29 所示的项目路径信息对话框，系统默认项目位于本机 localhost，基准路径为/Practice/，于是项目启动运行的 URL 就是 http://localhost/Practice/，本例就采用这个默认路径地址。

（5）完成后单击【Finish】按钮，项目创建完成后，Eclipse 会在 Apache 安装目录的 htdocs 文件夹下自动创建一个名为“Practice”的文件夹，并创建项目设置和缓存文件。

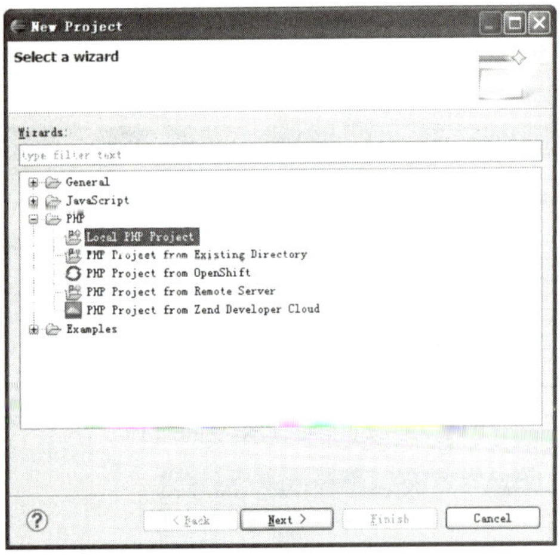

图 2.27　新建 PHP 项目

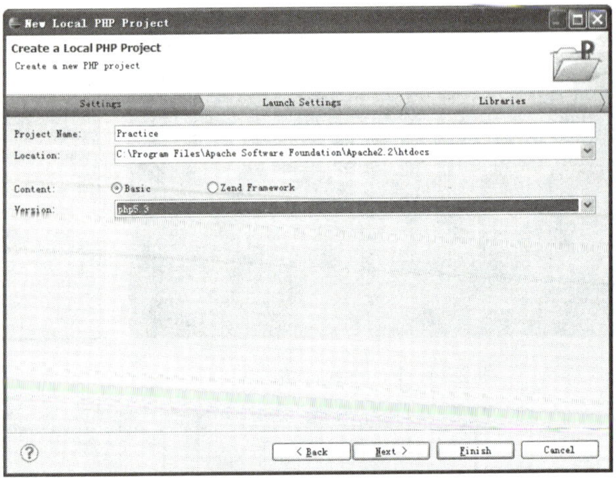

图 2.28　项目信息对话框

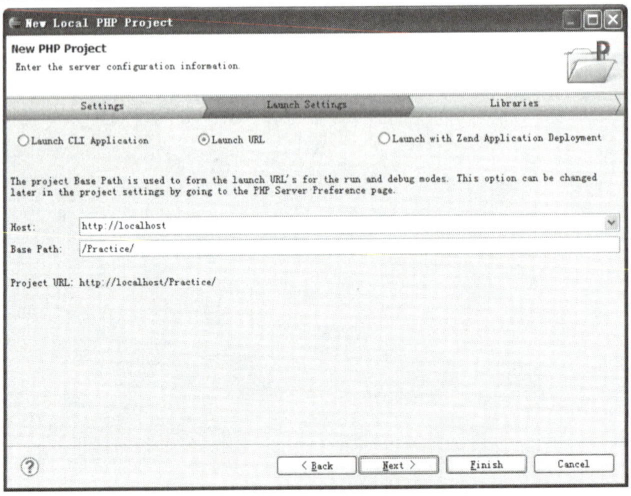

图 2.29　路径信息对话框

（6）项目新建完成后，工作界面上的“PHP Explorer”区域中会出现一个“Practice”目录树，右击该“Practice”文件夹，选择“New”菜单项，在子菜单中选择“PHP File”菜单项，如图 2.30 所示。

（7）在弹出的新建文件对话框的“File Name”文本框中为新文件起名为“EX1_5_stu.php”（即第 1 章的【例 1.5】的程序），如图 2.31 所示，最后单击【Finish】按钮即可完成创建。

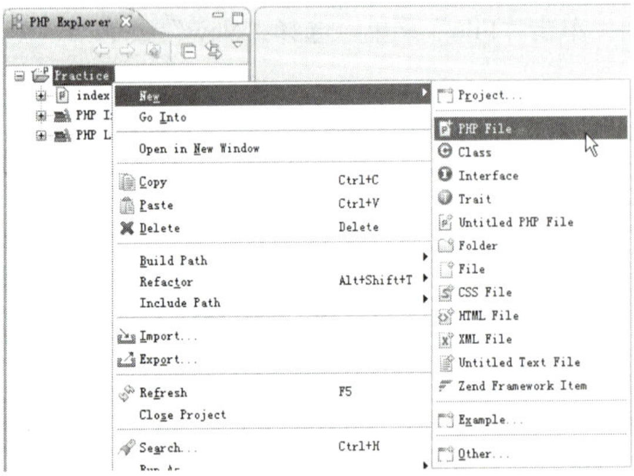

图 2.30　新建 PHP 文件

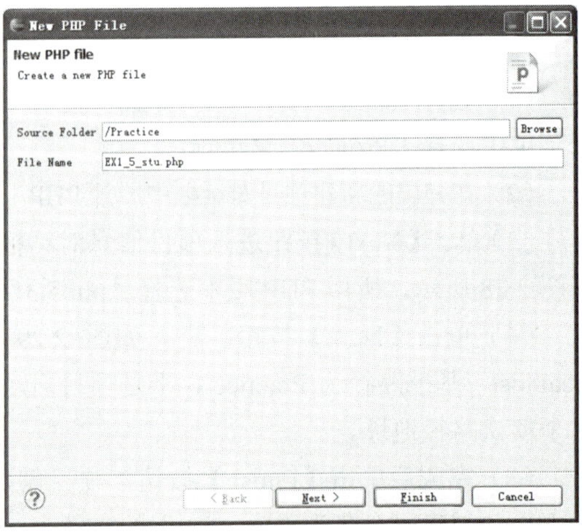

图 2.31　填写 PHP 文件名

（8）文件新建后，“Practice”目录树下会增添一个“EX1_5_stu.php”文件，并在右侧的文件编辑区打开该文件，如图 2.32 所示，在其中输入 PHP 程序代码（见第 1 章），用同样的方法建立文件 EX1_5_PHP.php 并输入源代码，代码写完后单击面板上的图标 进行保存。若无特别说明，本书后面的文件都将在 Practice 项目中建立。

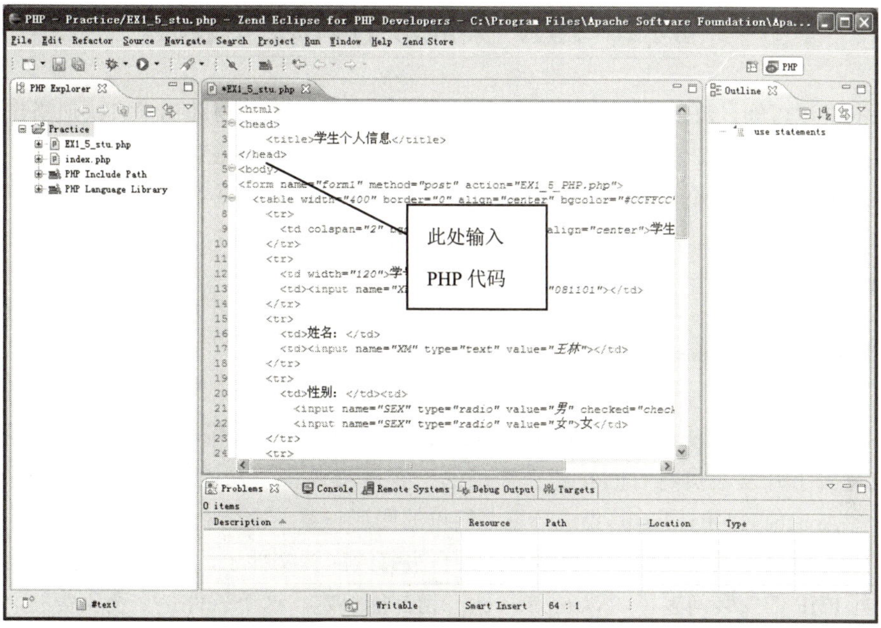

图 2.32　编写 PHP 程序

（9）打开或选中程序启动文件，单击面板上的运行图标 ，在下拉菜单选项中选择“Run As”菜单项，在子菜单中选择“PHP Web Application”菜单项，如图 2.33 所示。

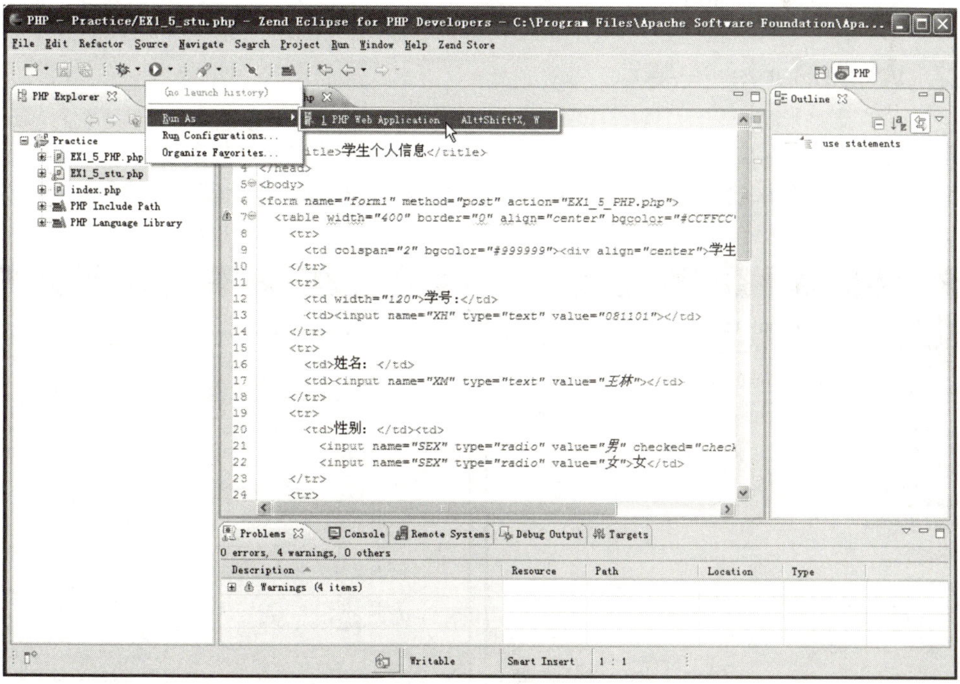

图 2.33　运行 PHP 文件

（10）主界面中将会出现运行结果（见第 1 章图 1.5、图 1.6），也可以选择直接在浏览器中运行程序。打开 IE，在地址栏输入 http://localhost/Practice/EX1_5_stu.php，单击【Enter】键即可出现相同的运行效果。

2.2 PHP 集成软件环境安装

从前面的讲述可知，PHP 分立组件环境的搭建稍显复杂，为了帮助初学者快速搭建环境，以便将主要精力都放在学习 PHP 语言上，有高手开发出了 PHP 集成环境安装包，就是将前述的这些分立组件 Apache、PHP 插件、MySQL 等重新包装成单一的软件产品，目前在网上可以免费下载很多这样的软件，如：WampServer、XAMPP、AppServ、PHPnow 和 phpStudy 等。本书选用当前最主流的 WampServer。

2.2.1 WampServer 简介

WampServer 是一款由法国人开发的 Apache Web 服务器、PHP 解释器以及 MySQL 数据库的整合软件包。它免去了开发人员将时间花费在烦琐的配置环境过程，从而腾出更多精力去做开发。在 Windows 下将 Apache+PHP+Mysql 集成环境，简单的图形与菜单安装和配置，PHP 扩展、Apache 模块等功能开启/关闭鼠标点点就搞定，再也不用亲自去修改配置文件了，WampServer 它会去做。再也不用到处询问 PHP 的安装问题了，WampServer 一切都能搞定。这个软件是完全免费的，网上可以下载最新的版本。

目前 WampServer 最新版本为 WampServer 2.4，包含组件版本为 Apache 2.4.4、MySQL 5.6.12 和 PHP 5.4.16。

本书安装的就是这个最新版！

2.2.2 WampServer 安装

双击下载得到的安装文件 Wampserver2.4-x86.exe，进入安装向导，如图 2.34 所示，可以看到其内含各组件的版本。单击【Next】按钮出现如图 2.35 所示的软件协议对话框，选择接受协议，单击【Next】按钮。

图 2.34 WampServer 安装向导

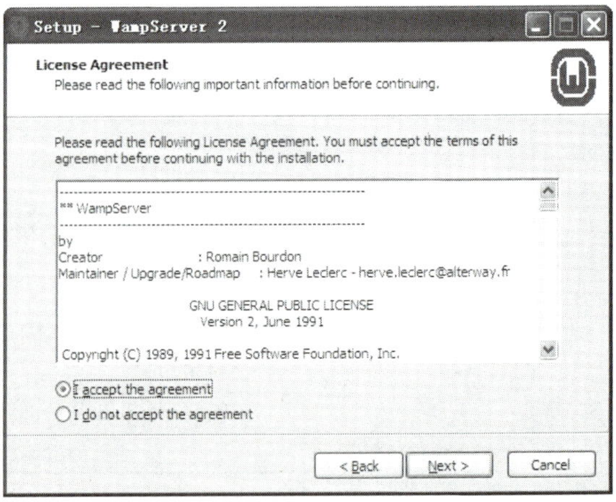

图 2.35 WampServer 安装协议

在如图 2.36 所示的界面上选择安装路径，这里取默认 C:\wamp，单击【Next】按钮，接下来的几个步骤皆取默认值，直到如图 2.37 所示的对话框中单击【Install】按钮开启安装进程。

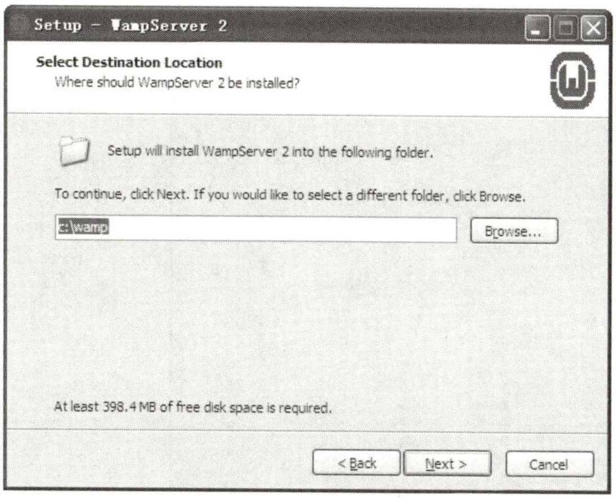

图 2.36　选择安装路径

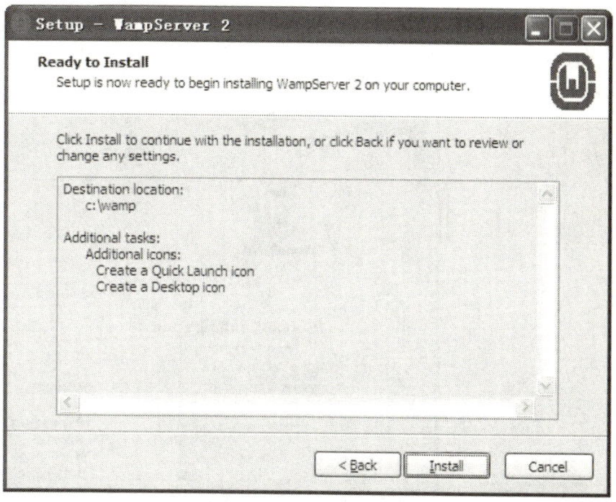

图 2.37　准备安装

安装过程中可能会弹出提示，要用户选择默认浏览器，如图 2.38 所示，这里选择系统 Windows 目录下的 explorer.exe。出现如图 2.39 所示对话框，要求指定 PHP 邮件服务器参数，这里保持默认值，单击【Next】按钮。

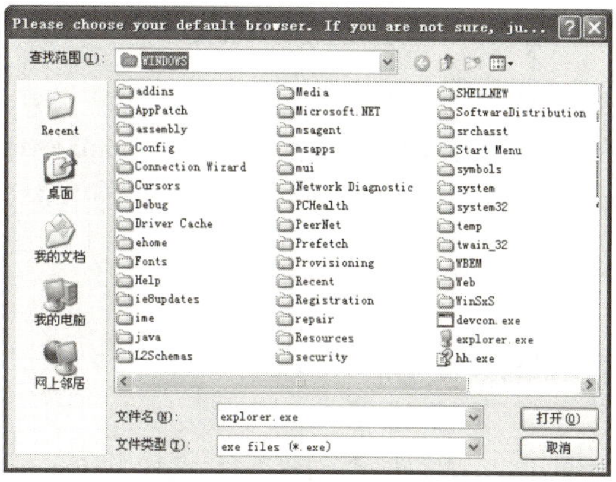

图 2.38　选择默认浏览器

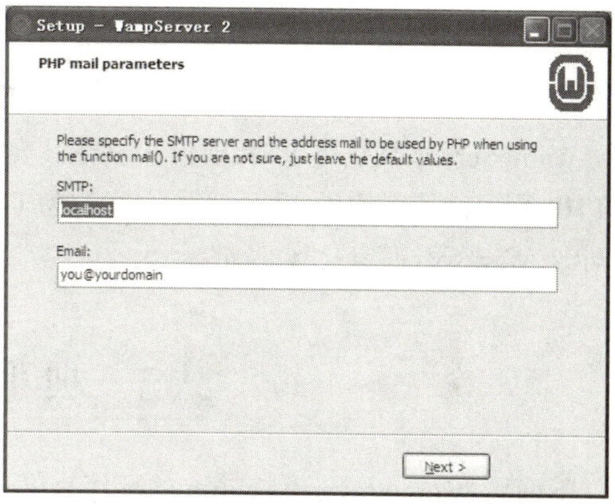

图 2.39　指定 PHP 邮件服务器参数

安装完成后，出现如图 2.40 所示窗口，单击【Finish】按钮结束安装。WampServer 会自行启动，在 Windows 任务栏右下角出现一个 图标，如图 2.41 所示，鼠标单击该图标弹出 WampServer 主菜单。

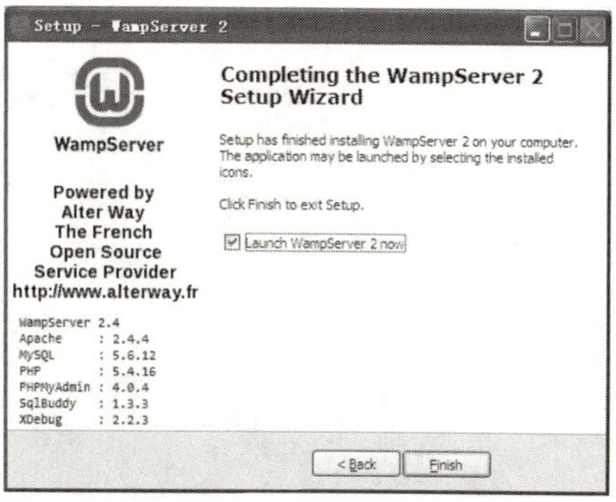

图 2.40　安装完成

图 2.41　WampServer 主菜单

单击主菜单“Localhost”选项，浏览器弹出如图 2.42 所示窗口，该窗口是关于 WampServer 的系统信息，用户可选择链接点进去查看。

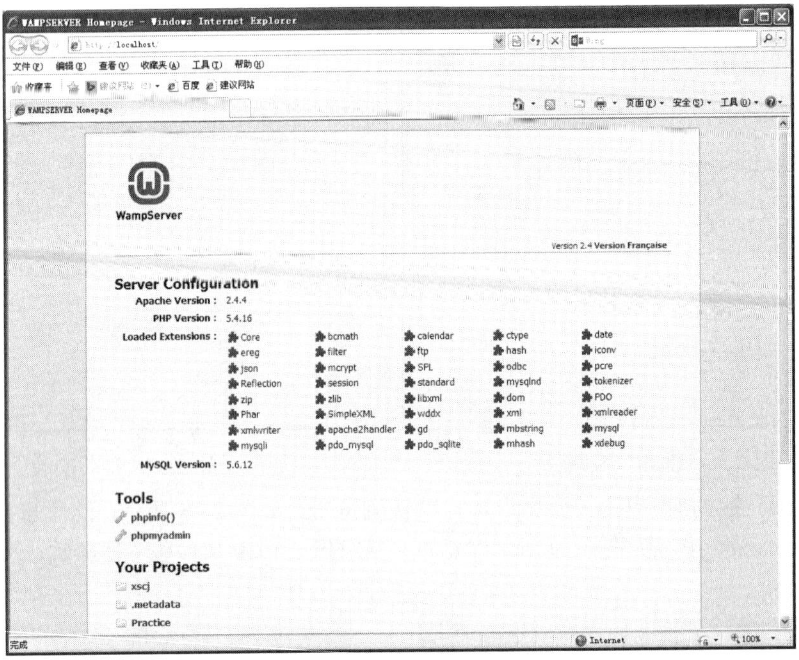

图 2.42　WampServer 安装成功

WampServer 默认将 PHP 项目存放在其安装路径的 www 目录下，故请选择使用 WampServer 开发 PHP 程序的读者将 Eclipse 工作空间改为 C:\wamp\www，方法是在 Eclipse 下选择菜单“File”→“Switch Workspace”→“Other”。

2.3　典型 PHP 程序实例

下面用 WampServer＋Eclipse 的环境来做几个典型的 PHP 程序实例。创建项目，名称为“Practice”，方法同前，但所用 PHP 版本选“php5.4”（与 WampServer 内置的 PHP 组件版本一致）。

2.3.1　最简单的 PHP 程序

在项目中新建 PHP 文件 first.php，编写代码：

```
<!DOCTYPE html>
<html>
<head>
    <title>PHP 程序</title>
</head>
<body>
    <?php
        echo "<h1>你好，这是第一个 PHP 程序！</h1>";
    ?>
</body>
</html>
```

说明：程序中“<?php”和“?>”分别是 PHP 语言的开始符和结束符，在这两个符号之间的代码为 PHP 代码，其余的是 HTML 代码，这里是将 PHP 嵌入到了 HTML 代码中。而在 PHP 代码中“<h1>”和“</h1>”标记是 PHP 代码中加入的 HTML 标记，这里采用最新的 HTML 5，有关这部分内容的基础知识见第 1 章。

代码编写完成后单击面板上的图标 进行保存，并单击面板上的运行图标 ，在下拉菜单选项中选择“Run As”菜单项，在子菜单中选择“PHP Web Application”菜单项，如图 2.43 所示。

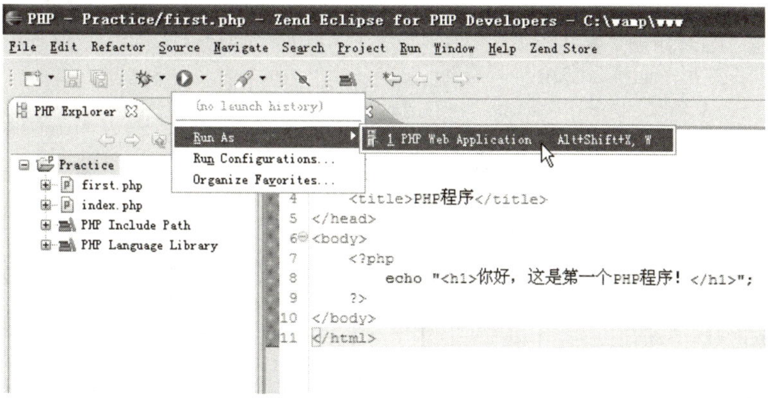

图 2.43　运行 PHP 文件

主界面中将会出现运行结果，如图 2.44 所示。也可以选择直接在浏览器中运行程序。打开 IE，在地址栏中输入 http://localhost/Practice/first.php，单击【Enter】键，出现如图 2.45 所示的运行结果。

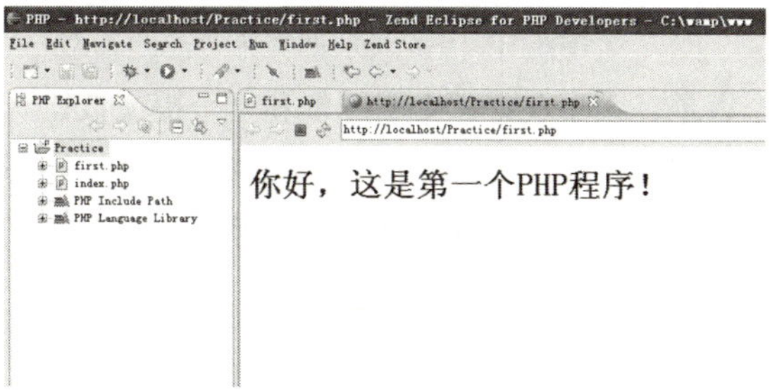

图 2.44　第一个 PHP 程序的运行结果

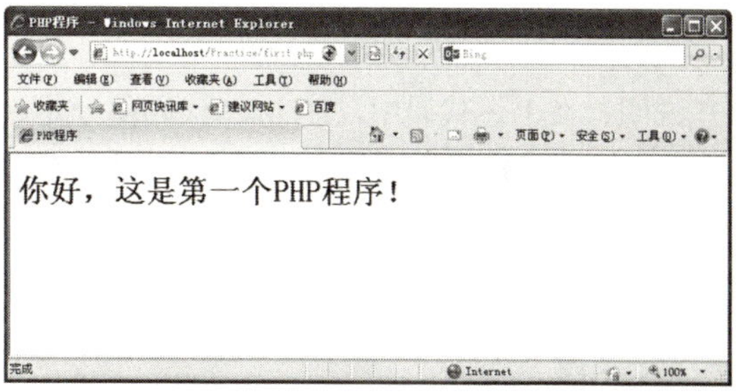

图 2.45　浏览器中运行 PHP 程序

2.3.2　同一页面上的 PHP 交互

PHP 代码可与 HTML 写在一起，提供同一页面上的交互功能。这里举一个 PHP 处理 HTML 表单数据的例子。页面的主要功能是接收用户输入的边长值，计算出正方形的面积并显示在当前页上。

通过 Eclipse 工具在 Practice 项目中新建一个 second.php 文件（以后要运行的实例文件都在该项目文件夹下建立），文件中输入以下代码：

```
<!DOCTYPE html>
<html>
<head>
    <title>PHP 交互页面演示</title>
</head>
<body>
<form method="post">
```

```
    请输入边长：<input type="text" name="Rad"/>
    <input type="submit" name="button" value="提交"/>
</form>
</body>
</html>
<?php
    if (isset($_POST["button"]))
    {
        $Rad=$_POST["Rad"];
        $Area=$Rad*$Rad;
        echo "正方形的面积为",$Area;
    }
?>
```

运行 second.php 文件。打开 IE，在地址栏中输入 http://localhost/Practice/second.php，单击【Enter】键，结果如图 2.46 所示，在文本框中输入一个数值“12”，单击【提交】按钮，运行结果如图 2.47 所示。

图 2.46 运行结果

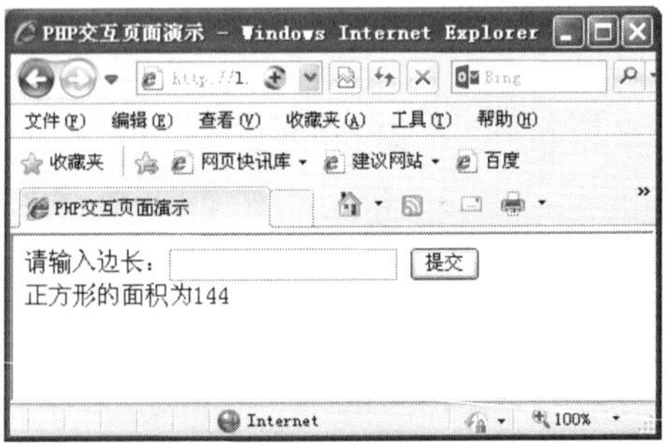

图 2.47 正方形的面积显示

说明：在上述代码中，HTML 代码部分是一个表单，表单包含一个文本框和一个提交按钮。由于表单中没有指定提交页面，单击【提交】按钮后表单就以 POST 方法提交给本页面。PHP 代码部分使用 isset()函数判断【提交】按钮是否被按下，如果被按下，使用$_POST["Rad"]变量将文本框中的值赋给变量$Rad，之后计算正方形的面积并使用 echo 函数输出到页面上。

注意：

PHP 中使用一个美元符“$”开头后面跟一个变量名来表示一个变量，变量赋值前不需要声明数据类型，这在以后的内容中会讲到。

2.3.3 不同页面上的 PHP 交互

可对上例稍加改动，将表单提交到另一个页面处理、显示结果。

新建一个 third.php 文件，代码如下：

```
<!DOCTYPE html>
<html>
<head>
    <title>PHP 交互页面演示</title>
</head>
<body>
<form method="post" action="third_PHP.php">
```

```
        请输入边长：<input type="text" name="Rad"/>
        <input type="submit" name="button" value="提交"/>
</form>
</body>
</html>
```

注意：

加黑部分代码指定了表单要提交给的另一个页面名为 third_PHP.php。

新建 third_PHP.php 文件，输入 PHP 代码：

```
<?php
if (isset($_POST["button"]))
{
        $Rad=$_POST["Rad"];
        $Area=$Rad*$Rad;
        echo "正方形的面积为".$Area;
}
?>
```

运行 third.php 文件。打开 IE，在地址栏中输入 http://localhost/Practice/third.php，单击【Enter】键，结果如图 2.48 所示，在文本框中输入一个数值“12”，单击【提交】按钮，在另一页面上显示正方形的面积，如图 2.49 所示。

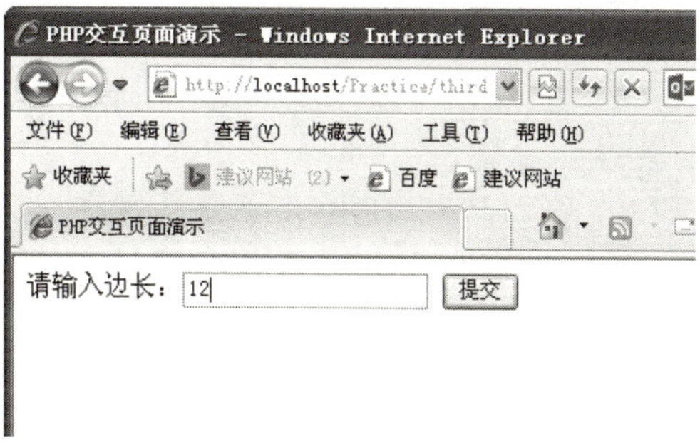

图 2.48 运行结果

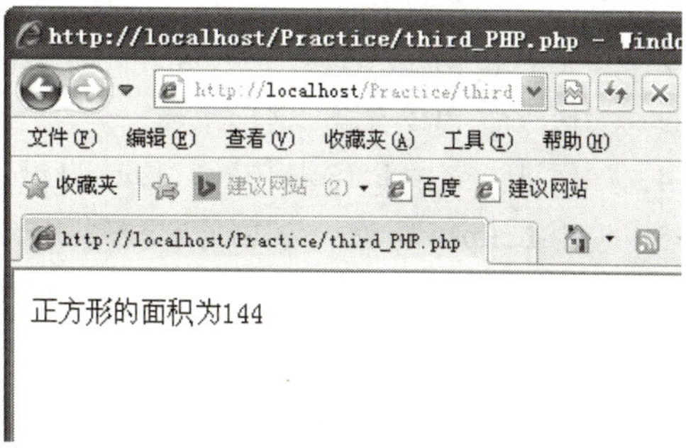

图 2.49 在另一页面上显示正方形的面积

2.4 PHP 项目导入

如果 Apache 安装路径的 htdocs 文件夹（若为集成 WAMP 环境，则是安装目录下的 www 文件夹中）下存在某个已经创建的项目文件夹，需要将该项目导入 Eclipse 工作区域，方法如下。单击“File”菜单，在弹出的选项菜单中单击“Import”选项，弹出如图 2.50 所示对话框，展开“General”目录树，选择“Existing Projects into Workspace”子目录。单击【Next】按钮进入项目路径对话框，如图 2.51 所示，单击【Browse】按钮，选择项目所在的文件夹（假设 xscj 项目已经创建，以它为例），最后单击【Finish】按钮即可将 xscj 项目导入到 Eclipse 的“PHP Explorer”区域中。

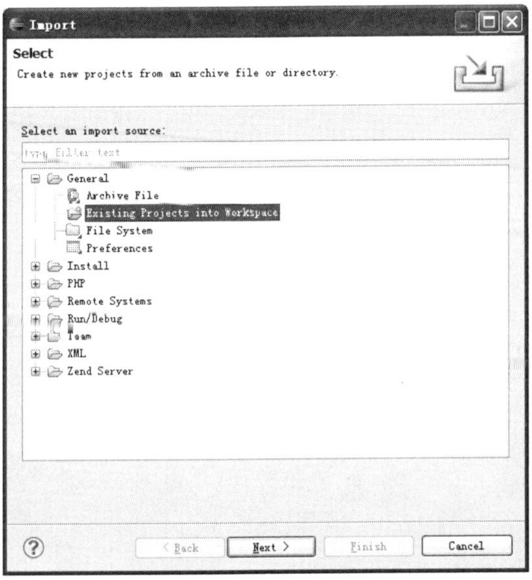

图 2.50　导入 PHP 项目

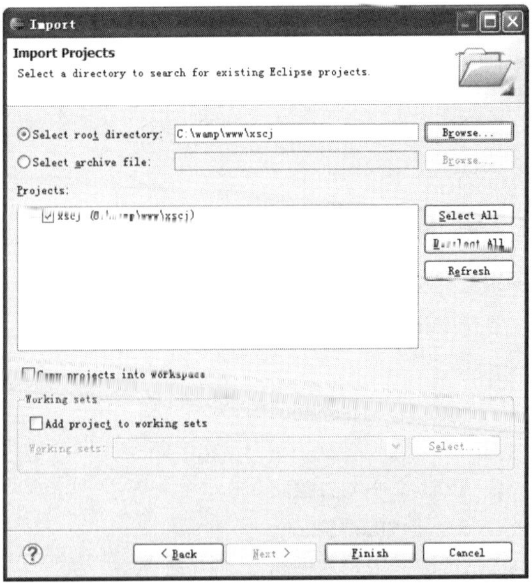

图 2.51　选择项目路径

习　题　2

1．PHP 有哪两种开发环境，各自的特点是什么？

2．安装 PHP 分立组件开发环境并配置它。

3．如何查看 PHP 配置文件？

4．如何进入显示 PHP 具体配置信息的 phpinfo 页面？

5．使用 Eclipse 新建一个工程 XT。

6．使用 Eclipse 在工程 XT 上新建一个 PHP 文件，输入一些简单的 PHP 代码并分别在 Eclipse 和 IE 上运行。

7．安装 PHP 集成软件环境。

8．PHP 有哪几种典型的程序，各有什么特点？

9．如何导入 PHP 项目？

第 3 章

PHP 基础语法

语法是学习一门语言的基础，PHP 语法与 C 语言的语法相似，如果读者有 C 语言的编程经验学习 PHP 就很容易了。本章学习的重点是 PHP 的基础语法。

3.1 PHP 入门

3.1.1 PHP 标记风格

在 PHP 程序中出现的“<?php”和“?>”标志符就是 PHP 标记。PHP 标记告诉 Web 服务器 PHP 代码何时开始、结束。这两个标记之间的代码都将被解释成 PHP 代码，PHP 标记用来隔离 PHP 和 HTML 代码。

PHP 的标记风格如下：

（1）以“<?php”开始，“?>”结束。

```
<?php
    //PHP 代码
?>
```

这是本书使用的标记风格，也是最常见的一种风格。它在所有的服务器环境上都能使用，而在 XML（可扩展标记语言）嵌入 PHP 代码时就必须使用这种标记以适应 XML 的标准，所以推荐用户都使用这种标记风格。

（2）以“<?”开始，“?>”结束。

```
<?
    //PHP 代码
?>
```

这种风格是最简单的标记风格，默认是禁用的，配置 php.ini 文件通过修改 short_open_tag 选项来允许使用这种风格。由于它可能会干扰 XML 文档的声明，所以不推荐使用这种风格的标记。

（3）script 标记风格。

```
<script language="php"
    //PHP 代码
</script>
```

长风格标记，这是类似 JavaScript 的编写方式。

（4）以“<%”开始，“%>”结束。

```
<%
```

```
    //PHP 代码
%>
```

这与 ASP 的标记风格相同。与第（2）种风格一样，这种风格默认是禁止的。通过修改 php.ini 文件的 asp_tags 选项可以支持这种使用风格，当 PHP 代码与 ASP 源代码混在一起时建议不要使用这种风格。

将 PHP 语句放置在开始和结束标记之间，可以告诉 PHP 解释器进行何种操作。而每一条 PHP 语句都是以分号结尾的。在 PHP 中，分号用于分隔 PHP 语句，丢失分号是最容易出现的语法错误，读者在编写时一定要注意。

3.1.2 PHP 程序注释

在 PHP 程序中，间隔字符，如换行（回车）、空格和 tab（制表符），都被认为是空格。在 HTML 中空格字符将被忽略，在 PHP 中同样如此。多个空格显示时只显示一个空格，例如：

```
<?php
     echo "Hello              ";
    echo "world";
?>
```

上面代码输出的结果为“Hello world”。

注释是对 PHP 代码的解释和说明，PHP 解释器将忽略注释中的所有文本。事实上，PHP 分析器将跳过等同于空格的注释。

PHP 注释一般分为多行注释和单行注释。

- 多行注释。一般是 C 语言风格的注释，以“/*”开始，“*/”结束。如下注释就是一个多行注释：

```
<?php
/* 作者：周何骏
    完成时间：2014.04
    内容：PHP 程序
*/
?>
```

说明：和 C 语言风格的注释一样，PHP 的多行注释是不能嵌套的。

- 单行注释。可以使用 C++风格或 shell 脚本风格的注释，C++风格是以“//”开始，所在行结束时结束；shell 脚本风格与 C++类似，使用的符号是“#”。例如：

```
<?php
    echo "Hello";                //这是 C++风格的注释
    echo "World!";                 #这是 shell 脚本风格的注释
?>
```

3.1.3 PHP 页面输出

PHP 代码作为服务器脚本在后台运行，运行得出的数据通过 PHP 自带的显示函数输出到浏览器页面中，一般使用 echo()和 print()函数。

echo()函数在前面的内容中已经使用过，print()函数的用法与 echo()函数类似，下面是一个使用 echo()函数和 print()函数的例子：

```
<?php
    echo("hello");               //使用带括号的 echo()函数
    echo "world";                //使用不带括号的 echo()函数
    print("hello");              //使用带括号的 print()函数
```

```
    print "world";                    //使用不带括号的 print()函数
?>
```

说明：显示函数在输出字符串时一般使用双引号将字符串括起来，单引号也可以。echo()和 print()函数其实都不是真正的函数，而是一种语言结构，所以调用时不必加括号，在实际编程中也推荐使用这种方法。

3.1.4　HTML 嵌入 PHP

在 HTML 代码中嵌入 PHP 代码相对来说比较简单，下面是一个在 HTML 中嵌入 PHP 代码的例子：

```
<!DOCTYPE html>
<html>
<head>
    <title>HTML 中嵌入 PHP</title>
</head>
<body>
    HTML 文本框
    <input type="text" value="<?php echo '这是 PHP 的输出内容'?>">
</body>
</html>
```

说明：服务器在解析 PHP 文件时，如果遇到“<?php”和“?>”符号，就把这两个符号内的代码作为 PHP 代码进行解析。在 HTML 中插入 PHP 代码正是使用这种方法来完成的。上面代码的运行效果：

网络服务器解析 HTML 代码的速度要比解析 PHP 代码快很多，所以在实际应用中为了节省服务器资源，构建 PHP 程序时如果有大量的 HTML，应该在 HTML 中嵌入 PHP 程序来显示内容。

3.1.5　PHP 使用 JavaScript

PHP 代码中嵌入 JavaScript 能够与客户端建立起良好的用户交互界面，强化 PHP 的功能，其应用十分广泛。在 PHP 中生成 JavaScript 脚本的方法与普通页面输出的方法一样，可以使用显示函数。例如：

```
<?php
    echo "<script>";
    echo "alert('我是 JavaScript! ');";
    echo "</script>";
?>
```

说明：alert()函数生成一个弹出对话框，如图 3.1 所示，其内容就是函数的参数。有关 JavaScript 的内容在后面还会涉及。

图 3.1　JavaScript 对话框

【例 3.1】　综合之前学习的内容，制作一个 PHP 和 HTML、JavaScript 结合的网页。

新建 EX3_1.php 文件，输入以下代码：

```
<!DOCTYPE html>
<html>
<head>
    <title>标记应用</title>
    <style type="text/css">
    p{
        text-align:center;
        font-family:"黑体";
```

```
            font-size:24px;
        }
        </style>
</head>
<body>
        <p>HTML5 页面</p>
        <?php
            $str1="PHP 变量 1";                          //在弹出框中显示
            $str2="PHP 变量 2";                          //在文本框中显示
            echo "<script>";
            echo "alert('".$str1."');";                  //在 JavaScript 中使用$str1 变量
            echo "</script>";
        ?>
        <input type="text" name="tx" size=20><br/>
        <input type="button" name="bt" value="单击" onclick="tx.value='<?php echo $str2;?>'">
</body>
</html>
```

保存后运行该文件，页面弹出如图 3.2 所示的对话框，单击【确定】按钮后，页面中出现一个文本框和一个名为“单击”的按钮，单击【单击】按钮，文本框中会显示“PHP 变量 2”，如图 3.3 所示。

说明：语句“echo "alert('".$str1."');";”在输出 JavaScript 脚本时使用了连接符“.”将 JavaScript 代码和 PHP 代码串联起来，从而使 JavaScript 能够输出 PHP 变量。

图 3.2　JavaScript 显示$str1 变量

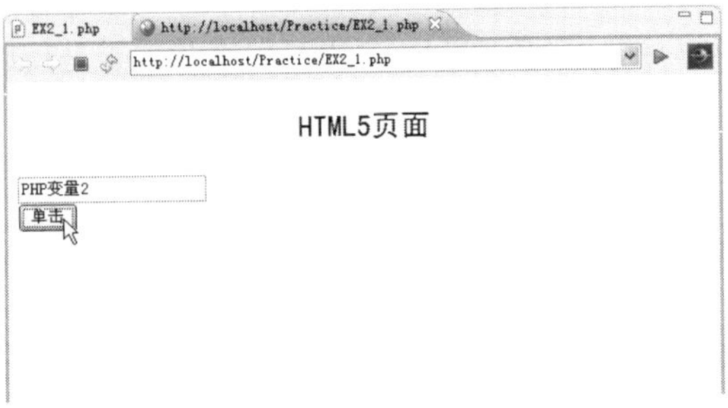

图 3.3　页面文本框显示$str2 变量

3.2　数据类型

PHP 的数据类型是指变量的数据类型，其变量不需要声明就可以直接赋值，所以值的类型即为变量的类型。

PHP 支持 8 种基本的数据类型：integer（整型）、float（浮点型）、string（字符串型）、boolean（布尔型）、array（数组）、object（对象）、NULL（空）和 resource（资源）。除此之外，为了提高代码的可读性，PHP 还支持一些伪类型变量。

3.2.1　整型

整型变量的值是整数，表示范围是–2 147 483 648～2 147 483 647。整型值可以用十进制数、八进制数、十六进制数或二进制数（PHP 5.4.0）的标志符号指定，前面再加上可选符号（–或+）。八进制数符号指定，数字前必须加 0；十六进制数符号指定，数字前必须加 0x；二进制数符号指定数字前必须加 0b。例如：

```
$n1=656;                    //十进制数
$n2=0;                      //零
$n3=-42;                    //负数
$n4=0123;                   //八进制数（等于十进制数的 83）
$n5=0x1B;                   //十六进制数（等于十进制数的 27）
$n6=0b100101                //二进制数（等于十进制数的 37）
```

3.2.2 浮点型

浮点类型也称浮点数、双精度数或实数，浮点数的字长与平台相关，最大值是 1.8e308，并具有 14 位十进制数的精度。例如：

```
$pi=3.1415926;
$length=1.3e4;
$volume=7e-10;
```

3.2.3 字符串

字符串 string 的值是一系列字符。在 PHP 中，一共有 256 种不同字符的组合。字符串的范围在 PHP 中没有限制，所以不必担心长度过长的问题。其实在前面的章节中，本书已经使用过字符串。一般来说，字符串可以用四种方法来定义：单引号、双引号、heredoc 结构和 nowdoc 结构（PHP 5.3.0）。

1. 单引号

定义字符串最简单的方法是用单引号“'”括起来。如果要在字符串中表示单引号，则需要用转义符“\”将单引号转义之后才能输出。和其他语言一样，如果在单引号之前或字符串结尾处出现一个反斜线“\”，就要使用两个反斜线来表示。例如：

```
<?php
    echo '输出\'单引号';                //输出：输出'单引号
    echo '反斜线\\';                    //输出：反斜线\
?>
```

2. 双引号

使用双引号“"”将字符串括起来同样可以定义字符串。如果要在定义的字符串中表示双引号，则同样需要用转义符转义。另外，还有一些特殊字符的转义序列，如表 3.1 所示。

表 3.1 特殊字符转义序列表

序 列	含 义
\n	换行（LF 或 ASCII 字符 0x0A(10)）
\r	回车（CR 或 ASCII 字符 0x0D(13)）
\t	水平制表符（HT 或 ASCII 字符 0x09(9)）
\v	垂直制表符（VT 或 ASCII 字符 0x0B (11)）（PHP 5.2.5）
\e	Escape（ESC 或 ASCII 字符 0x1B (27)）（PHP 5.4.0）
\f	换页（FF 或 ASCII 字符 0x0C (12)）（PHP 5.2.5）
\\	反斜线
\$	美元符号
\"	双引号
\[0-7]{1,3}	此正则表达式序列匹配一个用八进制符号表示的字符
\x[0-9A-Fa-f]{1,2}	此正则表达式序列匹配一个用十六进制符号表示的字符

注意：

如果使用“\”试图转义其他字符，则反斜线本身也会被显示出来。

使用双引号和单引号的主要区别是，单引号定义的字符串中出现的变量和转义序列不会被变量的值替代，而双引号中使用的变量名在显示时会显示变量的值。例如：

```
<?php
    $str="加油";
    echo '中国$str!';                              //输出：中国$str!
    echo "中国$str!";                              //输出：中国加油!
?>
```

字符串的连接：使用字符串连接符“.”可以将几个文本连接成一个字符串，前面已经用过。通常使用 echo 命令向浏览器输出内容时使用这个连接符可以避免编写多个 echo 命令。例如：

```
<?php
    $str= "PHP 变量";
    echo "连接成". "字符串";                       //字符串与字符串连接
    echo $str. "连接字符串";                       //变量和字符串连接
?>
```

3. heredoc 结构

第三种定义字符串的方法是用 heredoc 结构“<<<”。使用时，应该在“<<<”之后提供一个标志符，然后是字符串，最后用同样的标志符结束字符串。结束标志符必须从行的第一列开始，标志符必须遵循 PHP 中标记的命名规则：只能包含字母、数字、下画线，而且必须以下画线或非数字字符开始。例如：

```
<!DOCTYPE html>
<html>
<head>
    <title>定界符</title>
    <style type="text/css">
    p{font-size:24px;}
    </style>
</head>
<body>
<?php
$name="周何骏";
echo <<<EOT
    My name is $name
EOT;
?>
<p>
<?php
echo <<<EOD
    <br/>My name is Tom.<br/>
    <br/>How are you.<br/>
EOD;
?>
</p>
</body>
</html>
```

运行效果如图 3.4 所示。

说明：代码中的“EOT”和“EOD”都是标志符，可以使用别的来代替，但开始标志符和结束标志符必须一致。定界符在需要输出大量 HTML 文本时比较适用。

注意：

开始标志符所在行在开始标志符之后不能包含任何字符，包括空格、制表符等。同样，结束标志符所在行也不能包含任何其他字符，除了一个分号“;”之外。如果破坏了这条规则，结束标志符就不会被视为结束标志符，PHP 将继续向下寻找结束符，这会导致在脚本最后一行出现一个语法错误。

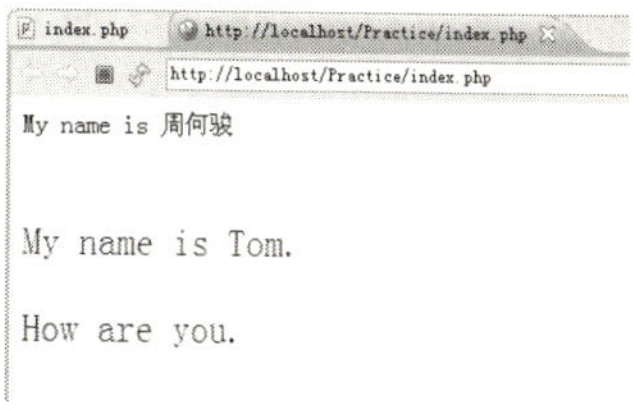

图 3.4　使用 heredoc 结构输出字符串

4. nowdoc 结构

就像 heredoc 结构类似于双引号字符串一样，nowdoc 结构是类似于单引号字符串的。nowdoc 结构很像 heredoc 结构，但是 nowdoc 中不进行解析操作。这种结构很适合用于嵌入 PHP 代码或其他大段文本而无须对其中的特殊字符进行转义。

一个 nowdoc 结构也用和 heredoc 结构一样的标记“<<<”，但是跟在后面的标志符要用单引号括起来，即<<<'EOT'。heredoc 结构的所有规则也同样适用于 nowdoc 结构，尤其是结束标志符的规则。例如：

```
<?php
$name="周何骏";
echo <<<'EOT'
     My name is $name
EOT;
?>
```

输出为：My name is $name（此处不解析）。

3.2.4　布尔型

布尔型是最简单的一种数据类型，其值可以是 TRUE（真）或 FALSE（假），这两个关键字不区分大小写。要想定义布尔变量，只需将其值指定为 TRUE 或 FALSE。布尔型变量通常用于流程控制，例如：

```
<?php
    $a=TRUE;                          //设置变量值为 TRUE
    $b=FALSE;                         //设置变量值为 FALSE
    $username="周何骏";
    //使用字符串进行逻辑控制
    if($username=="周何骏")
    {
        echo "Hello,周何骏!";
    }
    //使用布尔值进行逻辑控制
    if($a==TRUE)
    {
        echo "a 为真";
    }
    //单独使用布尔值进行逻辑控制
    if($b)
    {
        echo "b 为真";
    }
?>
```

说明： 定义布尔变量后，使用 echo 命令输出 TRUE 值的结果为 1，输出 FALSE 值的结果为空。

3.2.5 数组和对象

数组是一组由相同数据类型元素组成的一个有序映射。在 PHP 中，映射是一种把 values（值）映射到 keys（键名）的类型。数组通过 array()函数定义（自 PHP 5.4 起可以使用短数组定义语法，用 [ ]替代 array()），其值使用“key=>value”的方式设置，多个值通过逗号分隔。当然也可以不使用键名，默认是 1，2，3，…。例如：

```
<?php
    $ar1=array(1,2,3,4,5,6,7,8,9);                                    //直接给数组赋值
    $ar2=array("animal "=>"tiger", "color"=>"red","numer"=>"12");     //为数组指定键名和值
    // PHP 5.4 起支持
    $ar2=["animal "=>"tiger", "color"=>"red","numer"=>"12"];
?>
```

在 PHP 中，是通过关键字“new”把对象实例化到一个变量中的，例如：

```
<?php
    //定义一个类
    class test
    {
        var $items=0;
        function users()
        {
            $this->items=100;
        }
    }
    $newtest=new test();                  //初始化对象
    echo $newtest->items;                 //访问对象的属性
    $newtest->users();                    //访问对象的方法
    echo $newtest->items;
?>
```

说明： 这里只简单了解数组和对象，具体内容将在后面的章节中介绍。

3.2.6 NULL 类型

特殊的 NULL 值表示一个变量没有值。NULL 类型唯一可能的值就是 NULL（不区分大小写）。在下列情况下一个变量被认为是 NULL。

- 被直接赋值为 NULL。
- 尚未被赋值。
- 被 unset()函数销毁。

例如：

```
<?php
$var1=NULL;                      //直接赋值为 NULL
$var2;                           //未赋值
$var3="value";
unset($var3);                    //被销毁
var_dump($var1);                 //输出 NULL
var_dump($var2);                 //输出 NULL
var_dump($var3);                 //输出 NULL
?>
```

3.2.7 资源类型

资源 resource 是一种特殊变量，它保存了到外部资源的一个引用。资源是通过专门的函数来建立和使用的。特定的内置函数（如数据库函数）将返回 resource 类型的变量，它们都代表外部资源，如文件、数据库链接等。在操作资源时可以使用 get_resource_type()函数获得资源的类型信息。

有关资源类型的具体应用实例，在后面章节会讲到，此处不赘述。

3.2.8 伪类型

伪类型并不是 PHP 语言中的基本数据类型。因为 PHP 是弱类型语言，在一些函数中，一个参数可以接受多种类型的数据，还可以接受别的函数作为回调函数使用，故引入伪类型来确保程序代码的可读性，常用的伪类型有如下几种。

- mixed：说明一个参数可以接受多种不同的（但不一定是所有的）类型。例如，gettype()可以接受所有的 PHP 类型，str_replace()可以接受字符串和数组。
- number：说明一个参数可以是 integer 或者 float。
- void：作为返回类型意味着函数的返回值是无用的，作为参数列表意味着函数不接受任何参数。
- callback：自 PHP 5.4 起可用 callable 类型指定回调类型。一些函数如 call_user_func() 或 usort()可以接受用户自定义的回调函数作为参数。回调函数不仅可以是简单函数，还可以是对象的方法，包括静态类方法。一个 PHP 的函数以 string 类型传递其名称。可以使用任何内置或用户自定义函数，但除了语言结构。例如，array()，echo，empty()，eval()，exit()，isset()，list()，print 或 unset()。

在函数原型中，“$...”表示“等等”的意思。当一个函数可以接受任意个参数时使用此变量名。

3.2.9 类型转换

PHP 在定义变量时不需要明确的类型定义，变量类型是根据赋给变量的值来决定的。也就是说，把一个字符串赋给变量$var，则$var 的类型就是 string 型，如果又把一个整型赋给$var，则$var 的类型变为整型，这也是 PHP 的特色之一。

PHP 自动类型转换的另一个例子是加号“+”。如果一个数是浮点数，则使用加号后其他的所有数都被当做浮点数，结果也是浮点数。否则，参与“+”运算的运算数都将被解释成整数，结果也是一个整数。例如：

```
<?php
    echo $str1="1";                    //$str1 为字符串型
    echo $str2="ab";                   //$str2 为字符串型
    echo $num1=$str1+$str2;            //$num1 的结果是整型（1）
    echo $num2=$str1+5;                //$num2 结果是整型（6）
    echo $num3=$str1+2.56;             //$num3 结果是浮点型（3.56）
    echo $num4=5+"6kb";                //$num4 结果为整型（11）
?>
```

读者可以运行比照 echo 输出的结果加以理解。

PHP 还可以使用强制类型转换，它将一个变量或值转换为另一种类型，这种转换与 C 语言类型的转换是相同的：在要转换的变量前面加上用括号括起来的目标类型。PHP 允许的强制转换如下：

(int)，(integer)：转换成整型。

(string)：转换成字符串型。

(float)，(double)，(real)：转换成浮点型。

(bool)，(boolean)：转换成布尔型。

(array)：转换成数组。

(object)：转换成对象。

(unset)：转换为 NULL（PHP 5）。

(binary)，b 前缀：转换为二进制字符串（PHP 5.2.1 新增）。例如：

```
<?php
    echo $var=(int)"hello";                    //变量为整型（值为 0）
    echo $var=(int)TRUE;                       //变量为整型（值为 1）
    echo $var=(int)12.56;                      //变量为整型（值为 12）
    echo $var=(string)10.5;                    //变量为字符串型（值为"10.5"）
    echo $var=(bool)1;                         //变量为布尔型（值为 TRUE）
    echo $var=(boolean)0;                      //变量为布尔型（值为 FALSE）
    echo $var=(boolean)"0";                    //变量为布尔型（值为 FALSE）
    $string="binary string";
    echo $var=(binary)$string;                 //变量为二进制字符串（值为"binary string"）
    echo $var=b"binary string";                //变量为二进制字符串（值为"binary string"）
?>
```

说明：

- 强制转换成整型还可以使用 intval()函数，转换成字符串型还可以使用 strval()函数。例如：

```
$var=intval("12ab3c");                         //变量为整型（值为 12）
$var=strval(2.3e5);                            //变量为字符串型（值为 230 000）
```

- 在将变量强制转换为布尔类型时，当被强制转换的值为整型值 0、浮点型 0.0、空白字符或字符串"0"、没有特殊成员变量的数组、特殊类型 NULL 时都被认为是 FALSE，其他的值都被认为是 TRUE。
- 如果要获得变量或表达式的信息，如类型、值等，可以使用 var_dump()函数。例如：

```
<?php
    $var1=var_dump(123);
    $var2=var_dump((int)FALSE);
    $var3=var_dump((bool)NULL);
    echo $var1;                                //输出结果：int 123
    echo $var2;                                //输出结果：int 0
    echo $var3;                                //输出结果：boolean false
?>
```

结果中，前面是变量的数据类型，后面是变量的值。

- 另外一种强制转换类型的方法是使用 settype()函数，语法格式如下：

```
bool settype(mixed $var, string $type)
```

bool 表示返回值为布尔型。settype()函数将变量$var 的类型设置为$type 类型。如果成功就返回 TRUE，失败则返回 FALSE。例如：

```
<?php
    echo $var="123hello";                      //$var 为字符串
    echo settype($var, "int");                 //$var 现在为整型（值为 1）
?>
```

3.3　变量与常量

程序运行时，存储在内存中的数据有两种形态。在程序运行中不改变的值称为常量；根据条件发生变化的值称为变量。

3.3.1　自定义变量

由前面的内容可知，PHP 变量是由“$”标志的变量名来表示的。自定义变量可以根据用户的需求自己定义，且变量名是区分大小写的。

1. 变量名的定义

在定义变量时，变量名与 PHP 中其他标记一样遵循相同的规则：一个有效的变量名由字母或下画线“_”开头，后面跟任意数量的字母、数字或下画线。例如：

```
<?php
    //合法变量名
    $a=1;
    $a12_3=1;
    $_abc=1;
    //非法变量名
    $123=1;
    $12Ab=1;
    $a.r=1;
    $好=1;
    $*a=1;
?>
```

2. 变量的初始化

PHP 变量的类型有布尔型、整型、浮点型、字符串型、数组、对象、资源和 NULL。数据类型在前面已经做过介绍。变量在初始化时，使用“=”给变量赋值，变量的类型会根据其赋值自动改变。例如：

```
$var="abc";                          //$var 为字符串型
$var=TRUE;                           //$var 为布尔型
$var=123;                            //$var 为整型
```

PHP 也可以将一个变量的值赋给另外一个变量。例如：

```
<?php
    $height=100;
    $width=$height;                  //$width 的值为 100
?>
```

3. 变量的引用

PHP 提供了另外一种给变量赋值的方式——引用赋值，即新变量引用原始变量，改动新变量的值将影响原始变量，反之亦然。使用引用赋值的方法是，在将要赋值的原始变量前加一个“&”符号。例如：

```
<?php
    $var="hello";                    //$var 赋值为 hello
    $bar=&$var;                      //变量$bar 引用$var 的地址
    echo $bar;                       //输出结果：hello
    $bar="world";                    //给变量$bar 赋新值
    echo $var;                       //输出结果：world
?>
```

注意：

只有已经命名过的变量才可以引用赋值，下面的用法是错误的：

```
$bar=&(25*5);
```

4. 变量的作用域

变量的作用域是指变量的作用范围。一个变量初始化之后，其作用范围就确定了。大多数的 PHP 变量只有一个作用域。按作用域的大小，变量一般分为局部变量和全局变量。

（1）局部变量。

局部变量只是局部有效，它的作用域分为两种：

- 在当前文件主程序中定义的变量，其作用域限于当前文件的主程序，不能在其他文件或当前文件的局部函数中起作用。
- 在局部函数或方法中定义的变量仅限于局部函数或方法，当前文件中主程序、其他函数、其他文件中无法引用。例如：

```
<?php
    $my_var="test";                                   //$my_var 的作用域仅限于当前主程序
    function my_func()
    {
        $local_var=123;                               //$local_var 的作用域仅限于当前函数
        echo ' $local_var=' . $local_var ."<br/>";    //调用该函数时输出结果值为 123
        echo ' $my_var=' . $my_var . "<br/>";         //调用该函数时输出结果值为空
    }
    my_func();                                        //调用 my_func()函数
    echo '$my_var=' . $my_var . "<br/>";              //输出结果值为"test"
    echo '$local_var=' . $local_var . "<br/>";        //输出结果值为空
?>
```

说明：自定义函数的内容将在本章后面的内容具体介绍，这里引用函数的例子只是为了解释变量的作用域。

在函数的局部变量里还有一个特殊的例子——静态变量。它也属于函数中的局部变量，只不过一般变量在程序执行时，离开作用域后其值就会消失或改变，而静态变量在程序执行时，离开作用域后其值不会消失。静态变量使用“static”关键字来声明。例如：

```
<?php
    //创建函数 vars()
    function vars()
    {
        $var=0;                                       //局部变量$var 初始化为 0
        echo $var. "<br/>";
        $var++;                                       //加 1 操作
    }
    vars();                                           //第 1 次调用 vars()函数，输出结果为 0
    vars();                                           //第 2 次调用 vars()函数，输出结果仍为 0
    //创建函数 static_var()
    function static_var()
    {
        static $var=0;                                //声明静态变量$var
        echo $var. "<br/>";
        $var++;
    }
    static_var();                                     //第 1 次调用 static_var()函数，输出结果为 0
    static_var();                                     //第 2 次调用 static_var()函数，输出结果为 1
?>
```

说明：程序中函数 vars()中的$var 变量在函数第一次调用时值为 0，将变量加 1 后值为 1，但是第一次调用后$var 的值就消失了，所以在第二次调用 vars()函数时输出的$var 的值仍为 0。而函数 static_var()中的$var 变量声明为静态变量，函数调用后$var 的值仍存在，以后每次调用 static_var()函数，都会输出$var 的值并加 1。

（2）全局变量。

PHP 的全局变量和 C 语言稍有不同。C 语言中，全局变量在函数中自动生效，除非被局部变量覆盖。而在 PHP 中，函数中使用全局变量必须使用“global”关键字先声明为全局变量，否则视为局部变量，且全局变量的个数没有限制。例如：

```
<?php
    $my_global=1;                                   //定义变量$my_global
    function my_func1()                             //函数 my_func1()
    {
        global $my_global;                          //声明$my_global 为全局变量
        global $two_global;                         //声明$two_global 为全局变量
        echo '$my_global=' .$my_global . "<br/>";   //调用该函数时输出结果值为 1
        $two_global=2;                              //将全局变量$two_global 赋值为 2
    }
    function my_func2()                             //函数 my_func2()
    {
        global $two_global;                         //声明$two_global 为全局变量
        echo '$two_global = ' . $two_global . "<br/>";  //调用该函数时输出结果值为 2
        $two_global=3;
    }
    my_func1();                                     //调用 my_func1()函数，输出 1
    my_func2();                                     //调用 my_func2()函数，输出 2
    echo $two_global;                               //输出结果值为 3
?>
```

说明：函数 my_func1 中声明的$my_global 为全局变量后，$my_global 被初始化为 1，若在函数中将其值改为其他值，则在外部程序中$my_global 的值也变为其他值。

注意：

函数中定义的全局变量只有在函数被调用后才会有效。

5. 检查变量是否存在

前面使用过 isset()函数，它的作用是检查变量是否存在，语法格式如下：

```
bool isset ( mixed $var [, mixed $var [, $... ]] )
```

当变量$var 已经存在，该函数将返回 TRUE，否则返回 FALSE。例如：

```
<?php
    $var1="";
    $var2=123;
    var_dump(isset($var1));                 //返回 boolean true
    var_dump(isset($var2));                 //返回 boolean true
?>
```

另外，unset()函数释放一个变量。empty()函数检查一个变量是否为空或零值，如果变量值是非空或非零值，则 empty()返回 FALSE，否则返回 TRUE。换句话说，""、0、"0"、NULL、FALSE、array()、var $var，以及没有任何属性的对象都将被认为是空的。例如：

```
<?php
    $var=0;
```

```
    if(empty($var))
        echo "变量为空";                                //输出"变量为空"
?>
```

3.3.2 可变变量

在不确定一个变量的名称时，可以使用可变变量。所谓可变变量就是一个变量的变量名可以动态地设置和使用。一个普通变量通过声明来设置，而一个可变变量通过获取一个普通变量的值作为它的变量名。可变变量通过两个“$”来设置。例如：

```
<?php
    $name="Tom";
    $$name=20;
    echo $$name;                                //输出 20
    echo "${$name}";                            //输出 20
    echo $Tom;                                  //输出 20
    echo ${"Tom"};                              //输出 20
    $name=123;                                  //改变$name 的值
?>
```

说明：程序中使用$$name 定义可变变量后，它的变量名就是它所引用的普通变量$name 的值"Tom"。在使用该可变变量时，$$name、${$name}、$Tom 和${"Tom"}都可以表示该可变变量。其中在$$name 用双引号包含时，需要用“{}”表示成${$name}再使用。但是当$name 变量的值改变时，$$name 变量名就不再适用，变量名为$Tom 和${"Tom"}的变量值仍为 20。

3.3.3 预定义变量

预定义变量是由 PHP 预设的一组数组，其数据包括运行环境、用户输入数据等。因其作用范围全局有效，所以又称超全局变量或自动全局变量。超全局变量不可用做可变变量。

预定义变量主要有以下几种。

1. 服务器变量$_SERVER

服务器变量是由 Web 服务器创建的数组，其内容包括头信息、路径、脚本位置等信息。不同的 Web 服务器提供的信息也不同，本书以 Apache 服务器提供的信息为例。表 3.2 列出了一些常用的服务器变量及其作用，使用 phpinfo()函数可以查看到这些变量信息。

表 3.2　常用的服务器变量及其作用

服务器变量名	变量的存储内容
$_SERVER["HTTP_ACCEPT"]	当前 Accept 请求的头信息
$_SERVER["HTTP_ACCEPT_LANGUAGE"]	当前请求的 Accept-Language 头信息，如 zh-cn
$_SERVER["HTTP_ACCEPT_ENCODING"]	当前请求的 Accept-Encoding 头信息，如 gzip、deflate
$_SERVER["HTTP_USER_AGENT"]	当前用户使用的浏览器信息
$_SERVER["HTTP_HOST"]	当前请求的 Host 头信息的内容，如 localhost
$_SERVER["HTTP_CONNECTION"]	当前请求的 Connection 头信息，如 Keep-Alive
$_SERVER["SERVER_SIGNATURE"]	包含当前服务器版本和虚拟主机名的字符串
$_SERVER["SERVER_SOFTWARE"]	服务器标志的字串，如 Apache/2.2.11（Win 32）PHP/5.2.8
$_SERVER["SERVER_NAME"]	当前运行脚本所在服务器主机的名称，如 localhost
$_SERVER["SERVER_ADDR"]	服务器所在的 IP 地址，如 127.0.0.1

续表

服务器变量名	变量的存储内容
$_SERVER["SERVER_PORT"]	服务器所使用的端口，如 80
$_SERVER["REMOTE_ADDR"]	正在浏览当前页面用户的 IP 地址
$_SERVER["DOCUMENT_ROOT"]	当前运行脚本所在的文档根目录，即 htdocs 目录
$_SERVER["SERVER_ADMIN"]	指明 Apache 服务器配置文件中的 SERVER_ADMIN 参数
$_SERVER["SCRIPT_FILENAME"]	当前执行脚本的绝对路径名
$_SERVER["REMOTE_PORT"]	用户连接到服务器时所使用的端口
$_SERVER["GATEWAY_INTERFACE"]	服务器使用的 CGI 规范版本
$_SERVER["SERVER_PROTOCOL"]	请求页面时通信协议的名称和版本
$_SERVER["REQUEST_METHOD"]	访问页面时的请求方法，如 get、post
$_SERVER["QUERY_STRING"]	查询的字符串（URL 中第一个问号之后的内容）
$_SERVER["REQUEST_URI"]	访问此页面所需的 URI
$_SERVER["SCRIPT_NAME"]	包含当前脚本的路径
$_SERVER["PHP_SELF"]	当前正在执行脚本的文件名
$_SERVER["REQUEST_TIME"]	请求开始时的时间戳
$_SERVER["REQUEST_TIME_FLOAT"]	请求开始时的时间戳（微秒级别的精准度，PHP 5.4.0 起生效）

PHP 还可以直接使用数组的参数名来定义超全局变量，例如“$_SERVER["PHP_SELF "]”可以直接使用$PHP_SELF 变量来代替，但该功能默认是关闭的，打开它的方法是，修改 php.ini 配置文件中“register_globals = Off”所在行，将“Off”改为“On”（若为集成 WAMP 环境，直接单击任务栏图标 ，选择菜单“PHP”→“PHP 设置”，勾选“register globals”项即可）。但是全局系统变量的数量非常多，这样做可能导致自定义变量与超全局变量重名，从而发生混乱，所以不建议开启这项功能。例如：

```
<?php
    echo $_SERVER["SERVER_PORT"];            //输出 80
    echo $_SERVER["SERVER_NAME"];            //输出 localhost
    echo $_SERVER["DOCUMENT_ROOT"];          //输出 C:/wamp/www
?>
```

2. 环境变量$_ENV

环境变量记录与 PHP 所运行系统相关的信息，如系统名、系统路径等。单独访问环境变量可以通过“$_ENV['成员变量名']”方式来实现。成员变量名包括 ALLUSERSPROFILE、CommonProgramFiles、COMPUTERNAME、ComSpec、FP_NO_HOST_CHECK、NUMBER_OF_PROCESSORS、OS、Path、PATHEXT、PHPRC、PROCESSOR_ARCHITECTURE、PROCESSOR_IDENTIFIER、PROCESSOR_LEVEL、PROCESSOR_REVISION、ProgramFiles、SystemDrive、SystemRoot、TEMP、TMP、USERPROFILE、windir、AP_PARENT_PID 等。

如果 PHP 是测试版本，使用环境变量时可能会出现找不到环境变量的问题。解决办法是，打开 php.ini 配置文件，找到“variables_order = "GPCS"”所在的行，将该行改成“variables_order = "EGPCS"”，然后保存，并重启 Apache。

3. GLOBAL 变量$GLOBALS

$GLOBALS 变量以数组形式记录所有已经定义的全局变量。通过“$GOLBAL["变量名"]”的方法来引用全局变量。由于 $GLOBALS 超全局变量可以在程序的任意地方使用，所以它比使用“global”引用全局变量更方便。例如：

```
<?php
    $a=1;
    $b=2;
    function Sum()                                            //创建 Sum()函数
    {
        $GLOBALS['b']=$GLOBALS['a']+$GLOBALS['b'];            //运算全局变量$b 的值
    }
    Sum();
    echo $b;                                                  //输出结果为 3
?>
```

另外，PHP 的预定义变量还有：

- $_COOKIE。它是由 HTTP Cookies 传递的变量组成的数组。
- $_GET。它是由 HTTP get 方法传递的变量组成的数组。
- $_POST。它是由 HTTP post 方法传递的变量组成的数组。
- $_FILES。它是由 HTTP post 方法传递的已上传文件项目组成的数组。
- $_REQUEST。它是所有用户输入的变量数组，包括$_GET、$_POST、$_COOKIE 所包含的输入内容。
- $_SESSION。它是包含当前脚本中会话变量的数组。

在本书后面的内容中，这些变量将会陆续介绍到。

3.3.4 外部变量

在程序中定义或自动产生的变量叫内部变量，而由 HTML 表单、URL 或外部程序产生的变量叫外部变量。外部变量可以通过预定义变量$_GET、$_POST、$_REQUEST 来获得。表单可以产生两种外部变量：POST 变量和 GET 变量。POST 变量用于提交大量的数据，$_POST 变量从表单中接收 POST 变量，接收方式为“$_POST['表单变量名']”；GET 变量主要用于小数据量的传递，$_GET 变量从提交表单后的 URL 中接收 GET 变量，接收方式为“$_GET['表单变量名']”。$_REQUEST 变量可以取得包括 POST、GET 和 Cookie 在内的外部变量。

【例 3.2】 分别用 POST 和 GET 方法提交表单，使用$_GET、$_POST、$_REQUEST 变量接收来自表单的外部变量。

新建 EX3_2.php 文件，输入以下代码：

```
<!DOCTYPE html>
<html>
<head>
    <title>外部变量演示</title>
</head>
<body>
<!-- 产生 POST 外部变量的 HTML5 表单 form1 -->
<form action="" method="post">
    学号:<input type="text" name="XH"><br/>
    姓名:<input type="text" name="XM"><br/>
    <input type="submit" name="postmethod" value="POST 方法提交">
</form>
<!-- 产生 GET 外部变量的 HTML5 表单 form2 -->
<form action="" method="get">
    性别:<input name="SEX" type="radio" value="男">男
        <input name="SEX" type="radio" value="女">女<br/>
    专业:<select name="ZY">
            <option>计算机</option>
```

```
                <option>信息网络</option>
                <option>软件工程</option>
            </select><br/>
        <input type="submit" name="getmethod" value="GET 方法提交">
    </form>
    </body>
    </html>
    <?php
        //使用 isset()函数判断是否是 POST 方法提交
        if(isset($_POST['postmethod']))
        {
            $XH=$_POST['XH'];                           //获取学号值
            $XM=$_POST['XM'];                           //获取姓名值
            echo "接收 POST 变量：<br/>";
            echo "学号：".$XH."<br/>";
            echo "姓名：".$XM."<br/>";
        }
        //使用 isset()函数判断是否是 GET 方法提交
        if(isset($_GET['getmethod']))
        {
            $SEX=$_GET['SEX'];                          //GET 方法获取性别值
            $ZY=$_GET['ZY'];                            //GET 方法获取专业值
            echo "<br/>接收 GET 变量：<br/>";
            echo "性别：".$SEX."<br/>";
            echo "专业：".$ZY."<br/>";
        }
        echo "<br/>接收 REQUEST 变量：<br/>";          //将 REQUEST 方法获取的变量列在最后
        echo "学号：".@$_REQUEST['XH']."<br/>";       //使用 REQUEST 方法获取学号
        echo "姓名：".@$_REQUEST['XM']."<br/>";       //使用 REQUEST 方法获取姓名
        echo "性别：".@$_REQUEST['SEX']."<br/>";      //使用 REQUEST 方法获取性别
        echo "专业：".@$_REQUEST['ZY']."<br/>";       //使用 REQUEST 方法获取专业
    ?>
```

保存后运行，在学号文本框中输入“081101”，姓名文本框中输入“周何骏”，单击 POST方法提交 按钮，运行结果如图 3.5 所示。接着在性别单选按钮中选择“男”，专业下拉列表中选择“信息网络”，单击 GET方法提交 按钮，运行结果如图 3.6 所示。

说明：注意图 3.5 和图 3.6 地址栏的变化，GET 方法提交的表单变量会包含在 URL 中传送到指定文件。代码中，输出$_REQUEST 变量时变量前加了一个“@”符号，这个符号是错误控制运算符，作用是可以忽略一些错误信息。由于在本例中提交按钮没有单击时，表单未提交，执行$_REQUEST 变量的这部分代码时可能会出错，所以要加一个“@”运算符，错误控制运算符将在 3.4.5 节介绍。

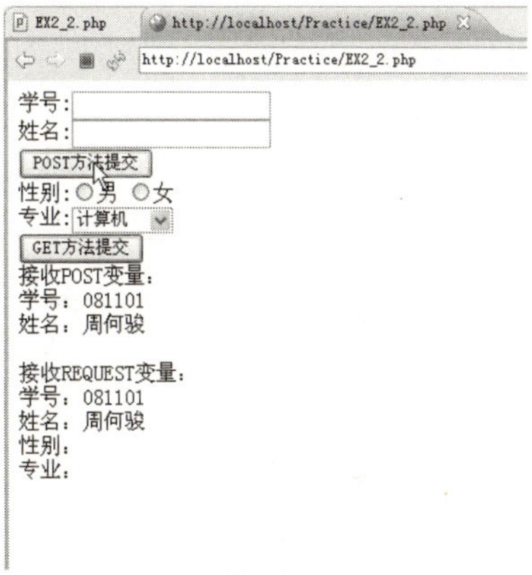

图 3.5　POST 外部变量

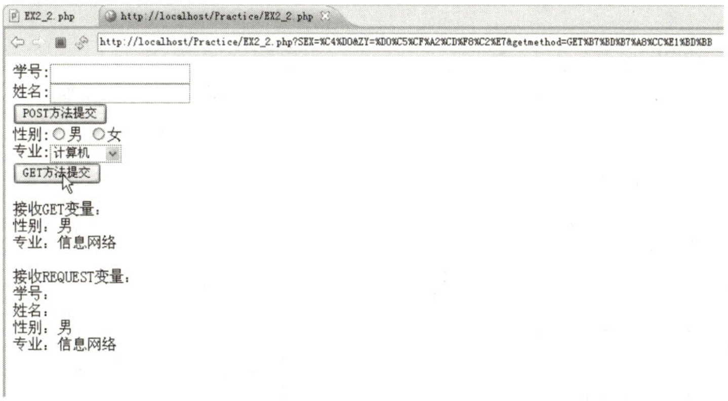

图 3.6　GET 外部变量

3.3.5 常量

在 PHP 中，常量是一个简单值的标志符，在脚本执行期间常量的值是不变的。常量区分大小写，按照惯例，常量标志符一般都是大写。常量名和其他任何 PHP 标记都遵循相同的命名规则，合法的常量名以字母或下画线开始，后面跟任何字母、数字或下画线。常量的范围是全局的，常量一经定义，就可以在程序的任何地方访问它。

常量分为自定义常量和预定义常量。

1. 自定义常量

自定义常量使用 define()函数来定义，语法格式如下：

```
define("常量名","常量值");
```

在 PHP 5.3.0 以后，可以使用 *const* 关键字在类定义之外定义常量：

```
const 常量名=常量值;
```

常量一旦定义，就不能再改变或取消定义，而且值只能是标量，数据类型只能是 boolean、integer、float 或 string。和变量不同，常量定义时不需要加“$”。例如：

```
<?php
    define("_KO","156");
    const CONSTANT='Hello World!';
    if(defined("CONSTANT"))
    {
        echo CONSTANT;                    //输出"Hello World!"
    }
    echo constant("_KO");                 //输出"156"
?>
```

说明：defined()函数检查常量是否存在，constant()函数读取常量的值。和使用 define()来定义常量相反的是，使用 const 关键字定义常量必须处于最顶端的作用区域，因为用此方法是在编译时定义的。这就意味着不能在函数内、循环内以及 if 语句之内用 const 来定义常量。

2. 预定义常量

预定义常量也称魔术常量，PHP 提供了大量的预定义常量。但是很多常量是由不同的扩展库定义的，只有加载这些扩展库后才能使用。预定义常量使用方法和常量相同，但是它的值会根据情况的不同而不同，经常使用的预定义常量有 8 个，这些特殊的常量是不区分大小写的，如表 3.3 所示。

表 3.3 PHP 的预定义常量

名 称	说 明
__LINE__	常量所在的文件中的当前行号
__FILE__	常量所在的文件的完整路径和文件名
__DIR__	文件所在的目录（PHP 5.3.0 中新增）
__FUNCTION__	常量所在的函数名称，自 PHP 5 起本常量返回该函数被定义时的名称（区分大小写）
__CLASS__	常量所在的类的名称，自 PHP 5 起本常量返回该类被定义时的名称（区分大小写）。自 PHP 5.4 起对 trait 也起作用。当用在 trait 方法中时，__CLASS__是调用 trait 方法的类的名称
__TRAIT__	Trait 的名称（PHP 5.4.0 新增），自 PHP 5.4 起此常量返回 trait 被定义时的名称（区分大小写）
__METHOD__	常量所在的类的方法名
__NAMESPACE__	当前命名空间的名称（区分大小写）。此常量是在编译时定义的（PHP 5.3.0 新增）

3.4　运算符与表达式

运算符是一种符号，指定要在一个或多个表达式中执行的操作。PHP 运算符包括：算术运算符、赋值运算符、位运算符、比较运算符、错误控制运算符、执行运算符、递增/递减运算符、逻辑运算符、字符串运算符、数组运算符、类型运算符等。

3.4.1　算术运算符

PHP 有 6 种最基本的算术运算符：加（+）、减（–）、乘（*）、除（/）、取模（%）、取反（–）。例如：

```
<?php
    $a=10;
    $b=3;
    echo $num=$a+$b;                //加法，$num 值为 13
    echo $num=$a-$b;                //减法，$num 值为 7
    echo $num=$a*$b;                //乘法，$num 值为 30
    echo $num=$a/$b;                //除法，$num 值为 3.333333…
    echo $num=$a%$b;                //取模，$num 值为 1
    echo $num=-$a;                  //取反，$num 值为-10
?>
```

读者可自己运行程序对照查看 echo 输出结果。

注意：

除号“/”总是返回浮点数，即使两个运算数是整数（或由字符串转换成的整数）也是这样。取模“$a%$b”在“$a”为负值时，结果也是负值。

3.4.2　赋值运算符

赋值运算符的作用是将右边的值赋给左边的变量，最基本的赋值运算符是“=”。如“$a=3”表示将 3 赋给变量$a，变量$a 的值为 3。由“=”组合的其他赋值运算符还有“+=”、“–=”、“*=”、“/=”、“.=”等。例如：

```
<?php
    $a=10;
    $b=3;
    echo $num=$a+$b;              //将$a+$b 的结果值赋给$num，$num 值为 13
    echo $num=($c=6)+4;           //$c 的值为 6，$num 的值为 10
    echo $a+=6;                   //等同于$a=$a+6，$a 赋值为 16
    echo $b-=2;                   //等同于$b=$b-2，$b 赋值为 1
    echo $a*=2;                   //等同于$a=$a*2，$a 赋值为 32
    echo $b/=0.5;                 //等同于$b=$b/0.5，$b 赋值为 2
    $string="连接";
    echo $string.="字符串";       //等同于$string=$string."字符串"，$string 赋值为"连接字符串"
?>
```

PHP 支持引用赋值，可以使用“$var=&$othervar;”语法。引用赋值意味着两个变量指向了同一个数据，没有复制任何东西。例如：

```
<?php
    $a=3;
    $b=&$a;                     // $b 是 $a 的引用
    print "$a\n";               // 输出 3
    print "$b\n";               // 输出 3
    $a=4;                       // 修改 $a
    print "$a\n";               // 输出 4
    print "$b\n";               // 也输出 4，因为 $b 是 $a 的引用，因此也被改变
?>
```

自 PHP 5 起，new 运算符会自动返回一个引用，因此，再对 new 的结果进行引用赋值在 PHP 5.3 及以后版本中会发出一条 E_DEPRECATED 错误信息，而之前的版本则会发出一条 E_STRICT 错误信息。

例如，以下代码将产生警告信息：

```
<?php
    class C {}
    /* 输出错误信息：Deprecated: Assigning the return value of new by reference is deprecated in... */
    $o=&new C;
?>
```

3.4.3 位运算符

位运算符可以操作整型和字符串型两种类型数据。它操作整型数的指定位置位，如果左、右参数都是字符串，则位运算符将操作字符的 ASCII 值。表 3.4 列出了所有的位运算符及其说明。

表 3.4 PHP 的位运算符及其说明

位运算符	名 称	例 子	结 果
&	按位与	$a & $b	将$a 和$b 中都为 1 的位设为 1
|	按位或	$a | $b	将$a 或$b 中为 1 的位设为 1
^	按位异或	$a ^ $b	将$a 和$b 中不同的位设为 1
~	按位非	~ $a	将$a 中为 0 的位设为 1，反之亦然
<<	左移	$a << $b	将$a 中的位向左移动$b 次（每一次移动都表示“乘以 2”）
>>	右移	$a >> $b	将$a 中的位向右移动$b 次（每一次移动都表示“除以 2”）

3.4.4 比较运算符

比较运算符用于对两个值进行比较，不同类型的值也可以进行比较，如果比较的结果为真则返回 TRUE，否则返回 FALSE。表 3.5 列出了所有的比较运算符及其说明。

表 3.5 PHP 的比较运算符及其说明

比较运算符	名 称	例 子	结 果
==	等于	$a == $b	TRUE，如果$a 等于$b
===	全等	$a === $b	TRUE，如果$a 等于$b，并且它们的类型也相同
!=	不等	$a != $b	TRUE，如果$a 不等于$b
<>	不等	$a <> $b	TRUE，如果$a 不等于$b

续表

比较运算符	名　称	例　子	结　果
!==	非全等	$a !== $b	TRUE，如果$a 不等于$b，或者它们的类型不同
<	小与	$a < $b	TRUE，如果$a 严格小于$b
>	大于	$a > $b	TRUE，如果$a 严格大于$b
<=	小于等于	$a <= $b	TRUE，如果$a 小于或等于$b
>=	大于等于	$a >= $b	TRUE，如果$a 大于或等于$b

说明：要注意，如果整数和字符串进行比较，字符串会被转换成整数；如果比较两个数字字符串，则作为整数比较。其他类型之间的比较请参照表 3.6 所示。

表 3.6　不同类型数据的比较

运算数 1 的类型	运算数 2 的类型	结　果
null 或 string	string	将 NULL 转换为""，进行数字比较
bool 或 null	任何其他类型	转换为 bool，FALSE < TRUE
object	object	内置类可以定义自己的比较，不同类不能比较，相同类和数组同样方式比较属性（PHP 4 中），PHP 5 有自己的说明
string 或 resource	string 或 resource	将字符串和资源转换成数字，按普通数字比较
array	array	具有较少成员的数组较小，如果运算数 1 中的键不存在于运算数 2 中，则数组无法比较，否则逐个值比较
array	任何其他类型	array 总是更大
object	任何其他类型	object 总是更大

3.4.5　错误控制运算符

PHP 支持错误控制运算符@，将其放置在 PHP 表达式之前，该表达式可能产生的任何错误信息都将被忽略。例如：

```
<?php
    echo @$a;                                              //变量$a 未定义，不加@会显示 NOTICE 信息
    $a="Hello!";
    echo $a;                                               //输出"Hello!"
    $b=@test();                                            //忽略调用 test()函数时产生的错误信息
    $con=@mysql_conncet("localhost","username","pwd");     //忽略连接 mysql 数据库出错产生的错误信息
?>
```

当程序产生错误时，PHP 会将错误信息输出到页面上，使用错误控制运算符后就不再显示这些错误信息了。由于错误控制运算符只对表达式有效，可以将它放在变量、函数、常量等之前，而不能将它放在函数的定义或类的定义之前，也不能用于条件结构，如 if 和 foreach 等。

注意：

错误控制运算符@甚至能够使导致脚本终止这样的严重错误的错误报告也失效。这意味着，如果在某个不存在或类型错误的函数调用前用“@”来抑制错误信息，则脚本不会显示程序在哪里出错的任何信息，这将给程序的调试造成很大的麻烦，所以使用“@”符号时要特别慎重。

3.4.6 执行运算符

PHP 支持一个执行运算符，即反引号（``）。在 PHP 脚本中，将外部程序的命令行放入反引号中，并使用 echo()或 print()函数将其显示，PHP 将会在到达该行代码时启动这个外部程序，并将其输出信息返回，其作用效果与 shell_exec()函数相同。例如：

```
<?php
     $output='date';
     echo $output;                  //输出当前日期
     echo shell_exec(`date`);       //输出当前日期，结果同上
?>
```

注意：

反引号运算符在安全模式下或者关闭了 shell_exec()时是无效的。

3.4.7 递增/递减运算符

PHP 支持 C 语言风格的递增与递减运算符。PHP 的递增/递减运算符主要是对整型数据进行操作，同时对字符也有效。这些运算符是前加、后加、前减和后减。前加是在变量前有两个“+”号，如“++$a”，表示$a 的值先加 1，然后返回 $a。后加的“+”在变量后面，如“$a++”，表示先返回$a，然后$a 的值加 1。前减和后减与加法类似。例如：

```
<?php
     $a=5;                    //$a 赋值为 5
     echo ++$a;               //输出 6
     echo $a;                 //输出 6
     $a=5;
     echo $a++;               //输出 5
     echo $a;                 //输出 6
     $a=5;
     echo --$a;               //输出 4
     echo $a;                 //输出 4
     $a=5;
     echo $a--;               //输出 5
     echo $a;                 //输出 4
?>
```

PHP 还可对字符进行递增运算，不过与 C 语言不同的是，对“'Z'”进行递增将得到“'AA'”，而在 C 中，“'Z'+1”将得到“'['”（“Z”的 ASCII 码为 90，“[”的 ASCII 码为 91）。在 PHP 中，字符变量只能递增，递减没有效果。例如：

```
<?php
     $a='a';
     echo ++$a;               //输出'b'
     $a='z';
     echo ++$a;               //输出'aa'
     $a='b';
     echo --$a;               //递减无效，输出'b'
?>
```

注意：

对字符直接进行算术运算只能得到整型数据，如$a='a'+1，$a 的值为 1。
递增/递减运算符不影响布尔值。递减 NULL 值没有效果，但是递增 NULL 的结果是 1。

3.4.8　逻辑运算符

逻辑运算符可以操作布尔型数据，PHP 中的逻辑运算符有 6 种，表 3.7 列出了所有的逻辑运算符及其说明。

表 3.7　PHP 逻辑运算符

逻辑运算符	名　称	例　子	结　果
and	逻辑与	$a and $b	TRUE，如果 $a 与 $b 都为 TRUE
or	逻辑或	$a or $b	TRUE，如果 $a 或 $b 任意一个为 TRUE
xor	逻辑异或	$a xor $b	TRUE，如果 $a 或 $b 任意一个为 TRUE，但不同时是
!	逻辑非	! $a	TRUE，如果 $a 不为 TRUE
&&	逻辑与	$a && $b	TRUE，如果 $a 与 $b 都为 TRUE
||	逻辑或	$a || $b	TRUE，如果 $a 或 $b 中任意一个为 TRUE

例如：

```
<?php
    $m=10;
    $n=6;
    if($m>5&&$n<=8)                    //判断$m>5 和$n<=8 是否都是 TRUE
    {
        echo "YES!";                   //输出'YES!'
    }
?>
```

3.4.9　字符串运算符

字符串运算符主要用于连接两个字符串，PHP 有两个字符串运算符“.”和“.=”。“.”返回左、右参数连接后的字符串，“.=”将右边参数附加到左边参数后面，它可看成赋值运算符。例如：

```
<?php
    $a="Hello ";
    $b="World";
    echo $a.$b;                        //输出'Hello World'
    $a.= "World";
    echo $a;                           //输出'Hello World'
?>
```

3.4.10　其他运算符

PHP 还提供了数组运算符，用来对两个数组进行比较，表 3.8 中列出了所有的数组运算符及其说明。PHP 还有一个类型运算符 instanceof，用来测定一个给定的对象是否来自指定的对象类。

表 3.8　PHP 数组运算符

数组运算符	名　称	例　子	结　果
+	联合	$a + $b	$a 和$b 的联合
==	相等	$a == $b	如果$a 和$b 具有相同的键/值对则为 TRUE
===	全等	$a === $b	如果$a 和$b 具有相同的键/值对并且顺序和类型都相同则为 TRUE
!=	不等	$a != $b	如果$a 不等于$b 则为 TRUE
<>	不等	$a <> $b	如果$a 不等于$b 则为 TRUE
!==	不全等	$a !== $b	如果$a 不全等于$b 则为 TRUE

PHP 还提供了一种三元运算符<?:>。它与 C 语言中的用法相同，语法格式如下：

```
condition? (value1) : (value2)
```

condition 是需要判断的条件，当条件为真时返回冒号前面的值，否则返回冒号后面的值。例如：

```
<?php
    $a=10;
    $b=$a>100? 'YES': 'NO';
    echo $b;                    //输出'NO'
?>
```

自 PHP 5.3 起，可以省略三元运算符中间的部分，例如：

```
condition? : (value2)
```

在 condition 求值为真时返回 TRUE，否则返回 value2。

注意：

三元运算符是个语句，因此其求值不是变量，而是语句的结果。另外，在一个通过引用返回的函数中语句“return $var==42? $a : $b;”将不起作用，以后的 PHP 版本会为此发出一条警告信息。

3.4.11　运算符优先级和结合性

一般来说，运算符具有一组优先级，也就是它们的执行顺序。运算符还有结合性，也就是同一优先级的运算符的执行顺序，这种顺序通常是从左到右（简称左）、从右到左（简称右）或者非结合。表 3.9 从高到低列出了 PHP 运算符的优先级，同一行中的运算符具有相同优先级，此时它们的结合性决定了求值顺序。

表 3.9　PHP 运算符优先级和结合性

结合方向	运　算　符	附加信息
非结合	new	new
左	[	array()
非结合	++ --	递增/递减运算符
非结合	! ~ - (int) (float) (string) (array) (object) @	类型
左	* / %	算数运算符
左	+ - .	算数运算符和字符串运算符
左	<< >>	位运算符
非结合	< <= > >=	比较运算符
非结合	== != === !==	比较运算符

续表

结合方向	运算符	附加信息
左	&	位运算符和引用
左	^	位运算符
左	|	位运算符
左	&&	逻辑运算符
左	||	逻辑运算符
左	? :	三元运算符
右	= += -= *= /= .= %= &= |= ^= <<= >>=	赋值运算符
左	and	逻辑运算符
左	xor	逻辑运算符
左	or	逻辑运算符
左	,	多处用到

说明：表中未包括优先级最高的运算符——圆括号。它提供圆括号内部的运算符的优先级，这样可以在需要时避开运算符优先级法则。例如：

```
$a=$b*(2+$c);
```

如果写成：

```
$a=$b*2+$c;
```

就会得到错误的结果。

3.4.12 表达式

表达式是 PHP 最重要的基石。在 PHP 中，几乎所写的任何东西都是一个表达式。简单却最精确的定义表达式就是“任何有值的东西”。最基本的表达式就是常量和变量；一般的表达式大部分都是由变量和运算符组成的，如$a=5；再复杂一点的表达式就是函数。下面一些例子说明了表达式的各种形式：

```
<?php
    $a=10;
    $b=$a++;
    $a>1?$a+10:$a-10;
    function test()
    {
        return 20;
    }
?>
```

【例 3.3】 利用各种运算符计算半径为 10 的圆的面积和上底为 20、下底为 30、高为 10 的梯形的面积。如果圆面积和梯形面积都大于 50，则输出两个图形的面积。

新建 EX3_3.php 文件，输入以下代码：

```
<?php
    define('PI',3.1415926);
    $C_area=PI*10*10;
    $T_area=(20+30)*10/2;
    if($C_area>50&&$T_area>50)
    {
```

```
        echo "圆的面积为：".$C_area."<br/>";
        echo "梯形面积为：".$T_area."<br/>";
    }
?>
```

运行结果如图 3.7 所示。

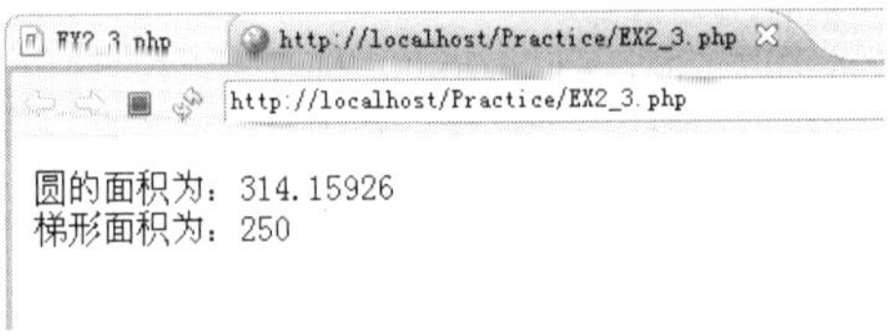

图 3.7 EX3_3.php 运行结果

3.5 程序流程控制

所谓程序流程控制，就是控制程序的执行方向，它通过流程控制语句来实现。流程控制语句在编程语言中占有重要的地位，大部分程序段需要依靠它来完成。PHP 的程序流程控制语句主要包括条件控制语句、循环控制语句等，而这些控制语句大多可以嵌套使用。

在进行流程控制时，可能会使用到多条语句，这时就需要将多条语句封装成一个代码段。在将代码段隔离时，一般都使用“{”作为代码段的开头，“}”作为结尾，与 C 语言类似。PHP 语法在每个语句后面都要加分号，而代码段结束符号“}”后面不加分号。

3.5.1 条件控制语句

条件控制语句是根据不同的条件而执行不同的代码。PHP 的条件控制语句主要包括 if...else 语句和 switch 语句。

1. if...else 语句

if 结构是包括 PHP 在内的很多语言的重要特性之一，它允许按照条件执行代码段，和 C 语言的结构很相似。语法格式：

```
if(expr1)
    //代码段 1
elseif(expr2)
    //代码段 2
...
else
    //代码段 n
```

（1）if 语句。

if(expr1)语句中，expr1 是一个表达式，它返回布尔值。当表达式值为 TRUE 时，执行代码段 1 中的语句；值为 FALSE 时，则跳过这段代码。例如：

```
if($a==5)                                   //判断$a 是否等于 5
{
    $b=$a+5;
    $a++;
}
```

注意：

在判断表达式两边的值是否相等时一般使用“==”。当代码段中只有一条语句时可以省略花括号。

（2）elseif 语句。

elseif 也可以隔开来写做 else if。只有在要判断的条件多于两个时才会使用到 elseif 语句，例如，判断一个数等于不同值的情况。elseif 语句是 if 语句的延伸，其自身也有条件判断的功能。只有当上面的 if 语句中的条件不成立即表达式为 FALSE 时，才会对 esleif 语句中的表达式 expr2 进行判断。expr2 的值为 TRUE 则执行代码段 2 中的语句，值为 FALSE 则跳过这段代码。elseif 语句可以有很多个，例如：

```
<?php
    $a=3;
    if($a==1)                            //$a 不等于 1，跳过此代码段
    {
        echo "等于 1";
    }
    elseif($a==2)                        //$a 不等于 2，跳过此代码段
    {
        echo "等于 2";
    }
    elseif($a==3)                         //$a 等于 3，执行此代码段
    {
        echo "等于 3";
    }
?>
```

（3）else 语句。

else 语句中不需要设置判断条件，只有当 if 和 elseif 语句中的条件都不满足时执行 else 语句中的代码段。由于 if、elseif 和 else 语句中的条件是互斥的，所以其中只有一个代码段会被执行。当要判断的条件只有两种情况时，可以省略 elseif 语句。例如：

```
<?php
    $a=5;
    $b=6;
    if($a==$b)
        echo "a 等于 b";
    else
        echo "a 不等于 b";
?>
```

if 语句还可以进行复杂的嵌套使用，从而建立更复杂的逻辑处理，例如：

```
<?php
    $a=10;
    if($a>5)                                  //判断$a 是否大于 5
    {
        if($a<20)                             //$a>5，判断$a 是否小于 20
        {
            if($a<15)                         //$a<20，判断$a 是否小于 15
                echo "a 的值大于 5 小于 15";
            else
                echo "a 的值大于 15 小于 20";
        }
        else                                  //$a 大于 20 的情况
            echo "a 的值大于 20";
```

```
    }
    else                                                //$a 小于 5 的情况
        echo "a 的值小于 5";
?>
```

【例 3.4】 编写 PHP 程序产生一个随机数，并让浏览者在页面上输入数字来猜测该数，并给予相应提示。

新建 EX3_4.php 文件，输入以下代码：

```
<!DOCTYPE html>
<!-- HTML5 表单 -->
<form method="post">
    <input type="text" name="SZ">
    <input type="submit" name="button" value="提交">
</form>
<?php
    if(isset($_POST['button']))                         //判断提交按钮是否被按下
    {
        $SZ=$_POST["SZ"];                               //接收文本框 SZ 的值
        $a=rand(10,100);                                //使用 rand()函数产生一个随机数
        if($SZ>$a)                                      //输入数的值与随机数进行比较
            echo "您输入的数字太大了，请重输";
        elseif($SZ<$a)
            echo "您输入的数字太小了，请重输";
        else
            echo "<script>alert('恭喜！ 您猜对啦')</script>";
    }
?>
```

运行结果略。

说明： rand 函数的作用是产生并返回一个随机整数，语法格式如下：

```
int rand([int $min], [int $max]);
```

若没有指定随机数的最大及最小范围，本函数会自动地从 0 到 rand()函数允许的最大数之间取一个随机数。若指定了$min 及$max 的参数，则从指定参数之间取一个数字，如 rand(38,49)会从 38～49 之间取一个随机数。

2. switch 语句

switch 语句和具有同样表达式的一系列 if 语句相似。在同一个变量或表达式需要与很多不同值比较时，可使用 switch 语句。语法格式：

```
switch(var)
{
    case var1:
        //代码段 1
        break;
    case var2:
        //代码段 2
        break;
    …
    default:
        //代码段 n
}
```

switch 语句开始时没有代码被执行，当一个 case 语句中的值和 switch 语句中表达式 var 的值匹配时，PHP 开始从该 case 语句处一句一句地执行语句，直到遇到 switch 程序段结束或者遇到一个 break

语句为止。当所有的 case 语句中的值都不匹配时，则执行 default 语句中的代码，与 if 语句中的 else 语句类似，defalut 语句也可以省略。程序中 break 语句的作用是跳出程序，使程序停止运行。

【例 3.5】 使用 switch 语句判断来自表单的值。

新建 EX3_5.php 文件，输入以下代码：

```
<!DOCTYPE html>
<!-- HTML5 表单，包含一个下拉菜单和一个提交按钮 -->
<form name="form1" method="post" action="">
    兴趣爱好<select name="XQ">
                <option>打篮球</option>
                <option>看书</option>
                <option>看电影</option>
                <option>上网</option>
            </select>
    <input type="submit" name="bt" value="提交">
</form>
<?php
    $XQ=@$_POST["XQ"];                          //接收表单的值
    switch($XQ)
    {
        case "打篮球":
            echo "小王喜欢打篮球";
            break;
        case "看书":
            echo "小王喜欢看书";
            break;
        case "看电影":
            echo "小王喜欢看电影";
            break;
        case "上网":
            echo "小王喜欢上网";
            break;
        default:
            echo "请选择小王的兴趣爱好";
    }
?>
```

运行结果如图 3.8 所示。

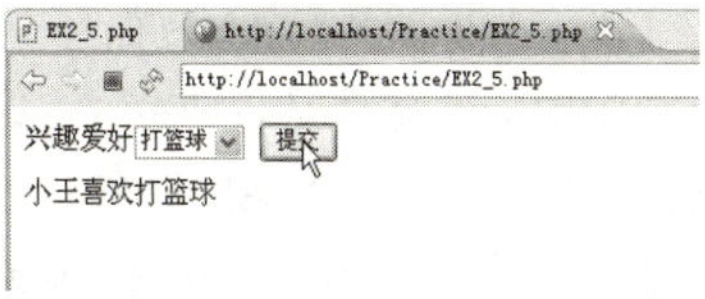

图 3.8 EX3_5.php 运行结果

注意：

switch 语句只可以接收整型、浮点型和字符串变量的值。

上面的 switch 语句换成如下 if 语句效果一样：

```
if($XQ=="打篮球")
    echo "小王喜欢打篮球";
elseif($XQ=="看书")
    echo "小王喜欢看书";
elseif($XQ=="看电影")
    echo "小王喜欢看电影";
elseif($XQ=="上网")
    echo "小王喜欢上网";
else
    echo "请选择小王的兴趣爱好";
```

3.5.2 循环控制语句

如果在程序中要重复某一操作，就要使用循环控制语句。PHP 的循环控制语句有 while、do-while、for 和 foreach 4 种。

1. while 循环

while 循环是 PHP 中最简单的循环类型，当要完成大量重复性的工作时，可以通过条件控制 while 循环来完成。语法格式：

```
while(exp)
{
    //代码段
}
```

说明：当 while()语句中表达式 exp 的值为 TRUE 时，就运行代码段中的语句，同时改变表达式的值。语句运行一遍后，再次检查表达式 exp 的值，如果为 TRUE 则再次进入循环，直到值为 FALSE 时就停止循环。如果表达式 exp 的值永远都是 TRUE，则循环将一直进行下去，成为死循环。如果表达式 exp 一开始的值就为 FALSE，则循环一次也不会运行。

例如，计算 10 的阶乘。

```
<?php
    $sum=$m=1;                              //初始化
    while($m<10)
    {
        $sum=$sum*$m;                       //累积
        $m++;                               //$m 自增 1
    }
    echo $sum;                              //输出 362880
?>
```

2. do-while 循环

语法格式：

```
do
{
    //代码段
}while(exp);
```

do-while 循环与 while 循环非常相似，区别在于 do-while 循环首先执行循环内的代码，而不管 while 语句中的 exp 条件是否成立。程序执行一次后，do-while 循环才来检查 exp 值是否为 TRUE，为 TRUE 则继续循环，为 FALSE 则停止循环。而 while 循环是首先判断条件是否成立才开始循环。所以当两个循环中的条件都不成立时，while 循环一次也没有运行，而 do-while 循环至少要运行一次。例如：

```
<?php
    $n=1;
    do
    {
        echo $n ."<br/>";
        $n++;
    }while($n<10);
?>
```

注意：

do-while 循环的 while 语句最后要加分号。

3. for 循环

for 循环是 PHP 中比较复杂的一种循环结构，语法格式如下：

```
for(expr1;condition;expr2)
    //代码段
```

说明：表达式 expr1 在循环开始前无条件求值一次，这里通常设置一个初始值。表达式 condition 是一个条件，在循环开始前首先测试表达式 condition 的值。如果为 FALSE 则结束循环，如果为 TRUE 则执行代码段中的语句，循环执行完一次后执行表达式 expr2，之后继续判断 condition 的值，如果为 TRUE 则继续循环，如果为 FALSE 则结束循环。例如：

```
<?php
    $m=10;
    for($i=0;$i<$m;$i++)
    {
        echo $i."<br/>";
    }
?>
```

for 循环中的每个表达式都可以为空，但如果 condition 为空则 PHP 认为条件为 TRUE，程序将无限循环下去，成为死循环，如果要跳出循环，需要使用 break 语句，例如：

```
<?php
    for($i=0;;)
    {
        if($i>10)
        {
            break;                          //如果$i 大于 10 则跳出循环
        }
        echo $i. "<br/>";                   //输出$i
        $i++;                               //$i 加 1
    }
?>
```

另外，for 循环也可以和其他循环嵌套使用。

【例 3.6】 使用 for 循环打印九九乘法表。

新建 EX3_6.php 文件，输入以下代码：

```
<?php
    for($i=1;$i<=9;$i++)                    //第一层 for 循环
    {
        for($j=1;$j<=$i;$j++)               //第二层 for 循环
        {
            echo "$i*$j=".$i*$j." ";   //输出乘法口诀
            if($j==$i)                      //如果行数等于列数就回车
                echo "<br/>";
        }
    }
?>
```

运行结果如图 3.9 所示。

图 3.9　九九乘法表

【例 3.7】 使用循环输出一个 5 行 4 列的表格。

新建 EX3_7.php，输入以下代码：

```
<!DOCTYPE html>
<title>表格输出</title>
<style type="text/css">
table,td{
    width:200px;
    border:1px solid;
}
</style>
<?php
    $i=0;
    echo "<table>";                              //输出表格
    while($i<5)                                  //使用 while 循环输出行
    {
        echo "<tr>";                             //每行的开头
        for($j=1;$j<5;$j++)                      //使用 for 循环输出表格的列
        {
            echo "<td>".$j."</td>";              //每列上显示$j 的值
        }
        echo "</tr>";                            //每行的结尾
        $i++;                                    //进入下一行
    }
    echo "</table>";
?>
```

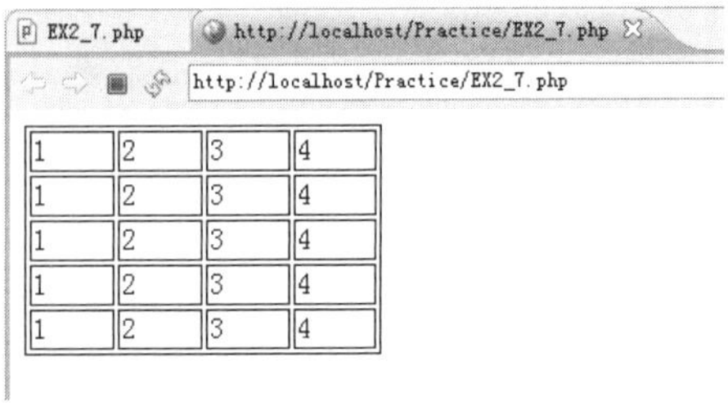

图 3.10 循环输出表格

这里使用 CSS 方式输出表格，表格及其列的格式不再定义在元素标记属性中，而是一律都写在样式表里，运行结果如图 3.10 所示。

4. foreach 循环

foreach 语句也属于循环控制语句，但它只用于遍历数组，当试图将其用于其他数据类型或者一个未初始化的变量时会产生错误。有关 foreach 循环的内容将在介绍数组时讨论。

3.5.3 流程控制符

如果需要停止一个循环，或者跳到下一次循环，或者结束整个 PHP 脚本的执行就要用到流程控制符，常用的流程控制符有 break、continue、return 和 exit 等。

1. break 控制符

break 控制符在前面已经使用过，这里具体介绍。它可以结束当前 for、foreach、while、do-while 或 switch 结构的执行。当程序执行到 break 控制符时，就立即结束当前循环。例如：

```
<?php
    $i=1;
    while($i<10)
    {
        if($i>3)
            break;                   //当$i>3 时结束 while 循环
        echo $i."<br/>";             //输出$i，$i 最后输出的值只有 1，2，3
```

```
        $i++;                           //$i 自增 1
    }
?>
```

当循环语句嵌套使用时，break 控制符还可以在后面加一个可选的数字来决定跳出哪一层循环，例如：

```
<?php
    for($n=0;$n<10;$n++)
    {
        while(TRUE)
        {
            switch($n)
            {
                case 2:
                    echo $n;
                    break;              //跳出 switch
                case 4:
                    echo $n;
                    break 1;            //跳出 switch
                case 6:
                    echo $n;
                    break 2;            //跳出 while 循环
                case 8:
                    echo $n;
                    break 3;            //跳出 for 循环
            }
            $n++;
        }
    }
?>
```

2. continue 控制符

continue 控制符用于结束本次循环，跳过剩余的代码，并在条件求值为真值时开始执行下一次循环。例如：

```
<?php
    $m=5;
    for($n=0;$n<10;$n++)
    {
        if($n==$m)
            continue;                   //跳出本次循环
        echo $n;                        //输出的结果是 012346789
    }
?>
```

说明：其中，for 循环进行到$n=5 时，$n 的值与$m 相等，满足 if 条件，执行 continue 语句，跳出本次循环并执行下一次循环，所以本次循环没有继续执行下面的语句“echo $n;”，得出的输出结果为“012346789”。

和 break 控制符一样，continue 控制符在循环语句嵌套使用时，也可在后面加一个可选的数字来决定跳出哪一层循环，例如：

```
<?php
    for($n=0;$n<15;$n++)
    {
        while(1)                        //while 循环是无限循环
```

```
        {
            echo $n++;
            if($n==10)
                continue 2;                     //跳出本次的 for 循环
            if($n>15)
                break;                          //$n>15 时结束 while 循环
        }
    }
?>
```

注意：

当循环可能产生死循环时，一定要用 break 控制符结束循环，否则后果严重。

3. goto 控制符

自 PHP 5.3.0 起，引入 goto 控制符，可以用来跳转到程序中的另一位置。该目标位置可以用目标名称加上冒号来标记，而跳转指令是 goto 之后接上目标位置的标记。例如：

```
<?php
    goto a;
    echo 'Foo';
a:
    echo 'Bar';
?>
```

程序会输出：Bar。

还可以使用 goto 控制符来跳出循环：

```
<?php
    for($i=0,$j=50; $i<100; $i++)
    {
        while($j--)
        {
            if($j==17) goto end;
        }
    }
    echo "i=$i";
end:
    echo 'j hit 17';
?>
```

程序输出：j hit 17。

PHP 中的 goto 控制符有一定限制，目标位置只能位于同一个文件和作用域，即无法跳出一个函数或类方法，也无法跳入到另一个函数中。无法跳入到任何循环或者 switch 结构中，可以跳出循环或者 switch 结构，通常的用法是以 goto 控制符代替多层的 break 控制符。

4. return 控制符

在函数中使用 return 控制符，将立即结束函数的执行并将 return 语句所带的参数作为函数值返回。在 PHP 的脚本或脚本的循环体内使用 return，将结束当前脚本的运行。例如：

```
<?php
    $n=5;
    for($i=1;$i<10;$i++)
    {
        if($i>$n)
        {
```

```
            return;                           //当$i>5 时结束脚本运行
            echo "大于 5";                    //此处不输出任何内容
        }
        echo $i ." ";                         //输出 1 2 3 4 5
    }
?>
```

5. exit 控制符

exit 控制符也可结束脚本的运行，用法和 return 控制符类似。例如：

```
<?php
    $a=5;
    $b=6;
    if($a<$b)
        exit;                                 //如果$a<$b 则结束脚本
    echo $a."小于".$b;                        //不输出
?>
```

但 exit 和 return 的不同之处在于，当前文件包含另外的文件时，若在被包含文件中执行 exit 语句，则在当前文件中被包含文件的下面的代码都将停止运行。而 return 控制符则不会停止当前文件中代码的运行。有关包含文件的内容可参照 3.5.5 节。

3.5.4 流程控制的替代语法

对于流程控制语句，还有一个可以替换的语法形式。即用冒号（:）替换开始的花括号（{），用新的关键字替换关闭花括号（}）。新的关键字可以是 endif、endswitch、endwhile、endfor 或 endforeach，这是由所使用的流程控制语句来决定的。例如：

```
<?php
    $m=5;
    if($m==5):                                //使用冒号代替左花括号
        echo $m++;
        echo "m 的值加 1";
    endif;                                    //使用"endif;"代替右花括号
    while($m<10):                             //使用冒号代替左花括号
        echo $m. "<br/>";
        $m++;
    endwhile;                                 //使用"endwhile;"代替右花括号
?>
```

对于 do-while 结构，还没有可替代的语法。

3.5.5 包含文件操作

包含文件操作是指在当前文件中使用语句包含其他文件中的代码，并在当前文件中运行。如果需要用到其他文件中的代码，而又不想在当前文件中重新输入这些代码，这种操作相当有用。在 PHP 中常用的包含文件操作语句包括 include()、require()、include_once()、require_once()。语句中指定的文件，将被包含到当前文件中并运行。

这 4 种语句的用法类似，不同之处在于：

- include()包含文件发生错误时，如包含的文件不存在，脚本将发出一个警告，但脚本会继续运行。
- require()包含文件发生错误时，会产生一个致命错误并停止脚本的运行。
- include_once()使用方法和 include()相同，但如果在同一个文件中使用 include_once()函数包含了一次指定文件，那么此文件将不被再次包含。

- require_once()使用方法和 require()相同，但如果在同一个文件中使用 require_once()函数包含了一次指定文件，那么此文件将不被再次包含。

在包含文件时，函数中要指定正确的文件路径和文件名。如果不指定路径或者路径为“./”，则在当前运行脚本所在目录下寻找该文件，如 include('1.php')或 include('./1.php')。如果指定文件的路径为“../”，则在 Apache 的根目录下寻找该文件，如 include('../1.php')。如果指定根目录下不是当前脚本所在目录下的文件，可指定其具体位置，如 include('../zhou/1.php')。

当一个文件被包含时，从被包含的所在行开始，被包含文件中可用的任何变量在当前脚本中都可以直接使用。所有在包含文件中定义的函数和类都具有全局作用域。这样不但可以减少文件中代码的数量，还可以把重复的函数做成包含文件，供需要的文件调用。

例如，假设 a.php 和 b.php 文件都在当前工作目录下：

a.php 中代码为：

```
<?php
    $color='green';
    $fruit='apple';
?>
```

b.php 中代码为：

```
<?php
    echo "A $color $fruit";                    //给出变量未定义的通知，仅输出"A"
    include 'a.php';                           //包含 a.php 文件
    echo "A $color $fruit";                    //输出"A green apple"
?>
```

3.5.6 declare 结构

declare 结构用来设定一段代码的执行指令，它的语法和其他流程控制结构相似：

```
declare (directive)
    statement
```

其中，directive 部分允许设定 declare 代码段的行为。目前，declare 结构只认识两个指令：ticks 以及 encoding（PHP 5.3.0 新增指令）。

ticks（时钟周期）是一个在 declare 代码段中解释器每执行 *N* 条可计时的低级语句就会发生的事件。*N* 的值是在 declare 中的 directive 部分用 ticks=*N* 来指定的。但条件表达式和参数表达式等都不可计时。在每个 ticks 中出现的事件是由 register_tick_function() 来指定的。更多细节见下面的例子。注意每个 ticks 中可以出现多个事件。

```
<?php
declare(ticks=1);
// A function called on each tick event
function tick_handler()
{
        echo "tick_handler() called\n";
}
register_tick_function('tick_handler');
$a = 1;
if ($a > 0)
{
```

```
            $a += 2;
        print($a);
    }
    ?>
```

可以用 encoding 指令来对每段脚本指定其编码方式，例如：

```
<?php
    declare(encoding='ISO-8859-1');
    //代码段
?>
```

declare 代码段中的 statement 部分将被执行——怎样执行以及执行中有什么副作用出现取决于 directive 中设定的指令。declare 结构也可用于全局范围，影响到其后的所有代码（但如果有 declare 结构的文件被其他文件包含，则对包含它的父文件不起作用）。

注意：

当和命名空间结合起来时，declare 的唯一合法语法是“declare(encoding='...');”，其中“...”是编码的值。

3.6 PHP 函数

函数在大多数的编程语言中都存在，在 PHP 中也不例外。在 PHP 中，函数是一段 PHP 代码的集合，通过调用函数就可以执行一些任务或返回一些结果。PHP 脚本通常是由主程序和函数构成的，这些函数不仅构成了 PHP 脚本的主要功能，也实现了程序代码的结构化，方便他人阅读。

函数可以分为用户自定义函数和系统函数，用户自定义函数是由用户自行编写实现的，其功能也由用户所编写的代码来决定。系统函数是 PHP 系统或扩展库内置的函数，这些函数一般已经存在，直接调用即可，使用简单的代码来实现复杂的工作，如之前常用的 echo()函数就是系统函数。

3.6.1 用户自定义函数

PHP 为用户提供了自定义函数的功能，编写的方法非常简单，定义函数的格式如下：

```
function function_name([$parameter[, …]])
{
    //函数代码段
}
```

定义函数的关键字为 function。function_name 是用户自定义的函数名，通常这个函数名可以是以字母或下画线开头后面跟 0 个或多个字母、下画线和数字的字符串，且不区分大小写，需要注意的是，函数名不能与系统函数或用户已经定义的函数重名。

$parameter 为函数的参数，函数一般可以有 0 个或多个参数。当参数个数为 0 时，函数可以被直接调用，当参数个数不为 0 时，用户在调用时就需要提供有效的参数。

在函数定义时，花括号内的代码就是在调用函数时将会执行的代码，这段代码可以包括变量、表达式、流程控制语句，甚至是其他的函数或类定义。例如：

```
<?php
    function func($a,$b)
    {
```

```
        if($a==$b)
            echo "a=b";
        else if($a>$b)
            echo "a>b";
        else
            echo "a<b";
    }
    func(5,6);                              //输出"a<b"
?>
```

上面的这段程序定义了一个简单的函数 func，该函数的作用是比较两个数的大小，根据不同的情况输出不同的内容。

3.6.2 参数的传递

可以有任意个数的函数参数，在一般情况下，参数是通过值来传递的，如前面定义的 func()函数就是通过变量$a 和$b 的值传递的。通过值传递参数不会因为函数内部参数值的变化而改变函数外部的值。

如果希望函数修改外部传来的参数值，可以使用引用参数传递，只要在定义函数时在参数前面加上"&"即可。例如：

```
<?php
    function color(&$col)                   //定义函数 color()
    {
        $col="yellow";
    }
    $blue="blue";
    color($blue);                           //调用函数 color()，参数使用变量$blue
    echo $blue;                             //输出"yellow"
?>
```

函数还可以使用默认参数，在定义函数时给参数赋予默认值，参数的默认值必须是常量表达式，不能是变量、类成员或函数调用。例如：

```
<?php
    function book($newbook="PHP")
    {
        echo "I like ".$newbook;
    }
    book();
?>
```

上述程序中给 book()函数的参数$newbook 指定了默认值，在调用该函数时就可以不必提供参数，函数会自动使用该默认值。但需要注意的是，在使用默认参数时，任何默认参数都要放在非默认参数的右侧，否则函数可能不会按预期情况工作。

自 PHP 5 起，默认值也可以通过引用传递。

3.6.3 函数变量的作用域

变量的作用域问题在 3.3.1 节已经介绍过，这里再简要补充一下。由之前的内容可知，在主程序定义的变量和在函数中定义的变量都是局部变量。在函数中定义的变量只能在函数内部使用。在主程序中定义的变量只能在主程序中使用，而不能在函数中使用。例如：

```
<?php
    function sum()
    {
        $count=2;
    }
    sum();
    echo $count;
?>
```

由于函数中的变量无法作用于函数外部，所以上面这段程序运行时将出错，错误信息是提示 $count 变量未定义，如图 3.11 所示。

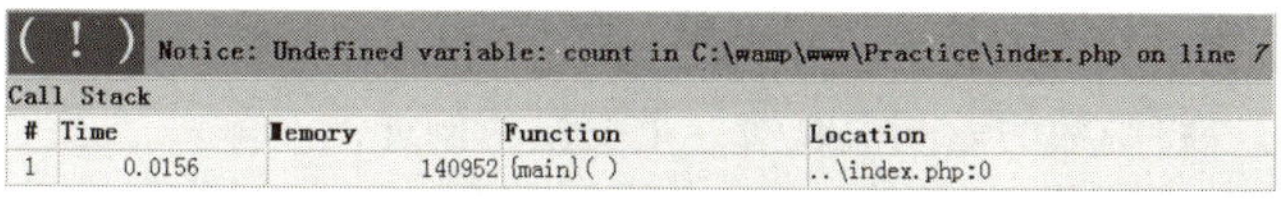

图 3.11　输出变量未定义的错误信息

如果要使函数中的变量作用于函数外部，需要使用 global 关键字将变量声明为全局变量，具体请参见 3.3.1 节。函数中的变量还可以声明为静态变量，函数被调用完后静态变量的值并不丢失，在下次调用该函数时，静态变量的值是上次调用函数时赋的值。

3.6.4　函数的返回值

函数声明时，在函数代码中使用 return 语句可以立即结束函数的运行，程序返回到调用该函数的下一条语句。例如：

```
<?php
    function my_function($a=1)
    {
        echo $a;
        return;                                //结束函数的运行，下面的语句将不被运行
        $a++;
        echo $a;
    }
    my_function();                             //输出 1
?>
```

中断函数执行并不是 return 语句最常用的功能，许多函数使用 return 语句返回一个值来与调用它们的代码进行交互。函数的返回值可以是任何类型的值，包括列表和对象。例如：

```
<?php
    function squre($num)
    {
        return $num*$num;                      //返回一个数的平方
    }
    echo squre(4);                             //输出 16
    function large($a,$b)
    {
        if(!isset($a)||!isset($b))             //如果变量未设置则返回 FALSE
            return FALSE;
        else if($a>=$b)                        //如果$a>=$b 则返回$a
            return $a;
        else                                   //如果$a<$b 则返回$b
            return $b;
```

```
    }
    echo large(5,6);                    //输出 6
    if(large()===FALSE)                 //未设参数，显示错误提示
        echo "FALSE";                   //输出"FALSE"
?>
```

3.6.5 函数的调用

函数在声明后就可以被调用，前面的内容中已经接触过函数的调用了。例如，要包含一个文件时需要调用 include()函数。

函数在调用时需要提供有效的参数，另外，函数如果没有返回值，调用时使用函数名即可。如果函数具有返回值，则可以将函数的返回值赋给一个变量。例如：

```
<?php
    //对一个数组进行升序排序的函数 my_sort()
    function my_sort($array)
    {
        for($i=0;$i<count($array);$i++)
        {
            for($j=$i+1;$j<count($array);$j++)
            {
                if($array[$i]>$array[$j])
                {
                    $tmp=$array[$j];
                    $array[$j]=$array[$i];
                    $array[$i]=$tmp;
                }
            }
        }
        return $array;
    }
    $arr=array(6,4,7,5,9,2);                //未排序的数组
    $sort_arr=my_sort($arr);                //将排序后的数组赋给$sort_arr
    foreach($sort_arr as $num)
        echo $num;                          //输出 245679
?>
```

3.6.6 递归函数

PHP 支持递归函数，递归函数就是调用函数本身，可以实现循环的作用。例如：

```
<?php
    function factorial($n)
    {
        if($n==0)
            return 1;                   //如果$n 为 0 则返回 1
        else
            return $n*factorial($n-1);  //递归调用，直到$n 等于 0 为止
    }
    echo factorial(10);                 //输出 3628800
?>
```

以上代码中 factorial()函数的 return 语句中以“$n−1”作为参数调用了 factorial()函数本身，而 return

语句中的 factorial()函数又会继续调用自己，直到$n 等于 0 为止。这样，通过递归调用实现了计算一个数的阶乘的作用，这个功能用循环也可以实现。

注意：

使用递归函数时一定要给出递归的终止条件，否则函数将一直执行下去直到服务器内存耗尽，或达到最大调用次数。

3.6.7 变量函数

PHP 中有变量函数这个概念，在变量的后面加上一对小括号就构成了一个变量函数。例如：

```
$count();
```

如果创建了变量函数，PHP 脚本运行时将寻找与变量名相同的函数，如果函数存在，则尝试执行该函数，如果函数不存在则产生一个错误。为了防止这类错误，可以在调用变量函数之前使用 PHP 的 function_exists()函数来判断该变量函数是否存在。例如：

```
<?php
    $action="showstr";
    function showstr()
    {
        echo "显示字符串";
    }
    if(function_exists($action()))                    //判断函数是否存在
        $action();                                    //实际调用了 showstr 函数
?>
```

注意：

变量函数不能用于语言结构，如 echo()、print()、unset()、include()、require()、isset()及类似的语句。

3.6.8 系统函数

用户自定义函数可以进行逻辑运算，而大部分的系统底层工作需要由系统函数来完成。

PHP 提供了丰富的系统函数供用户调用，包括文件系统函数、数组函数、字符串函数等。通过使用这些函数可以用很简单的代码完成比较复杂的工作。但并不是所有的系统函数都能直接调用的，有一些扩展的系统函数需要安装扩展库之后才能调用，例如，有些图像函数需要在安装 GD 库之后才能使用。当前运行环境支持的函数列表可以在 phpinfo 页面查看。

正确使用系统函数将会使程序实现更全面的功能，并节省编程的时间。各种功能系统函数的应用在第 4 章和第 5 章还会遇到，届时详解，这里暂不赘述。

3.6.9 匿名函数

PHP 5.3.0 可以使用匿名函数（也叫闭包函数），允许临时创建一个没有指定名称的函数。例如：

```
<?php
    echo preg_replace_callback('~-([a-z])~',
            function ($match){
                return strtoupper($match[1]);
            }, 'hello-world');                        //输出 helloWorld
?>
```

3.7 综合实例

下面通过两个较为综合的例子，加深对本章所学内容的理解。

3.7.1 实例一——多项选择题

【例 3.8】 编写回答多项选择题的 PHP 程序。

要求如下：以下属于 Web 开发语言的有哪几种？供选择答案：C 语言、PHP、FLASH、ASP、JSP。正确答案：PHP、ASP、JSP。

新建 EX3_8.php 文件，输入以下代码：

```
<!DOCTYPE html>
<!-- HTML5 表单，包含五个复选框和一个提交按钮 -->
<form action="" method="post">
    以下属于 Web 开发语言的有哪几种？<br/>
    <input type="checkbox" name="answer[]" value="C 语言">C 语言<br/>
    <input type="checkbox" name="answer[]" value="PHP">PHP<br/>
    <input type="checkbox" name="answer[]" value="FLASH">FLASH<br/>
    <input type="checkbox" name="answer[]" value="ASP">ASP<br/>
    <input type="checkbox" name="answer[]" value="JSP">JSP<br/>
    <input type="submit" name=bt_answer value="提交">
</form>
<?php
    if(isset($_POST['bt_answer']))
    {
        $answer=@$_POST['answer'];                //$answer 是数组
        if(!$answer)
            echo "<script>alert('请选择答案')</script>";
        $num=count($answer);                      //使用 count 函数取得$answer 数组中值的个数
        $anw="";                                  //初始化$anw 为空
        for($i=0;$i<$num;$i++)                    //使用 for 循环
        {
            $anw=$anw.$answer[$i];                //将$answer 中的值连接起来
        }
        if($anw=="PHPASPJSP")                     //判断是否是正确答案
            echo "<script>alert('回答正确！')</script>";        //弹出提示框提示正确
        else
            echo "<script>alert('回答错误！')</script>";        //弹出提示框提示错误
    }
?>
```

运行结果如图 3.12 所示。

说明： 在程序中，复选框的名称都为“answer[]”，当 PHP 从表单中“answer”取值，取到的是一个数组，复选框被选中时的值就存入这个数组中。count()函数返回一个数组中值的个数。

图 3.12 多项选择题运行结果

3.7.2　实例二——计算器程序

【例 3.9】 设计一个计算器程序，实现简单的加、减、乘、除运算。

新建 EX3_9.php 文件，输入以下代码：

```
<!DOCTYPE html>
<html>
<head>
    <title>计算器程序</title>
</head>
<body>
<form method=post>
    <table>
        <tr>
            <td>
                <input type="text" size="4" name="number1">
                <select name="caculate">
                    <option value="+">+
                    <option value="-">-
                    <option value="*">*
                    <option value="/">/
                </select>
                <input type="text" size="4" name="number2">
                <input type="submit" name="ok" value="计算">
            </td>
        </tr>
    </table>
</form>
</body>
</html>
<?php
    function cac($a, $b, $caculate)                    //定义 cac 函数，用于计算两个数的结果
    {
        if($caculate=="+")                             //如果为加法则相加
            return $a+$b;
        if($caculate=="-")                             //如果为减法则相减
            return $a-$b;
        if($caculate=="*")                             //如果为乘法则返回乘积
            return $a*$b;
        if($caculate=="/")
        {
            if($b=="0")                                //判断除数是否为 0
                echo "除数不能等于 0";
            else
                return $a/$b;                          //除数不为 0 则相除
        }
    }
    if(isset($_POST['ok']))
    {
        $number1=$_POST['number1'];                    //得到数 1
        $number2=$_POST['number2'];                    //得到数 2
        $caculate=$_POST['caculate'];                  //得到运算的动作
```

```
            //调用 is_numeric()函数判断接收到的字符串是否为数字
            if(is_numeric($number1)&&is_numeric($number2))
            {
                //调用 cac 函数计算结果
                $answer=cac($number1,$number2,$caculate);
                echo "<script>alert('".$number1.$caculate.$number2."=".$answer."')</script>";
            }
            else
                echo "<script>alert('输入的不是数字！')</script>";
        }
    ?>
```

运行程序后计算 240*30 的结果，如图 3.13 所示。

图 3.13　计算器程序

习　题　3

1．PHP 中的标记风格有哪几种？

2．如何在 HTML 中嵌入 PHP 代码？

3．PHP 的数据类型有哪些？

4．PHP 中如何定义变量和常量？PHP 中的预定义变量有哪些？如何使用 PHP 的外部变量，试举一例。

5．PHP 的运算符有哪些？各有什么作用？

6．PHP 程序流程控制语句有哪些？试各举一例。

7．如何在 HTML 页面上用 PHP 代码输出一个表格？

8．定义一个函数，用于比较两个数的大小，如果前者比后者大则返回 1，反之返回 0。

9．如何定义变量函数？

10．如何在函数内部定义一个有全局作用域的变量？

11．编写一段 PHP 程序，从表单接收用户输入的两个值，计算两个数的最大公约数。

第 4 章

PHP 数组与字符串

数组和字符串是 PHP 中最为重要的两种数据类型，曾有人做过统计，在 PHP 的项目开发中，至少有 30%的代码要处理数组，另有 30%以上的代码在操作字符串，两者合占 PHP 代码比重高达 60%以上！故本章专门讲述这两种类型数据的操作。

4.1 数组及处理

数组的概念前面已经提到过，本节将重点介绍如何来处理数组。前面介绍的变量都是标量变量，只能存储单个数值。而数组实质上是一个可以存储一组或一系列数值的变量，操作数组的本质就是操作存储在其中的数值。

4.1.1 数组的创建和初始化

PHP 中，存储在数组中的值称为数组元素。数组元素只是普通值如数字、字母时，这个数组就是一维数组。数组元素是另外的类型时，这个数组就是多维数组。每个数组元素都有一个相关的索引（也称为关键字），使用索引就可以访问数组元素。创建数组一般有以下几种方法。

1. 使用 array()函数创建数组

PHP 中的数组可以是一维数组，也可以是多维数组。创建数组可以使用 array()函数，语法格式如下：

```
array array([$keys=>
              ]$values,…)
```

语法“$keys=>$values”，用逗号分开，定义了关键字的键名和值，自定义键名可以是字符串或数字。如果省略了键名，会自动产生从 0 开始的整数作为键名。如果只对某个给出的值没有指定键名，则取该值前面最大的整数键名加 1 后的值。例如：

```
<?php
    $array1=array(1,2,3,4);                                            //定义不带键名的数组
    $array2=array("color"=>"blue","name"=>"picture","number"=>"01");   //定义带键名的数组
    $array3=array(1=>2,2=>4,5=>6,8,10);                                //定义省略某些键名的数组
?>
```

说明：数组$array1 的键名是自动产生的从 0 开始的整数，键名分别是 0、1、2、3。$array2 的键名是"color"、"name"、"number"。$array3 中值“8”和“10”的键名省略，数组会自动给其分配键名，值“8”的键名是该值前面最大的整数键名加 1，即 6，值“10”的键名为 7。

为了更好地理解数组的键名和值，这里介绍一个打印函数 print_r()。这个函数用于打印一个变量

的信息。如果给出的是字符串、整型或浮点型的变量，将打印变量值本身。如果给出的是数组类型的变量，将会按照一定格式显示键名和值，对象类型与数组类似。

print_r()函数的语法格式如下：

```
bool print_r(mixed expression [, bool return])
```

如果想捕捉 print_r()的输出，可使用 return 参数。若此参数设为 TRUE，print_r()将不打印结果，而是返回其输出（此为默认动作）。例如：

```
<?php
    $array=array("a"=>5, "b"=>10, 20);
    print_r($array);
?>
```

输出结果为：

```
Array ( [a] => 5 [b] => 10 [0] => 20 )
```

注意：

如果定义了两个完全一样的键名，则后面一个会覆盖前面一个。例如:

```
<?php
    $array=array(1, 1, 1, 1, 1, 8 => 1, 4 => 1, 19, 3 => 13);
    print_r($array);
?>
```

输出结果为：

```
Array ( [0] => 1 [1] => 1 [2] => 1 [3] => 13 [4] => 1 [8] => 1 [9] => 19 )
```

说明：键名 3 被定义了两次，保留了最后的值 13。

数组创建完后，要使用数组中某个值，可以使用$array["键名"]的形式。如果数组的键名是自动分配的，则默认情况下 0 元素是数组的第一个元素。例如：

```
<?php
    $array1=array("黄色","蓝色","黑色");
    echo $array1[1];                              //输出"蓝色"
    $array2=array("a"=>5,"b"=>10,"c"=>15);
    echo $array2["b"];                            //输出 10
?>
```

另外，通过对 array()函数的嵌套使用，还可以创建多维数组。例如：

```
<?php
    $array=array(
                    "color"=>array("红色","蓝色","白色"),
                    "number"=>array(1,2,3,4,5,6)
                );                                //定义二维数组$array
    echo $array["color"][2];                      //输出数组元素，输出结果为"白色"
    print_r($array);                              //打印二维数组
?>
```

输出结果为：

```
Array ( [color] => Array ( [0] => 红色 [1] => 蓝色 [2] => 白色)
        [number] => Array ( [0] => 1 [1] => 2 [2] => 3 [3] => 4 [4] => 5 [5] => 6 ) )
```

数组创建之后，可以使用 count()和 sizeof()函数获得数组元素的个数，参数是要进行计数的数组。例如：

```
<?php
    $array=array(1,2,3,6=>7,8,9,5,10);
    echo count($array);                           //输出 8
    echo sizeof($array);                          //输出 8
```

```
?>
```

2. 使用变量建立数组

通过使用 compact()函数，可以把一个或多个变量，甚至数组，建立成数组元素，这些数组元素的键名就是变量的变量名，值是变量的值。语法格式如下：

```
array compact(mixed $varname [, mixed ...])
```

每个参数$varname 可以是一个包括变量名的字符串或者是一个包含变量名的数组。对每个参数，compact()在当前的符号表中查找该变量名并将它添加到输出的数组中，变量名成为键名而变量的内容成为该键的值。任何没有变量名与之对应的字符串都被略过。例如：

```
<?php
    $num=10;
    $str="string";
    $array=array(1,2,3);
    $newarray=compact("num","str","array");        //使用变量名创建数组
    print_r($newarray);
?>
```

输出结果为：

```
Array ( [num] => 10   [str] => string   [array] => Array ( [0] => 1 [1] => 2 [2] => 3 ) )
```

与 compact()函数相对应的是 extract()函数，其作用是将数组中的单元转化为变量，例如：

```
<?php
    $array=array("key1"=>1, "key2"=>2, "key3"=>3);
    extract($array);
    echo "$key1 $key2 $key3";                    //输出 1 2 3
?>
```

3. 使用两个数组创建一个数组

使用 array_combine()函数可以使用两个数组创建另外一个数组，语法格式如下：

```
array array_combine(array $keys, array $values)
```

array_combine()函数用来自$keys 数组的值作为键名，来自$values 数组的值作为相应的值，最后返回一个新的数组。例如：

```
<?php
    $a=array('green', 'red', 'yellow');
    $b=array('avocado', 'apple', 'banana');
    $c=array_combine($a, $b);
    print_r($c);              //输出：Array ( [green] => avocado   [red] => apple   [yellow] => banana )
?>
```

4. 建立指定范围的数组

使用 range()函数可以自动建立一个值在指定范围的数组，语法格式如下：

```
array range(mixed $low, mixed $high [, number $step ])
```

$low 为数组开始元素的值，$high 为数组结束元素的值。如果$low>$high，则序列将从$high 到$low。$step 是单元之间的步进值，$step 应该为正值，如果未指定则默认为 1。range()函数将返回一个数组，数组元素的值就是从$low 到$high 之间的值。例如：

```
<?php
    $array1=range(1,5);
    $array2=range(2,10,2);
    $array3=range("a","e");
    print_r($array1);                 //输出：Array ( [0] => 1 [1] => 2 [2] => 3 [3] => 4 [4] => 5 )
    print_r($array2);                 //输出：Array ( [0] => 2 [1] => 4 [2] => 6 [3] => 8 [4] => 10 )
    print_r($array3);                 //输出：Array ( [0] => a [1] => b [2] => c [3] => d [4] => e )
?>
```

5. 自动建立数组

数组还可以不用预先初始化或创建，在第一次使用它的时候，数组就已经创建，例如：

```
<?php
    $arr[0]="a";
    $arr[1]="b";
    $arr[2]="c";
    print_r($arr);                          //输出：Array ( [0] => a [1] => b [2] => c )
?>
```

说明：以上代码创建了名为$arr 的数组，在第一句代码运行时，如果$arr 数组不存在，则自动创建一个只有一个元素的$arr 数组，后续的代码将在这个数组中添加新值。

4.1.2 键名和值的操作

1. 存在性检查

检查数组中是否存在某个键名和值可以使用array_key_exists()和in_array()函数，array_key_ exists()和 in_array()函数都为布尔型，存在则返回 TRUE，不存在则返回 FASLE。例如：

```
<?php
    $array=array(1,2,3,5=>4,7=>5);
    if(in_array(5,$array))                  //判断是否存在值 5
        echo "数组中存在值：5";             //输出"数组中存在值：5"
    if(!array_key_exists(3,$array))         //判断是否不存在键名 3
        echo "数组中不存在键名：3";         //输出"数组中不存在键名：3"
?>
```

说明：前面使用过的 isset()函数也可以用来检查数组中的键名是否存在，但如果检查的键名对应的值为 NULL 时，isset()函数返回 FALSE，而 array_key_exists()则返回 TRUE。

array_search()函数也可以用于检查数组中的值是否存在，与 in_array()函数不同的是：in_array()函数返回的是 TRUE 或 FALSE，而 array_search()函数当值存在时返回这个值的键名，若值不存在则返回 NULL。例如：

```
<?php
    $array=array(1, 2, 3, "a", 5, "b");
    $key=array_search("a",$array);          //查找"a"是否在数组$array 中
    if($key==NULL)                          //如果返回结果为 NULL 则不存在
    {
        echo "数组中不存在这个值";          //不输出
    }
    else
        echo $key;                          //输出 3
?>
```

2. 获取和输出

使用 array_keys()和 array_values()函数可以取得数组中所有的键名和值，并保存到一个新的数组中。例如：

```
<?php
    $arr=array("red"=>"红色","blue"=>"蓝色","white"=>"白色");
    $newarr1=array_keys($arr);              //取得数组中的所有键名
    $newarr2=array_values($arr);            //取得数组中的所有值
    print_r($newarr1);                      //输出结果：Array ( [0] => red [1] => blue [2] => white )
    print_r($newarr2);                      //输出结果：Array ( [0] => 红色 [1] => 蓝色 [2] => 白色 )
?>
```

使用 key()函数可以取得数组当前单元的键名，例如：

```
<?php
    $array=array("a"=>1, "b"=>2, "c"=>3, "d"=>4);
    echo key($array);                        //输出"a"
    next($array);                            //将数组中的内部指针向前移动一位
    echo key($array);                        //输出"b"
?>
```

说明：next()函数返回数组下一个单元的值，并将数组中的内部指针向前移动一位，如果已经到了数组的末端，则返回 FALSE。prev()函数作用与 next()函数相反，是将数组中的内部指针向后移动一位。

另外，"end($array);"表示将数组中的内部指针指向最后一个单元；"reset($array);"表示将数组中的内部指针指向第一个单元，即重置数组的指针；"each($array)"表示返回当前的键名和值，并将数组指针向下移动一位，这个函数非常适合在数组遍历时使用。

使用 list()函数可以将数组中的值赋给指定的变量。这样就可以将数组中的值输出显示出来了，这个函数在数组遍历的时候将非常有用。例如：

```
<?php
    $arr=array("红色","蓝色","白色");
    list($red,$blue,$white)=$arr;            //将数组$arr 中的值赋给 3 个变量
    echo $red;                               //输出"红色"
    echo $blue;                              //输出"蓝色"
    echo $white;                             //输出"白色"
?>
```

说明：list()函数从数组的第一个值开始依次将值赋给函数中对应的变量，如果变量个数小于数组中元素个数，则只赋值数组中和变量相等个数的元素。

注意：

list()函数仅能用于键名为数字的数组并假定数字键名从 0 开始。如果键名不是连续的数字，则极有可能发生错误。

3. 填充数组

使用 array_fill()和 array_fill_keys()函数可以用给定的值填充数组的值和键名。

array_fill()函数的语法格式如下：

```
array array_fill(int $start_index, int $num, mixed $value)
```

说明：array_fill()函数用参数$value 的值将一个数组从第$start_index 个单元开始，填充$num 个单元。$num 必须是一个大于零的数值，否则 PHP 会发出一条警告信息。

array_fill_keys()函数的语法格式如下：

```
array array_fill_keys(array $keys , mixed $value)
```

说明：array_fill_keys 函数用给定的数组$keys 中的值作为键名，$value 作为值，并返回新数组。

例如：

```
<?php
    $array1=array_fill(2,3,"red");                //从第 2 个单元开始填充 3 个值"red"
    $keys=array("a", 3, "b");
    $array2=array_fill_keys($keys, "数组值");//使用$keys 数组中的值作为键名
    print_r($array1);                        //输出结果：Array ( [2] => red [3] => red [4] => red )
    print_r($array2);                        //输出结果：Array ( [a] =>数组值[3] => 数组值 [b] => 数组值 )
?>
```

4. 键值交换

使用 array_flip()函数可以交换数组中的键名和值。例如：

```
<?php
    $array=array("a"=>1, "b"=>2, "c"=>3);
    $array=array_flip($array);                    //交换键名和值
    print_r($array);                              //输出结果：Array ( [1] => a [2] => b [3] => c )
?>
```

注意：

数组中的值必须可作为合法的键名才能够使用 array_flip()函数进行交换。另外，如果交换前数组中有相同的值，则相同的值转换为键名后，值保留最后一个。

5. 删除替换

array_splice()函数可以将数组中的一个或多个单元删除并用其他值代替。语法格式如下：

```
array array_splice(array &$input , int $offset [, int $length [, array $replacement ]])
```

说明： array_splice()函数把$input 数组中由$offset 和$length 指定的单元去掉，如果提供了$replacement 参数，则用$replacement 中的值取代被移除的单元，最后返回一个含有被移除单元的数组。

$offset 是指定的偏移量，如果$offset 为正，则从$input 数组中该值指定的偏移量开始移除。如果$offset 为负，则从$input 末尾倒数该值指定的偏移量开始移除。

$length 是指定删除的单元数，如果省略$length，则移除数组中从$offset 到结尾的所有部分。如果指定了$length 并且为正值，则移除$offset 后的$length 个单元。如果指定了$length 并且为负值，则移除从$offset 到数组末尾倒数$length 个为止的所有的单元。当给出了$replacement 时要移除从$offset 到数组末尾所有单元时，可以用 count($input)作为$length。

如果给出了$replacement 数组，则被移除的单元被此数组中的单元替代。如果指定的$offset 和$length 的组合结果不会移除任何值，则$replacement 数组中的单元将被插入到$offset 指定的位置。如果用来替换的值只是一个单元，那么不需要给它加上“array”，除非该单元本身就是一个数组。例如：

```
<?php
    $input1=array(1,2,3,4,5,6);                   //初始化 input1 数组
    $input2=array(1,2,3,4,5,6);                   //初始化 input2 数组
    $input3=array(1,2,3,4,5,6);                   //初始化 input3 数组
    $output1=array_splice($input1,3,2);           //删除$input1 数组第 3 个单元后的 2 个单元
    print_r($input1);                             //打印 input1 数组中情况
    //输出结果：Array ( [0] => 1 [1] => 2 [2] => 3 [3] => 6 )
    print_r($output1);                            //打印 array_splice()函数返回的数组情况
    //输出结果：Array ( [0] => 4 [1] => 5 )
    $output2=array_splice($input2,4,0,7);         //在$input2 数组中第 4 个单元添加值 7
    print_r($input2);
    //输出结果：Array ( [0] => 1 [1] => 2 [2] => 3 [3] => 4 [4] => 7 [5] => 5 [6] => 6 )
    $output3=array_splice($input3,3,2,array(7,8));
    //删除数组$input3 第 3 个单元后面的两个单元并用值 7 和 8 代替
    print_r($input3);
    //输出结果：Array ( [0] => 1 [1] => 2 [2] => 3 [3] => 7 [4] => 8 [5] => 6 )
?>
```

使用 array_unique()函数可以移除数组中重复的值，返回一个新数组，并不会破坏原来的数组。例如：

```
<?php
    $array=array(1,2,3,2,3,4,1);
    $output=array_unique($array);                 //移除$array 数组中重复的值
    print_r($output);                             //输出结果：Array ( [0] => 1 [1] => 2 [2] => 3 [5] => 4 )
?>
```

使用 array_replace ()函数（PHP 5.3.0）可以使用传递的数组替换第一个数组的元素。

array_replace ()函数的语法格式如下：

```
array array_replace ( array $array , array $array1 [, array $... ] )
```

说明：array_replace()函数使用后面数组$array1 元素的值替换第一个$array 数组的值。如果一个键存在于第一个数组同时也存在于第二个数组，它的值将被第二个数组中的值替换。如果一个键存在于第二个数组，但是不存在于第一个数组，则会在第一个数组中创建这个元素。如果一个键仅存在于第一个数组，它将保持不变。如果传递了多个替换数组，它们将被按顺序依次处理，后面的数组将覆盖之前的值。

例如：

```
<?php
    $base=array("orange", "banana", "apple", "raspberry");
    $replacements=array(0=>"pineapple", 4=>"cherry");
    $replacements2=array(0=>"grape");
    $basket=array_replace($base, $replacements, $replacements2);
    print_r($basket);
    //输出结果：Array ( [0] => grape [1] => banana [2] => apple [3] => raspberry [4] => cherry )
?>
```

4.1.3　数组的遍历和输出

在实际应用中，遍历数组是最常用的访问数组的方法。进行数组的遍历要使用到循环控制语句，如 while、for、foreach 等。

1. 使用 while 循环访问数组

while 循环、list()和 each()函数结合使用就可以实现对数组的遍历。list()函数的作用是将数组中的值赋给变量，each()函数的作用是返回当前的键名和值，并将数组指针向下移动一位。例如：

```
<?php
    $arr=array(1,2,3,4,5,6);
    while(list($key,$value)=each($arr))              //直到数组指针到数组尾部时停止循环
    {
        echo $value;                                 //输出 123456
    }
?>
```

如果数组是多维数组（假设为二维数组），则在 while 循环中多次使用 list()函数。例如：

```
<?php
    $t_array=array(
                array("081101","王林","计算机"),
                array("081102","程明","计算机"),
                array("081210","李红庆","通信工程")
                );
    //以表格形式输出数组的值
    echo "<table border=1><tr><td>学号</td><td>姓名</td><td>专业</td></tr>";
    while(list($key,$value)=each($t_array))
    {
        list($XH,$XM,$ZY)=$value;                    //将二维数组中的单个数组中的值用变量替换
        //输出变量的值
        echo "<tr><td>$XH</td><td>$XM</td><td>$ZY</td></tr>";
    }
    echo "</table>";                                 //输出表格结尾
?>
```

输出表格如图 4.1 所示。

2. 使用 for 循环访问数组

使用 for 循环也可以来访问数组。例如：

```
<?php
    $array=range(1,10);
    for($i=0;$i<10;$i++)
    {
        echo $array[$i];                          //输出 12345678910
    }
?>
```

学号	姓名	专业
081101	王林	计算机
081102	程明	计算机
081210	李红庆	通信工程

图 4.1　输出表格

注意：

使用 for 循环只能访问键名是有序的整型的数组，如果是其他类型则无法访问。

3. 使用 foreach 循环访问数组

foreach 循环是一个专门用于遍历数组的循环，语法格式如下：

```
foreach (array_expression as $value)
    //代码段
foreach (array_expression as $key => $value)
    //代码段
```

第一种格式遍历给定的 array_expression 数组。每次循环中，当前单元的值被赋给变量$value 并且数组内部的指针向前移一步（因此下一次循环将会得到下一个单元）。第二种格式做同样的事，只是当前单元的键名也会在每次循环中被赋给变量$key。例如：

```
<?php
    $color=array("a"=>"red","blue","white");
    foreach($color as $value)
    {
        echo $value."<br/>";                      //输出数组的值
    }
    foreach($color as $key=>$value)
    {
        echo $key. "=>". $value. "<br/>";         //输出数组的键名和值
    }
?>
```

输出结果为：

```
red
blue
white
a=>red
0=>blue
1=>white
```

【例 4.1】 在页面上生成 5 个文本框，用户输入学生成绩，提交表单后输出其中分数小于 60 分的值，并计算平均成绩后输出。

新建 EX4_1.php 文件，输入以下代码：

```
<?php
    echo "<form method=post>";                    //新建表单
    for($i=1;$i<6;$i++)                           //循环生成文本框
    {
        //文本框的名字是数组名
```

```
        echo "学生".$i."的成绩:<input type=text name='stu[]' ><br/>";
    }
    echo "<input type=submit name=bt value='提交'>";   //提交按钮
    echo "</form>";
    if(isset($_POST['bt']))                             //检查提交按钮是否被按下
    {
        $sum=0;                                         //总成绩初始化为 0
        $k=0;
        $stu=$_POST['stu'];                             //取得所有文本框的值并赋予数组$stu
        $num=count($stu);                               //计算数组$stu 元素个数
        echo "您输入的成绩有：<br/>";
        foreach($stu as $score)                         //使用 foreach 循环遍历数组$stu
        {
            echo $score."<br/>";                        //输出接收的值
            $sum=$sum+$score;                           //计算总成绩
            if($score<60)                               //判断分数小于 60 的情况
            {
                $sco[$k]=$score;                        //将分数小于 60 的值赋给数组$sco
                $k++;                                   //数组$sco 的键名索引加 1
            }
        }
        echo "<br/>低于 60 分的成绩有：<br/>";
        for($k=0;$k<count($sco);$k++)                   //使用 for 循环输出$sco 数组
            echo $sco[$k]."<br/>";
        $average=$sum/$num;                             //计算平均成绩
        echo "<br/>平均分为：$average";                 //输出平均成绩
}
?>
```

运行 EX4_1.php 文件，在文本框中依次输入成绩：56、68、43、85、76，单击【提交】按钮，运行结果如图 4.2 所示。

说明：代码中求分数低于 60 分的成绩时，从总的数组中取得低于 60 的值保存在一个新数组中，并输出该数组。

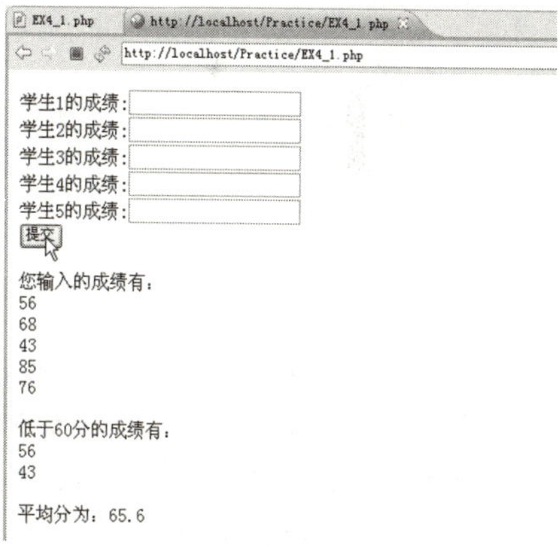

图 4.2　处理学生成绩

4.1.4　数组的排序

数组中的值经常是混乱地排放的，所以需要使用排序函数来排序，使其易于访问和操作。PHP 提供了很多数组排序函数，特别是对一维数组的排序非常简单。

1. 升序排序

- sort()函数。使用 sort()函数可以对已经定义的数组进行排序，使得数组单元按照数组值从低到高重新索引。语法格式如下：

```
bool sort(array &$array [, int $sort_flags ])
```

说明：sort()函数如果排序成功返回 TRUE，失败则返回 FALSE。两个参数中$array 是需要排序的数组；$sort_flags 的值可以影响排序的行为，$sort_flags 可以取以下 6 个值。

SORT_REGULAR：正常比较单元（不改变类型），这是默认值。

SORT_NUMERIC：单元被作为数字来比较。

SORT_STRING：单元被作为字符串来比较。

SORT_LOCALE_STRING：根据当前的区域设置把单元当做字符串比较。

SORT_NATURAL：对每个单元以“自然的顺序”对字符串进行排序（PHP 5.4.0 中新增）。

SORT_FLAG_CASE：能够与 SORT_STRING 或 SORT_NATURAL 合并（OR 位运算），不区分大小写排序字符串（PHP 5.4.0 中新增）。

sort()函数不仅对数组进行排序，同时删除了原来的键名，并重新分配自动索引的键名，例如：

```
<?php
    $array1=array("a"=>5, "x"=>3, 5=>7, "c"=>1);
    $array2=array(2=>"c",4=>"a",1=>"b");
    if(sort($array1))
        print_r($array1);                //输出：Array ([0] => 1 [1] => 3 [2] => 5 [3] => 7 )
    else
        echo "排序$array1 失败";          //不输出
    if(sort($array2))
        print_r($array2);                //输出：Array ([0] => a [1] => b [2] => c )
?>
```

注意：

在对含有混合类型值的数组排序时要小心，因为这可能会产生不可预知的结果。

- asort()函数。asort()函数也可以对数组的值进行升序排序，语法格式和 sort()类似，但使用 asort()函数排序后的数组还保持键名和值之间的关联，例如：

```
<?php
    $fruits=array("d"=>"lemon", "a"=>"orange", "b"=>"banana", "c"=>"apple");
    asort($fruits);
    print_r($fruits);          //输出：Array ( [c] => apple [b] => banana [d] => lemon [a] => orange )
?>
```

- ksort()函数。ksort()函数用于对数组的键名进行排序，排序后键名和值之间的关联不改变，例如：

```
<?php
    $fruits=array("d"=>"lemon", "a"=>"orange", "b"=>"banana", "c"=>"apple");
    ksort($fruits);
    print_r($fruits);          //输出：Array ( [a] => orange [b] => banana [c] => apple [d] => lemon )
?>
```

2. 反向排序

前面介绍的 sort()、asort()、ksort()这 3 个函数都是对数组按升序排序。而它们都对应有一个反向排序的函数，可以使数组按降序排序，分别是 rsort()、arsort()、krsort()函数。

反向排序的函数与升序排序的函数用法相同，rsort()函数按数组中的值降序排序，并将数组键名修改为一维数字键名；arsort()函数将数组中的值按降序排序，不改变键名和值之间的关联；krsort()函数将数组中的键名按降序排序。

3. 对多维数组排序

array_multisort()函数可以一次对多个数组排序，或根据多维数组的一维或多维对多维数组进行排序。语法格式如下：

```
bool array_multisort(array &$ar1 [, mixed $arg [, mixed $... [, array $... ]]])
```

本函数的参数结构比较特别，且非常灵活。第一个参数必须是一个数组。接下来的每个参数可以是数组或者是下面列出的排序标志。

排序顺序标志：

SORT_ASC 为默认值，按照上升顺序排序。

SORT_DESC 为按照下降顺序排序。

排序类型标志：

SORT_REGULAR 为默认值，按照通常方法比较。

SORT_NUMERIC 为按照数值比较。

SORT_STRING 为按照字符串比较。

注意：

每个数组之后不能指定两个同类的排序标志，每个数组后面指定的排序标志仅对该数组有效。

使用 array_multisort()函数排序时字符串键名保持不变，但数字键名会被重新索引。当函数的参数是一个数组列表时，函数首先对数组列表中的第一个数组进行升序排序，下一个数组中值的顺序按照对应的第一个数组的值的顺序排列，以此类推。例如：

```
<?php
    $ar1=array(3,5,2,4,1);
    $ar2=array(8,6,9,7,10);
    array_multisort($ar1, $ar2);          //对$ar1、$ar2 排序
    print_r($ar1);                        //输出：Array ( [0] => 1 [1] => 2 [2] => 3 [3] => 4 [4] => 5 )
    echo "<br/>";
    print_r($ar2);                        //输出：Array ( [0] => 10 [1] => 9 [2] => 8 [3] => 7 [4] => 6 )
?>
```

说明：第一个数组中的值原先的顺序是 3,5,2,4,1，对应的第二个数组中的值的顺序是 8,7,9,6,10。排序后第一个数组中的值为 1,2,3,4,5，值 1 在第一位，则第二个数组中与值 1 相对应的值 10 也排在了第二个数组中的第一位，以此类推，则第二个数组最后的顺序是 10,9,8,7,6。如果在第一个数组中有相同的值，则按照第二个数组中对应的值进行排序，以此类推。这类似于 SQL 中的 ORDER BY 子句——对表的各列以行来排序。

注意：

数组列表中所有数组的数组元素一定要相等，否则使用 array_multisort()函数时会发出警告。

如果要对多维数组排序，原理与对多个数组排序类似。将多维数组中的各个数组看做是多个数组。例如：

```
<?php
    //初始化一个二维数组
    $ar=array(
                array("10", 11, 100, 100, "a"),
                array(  1,   2,   "2",   3,   1)
            );
    array_multisort($ar[0], SORT_ASC, SORT_STRING,
                    $ar[1], SORT_NUMERIC, SORT_DESC);
    var_dump($ar);                //使用 var_dump 函数显示数组信息
?>
```

输出结果如图 4.3 所示。

```
array (size=2)
  0 =>
    array (size=5)
      0 => string '10' (length=2)
      1 => int 100
      2 => int 100
      3 => int 11
      4 => string 'a' (length=1)
  1 =>
    array (size=5)
      0 => int 1
      1 => int 3
      2 => string '2' (length=1)
      3 => int 2
      4 => int 1
```

图 4.3　多维数组排序输出

说明：本例中在排序后，第一个数组变成 "10",100,100,11,"a"（被当做字符串以升序排列）。第一个数组中有相同的值，所以按照第二个数组的规则排序。第二个数组将变成 1, 3, "2", 2, 1（被当做数字以降序排列）。

4. 对数组重新排序

● shuffle()函数。作用是将数组用随机的顺序排列，并删除原有的键名，建立自动索引。例如：

```
<?php
    $arr=range(1,10);                    //产生有序数组
```

```
    foreach($arr as $value)
        echo $value. " ";                    //输出有序数组，结果为 1 2 3 4 5 6 7 8 9 10
    echo "<br/>";
    shuffle($arr);                           //打乱数组顺序
    foreach($arr as $value)
        echo $value. "<br/>";                //输出新的数组顺序，每次运行，结果都不一样
?>
```

● array_reverse()函数。作用是将一个数组单元按相反顺序排序，语法格式如下：

```
array array_reverse(array $array [ , bool $preserve_keys ])
```

如果$preserve_keys 值为 TRUE 则保留原来的键名，为 FALSE 则为数组重新建立索引，默认为 FALSE。例如：

```
<?php
    $array=array("a"=>1,2,3,4);
    $ar1=array_reverse($array);
    $ar2=array_reverse($array,TRUE);
    print_r($ar1);                  //输出：Array ( [0] => 4 [1] => 3 [2] => 2 [a] => 1 )
    print_r($ar2);                  //输出：Array ( [2] => 4 [1] => 3 [0] => 2 [a] => 1 )
?>
```

5. 自然排序

natsort()函数实现了一个和人们通常对字母、数字、字符串进行排序的方法一样的排序算法，并保持原有键/值的关联，这被称为“自然排序”。natsort()函数对大小写敏感，它与 sort()函数的排序方法不同。例如：

```
<?php
    $array1=$array2=array("img12", "img10", "img2", "img1");
    sort($array1);                  //使用 sort 函数排序
    print_r($array1);
    //输出：Array ( [0] => img1 [1] => img10 [2] => img12 [3] => img2 )
    natsort($array2);               //自然排序
    print_r($array2);
    //输出：Array ( [3] => img1 [2] => img2 [1] => img10 [0] => img12 )
?>
```

说明：从输出结果可以看出，自然排序符合人们通常对数字、字符串排序的习惯。另外还有一个自然排序函数 natcasesort()函数，这个函数与 natsort()函数用法相同，只是不区分大小写。

4.1.5 数组的集合操作

使用数组的初衷，就是将多个相互关联的数据组织在一起，形成“集合”，作为一个单元使用，达到批量数据处理的目的。与代数中“集合”的概念一样，PHP 语言也定义了对数组的集合操作，功能十分强大。

1. 数组的差集

所谓“差集”是指在一个数组（集合）中而不在另一个数组（集合）中值的集合，该集合本身也成为一个新数组。

使用 array_diff()函数计算数组的差集，语法格式如下：

```
array array_diff ( array $array1 , array $array2 [, array $... ] )
```

说明：对比返回在$array1 中但是不在$array2 及任何其他参数数组中的值。注意键名保持不变。

例如：

```
<?php
```

```
    $array1=array("a"=>"green", "red", "blue", "red");
    $array2=array("b"=>"green", "yellow", "red");
    $result=array_diff($array1, $array2);
    print_r($result);                          //输出：Array ( [1] => blue )
?>
```

此外，还可以使用键名比较计算数组的差集，用 array_diff_key()函数（PHP 5.1.0），例如：

```
<?php
    $array1=array('blue'=>1, 'red'=>2, 'green'=>3, 'purple'=>4);
    $array2=array('green'=>5, 'blue'=>6, 'yellow'=>7, 'cyan'=>8);
    var_dump(array_diff_key($array1, $array2));
?>
```

输出结果如下：

```
array (size=2)
  'red' => int 2
  'purple' => int 4
```

2. 数组的交集

所谓“交集”是指在一个数组（集合）中也同时出现在另一个数组（集合）中值的集合，该集合本身也成为一个新数组。

使用 array_intersect ()函数计算数组的交集，语法格式如下：

```
array array_intersect ( array $array1 , array $array2 [, array $ ... ] )
```

说明：返回一个数组，该数组包含了所有在$array1 中也同时出现在$array2 及任何其他参数数组中的值。注意键名保持不变。例如：

```
<?php
    $array1=array("a"=>"green", "red", "blue");
    $array2=array("b"=>"green", "yellow", "red");
    $result=array_intersect($array1, $array2);
    print_r($result);                          //输出：Array ( [a] => green [0] => red )
?>
```

此外，还可以使用键名比较计算数组的交集，用 array_intersect_key 函数（PHP 5.1.0），例如：

```
<?php
    $array1=array('blue'=>1, 'red'=>2, 'green'=>3, 'purple'=>4);
    $array2=array('green'=>5, 'blue'=>6, 'yellow'=>7, 'cyan'=>8);
    var_dump(array_intersect_key($array1, $array2));
?>
```

输出结果如下：

```
array (size=2)
  'blue' => int 1
  'green' => int 3
```

3. 数组的并集

所谓“并集”是指两个（或多个）数组（集合）的值合并成的集合，该集合本身也成为一个新数组。

array_merge()函数可以将一个或多个数组合并，一个数组中的值附加在前一个数组的后面，返回作为结果的数组。语法格式如下：

```
array array_merge(array $array1 [, array $array2 [, array $... ]])
```

如果输入的数组中有相同的字符串键名，则该键名后面的值将覆盖前面的一个值。然而，如果数组包含数字键名，后面的值将不会覆盖原来的值，而是附加到后面。如果只给了一个数组并且该数组是数字索引的，则键名会以连续方式重新索引。例如：

```
<?php
    $array1=array("color"=>"red",2,4);
    $array2=array("a","color" => "green",4);
    $result=array_merge($array1, $array2);                     //合并两个数组
    print_r($result);
    //输出：Array ( [color] => green [0] => 2 [1] => 4 [2] => a [3] => 4 )
?>
```

在多维数组合并时，array_merge()函数将一维以后的数组都当做一个单元返回。使用 array_merge_recusive()函数可以在保持现有数组结构的情况下对数组进行合并。

4.1.6 其他操作

1. 数组的栈操作

栈是一种存储数据的结构，这种结构把数据用线性方法保存，其特点是“后进先出”，类似于一个“胡同”。在对数组操作时，PHP 也提供了相应的栈操作函数。

根据“后进先出”的特点，出栈操作实际上删除了数组最后一个单元，使用 array_pop()函数实现，例如：

```
<?php
    $arr=array(1,2,3,4,5);
    $result=array_pop($arr);              //删除数组$arr 的最后一个单元
    print_r($arr);                        //输出：Array ( [0] => 1 [1] => 2 [2] => 3 [3] => 4 )
?>
```

数组的入栈操作就是将新单元添加到数组尾部，使用 array_push()函数实现，语法格式如下：

```
int array_push(array &$array , mixed $var [, mixed $... ])
```

array_push()函数将数组$array 当成一个栈，并将传入的变量$var 加到$array 的末尾。$array 的长度将根据入栈变量的数目而增加。例如：

```
<?php
    $arr=range(1,5);
    array_push($arr,6,7);                 //将 6 和 7 加入数组尾部
    $arr[]=8;                             //将 8 加入数组尾部，和 array_push()函数实现的功能一样
    print_r($arr);
    //输出：Array ( [0] => 1 [1] => 2 [2] => 3 [3] => 4 [4] => 5 [5] => 6 [6] => 7 [7] => 8 )
?>
```

2. 取得数组当前单元

和 each()函数不同，current()函数能够获取数组内部指针指向的单元的值，但不移动数组的内部指针。例如：

```
<?php
    $arr=array("a","b","c","d");
    $a=current($arr);                     //取得当前单元
    echo $a;                              //输出'a'
    next($arr);                           //将指针移到下一个单元
    $b=current($arr);
    echo $b;                              //输出'b'
    end($arr);                            //将指针移到尾部
    $d=current($arr);
    echo $d;                              //输出'd'
?>
```

3. 数组计算

使用 count()、sizeof()函数可以计算数组中的元素个数，而使用 array_count_values()函数可以计算数组中一个值出现的次数。语法格式如下：

```
array array_count_values(array $input)
```

array_count_values()函数返回一个数组，该数组用$input 数组中的值作为键名，该值在 $input 数组中出现的次数作为值。例如：

```
<?php
    $arr=array(1,2,3,1,3,1,4,1,1,4,2);
    $result=array_count_values($arr);
    print_r($result);                    //输出：Array ( [1] => 5 [2] => 2 [3] => 2 [4] => 2 )
?>
```

使用 array_product()函数（PHP 5.1.0）计算数组中所有值的乘积，语法格式如下：

```
number array_product ( array $array )
```

array_product()函数以整数或浮点数返回一个数组中所有值的乘积。

例如：

```
<?php
    $a=array(2, 4, 6, 8);
    echo "product(a) = " . array_product($a) . "\n";
    echo "product(array()) = " . array_product(array()) . "\n";
    //输出：product(a) = 384 product(array()) = 1
?>
```

4.1.7 PHP 5.4 之后版本新增特性

1. 返回列

array_column()函数是 PHP 5.5.0 新引入的，功能是返回数组中指定的一列，其语法格式如下：

```
array array_column ( array $input , mixed $column_key [, mixed $index_key ] )
```

说明：返回 input 数组中键值为 column_key 的列，如果指定了可选参数 index_key，那么 input 数组中的这一列的值将作为返回数组中对应值的键。

该函数最大的用途在于从多维数组中返回单列数组，例如：

```
<?php
    $records=array(
            array(
                    'id'=>2135,
                    'first_name'=>'John',
                    'last_name'=>'Doe',
            ),
            array(
                    'id'=>3245,
                    'first_name'=>'Sally',
                    'last_name'=>'Smith',
            ),
            array(
                    'id'=>5342,
                    'first_name'=>'Jane',
                    'last_name'=>'Jones',
            ),
            array(
```

```
                    'id'=>5623,
                    'first_name'=>'Peter',
                    'last_name'=>'Doe',
                )
            );
    $first_names=array_column($records, 'first_name');
    print_r($first_names);
?>
```

输出结果如下：

```
Array
(
    [0] => John
    [1] => Sally
    [2] => Jane
    [3] => Peter
)
```

2. 间接引用

自 PHP 5.4 起可以用数组间接引用函数或方法调用的结果（之前只能通过一个临时变量完成）。从 PHP 5.5 起还可以用数组间接引用一个数组原型。例如：

```
<?php
    function getArray(){
        return array(1, 2, 3);
    }
    $secondElement=getArray()[1];
    print_r($secondElement);                    //输出 2
?>
```

4.1.8 实例——处理表格数据

【例 4.2】 接收用户输入的学生学号、姓名、成绩等信息，将接收到的信息存入数组并按照成绩升序排序。之后再以表格的形式输出，如果存在学号为 081101 的学生，则输出其姓名与成绩。

新建 EX4_2.php 文件，输入以下代码：

```
<!DOCTYPE html>
<!-- HTML5 表单 -->
<style type="text/css">
table,div,td{
    text-align:center;
}
table{
    margin:0 auto;
}
p{
    font-size:18px;
    color:#FF0000;
}
</style>
<form name=fr1 method=post>
    <table border=1>
        <tr>
```

```
                <td><div>学号</div></td>
                <td><div>姓名</div></td>
                <td><div>成绩</div></td>
            </tr>
<?php
    for($i=0;$i<5;$i++)                              //循环生成表格的文本框
    {
?>
            <tr>
                <td><input type=text name="XH[]"></td>
                <td><input type=text name="XM[]"></td>
                <td><input type=text name="CJ[]"></td>
            </tr>
<?php }?>
            <tr>
                <td colspan="3">
                    <input type="submit" name="bt_stu" value="提交">
                </td>
            </tr>
    </table>
</form>
<p align=center>注意：学号值不能重复</p><br/>
<!-- 以上是输入表单 -->
<?php
    if(isset($_POST['bt_stu']))                      //判断按钮是否被按下
    {
        $XH=$_POST['XH'];                            //接收所有学号的值存入数组$XH
        $XM=$_POST['XM'];                            //接收所有姓名的值存入数组$XM
        $CJ=$_POST['CJ'];                            //接收所有成绩的值存入数组$CJ
        array_multisort($CJ,$XH,$XM);                //对以上三个数组排序，$CJ 为首要数组
        for($i=0;$i<count($XH);$i++)
            $sum[$i]=array($XH[$i],$XM[$i],$CJ[$i]);  //将三个数组的值组成一个二维数组$sum
        echo "<div>排序后成绩表如下:</div>";
        //表格的首部
        echo "<table border=2><tr><td>学号</td><td>姓名</td><td>成绩</td></tr>";
        foreach($sum as $value)                      //使用 foreach 循环遍历数组$sum
        {
            list($stu_number,$stu_name,$stu_score)=$value; //使用 list()函数将数组中的值赋给变量
            //输出表格内容
            echo "<tr><td>$stu_number</td><td>$stu_name</td><td>$stu_score</td></tr>";
        }
        echo "</table><br/>";                        //表格尾部
        reset($sum);                                 //重置$sum 数组的指针
        while(list($key,$value)=each($sum))          //使用 while 循环遍历数组
        {
            list($stu_number,$stu_name,$stu_score)=$value;
            if($stu_number=="081101")                //查询是否有学号为 081101 的值
            {
                echo "<p align=center>";
                echo $stu_number."的姓名为：".$stu_name."，";
                echo "成绩为：".$stu_score;
                break;                               //找到则结束循环
            }
```

```
        }
    }
?>
```

运行后在页面的表格文本框中依次输入下列 5 行值：

```
081103 王燕      68
081113 严红      72
081106 李方方    90
081101 王林      68
081221 刘燕敏    82
```

输入后单击【提交】按钮，运行结果如图 4.4 所示。

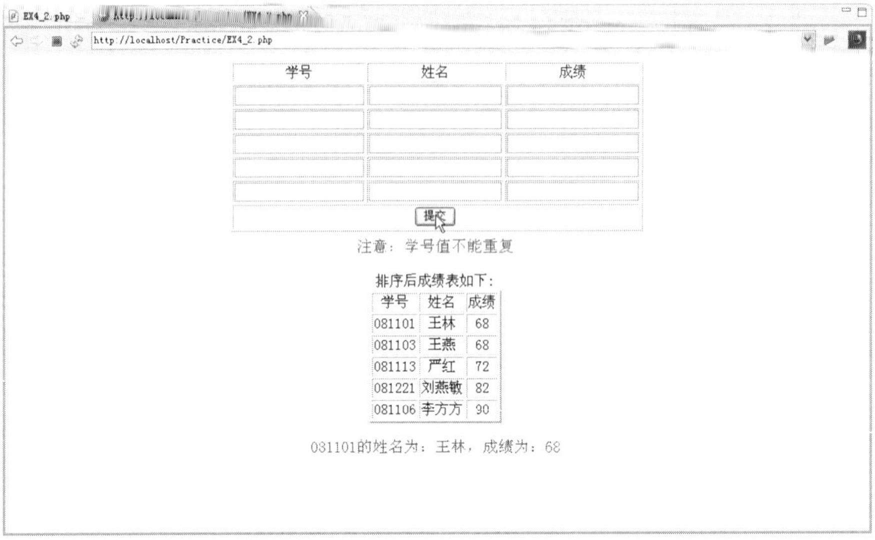

图 4.4　学生成绩排序

4.2　字符串操作

无论哪种语言，字符串操作都是重要的部分。PHP 提供了大量的字符串操作函数，使用简单、功能全面。前面介绍的 echo()和 print()函数就是典型的字符串操作函数。由于 PHP 是弱语言类型，所以当使用字符串操作函数时，其他类型的数据也会被当作字符串来处理。本节将系统地介绍如何操作字符串。

4.2.1　字符串的定义与显示

字符串通过单引号、双引号来标志，但两种方法是有区别的，前者将单引号内所有的字符都当做字符来处理，后者则不是。

字符串的显示可以使用 echo()和 print()函数，这在之前已经介绍过。echo()函数和 print()函数并不是完全一样，二者还存在一些区别：print()具有返回值，返回 1，而 echo()则没有，所以 echo()比 print()要快一些，也正是因为这个原因，print()能应用于复合语句中，而 echo()则不能。例如：

```
<?php
    $return=print "test";          //输出"test"
    echo $return;                  //输出 1
?>
```

另外，echo 可以一次输出多个字符串，而 print 则不可以。例如：

```
echo "I", "love", "PHP";                //输出"IlovePHP"
print "I", "love", "PHP";               //将提示错误
```

4.2.2　字符串的格式化

除了 echo()、print()函数外，PHP 还提供了一些字符串格式化输出的函数，例如，printf()、sprintf()、vprintf()和 vsprintf()函数。

函数 printf()将一个通过替换值建立的字符串输出到格式字符串中，这个命令和 C 语言中的 printf()函数结构和功能一致。语法格式如下：

```
int printf(string $format [ , mixed $args])
```

第一个参数$format 是格式字符串，$args 是要替换进来的值，格式字符串里的字符“%”指出了一个替换标记。

格式字符串中的每一个替换标记都由一个百分号组成，后面可能跟有一个填充字符、一个对齐方式字符、字段宽度和一个类型说明符。字符串的类型说明符为“s”。例如：

```
<?php
    //显示字符串
    $str="hello";
    printf("%s\n",$str);              //输出"hello"并回车
    printf("%010s\n",$str);           //在字符串前补 0，将字符串补成 10 位
    //显示数字
    $num=10;
    printf("%d",$num);                //输出 10
?>
```

说明：所有的转换说明都以一个“%”开始，如果想打印一个“%”，必须使用“%%”。填充字符表明该字符用于填充结果，使结果为适当大小的字符串，默认情况下使用空格填充；对齐方式字符对字符串和数组有不同的作用，对于字符串，减号“–”使该字符串右对齐（默认为左对齐），对于数字，加号“+”使正数在输出的时候以加号开头；字段宽度是指字符串应该输出的宽度，如果字符串实际长度小于该值，则使用填充字符填充；类型说明符表示要替换进来的值将要转化的数据类型，如字符串的类型说明符为“s”，十进制整数为“d”，浮点数为“f”，八进制整数为“o”等。

函数 sprintf()所带的参数和 printf()函数一样，但是返回的是内置的字符串，使得可以在变量中存储字符串供以后使用。

函数 vprintf()允许在格式后面用数组作为参数，用法和 printf()函数基本相同。

函数 vsprintf()和 vprintf()函数一样，可以用数组作为参数，但不输出字符串。

4.2.3　常用的字符串函数

1. 计算字符串的长度

在操作字符串时经常需要计算字符串的长度，这时可以使用 strlen()函数。语法格式：

```
int strlen(string $string)
```

该函数返回字符串的长度，1 个英文字母长度为 1 个字符，1 个汉字长度为 2 个字符，字符串中的空格也算一个字符。例如：

```
<?php
    $str1="hello ";
    echo strlen($str1);                         //输出 6
```

```
    $str2="中国";
    echo strlen($str2);                                   //输出 4
?>
```

2. 将字符串改变大小写

使用 strtolower()函数可以将字符串全部转化为小写，使用 strtoupper()函数将字符串全部转化为大写。例如：

```
<?php
    echo strtolower("HelLO,WoRlD");                       //输出"hello,world"
    echo strtoupper("hEllo,wOrLd");                       //输出"HELLO,WORLD"
?>
```

使用 ucfirst()函数可以将字符串的第一个字符改成大写，使用 lcfirst()函数（PHP 5.3.0）将字符串的第一个字符改成小写，ucwords()函数则可以将字符串中每个单词的第一个字母改成大写。例如：

```
<?php
    echo ucfirst("hello world");                          //输出"Hello world"
    echo lcfirst("HelloWorld");                           //输出"helloWorld"
    echo ucwords("how are you");                          //输出"How Are You"
?>
```

3. 字符串裁剪

实际应用中，字符串经常被读取，以及用于其他函数的操作。当一个字符串的首和尾有多余的空白字符，如空格、制表符等，参与运算时就可能产生错误的结果，这时可以使用 trim、rtrim、ltrim 函数来解决。它们的语法格式如下：

```
string trim(string $str [, string $charlist ])
string rtrim(string $str [, string $charlist ])
string ltrim(string $str [, string $charlist ])
```

可选参数$charlist（PHP 4.1.0 引入）是一个字符串，指定要删除的字符，如果省略则默认删除的字符如表 4.1 所示。ltrim()、rtrim()、trim()函数分别用于删除字符串$str 中最左边、最右边和两边的与$charlist 相同的字符，并返回剩余的字符串。例如：

```
<?php
    $str1="    hello     ";
    echo trim($str1);                                     //输出"hello"
    $str2="aaahelloa";
    echo ltrim($str2, "a");                               //输出"helloa"
?>
```

表 4.1　trim、ltrim、rtrim 函数的默认删除字符

字　符	ASCII 码	意　义
" "	32(0x20)	空格
"\t"	9(0x09)	制表符
"\n"	10(0x0A)	换行
"\r"	13(0x0D)	回车
"\0"	0(0x00)	空字节
"\x0B"	11(0x0B)	垂直制表符

4. 字符串的查找

PHP 中用于查找、匹配或定位的函数非常多，这里只介绍比较常用的 strstr()函数和 stristr()函数，这两者的功能、返回值都一样，只是 stristr()函数不区分大小写。

strstr()函数的语法格式如下：

```
string strstr ( string $haystack , mixed $needle [, bool $before_needle = false ] )
```

说明：strstr()函数用于查找字符串指针$needle在字符串$haystack中出现的位置，并返回 $haystack 字符串中从$needle 第一次出现的位置开始到$haystack 结尾的字符串。如果没有返回值，即没有发现$needle，则返回 FALSE。如果$needle 不是一个字符串，那么它将被转化为整型并且作为字符的序号来使用。PHP 5.3.0 新增可选的 before_needle 参数若为 TRUE，strstr()将返回$needle 在$haystack 中的位置之前的部分。strstr()函数还有一个同名函数 strchr()。例如：

```
<?php
    echo strstr("hello world","llo");              //输出"llo world"
    echo strstr("hello world","llo",true);         //输出"he"
    $str="I love PHP";
    $needle="PHP";
    if(strstr($str,$needle))
        echo "有 PHP";                             //输出"有 PHP"
    else
        echo "没有 PHP";                           //不输出
?>
```

5. 字符串与 ASCII 码

在字符串处理中，使用 ord()函数可以返回字符的 ASCII 码，也可以使用 chr()函数返回 ASCII 码对应的字符，例如：

```
<?php
    echo ord("a");                                 //输出 97
    echo chr(98);                                  //输出"b"
?>
```

4.2.4 字符串的比较

在字符串操作中，字符串的比较是很常用的，比较主要是对字符串的类型及大小写的比较。字符串的比较可以使用比较运算符“==”、“!=”、“===”，“!==”来进行比较，也可以使用比较函数来比较。

使用“!=”和“==”比较的两个对象不一定要类型相等，整型也可以和字符串比较，如“123=="123"”返回 TRUE。而“!==”和“===”比较的对象类型要严格相同才可能返回 TRUE，如“123==="123"”返回 FALSE。

经常使用的字符串比较函数有：strcmp()、strcasecmp()、strncmp()和 strncasecmp()。语法格式如下：

```
int strcmp(string $str1 , string $str2)
int strcasecmp(string $str1 , string $str2)
int strncmp(string $str1 , string $str2 , int $len)
int strncasecmp(string $str1 , string $str2 , int $len)
```

这 4 个函数都用于比较字符串的大小，如果$str1 比$str2 大，则它们都返回大于 0 的整数；如果$str1 比$str2 小，则返回小于 0 的整数；如果两者相等，则返回 0。

不同的是，strcmp()函数用于区分大小写的字符串比较；strcasecmp()函数用于不区分大小写的比较；strncmp()函数用于比较字符串的一部分，从字符串的开头开始比较，$len 是要比较的长度；strncasecmp()函数的作用和 strncmp()函数一样，只是 strncasecmp()函数不区分大小写。例如：

```
<?php
    echo strcmp("aBcd","abde");                    //输出-1，比较了"B"和"b"，"B"<"b"
    echo strcasecmp("abcd","aBde");                //输出-1，比较了"c"和"d"，"c"<"d"
    echo strncmp("abcd","aBcd",3);                 //输出 1，比较了"abc"和"aBc"
```

```
    echo strncasecmp("abcdd","aBcde",3);                //输出 0，比较了"abc"和"aBc"
?>
```

4.2.5 字符串的替换

字符串替换是指使用指定的字符串，替换掉原来字符串中的相关字符，以组成新的字符串来满足新的要求。

字符串替换操作中最常用的就是 str_replace()函数，语法格式如下：

```
mixed str_replace ( mixed $search , mixed $replace , mixed $subject [, int &$count ] )
```

说明： str_replace()函数使用新的字符串$replace 替换字符串$subject 中的$search 字符串。$count 是可选参数，表示要执行的替换操作的次数，$count 是 PHP 5 中添加的。例如：

```
<?php
    $str="I love you";
    $replace="lucy";
    $end=str_replace("you",$replace,$str);
    echo $end;                                          //输出"I love lucy"
?>
```

str_replace()函数对大小写敏感，还可以实现多对一、多对多的替换，但无法实现一对多的替换，例如：

```
<?php
    $str="What Is Your Name";
    $array=array("a","o","A","O","e");
    echo str_replace($array, "",$str);              //多对一的替换，输出"Wht Is Yur Nm"
    $array1=array("a","b","c");
    $array2=array("d","e","f");
    echo str_replace($array1,$array2, "abcdef");    //多对多的替换，输出"defdef"
?>
```

说明： 使用多对多替换时，第一个数组中的元素被第二个数组中对应的元素替换，如果有一个数组比另一个数组元素数少，那不足的部分会当做空来处理。

PHP 另外还有一个 substr_replace()函数实现替换字符串的一部分，语法格式如下：

```
mixed substr_replace(mixed $string , string $replacement , int $start [, int $length ])
```

说明： 参数$string 为原字符串，$replacement 为要替换的字符串。

$start 是开始替换的位置的偏移量，从 0 开始计算，如果为 0 或是一个正值，就是从字符串开始处计算的偏移量；如果是负值则是从字符串末尾计算的偏移量。

$length 是可选参数，表示要替换的长度，如果不给定则从$start 位置开始一直到字符串结束；如果$length 为 0，则替换字符串会插入到原字符串中；如果$length 是正值，则表示要用替换字符串替换掉的字符串长度；如果$length 是负值，表示从字符串末尾开始到$length 个字符为止停止替换。

例如：

```
<?php
    echo substr_replace("abcdefg","OK",3);          //输出"abcOK"
    echo substr_replace("abcdefg","OK",3,3);        //输出"abcOKg"
    echo substr_replace("abcdefg","OK",-2,2);       //输出"abcdeOK"
    echo substr_replace("abcdefg","OK",3,-2);       //输出"abcOKfg"
    echo substr_replace("abcdefg","OK",2,0);        //输出"abOKcdefg"
?>
```

4.2.6 字符串与 HTML

1. 将字符转换为 HTML 实体形式

HTML 代码都是由 HTML 标记组成的，如果要在页面上输出这些标记的实体形式，如“<table></table>”，就需要使用一些特殊的函数将一些特殊的字符（如“<”、“>”等）转换为 HTML 的字符串格式。函数 htmlspecialchars()可以将字符转化为 HTML 的实体形式，该函数转换的特殊字符及转换后的字符如表 4.2 所示。

表 4.2 可以转化为 HTML 实体形式的特殊字符

原 字 符	字 符 名 称	转换后的字符
&	AND 记号	&
“	双引号	"
‘	单引号	'
<	小于号	<
>	大于号	>

htmlspecialchars()函数的语法格式如下：

```
string htmlspecialchars(string $string [, int $quote_style [, string $charset [, bool $double_encode ]]])
```

参数$string 是要转换的字符串，$quote_style、$charset 和$double_encode 都是可选参数。$quote_style 指定如何转换单引号和双引号字符，取值可以是 ENT_COMPAT（默认值，只转换双引号）、ENT_NOQUOTES（都不转换）和 ENT_QUOTES（都转换）等。$charset 是字符集，默认为 UTF-8（PHP 5.4.0）。参数$double_encode 如果为 FALSE 则不转换成 HTML 实体，默认为 TRUE。例如：

```
<?php
    $new="<a href='test'>test</a>";
    echo htmlspecialchars($new);                    //页面中输出"<a href='test'>test</a>"
    echo htmlspecialchars($new,ENT_NOQUOTES);       //页面中输出"<a href='test'>test</a>"
?>
```

2. 将 HTML 实体形式转换为特殊字符

使用 htmlspecialchars_decode()函数可以将 HTML 的实体形式转换为 HTML 格式，这和 htmlspecialchars()函数的作用刚好相反。Html_entity_decode()函数可以把所有 HTML 实体形式转换为 HTML 格式，和 htmlentities()函数的作用相反。例如：

```
<?php
    $html=htmlspecialchars_decode("&lt;a href='test'&gt;test&lt;/a&gt;");
    echo $html;
?>
```

输出结果在页面上看到“test”超链接。

3. 换行符的转换

在 HTML 文件中使用“\n”，显示 HTML 代码时不能显示换行的效果，这时可以使用 nl2br()函数，这个函数可以用 HTML 中的“
”标记代替字符串中的换行符“\n”。例如：

```
<?php
    $str="hello\nworld";
    echo $str;                    //直接输出不会有换行符
    echo nl2br($str);             //"hello"后面换行
?>
```

4.2.7 其他字符串函数

1. 字符串与数组

（1）字符串转化为数组。

使用 explode()函数可以用指定的字符串分割另一个字符串，并返回一个数组。

语法格式如下：

```
array explode(string $separator , string $string [, int $limit ])
```

说明： 此函数返回由字符串组成的数组，每个元素都是$string 的一个子串，它们被字符串$separator 作为边界点分割出来。例如：

```
<?php
    $str=”使用 空格 分割 字符串”;
    $array=explode(“ “, $str);
    print_r($array);
    //输出 Array ( [0] => 使用 [1] => 空格 [2] => 分割 [3] => 字符串 )
?>
```

如果设置了$limit 参数，则返回的数组包含最多$limit 个元素，而最后那个元素将包含$string 的剩余部分。如果$limit 参数是负数，则返回除了最后的-$limit 个元素外的所有元素。

如果参数$separator 为空字符串(“”)，explode()函数将返回 FALSE。如果$separator 所包含的值在$string 中找不到，explode()函数将返回包含$string 单个元素的数组。

（2）数组转化为字符串。

使用 implode()函数可以将数组中的字符串连接成一个字符串，语法格式如下：

```
string implode(string $glue , array $pieces)
```

$pieces 是保存要连接的字符串的数组，$glue 是用于连接字符串的连接符。例如：

```
<?php
    $array=array(“hello”,”how”,”are”,”you”);
    $str=implode(“,”,$array);                    //使用逗号作为连接符
    echo $str;                                   //输出”hello,how,are,you”
?>
```

implode()函数还有一个别名，即 join()函数。

2. 字符串加密函数

PHP 提供了 crypt()函数完成加密功能，语法格式如下：

```
string crypt(string $str [, string $salt ])
```

这个函数完成的是单向加密的功能，即字符串一旦被加密就无法转化为原来的形式。函数中$str 是需要加密的字符串，第二个可选参数$salt 是一个位字串，它能影响加密的暗码，进一步排除预计算攻击的可能性。

从 PHP 5.3.0 开始，PHP 包含了它自己的 MD5 Crypt 实现，包括标准 DES 算法，扩展的 DES 算法以及 Blowfish 算法。如果系统缺乏相应的实现，那么 PHP 将使用它自己的实现，以便在默认状态下获得更高的安全性。例如：

```
<?php
    $str=”字符串”;
    $password=crypt($str);
    echo $password;
    if(crypt(“字符串”,$password)==$password){
        echo “验证成功！”;
    }
?>
```

3. 字符串转换函数

PHP 5.4.0 新增了一个 hex2bin()函数，其功能是转换十六进制字符串为二进制字符串，语法格式为：

```
string hex2bin ( string $data )
```

其中，参数$data 是十六进制表示的数据，此函数返回给定数据的二进制表示或者在失败时返回 FALSE。例如：

```
<?php
    $hex=hex2bin("6578616d706c65206865782064617461");
    var_dump($hex);
?>
```

输出结果如下：

```
string 'example hex data' (length=16)
```

4.2.8 实例——留言簿内容处理

【例 4.3】 新建一个留言簿，留言簿上有 Email 地址和用户的留言，提取客户的 Email 地址和留言，要求 Email 地址中@符号前不能有点“.”或逗号“,”。将 Email 地址中@符号前的内容作为用户的用户名，并将用户留言中第一人称“我”修改为“本人”。

新建 EX4_3.php 文件，输入以下代码：

```
<!DOCTYPE html>
<!—HTML5 表单 →
<style type="text/css">
p{
    font-family:"方正舒体";
    font-size:18px;
}
div{
    font-family:"黑体";
    font-size:18px;
}
</style>
<form name="f1" method="post" action="">
    <p>
        您的 Email 地址：<br/>
        <input type="email" name="Email" size=31><br/>
        您的留言：<br/>
        <textarea name="note" rows=10 cols=30></textarea>
        <br/><input type="submit" name="bt1" value="提交">
        <input type="reset" name="bt2" value="清空">
    </p>
</form>
<!—以上是留言簿表单→
<?php
    if(isset($_POST['bt1']))
    {
        $Email=$_POST['Email'];                    //接收 Eamil 地址
        $note=$_POST['note'];                      //接收留言
        if(!$Email||!$note)                        //判断是否取得值
            echo "<script>alert('Email 地址和留言请填写完整！')</script>";
        else
```

```
    {
        $array=explode("@", $Email);                    //分割 Email 地址
        if(count($array)!=2)                            //如果有两个@符号则报错
            echo "<script>alert('Email 地址格式错误！ ')</script>";
        else
        {
            $username=$array[0];                        //取得@符号前的内容
            $netname=$array[1];                         //取得@符号后的内容
            //如果 username 中含有"."或","则报错
            if(strstr($username,".") or strstr($username,","))
                echo "<script>alert('Email 地址格式错误！ ')</script>";
            else
            {
                $str1=htmlspecialchars("<");                //输出符号"<"
                $str2=htmlspecialchars(">");                //输出符号">"
                //将留言中的"我"用"本人"替代
                $newnote=str_replace("我","本人",$note);
                echo "<div>";
                echo "用户". $str1. $username . $str2. "您好! ";
                echo "您是". $netname. "网友!<br/>";
                echo "<br/>您的留言是：<br/>    ".$newnote."<br/>";
                echo "</div>";
            }
        }
    }
}
?>
```

运行程序，在 Email 栏输入“zhou@163.com”，在留言栏输入“我觉得 PHP 是个很有趣的东西，我要好好钻研钻研，我要成为 PHP 网页制作高手！”，单击【提交】按钮，运行结果如图 4.5 所示。

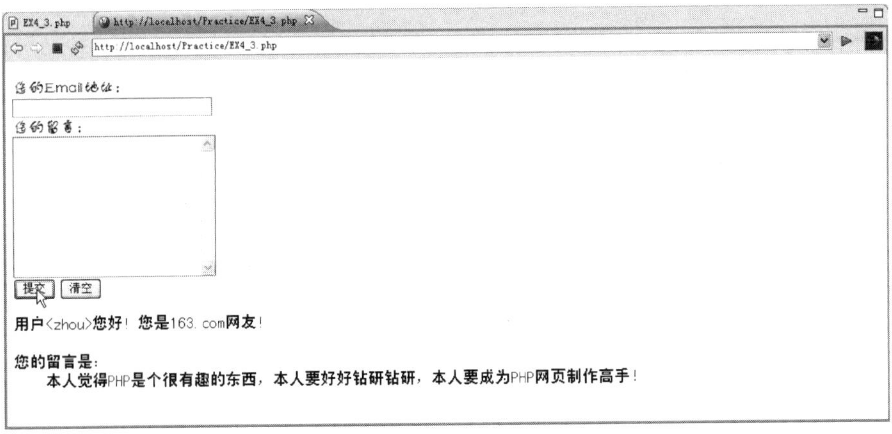

图 4.5　留言簿提交

4.3　正则表达式

正则表达式（regular expression）的应用范围很广泛，不仅 PHP 脚本支持正则表达式，Perl、C#、Java 语言以及 JavaScript、MySQL 数据库也都提供了对正则表达式的支持。PHP 曾同时支持两种风格的正则表达式语法：POSIX 和 Perl。但在实践中，实现相同功能使用 Perl 兼容的正则表达式在效率上

明显占优势，自 PHP 5.3.0 起，POSIX 正则表达式扩展被废弃，未来 PHP 6 将不会再支持它，故本节只对 Perl 兼容的正则表达式进行介绍。

4.3.1　基础知识

在前面的内容中，进行模式匹配时使用了字符串函数，这些都需要给出确切的匹配字符串来进行操作。而如果要进行更复杂的模式匹配，就需要使用正则表达式。

正则表达式就是由普通字符（如字符 a～z）和特殊字符（称为元字符）组成的字符串模式。该模式设定了一些规则，当正则表达式函数使用这些规则时，可以根据设定好的内容对指定的字符串进行匹配。

使用正则表达式可以完成以下功能：

- 测试字符串的某个模式。例如，可以对一个输入字符串进行测试，看在该字符串中是否存在一个 Email 地址模式或一个信用卡号码模式。这称为数据有效性验证。
- 替换文本。可以在文档中使用一个正则表达式来标志特定字符串，然后可以全部将其删除，或者替换为别的字符串。
- 根据模式匹配从字符串中提取一个子字符串。可以用来在文本或输入字段中查找特定字符串。

1. 编写正则表达式

要编写正则表达式，首先要了解正则表达式的语法，正则表达式是由普通字符和元字符组成的，通过元字符和普通字符的不同组合，可以写出不同意义的正则表达式。表 4.3 列出了正则表达式支持的语法格式。

表 4.3　正则表达式语法格式列表

字　符	描　述
\	转义字符，用于转义特殊字符。例如，'.'匹配单个字符，'\.'匹配一个点号。'\-'匹配连字符'-'，'\\'匹配符号'\'
^	匹配输入字符串的开始位置。例如，'^he'表示以'he'开头的字符串
$	匹配输入字符串的结束位置。例如，'ok$'表示以'ok'结尾的字符串
*	匹配前面的子表达式零次或多次。例如，'zo*'能匹配"z"以及"zoo"。*等价于{0,}
+	匹配前面的子表达式一次或多次。例如，'zo+'能匹配"zo"以及"zoo"，但不能匹配"z"。+等价于{1,}
?	匹配前面的子表达式零次或一次。例如，'do(es)?'可以匹配"do"或"does"中的"do"。'?'等价于{0,1}
{*n*}	*n* 是一个非负整数。匹配确定的 *n* 次。例如，'o{2}'不能匹配"Bob"中的'o'，但是能匹配"food" 中的两个'o'
{*n*,}	*n* 是一个非负整数。至少匹配 *n* 次。例如，'o{2,}'不能匹配"Bob"中的'o'，但能匹配"foooood" 中的所有'o'。'o{1,}'等价于'o+'。'o{0,}'则等价于'o*'
{*n*,*m*}	*m* 和 *n* 均为非负整数，其中 *n*≤*m*。最少匹配 *n* 次且最多匹配 *m* 次。例如，"o{1,3}"将匹配"fooooood"中的前三个'o'。'o{0,1}'等价于'o?'。请注意在逗号和两个数之间不能有空格
?	当该字符紧跟在任何一个其他限制符（*, +, ?, {n}, {n,}, {n,m}）后面时，匹配模式是非贪婪的。非贪婪模式尽可能少地匹配所搜索的字符串，而默认的贪婪模式则尽可能多地匹配所搜索的字符串。例如，对于字符串"oooo"，'o+?'将匹配单个"o"，而'o+' 将匹配所有'o'
.	匹配除"\n"之外的任何单个字符，要匹配包括'\n' 在内的任何字符，可以使用'[.\n]'的模式
(pattern)	匹配 pattern 并获取这一匹配。所获取的匹配保存到相应的数组中。要匹配圆括号字符，请使用 '\(' 或 '\)'
(?:pattern)	匹配 pattern 但不获取匹配结果，也就是说这是一个非获取匹配，不进行存储。这在使用"或"|"来组合一个模式的各个部分时很有用。例如，'industr(?:y|ies).就是一个比'industry|industries'更简略的表达式

续表

字　符	描　述
(?=pattern)	正向预查，在任何匹配 pattern 的字符串开始处匹配查找字符串。这是一个非获取匹配，也就是说，该匹配不需要获取供以后使用。例如，'Windows(?=95|98|NT|2000)'能匹配"Windows 2000"中的"Windows"，但不能匹配"Windows 3.1"中的"Windows"。预查不消耗字符，也就是说，在一个匹配发生后，在最后一次匹配之后立即开始下一次匹配的搜索，而不是从包含预查的字符之后开始
(?!pattern)	负向预查，在任何不匹配 pattern 的字符串开始处匹配查找字符串。这是一个非获取匹配，也就是说，该匹配不需要获取供以后使用。例如，'Windows(?!95|98|NT|2000)'能匹配"'Windows 3.1"中的"Windows"，但不能匹配"Windows 2000"中的"Windows"。预查不消耗字符，也就是说，在一个匹配发生后，在最后一次匹配之后立即开始下一次匹配的搜索，而不是从包含预查的字符之后开始
x|y	匹配 x 或 y。例如，'z|food' 能匹配"z"或"food"，'(z|f)ood'则匹配"zood"或"food"
[xyz]	字符集合。匹配所包含的任意一个字符。例如，'[abc]'可以匹配"plain"中的'a'
[^xyz]	负值字符集合。匹配未包含的任意字符。例如，'[^abc]'可以匹配"plain"中的'p'
[a-z]	字符范围。匹配指定范围内的任意字符。例如，'[a-z]'可以匹配'a'到'z' 范围内的任意小写字母字符
[^a-z]	负值字符范围。匹配不在指定范围内的任意字符。例如，'[^a-z]'可以匹配不在'a' 到'z'范围内的任意字符

以下是几个简单的正则表达式的例子。

- '[A-Za-z0-9] '：表示所有的大写字母、小写字母及 0 到 9 的数字。
- '^hello'：表示以 hello 开始的字符串。
- 'world$'：表示以 world 结尾的字符串。
- '.at'：表示以除"\n"外的任意单个字符开头并以"at"结尾的字符串，如"cat"、"nat"等。
- '^[a-zA-Z]'：表示一个以字母开头的字符串。
- 'hi{2}'：表示字母 h 后跟着两个 i 即 hii。
- '(go)+'：表示至少含有一个'go'字符串的字符串，如'gogo'。

注意：

在 PHP 中最好将正则表达式放在单引号中，使用双引号会带来一些不必要的复杂性。

掌握了一些简单的正则表达式的写法，就可以进一步组合成更复杂的正则表达式。

例如，身份证号码一般由 18 位数字或 17 位数字后面加一个 X 或 Y 字母组成，要匹配身份证号码，表达式可以写为：

```
^[0-9]{17}([0-9]|X|Y)$
```

其中，^[0-9]{17}表示以 17 个数字开头，[0-9XY]$表示以一个数字或字母 X 或 Y 结尾，组合起来就成为了身份证号码的规则。

又如，要匹配 Email 地址的正则表达式可以写为：

```
^[a-zA-Z0-9\-]+@[a-zA-Z0-9\-]+\.[a-zA-Z0-9\-\.]+$
```

其中，子表达式'^[a-zA-Z0-9\-]+'表示至少由一个字母、数字、下画线、连字符为开始的字符串，由于连字符'-'是特殊符号，所以必须使用'\'对其转义。符号@匹配 Email 地址中的@符号。子表达式'[a-zA-Z0-9\-]+'用于匹配主机的域名，一般由字母、数字和连字符组成。'\.'匹配点号（.），由于点是特殊字符，所以也需要使用转义字符进行转义。子表达式'[a-zA-Z0-9\-\.]+$'用于匹配域名的剩余部分，由字母、数字、连字符构成，如果需要还可以包含更多的点号。当然以上的表达式并不能排除所有无效的 Email 地址，还可以进一步改进。

另外，在正则表达式比较复杂的时候，可以使用圆括号“()”将表达式分隔为多个子表达式，例如，’(very)*large’可以匹配’large’、’verylarge’、’veryverylarge’等。

2. Perl 兼容的语法扩充

Perl 兼容的正则表达式的模式类似于 Perl 中的语法，表达式必须包含在定界符中，除数字、字母、反斜线外的任何字符都可以作为定界符。例如，表达式’/^(?i)php[34]/’中正斜线“/”就是定界符。另外，如果定界符要出现在表达式中需要使用转义符转义。

Perl 兼容的正则表达式除了支持表 4.3 列出的语法格式外，还可以通过转义字符“\”和一些特殊字母的组合实现某些特殊的语法。表 4.4 列出了这些组合及它们的作用，通过表中的组合可以使正则表达式变得简洁。

表 4.4 Perl 兼容正则表达式扩充的语法格式

字 符	描 述
\b	匹配一个单词边界，也就是指单词和空格间的位置。例如，’er\b’可以匹配”never”中的 ‘er’，但不能匹配”verb”中的’er’
\B	匹配非单词边界。’er\B’能匹配”verb”中的’er’，但不能匹配”never”中的’er’
\cx	匹配由 x 指明的控制字符。例如，’\cM’匹配一个 Control-M 或回车符。X 的值必须为 A～Z 或 a～z 之一。否则，将’c’视为一个原义的’c’字符
\d	匹配一个数字字符。等价于’[0-9]’
\D	匹配一个非数字字符。等价于’[^0-9]’
\f	匹配一个换页符。等价于’\x0c’和’\cL’
\n	匹配一个换行符。等价于’\x0a’和’\cJ’
\r	匹配一个回车符。等价于’\x0d’和’\cM’
\h	匹配一个水平制表符（PHP 5.2.4）
\H	匹配一个非水平制表符（PHP 5.2.4）
\s	匹配任何空白字符，包括空格、制表符、换页符等。等价于' [\f\n\r\t\v] '
\S	匹配任何非空白字符。等价于' [^ \f\n\r\t\v] '
\t	匹配一个制表符。等价于'\x09'和'\cI'
\v	匹配一个垂直制表符。等价于'\x0b'和'\cK'
\V	匹配一个非垂直制表符（PHP 5.2.4）
\w	匹配包括下画线的任何单词字符。等价于'[A-Za-z0-9_]'
\W	匹配任何非单词字符，等价于'[^A-Za-z0-9_]'
\K	用于重置匹配（PHP 5.2.4）。例如，foot\Kbar 匹配"footbar"。得到的匹配结果是 "bar"。但是， \K 的使用不会干预到子组内的内容，例如，(foot)\Kbar 匹配 "footbar"，第一个子组内的结果仍然会是 "foo"
\g	紧跟一个负数代表一个相对的后向引用。例如，(foo)(bar)\g{-1} 可以匹配字符串 "foobarbar"， (foo)(bar)\g{2} 可以匹配 "foobarfoo"。这在长的模式中作为一个可选方案，用来保持对之前一个特定子组的引用的子组序号的追踪。在 PHP 5.2.2 之后， \g 转义序列可以用于子模式的绝对和相对引用
\xn	匹配 n，其中 n 为十六进制转义值。十六进制转义值必须为确定的两个数字长。例如，'\x41' 匹配"A"。'\x041'则等价于'\x04' & "1"。正则表达式中可以使用 ASCII 编码
\num	匹配 num，其中 num 是一个正整数。对所获取的匹配的引用。例如，'(.)\1'匹配两个连续的相同字符
\n	标志一个八进制转义值或一个后向引用。如果\n 之前至少有 n 个获取得子表达式，则 n 为后向引用。否则，如果 n 为八进制数字（0～7），则 n 为一个八进制转义值

续表

字符	描述
\nm	标志一个八进制转义值或一个后向引用。如果\nm 之前至少有 nm 个获取得子表达式，则 nm 为后向引用。如果\nm 之前至少有 n 个获取，则 n 为一个后跟文字 m 的后向引用。如果前面的条件都不满足，若 n 和 m 均为八进制数字（0～7），则\nm 将匹配八进制转义值 nm
\nml	如果 n 为八进制数字（0～3），且 m 和 l 均为八进制数字（0～7），则匹配八进制转义值 nml
\Q , \E	用于在模式中忽略正则表达式元字符。例如，\w+\Q.$.\E$ 会匹配一个或多个单词字符，紧接着一个点号，一个$，一个点号，最后锚向字符串末尾
\un	匹配 n，其中 n 是用 4 个十六进制数字表示的 Unicode 字符。例如，'\u00A9'匹配版权符号（©）

4.3.2 PHP 中正则表达式的应用

1. 字符串匹配

字符串的匹配是正则表达式的主要应用之一。在 PHP 提供的正则表达式函数中，使用 preg_match()函数进行字符串的匹配查找，语法格式如下：

```
int preg_match(string $pattern , string $subject [, array $matches [, int $flags[,int $offset]]])
```

说明： 在$subject 字符串中搜索与$pattern 给出的正则表达式相匹配的内容。preg_match()函数返回$pattern 所匹配的次数。不是 0 次（没有匹配）就是 1 次，因为 preg_match()函数在第一次匹配之后将停止搜索。例如：

```
<?php
    $string="PHP is the web scripting language of choice.";
    // 模式定界符后面的 "i" 表示不区分大小写字母的搜索
    $num=preg_match('/php/i', $string);
    echo $num;                                                    //输出 1
?>
```

函数如果提供了$matches 参数，则其会被搜索的结果所填充。$matches[0]将包含与整个模式匹配的文本，$matches[1]将包含与第一个捕获的括号中的子模式所匹配的文本，以此类推。例如：

```
<?php
    $string="http://www.php.net/index.html";
    preg_match('/^(http:\/\/)?([^\/]+)/i', $string, $matches1);    //从 URL 中取得主机名
    echo $matches1[0];                                            //输出 http://www.php.net
    $host=$matches1[2];
    echo $host;                                                   //输出 www.php.net
    preg_match('/[^\.\/]+\.[^\.\/]+$/', $host, $matches2);        //从主机名中取得后面两段
    echo "域名为：$matches2[0]";                                   //输出"域名为：php.net"
?>
```

preg_match()函数语法格式中$flags 是可选参数，值可以是 PREG_OFFSET_CAPTURE。如果设定本标记，则对每个出现的匹配结果也同时返回其附属的字符串偏移量。这改变了返回数组的值，使其中的每个单元也是一个数组，其中第一项为匹配字符串，第二项为偏移量。$offset 也是可选参数，用于指定从目标字符串的某个位置开始搜索（单位是字节）。

PHP 还有一个字符串匹配函数 preg_match_all()。语法格式如下：

```
int preg_match_all(string $pattern , string $subject , [,array $matches [, int $flags[,int $offset]]])
```

说明： 该函数的语法格式与 preg_match()函数相同，作用也是搜索指定字符串并放到相应数组中。不同的是，preg_match()函数在搜索到第一个匹配结果时即停止匹配，而 preg_match_all()函数搜索到第一个匹配结果后会从第一个匹配项的末尾开始继续搜索，直到搜索完整个字符串。preg_match_all()

函数参数$flags 的值可以取以下三种：

- PREG_PATTERN_ORDER。默认项，表示$matches[0]为全部模式匹配的数组，$matches[1]为第一个括号中的子模式所匹配的字符串组成的数组，以此类推。
- PREG_SET_ORDER。如果设定此标记，则$matches[0]为第一组匹配项的数组，$matches[1]为第二组匹配项的数组，以此类推。
- PREG_OFFSET_CAPTURE。PREG_OFFSET_CAPTURE 可以和其他两个标记组合使用，如果设定本标记，对每个出现的匹配结果也同时返回其附属的字符串偏移量。

例如：

```
<?php
    $html="<b>bold text</b><a href=howdy.html>click me</a>";
    preg_match_all('/(<([\w]+)[^>]*>)(.*)(<\/\\2>)/', $html, $matches);
    for ($i=0; $i< count($matches[0]); $i++)
    {
        echo "matched: ".htmlspecialchars($matches[0][$i])."<br/>";
        echo "part 1: ".htmlspecialchars($matches[1][$i])."<br/>";
        echo "part 2: ".htmlspecialchars($matches[3][$i])."<br/>";
        echo "part 3: ".htmlspecialchars($matches[4][$i])."<br/>";
    }
?>
```

输出结果如下：

```
matched: <b>bold text</b>
part 1: <b>
part 2: bold text
part 3: </b>
matched: <a href=howdy.html>click me</a>
part 1: <a href=howdy.html>
part 2: click me
part 3: </a>
```

说明：上例的正则表达式中“\\2”是一个逆向引用的例子，其含义是必须匹配正则表达式本身中第二组括号内的内容，本例中就是“([\w]+)”。

2. 字符串的替换

使用 preg_replace()函数在字符串中查找匹配的子字符串，并用指定字符串替换子字符串。语法格式如下：

```
mixed preg_replace(mixed $pattern , mixed $replacement , mixed $subject [, int $limit[, int &$count]])
```

说明：在$subject 中搜索$pattern 模式的匹配项并替换为$replacement。如果指定了$limit，则仅替换$limit 个匹配项，如果省略$limit 或者其值为–1（默认），则所有的匹配项都会被替换。

$replacement 中可以包含如“\\$n”或“$n”的逆向引用，$n 取值为 1～99，优先使用后者。替换模式在一个逆向引用后面紧接着一个数字时（即紧接在一个匹配的模式后面的数字），不能使用“\\$n”来表示逆向引用。例如，“\\11”将会使 preg_replace()函数无法分清是一个“\\1”的逆向引用后面跟着一个数字 1，还是一个“\\11”的逆向引用。解决方法是使用“\${1}1”。这会形成一个隔离的“$1”逆向引用，而另一个“1”只是单纯的字符。例如：

```
<?php
    $str="<p>phpchina</p>";
    echo preg_replace('/<(.*?)>/', "($1)",$str);                //输出'(p)phpchina(/p)'
?>
```

函数语法格式中，如果$subject 是个数组，则会对$subject 中的每个项目执行搜索和替换，并返回一个新数组。如果$pattern 和$replacement 都是数组，则 preg_replace()函数会依次从$pattern 中取出值来对$subject 进行搜索和替换。例如：

```
<?php
    $array1=array("/a/", "/b/", "/c/");
    $array2=array("d", "e", "f");
    $str="abc";
    $newstr=preg_replace($array1,$array2,$str);                    //将 a、b、c 分别替换为 d、e、f
    echo $newstr;                                                  //输出"def"
?>
```

3. 字符串的分割

preg_split()函数可以使用正则表达式作为边界分割一个字符串，并将子字符串存入一个数组返回。语法格式如下：

```
array preg_split(string $pattern , string $subject [, int $limit [, int $flags ]])
```

说明： 本函数区分大小写，返回一个数组，数组包含$subject 中沿着与$pattern 匹配的边界所分割的子串。$limit 是可选参数，如果指定则最多返回$limit 个字串，如果省略则默认为–1，没有限制。$flags 的值可以是以下三种。

- PREG_SPLIT_NO_EMPTY。如果设定本标记，则函数只返回非空的字符串。
- PREG_SPLIT_DELIM_CAPTURE。如果设定本标记，定界符模式中的括号表达式的匹配项也会被捕获并返回。
- PREG_SPLIT_OFFSET_CAPTURE。如果设定本标记，对每个出现的匹配结果也同时返回其附属的字符串偏移量。

例如：

```
<?php
    $str="hi, i am a phper";
    $keywords=preg_split("/[\s,]+/", $str);                        //以空白符或逗号作为定界符
    print_r($keywords);
    //输出 Array ( [0] => hi [1] => i [2] => am [3] => a [4] => phper )
?>
```

4. 返回匹配的数组单元

使用 preg_grep()函数可以根据条件查找指定的数组，并将符合条件的数组单元返回。语法格式如下：

```
array preg_grep(string $pattern , array $input [, int $flags ])
```

函数返回一个数组，数组包含$input 数组中与$pattern 相匹配的数组单元。$flags 是可选参数，值可以是 PREG_GREP_INVERT，表示返回输入数组中不匹配给定$pattern 的单元。例如：

```
<?php
    $array=array("name","number","project","input");
    $newarray1=preg_grep("/^n/",$array);          //匹配以字母"n"开头的单词
    print_r($newarray1);                          //输出 Array ( [0] => name [1] => number )
    $newarray2=preg_grep("/e+/",$array);          //匹配含有字母"e"的单词
    print_r($newarray2);                          //输出 Array ( [0] => name [1] => number [2] => project )
?>
```

注意：

preg_grep()函数返回的数组使用原来数组的键名进行索引。

总结： 在实际应用中，普通的字符串函数比正则表达式函数运行速度要快得多。在处理简单的字符串时，最好使用字符串函数来完成。例如，使用 explode()函数就可以满足分割字符串的需要，而不必使用正则表达式函数 preg_split()，因为这样会影响效率。在处理一些复杂字符串时，当字符串函数不能解决问题时，可以选择正则表达式函数来完成。

4.3.3　实例——验证表单内容

【例 4.4】 使用正则表达式验证用户输入的表单内容是否满足格式要求。

新建 EX4_4_Hpage.php 文件，输入以下代码：

```
<!DOCTYPE html>
<html>
<head>
    <title>注册页面</title>
    <style type="text/css">
    <!--
        .STYLE1{font-size: 14px; color:red;}
    -->
    div{
        text-align:center;
        font-size:24px;
        color:#0000FF;
    }
    table{
        margin:0 auto;
    }
    </style>
</head>
<body>
<form name="fr1" method="post" action="EX4_4_Ppage.php">
    <div>新用户注册</div>
    <table border="1">
        <tr>
            <td>用户名：</td>
            <td><input type="text" name="ID"></td>
            <td class="STYLE1">* 不超过 10 个字符(数字，字母和下画线)</td>
        </tr>
        <tr>
            <td>密码：</td>
            <td><input type="password" name="PWD" size="21"></td>
            <td class="STYLE1">* 4～14 个数字</td>
        </tr>
        <tr>
            <td>手机号码：</td>
            <td><input type="tel" name="PHONE"></td>
            <td class="STYLE1">* 11 位数字，第一位为 1</td>
        </tr>
        <tr>
            <td>邮箱：</td>
            <td><input type="email" name="EMAIL"></td>
            <td class="STYLE1">* 有效的邮件地址</td>
        </tr>
        <tr>
            <td colspan="3" align="center">
                <input type="submit" name="GO" value="注册">   
                <input type="reset" name="NO" value="取消">
            </td>
        </tr>
    </table>
</form>
```

```
</body>
</html>
```

新建 EX4_4_Ppage.php 文件，输入以下代码：

```
<?php
    include 'EX4_4_Hpage.php';                                     //包含文件 EX4_4_Hpage.php
    $id=$_POST['ID'];
    $pwd=$_POST['PWD'];
    $phone=$_POST['PHONE'];
    $Email=$_POST['EMAIL'];
    $checkid=preg_match('/^\w{1,10}$/',$id);                     //检查字符串是否在 10 个字符以内
    $checkpwd=preg_match('/^\d{4,14}$/',$pwd);                   //检查是否在 4～14 个数字之间
    $checkphone=preg_match('/^1\d{10}$/',$phone);                //检查是否是以 1 开头的 11 位数字
    //检查 Email 地址的合法性
    $checkEmail=preg_match('/^[a-zA-Z0-9_\-]+@[a-zA-Z0-9\-]+\.[a-zA-Z0-9\-\.]+$/',$Email);
    if($checkid&&$checkpwd&&$checkphone&&$checkEmail)          //如果都为 1，则注册成功
        echo "注册成功！";
    else
        echo "注册失败，格式不对";
?>
```

EX4_4_Hpage.php 文件运行效果如图 4.6 所示，用户需要输入用户名、密码、手机号和邮箱地址，需要遵守的规则在表单中已经列出。输入完成后单击【注册】按钮，如果格式正确则提示“注册成功”，不正确则提示“注册失败，格式不对”。

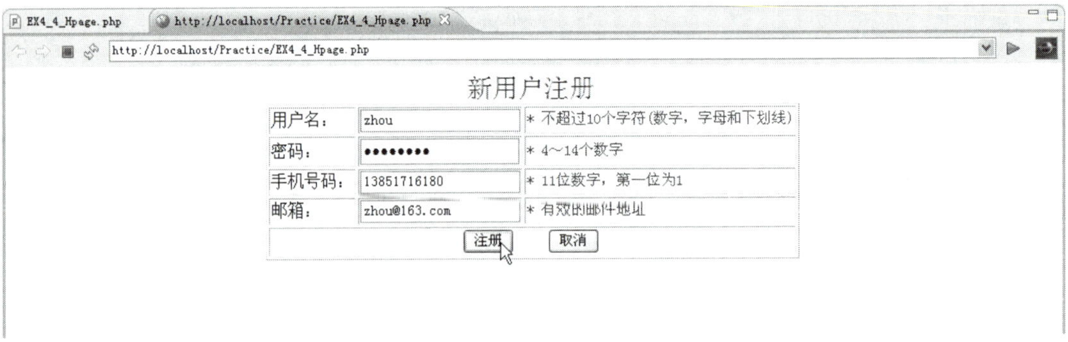

图 4.6　用户注册页面

习　题　4

1．使用 PHP 代码分别创建一个一维数组和一个多维数组，并使用 print_r()函数打印出数组的信息。

2．在数组中查找一个值是否存在使用哪个函数？试举一例。

3．遍历数组的方法有哪几种？试分别使用这几种方法遍历数组并将数组中的值输出。

4．在 PHP 中合并两个数组使用哪个函数？试举一例。

5．计算字符串的长度使用哪个函数？

6．使用字符串比较函数比较两个字符串是否相等（区分大小写）。

7．如何输出 HTML 标记的实体，如“<a href='test'>test</a>”？

8．如何替换字符串中的某个子串，如使用“str”替换“system”中的“s”？

9．PHP 支持的正则表达式有哪两种风格？

10．写出验证日期的正则表达式。

第 5 章

PHP 常用功能模块

PHP 语言的语法学习完成以后，接着就需要了解 PHP 的一些常用功能模块了。PHP 为我们提供的功能模块有很多，像目录与文件操作、图形处理、日期时间等这些最常用的功能早已成为 PHP 基础语言的一部分，因为它们都是在 PHP 项目开发时必须用到的。

5.1 目录与文件操作

一般情况下，程序中的数据只能存储在内存中，程序结束时数据就随之消失了。如果要永久地存储数据，就要使用文件。本节将重点介绍在 PHP 中如何操作目录和文件。

5.1.1 目录操作

目录是指存储在磁盘中的文件的索引，也可以将其视为一个文件夹。在这个文件夹中可以存放其他文件或文件夹。最顶层的目录是磁盘的根目录，用“/”或“\\”表示。“./”代表当前工作目录，“../”表示 Apache 的文件根目录即 htdocs 目录。文件夹前不指定位置，则默认在当前工作目录中查找。

1. 创建和删除目录

使用 mkdir()函数可以根据提供的目录名或目录的全路径，创建新的目录，如果创建成功则返回 TRUE，否则返回 FALSE。例如：

```
<?php
    if(mkdir("./path",0700))                    //在当前目录中创建 path 目录
        echo "创建成功！";
?>
```

说明：以上代码表示在当前目录下建立一个 path 目录。0700 是一个八进制数，指定文件的模式，即文件的访问权限，该参数可以省略。默认值为 0777，最大也为 0777，代表最大的访问权限。目录创建成功后函数将返回 TRUE，否则返回 FALSE。

使用 rmdir()函数可以删除一个空目录，但是必须具有相应的权限。如果目录不为空，必须先删除目录中的文件才能删除目录。例如：

```
<?php
    mkdir("ok");                                //在当前工作目录中创建 ok 目录
    if(rmdir("ok"))                             //删除 ok 目录
        echo "删除成功！";
?>
```

如果 rmdir()函数删除目录成功就返回 TRUE，否则返回 FALSE。

2. 获取和更改当前工作目录

当前工作目录是指正在运行的文件所处的目录。使用 getcwd()函数可以取得当前的工作目录，该函数没有参数。成功则返回当前的工作目录，失败则返回 FALSE。例如：

```
<?php
    echo getcwd();                          //输出'C:\wamp\www\Practice'
?>
```

使用 chdir()函数可以设置当前的工作目录，该函数的参数是新的当前目录，例如：

```
<?php
    echo getcwd()."<br/>";                  //当前工作目录为'C:\wamp\www\Practice'
    @mkdir("../good");                      //在 Apache 文件根目录中建立 good 目录
    @chdir('../good');                      //设置 good 目录为当前工作目录
    echo getcwd();                          //输出'C:\wamp\www\good'
?>
```

说明：“@”错误控制运算符可以用于抑制错误信息。

3. 打开和关闭目录句柄

目录的访问是通过句柄实现的，使用 opendir()函数可以打开一个目录句柄，该函数的参数是打开的目录路径，打开成功则返回 TRUE，失败则返回 FALSE，打开句柄后其他函数就可以调用该句柄。为了节省服务器资源，使用完一个已经打开的目录句柄后，应该使用 colsedir()函数关闭这个句柄。例如：

```
<?php
    $dir="../good";                         //目录位置为 good 目录
    $dir_handle=opendir($dir);              //打开 good 目录句柄
    if($dir_handle)                         //如为 TRUE 则打开成功
        echo "打开目录句柄成功！";
    else
        echo "打开失败！";
    closedir($dir_handle);                  //关闭目录句柄
?>
```

4. 读取目录内容

PHP 提供了 readdir()函数读取目录内容，该函数参数是一个已经打开的目录句柄。该函数在每次调用时返回目录中下一个文件的文件名，在列出了所有的文件名后，函数返回 FALSE。因此，该函数结合 while 循环可以实现对目录的遍历。

例如，假设根目录的 good 目录下已经创建了一个目录 html，其中保存了 1.php、2.php、3.php 这 3 个文件，要遍历 html 目录可以使用如下代码：

```
<?php
    $dir="../good/html";
    $dir_handle=opendir($dir);              //打开目录句柄
    if($dir_handle)
    {
        //通过 readdir()函数返回值是否为 FALSE 判断是否到最后一个文件
        while(FALSE!==($file=readdir($dir_handle)))
        {
            echo $file."<br/>";             //输出文件名
        }
        closedir($dir_handle);              //关闭目录句柄
    }
    else
        echo "打开目录失败！";
?>
```

输出结果如下：

```
.
..
1.php
2.php
3.php
```

注意：

由于 PHP 是弱类型语言，所以将整型值 0 和布尔值 FALSE 视为等价，如果使用比较运算符“==”或“!=”，当遇到目录中有一个文件的文件名为“0”时，则遍历目录的循环将停止。所以在设置判断条件时要使用“===”和“!==”运算符进行强类型检查。

5. 获取指定路径的目录和文件

scandir()函数列出指定路径中的目录和文件，语法格式如下：

```
array scandir(string $directory [, int $sorting_order [, resource $context ]])
```

说明：$directory 为指定路径。参数$sorting_order 默认是按字母升序排列，如果设为 1 表示按字母的降序排列。$context 是可选参数，是一个资源变量，可以用 stream_context_create()函数生成，这个变量保存着与具体的操作对象有关的一些数据。函数运行成功则返回一个包含指定路径下的所有目录和文件名的数组，失败则返回 FALSE。例如：

```
<?php
    $dir="../good/html";
    $file1=scandir($dir);
    $file2=scandir($dir,1);
    if($file1==FALSE)
    {
        echo "读取失败";
    }
    else
    {
        print_r($file1);              //输出：Array ( [0] => . [1] => .. [2] => 1.php [3] => 2.php [4] => 3.php )
    }
    print_r($file2);                  //输出：Array ( [0] => 3.php [1] => 2.php [2] => 1.php [3] => .. [4] => . )
?>
```

5.1.2 文件的打开与关闭

目录可以进行打开、读取、关闭、删除等操作，文件的操作与对目录的操作有类似之处，操作文件的一般方法有打开、读取、写入、关闭等。

如果要将数据写入一个文件，一般先要打开该文件，如果文件不存在则先创建它，然后将数据写入文件，最后还需要关闭这个文件。

如果要读取一个文件中的数据，同样需要先打开该文件，如果文件不存在则自动退出，如果文件存在则读取该文件的数据，读完后也要关闭文件。

总之，无论如何，如果想要对文件进行操作，都要先打开文件。使用完文件后需要关闭文件。

1. 打开文件

打开文件使用的是 fopen()函数，语法格式如下：

```
resource fopen(string $filename , string $mode [, bool $use_include_path [, resource $context ]])
```

（1）$filename 参数。fopen()函数将$filename 参数指定的名字资源绑定到一个流上。

如果$filename 的值是一个由目录和文件名组成的字符串，则 PHP 认为指定的是一个本地文件，将尝试在该文件上打开一个流。如果文件存在，函数将返回一个句柄；如果文件不存在或没有该文件的访问权限，则返回 FALSE。

如果$filename 是“scheme://...”的格式，则被当做一个 URL，PHP 将搜索协议处理器（也被称为封装协议）来处理此模式。例如，如果文件名是以“http://”开始，则 fopen()函数将建立一个到指定服务器的 HTTP 连接，并返回一个指向 HTTP 响应的指针；如果文件名是以“ftp://”开始，fopen()函数将建立一个连接到指定服务器的被动模式，并返回一个文件开始的指针。如果访问的文件不存在或没有访问权限，函数返回 FALSE。

注意：

访问本地文件时，在 UNIX 环境下，目录中的间隔符为正斜线“/”。在 Windows 环境下可以是正斜线“/”或双反斜线“\\”。另外，要访问 URL 形式的文件时，首先要确定 PHP 配置文件中的 allow_url_fopen 选项处于打开状态，如果处于关闭状态，PHP 将发出一个警告，而 fopen()函数则调用失败。

（2）$mode 参数。$mode 参数指定了 fopen()函数访问文件的模式，取值见表 5.1。

表 5.1　fopen()函数的访问文件模式

$mode	说　明
'r'	只读方式打开文件，从文件头开始读
'r+'	读写方式打开文件，从文件头开始读写
'w'	写入方式打开文件，将文件指针指向文件头。如果文件已经存在则删除已有内容，如果文件不存在则尝试创建它
'w+'	读写方式打开文件，将文件指针指向文件头。如果文件已经存在则删除已有内容，如果文件不存在则尝试创建它
'a'	写入方式打开文件，将文件指针指向文件末尾，如果文件已有内容将从文件末尾开始写。如果文件不存在则尝试创建它
'a+'	读写方式打开文件，将文件指针指向文件末尾。如果文件已有内容将从文件末尾开始读写。如果文件不存在则尝试创建它
'x'	创建并以写入方式打开文件，将文件指针指向文件头。如果文件已存在，则 fopen()调用失败并返回 FALSE，并生成一条 E_WARNING 级别的错误信息。如果文件不存在则尝试创建它。此选项被 PHP 4.3.2 及以后的版本所支持，仅能用于本地文件
'x+'	创建并以读写方式打开文件，将文件指针指向文件头。如果文件已存在，则 fopen()调用失败并返回 FALSE，并生成一条 E_WARNING 级别的错误信息。如果文件不存在则尝试创建它。此选项被 PHP 4.3.2 及以后的版本所支持，仅能用于本地文件
'c'	只读方式打开文件。如果文件不存在则尝试创建。如果存在，它既不是截断的（与'w'相对），也不是调用失败的（就像'x'一样）。将文件指针指向文件头。如果在试图修改文件之前希望得到一个咨询文件锁定，而在得到锁之前用'w'可能截断文件（如果期望被截断，可以在请求锁后用 ftruncate 函数），该选项可能有用。此选项被 PHP 5.2.6 及以后的版本所支持
'c+'	读写方式打开文件，否则它的行为与'c'一样。此选项被 PHP 5.2.6 及以后的版本所支持
'b'	二进制模式，用于连接在其他模式后面。如果文件系统能够区分二进制文件和文本文件（Windows 区分，而 UNIX 不区分），则需要使用到这个选项，推荐一直使用这个选项以便获得最大程度的可移植性

如果需要打开本地的二进制文件，操作与打开本地文件基本相同，主要区别在于操作二进制文件时，应在$mode 取值的后面加上标记“b”作为最后一个字符，如“wb”、“rb”等。在操作二进制文

件（如图片）时，不使用此标记可能会损坏文件。

（3）$use_include_path 参数。如果需要在 include_path（PHP 的 include 路径，在 PHP 的配置文件设置）中搜寻文件，可以将可选参数$use_include_path 的值设为 1 或 TRUE，默认为 FALSE。

（4）$context 参数。可选的$context 参数只有文件被远程打开时（如通过 HTTP 打开）才使用，它是一个资源变量，其中保存着与 fopen()函数具体的操作对象有关的一些数据。如果 fopen()打开的是一个 HTTP 地址，那么这个变量记录着 HTTP 请求的请求类型、HTTP 版本及其他头信息；如果打开的是 FTP 地址，记录的可能是 FTP 的被动/主动模式。

例如：

```
<?php
    $handle=fopen("../good/html/1.txt","r+");                //以读写方式打开文件
    if($handle)
        echo "打开成功";
    else
        echo "打开文件失败";
    $URL_handle=fopen("http://www.php.net", "r");            //以只读方式打开 URL 文件
?>
```

2. 关闭文件

文件处理完毕后，需要使用 fclose()函数关闭文件，语法格式如下：

```
bool fclose(resource $handle)
```

参数$handle 为要打开的文件指针，文件指针必须有效，如果关闭成功则返回 TRUE，否则返回 FALSE。例如：

```
<?php
    $handle=fopen("../good/html/1.php","w");                 //以只写方式打开文件
    if(fclose($handle))                                      //判断是否成功关闭文件
        echo "关闭文件成功";
    else
        echo "关闭失败";
?>
```

5.1.3 文件的写入

文件在写入前需要打开文件，如果文件不存在则先要创建它。在 PHP 中没有专门用于创建文件的函数，一般可以使用 fopen()函数来创建，文件模式可以是“w”、“w+”、“a”、“a+”。

例如，下面的代码将在 D 盘 data 目录下新建一个名为 index.txt 的文件（data 目录存在）：

```
<?php
    $handle=fopen("D:\\data\\index.txt", "w");
?>
```

（1）fwrite()函数。文件打开后，向文件中写入内容可以使用 fwrite()函数，语法格式如下：

```
int fwrite(resource $handle , string $string [, int $length ])
```

说明： 参数$handle 是写入的文件句柄，$string 是将要写入文件中的字符串数据，$length 是可选参数，如果指定了$length，则当写入了$string 中的前$length 个字节的数据后停止写入。如果字符串$string 中字节数小于$length，则写入整个字符串后就停止写入。如果写入操作成功，fwrite()函数将返回写入的字节数，出现错误时返回 FALSE。

例如：

```
<?php
    $handle=fopen("D:/data/index.txt", "w+");                //打开 index.txt 文件，不存在则先创建
```

```
        $num=fwrite($handle,"南京 2014 青奥会",14);
        if($num)
        {
            echo "写入文件成功<br/>";
            echo "写入的字节数为".$num."个";                      //成功写入的字符个数为 14 个
            fclose($handle);                                      //关闭文件
        }
        else
            echo "文件写入失败";
?>
```

fwrite()函数还有一个别名为 fputs()。fwrite()函数还可用于写入二进制文件。

注意：

如果以写入方式“w”打开文件，写入的新数据将覆盖旧数据，如果不想覆盖之前的数据而将新数据添加到文件末尾，可以使用追加模式“a”来打开文件。

（2）file_put_contents()函数。PHP 5 还引入了 file_put_contents()函数。这个函数的功能与依次调用 fopen()、fwrite()及 fclose()函数的功能一样。语法格式如下：

```
int file_put_contents(string $filename , string $data [, int $flags [, resource $context ]])
```

说明：$filename 是要写入数据的文件名。$data 是要写入的字符串，$data 也可以是数组，但不能为多维数组。在使用 FTP 或 HTTP 向远程文件写入数据时，可以使用可选参数$flags 和$context，这里不具体介绍。写入成功后函数返回写入的字节数，否则返回 FALSE。例如：

```
<?php
    $str="这是文件 1";
    $array=array("将数组","内容写入","文件 2 中");
    file_put_contents("../good/html/1.txt",$str);              //将$str 写入 html 目录下的 1.txt 文件中
    file_put_contents("../good/html/2.txt",$array);            //将$array 写入 html 目录下的 2.txt 文件中
?>
```

（3）fputcsv()函数。CSV 是一种比较常用的文件格式，一般以.csv 作为扩展名。CSV 格式把文件的一行看做是一条记录，记录里的字段使用逗号分隔。在 PHP 中使用 fputcsv()函数可以把指定的数组格式化为符合 CSV 文件格式的内容，并写入文件指针指向的当前行。语法格式如下：

```
int fputcsv(resource $handle , array $fields [, string $delimiter [, string $enclosure ]])
```

说明：参数$handle 是要写入的文件句柄。参数$fields 是要格式化的数组。可选的$delimiter 参数用于设定字段分界符（只允许一个字符），默认为逗号。可选的$enclosure 参数设定字段环绕符（只允许一个字符），默认为双引号。例如：

```
<?php
    $stu=array(
            array("学号", "姓名", "专业名", "性别"),
            array("1", "王林", "计算机", "男"),
            array("2", "李霞", "通信工程", "女")
            );
    $handle=fopen("../good/html/stu.csv", "w");
    foreach($stu as $line)
    {
        fputcsv($handle,$line);
    }
    fclose($handle);
?>
```

5.1.4　文件的读取

在文件操作中最常用的就是读取操作，PHP 中文件的读取函数非常多，这里介绍几个比较常用的。

1. 读取任意长度

fread()函数可以用于读取文件的内容，语法格式如下：

```
string fread(resource $handle, int $length)
```

说明： 参数$handle 是已经打开的文件指针，$length 是指定读取的最大字节数，$length 的最大取值为 8192。如果读完$length 个字节数之前遇到文件结尾标志（EOF），则返回所读取的字符，并停止读取操作。如果读取成功则返回所读取的字符串，如果出错返回 FALSE。例如：

```
<?php
    $handle=fopen("http://www.ilucking.com/writer/DA012341", "rb");   //打开一个远程文件
    $content="";                                                       //将字符串$content 初始化为空
    while(!feof($handle))                                              //判断是否到文件末尾
    {
        $data=fread($handle,8192);                                     //读取文件内容
        $content.=$data;                                               //将读取到的数据赋给字符串
    }
    echo $content;                                                     //输出内容
    fclose($handle);                                                   //关闭文件
?>
```

程序运行结果显示一个网页，如图 5.1 所示。

图 5.1　读取显示远程网页

说明： 上述代码中的 feof()函数用于判断是否到达文件末尾，feof()函数只有一个参数，就是文件句柄，如果文件指针到达文件末尾，则 feof()函数返回 TRUE，否则返回 FALSE。

注意：

在读取文件后显示文件内容时，文本中可能含有无法直接显示的字符，如 HTML 标记。这时需要使用 htmlspecialchars()函数将 HTML 标记转化为实体才能显示文件中的字符。例如，html 目录下有一个 1.php 文件，文件内容为“<?php phpinfo()?>”，如果读取文件后直接显示，则显示不出其中字符，要显示其中的内容可以使用以下代码：

```
<?php
    $filename="../good/html/1.php";                    //文件名
    $handle=fopen($filename,"rb");                     //打开文件
    $data=fread($handle,filesize($filename));          //读取文件内容
    echo htmlspecialchars($data);                      //将"<"和">"转化为实体并输出
    fclose($handle);
?>
```

说明：代码中的 filesize()函数的作用是取得文件内容的字节数。

2. 读取整个文件

（1）file()函数。file()函数用于将整个文件读取到一个数组中，语法格式如下：

```
array file(string $filename [, int $flags [, resource $context ]])
```

说明：本函数的作用是将文件作为一个数组返回，数组中的每个单元都是文件中相应的一行，包括换行符在内，如果失败则返回 FALSE。

参数$filename 是读取的文件名。

从 PHP 5 起，$flags 可以是以下一个或多个常量。

FILE_USE_INCLUDE_PATH：在 include_path 中查找文件。

FILE_IGNORE_NEW_LINES：在数组每个元素的末尾不要添加换行符。

FILE_SKIP_EMPTY_LINES：跳过空行。

参数$context 的意义与之前介绍的相同，这里不具体解释。例如：

```
<?php
    $line=file("../good/html/1.txt");                  //将文件 1.txt 中内容读取到数组$line 中
    foreach($line as $file)                            //浏览$line 数组
    {
        echo $file. "<br/>";                           //输出内容"这是文件 1"
    }
?>
```

注意：

file()函数不适合操作很大的文件，如果文件过大，加载到数组中，数组需要的内存可能会超过可用内存。

（2）readfile()函数。readfile()函数用于输出一个文件的内容到浏览器中，语法格式如下：

```
int readfile(string $filename [, bool $use_include_path [, resource $context ]])
```

说明：该函数打开一个文件，读取该文件并写入到输出缓冲，并返回从文件中读入的字节数。如果出错则返回 FALSE，最后关闭这个文件。

例如，读取 html 目录下的 1.txt 文件中的内容到浏览器中：

```
<?php
    $filename="../good/html/1.txt";
    $num=readfile($filename);                          //输出文件的所有内容
    echo $num;                                         //输出读取到的字节数
?>
```

最终输出：

```
这是文件 19
```

其中，“这是文件 1”为文件 1.txt 的内容，“9”为从文件 1.txt 中读入的字节数。

（3）fpassthru()函数。fpassthru()函数可以将给定的文件指针从当前的位置读取到 EOF，并把结果写到输出缓冲区。要使用这个函数，必须先使用 fopen()函数打开文件，然后将文件指针作为参数传递给 fpassthru()函数，fpassthru()函数把文件指针所指向的文件内容发送到标准输出。如果操作成功返

回读取到的字节数，否则返回 FALSE。例如：

```
<?php
    $filename="../good/html/1.txt";
    $handle=fopen($filename, "rb");
    fpassthru($handle);
    fclose($handle);
?>
```

说明： 如果既不修改文件也不在特定位置检索，只想将文件的内容下载到输出缓冲区，应该使用 readfile()函数，这样可以省去 fopen()函数的调用。

（4）file_get_contents()函数。file_get_contents()函数可以将整个或部分文件内容读取到一个字符串中，功能与依次调用 fopen()、fread()及 fclose()函数的功能一样。语法格式如下：

```
string file_get_contents ( string $filename [, bool $use_include_path = false [, resource $context [, int $offset[, int $maxlen ]]]] )
```

说明： $filename 是要读取的文件名，可选参数$use_include_path 用来触发 include_path 查找；参数$context 的意义与之前介绍的相同，这里不具体解释；$offset 可以指定从文件头开始的偏移量，函数可以返回从$offset 所指定的位置开始长度为$maxlen 的内容。如果失败，函数将返回 FALSE。例如：

```
<?php
    $filestring=file_get_contents("../good/html/1.txt");
    echo $filestring;
?>
```

file_get_contents()函数是用来将文件的内容读入到一个字符串中的首选方法。

3. 读取一行数据

（1）fgets()函数。fgets()函数可以从文件中读出一行文本，语法格式如下：

```
string fgets(resource $handle [, int $length ])
```

说明： $handle 是已经打开的文件句柄，可选参数$length 指定了返回的最大字节数，考虑到行结束符，最多可以返回 length−1 个字节的字符串。如果没有指定$length，默认为 1024 个字节。例如：

```
<?php
    $handle=@fopen("../good/html/1.txt","r");              //打开文件
    if($handle)
    {
        while(!feof($handle))                             //判断是否到文件末尾
        {
            $buffer=fgets($handle);                       //逐行读取文件内容
            echo $buffer. "<br/>";
        }
        fclose($handle);                                  //关闭文件
    }
?>
```

（2）fgetss()函数。fgetss()函数的作用与 fgets()函数基本相同，也是从文件指针处读取一行数据，不过 fgetss()函数会尝试从读取的文本中去掉任何 HTML 和 PHP 标记。语法格式如下：

```
string fgetss(resource $handle [, int $length [, string $allowable_tags ]])
```

说明： 可选的第三个参数$allowable_tags 用于指定哪些标记不被去掉。

例如，假设 html 目录下的 1.txt 第一行内容为“<b>php</b>”，显示内容时不显示“php”的加黑效果可以使用以下代码：

```
<?php
    $handle=fopen("../good/html/1.txt","rb");
    $one=fgetss($handle);                                 //获取第一行数据，并去除 HTML 标记
```

```
    echo $one;                                          //输出第一行内容
    fclose($handle);
?>
```

（3）fgetcsv()函数。fgetcsv()函数可以读取指定文件的当前行，使用 CSV 格式解析出字段，并返回一个包含这些字段的数组。语法格式如下：

```
array fgetcsv(resource $handle [, int $length [, string $delimiter [, string $enclosure[,string $escape]]]])
```

说明：$handle 是打开的文件句柄，$length 指定获取的字符的最大长度。可选的$delimiter 参数用于设定字段分界符（只允许一个字符），默认为逗号。可选的$enclosure 参数设定字段环绕符（只允许一个字符），默认为双引号。可选的$escape 设定转义字符（只允许一个字符），默认是反斜杠（PHP 5.3.0 新增）。例如：

```
<?php
    $row=1;
    $handle=fopen("../good/html/stu.csv","r");          //打开一个 CSV 文件
    while($data=fgetcsv($handle, 1000, ","))            //获取当前行内容，并返回一个数组
    {
        $num=count($data);                              //计算数组元素个数
        echo "<p>第".$row. "行: <br/>";
        $row++;
        for ($c=0; $c < $num; $c++)
        {
            echo $data[$c] . "<br/>";                   //输出数组内容
        }
    }
    fclose($handle);
?>
```

输出结果如下：

```
第 1 行:
学号
姓名
专业名
性别

第 2 行:
1
王林
计算机
男

第 3 行:
2
李霞
通信工程
女
```

4. 读取一个字符

fgetc()函数。fgetc()函数可以从文件指针处读取一个字符，语法格式为：

```
string fgetc(resource $handle)
```

该函数返回$handle 指针指向的文件中的一个字符，遇到 EOF 则返回 FALSE。例如：

```
<?php
    $handle=fopen("../good/html/1.txt", "r");
    while(!feof($handle))                               //判断是否到文件尾
```

```
    {
        $char=fgetc($handle);                                    //获取当前一个字符
        echo($char=="\n"? '<br/>':$char);
    }
?>
```

说明：这段代码一次从文件中读出一个字符并保存到$char 中输出，直到文件结束。如果文本中有换行符“\n”，则显示时使用“
”标记来代替，这里使用三元运算符实现。

5. 使用指定格式读取文件

fscanf()函数。fscanf()函数可以读取文件中的数据，并根据指定的格式进行格式化，并返回一个数组。语法格式如下：

```
mixed fscanf(resource $handle , string $format [, mixed &$... ])
```

说明：fscanf()函数从与$handle 关联的文件中接收输入并根据指定的$format 来解释输入。如果只给此函数传递了这两个参数，解析后的值会被作为数组返回。否则，如果提供了可选参数，此函数将返回被赋值的数目。可选参数必须用引用传递。

格式字符串中的任何空白会与输入流中的任何空白匹配。这意味着甚至格式字符串中的制表符“\t”也会与输入流中的一个空格字符匹配。

例如，html 目录下的 1.txt 文件有以下几行数据：

```
课程号    课程名          学分
101       计算机基础      5
102       程序设计与语言  4
206       离散数学        4
208       数据结构        4
```

其中，各字段间以\t 分隔。

要显示这些数据可以使用以下代码：

```
<?php
    $handle=fopen("../good/html/1.txt","r");
    while($kcinfo=fscanf($handle, "%s\t%s\t%s\n"))           //读取文件中数据并格式化
    {
        list($kch,$kcm,$xf)=$kcinfo;                          //将返回数组中的值赋给变量
        echo $kch." ".$kcm." ".$xf."<br/>";           //输出数据
    }
    fclose($handle);
?>
```

5.1.5 文件的上传与下载

在 PHP 中实现文件的上传与下载，都需要使用文件系统函数来完成。处理上传文件的函数是 move_uploaded_file()，实现文件下载可以使用 header()和 readfile()函数完成。

1. 文件上传

上传文件可以通过提交 HTML 表单来实现。由 HTML 表单生成的文件上传变量，以数组的形式记录了上传文件的详细信息，在第 3 章介绍预定义变量时提到了这一变量$_FILES。

$_FILES 是一个二维数组，上传后的文件信息可以使用以下形式获取：

- $FILES['file']['name']。客户端上传的原文件名。其中，“file”是 HTML 表单中文件域控件的名称。
- $FILES['file']['type']。上传文件的类型，需要浏览器提供该信息的支持。常用的值有：“text/plain”表示普通文本文件；“image/gif”表示 GIF 图片；“image/pjpeg”表示 JPEG 图片；

"application/msword"表示 word 文件；"text/html"表示 html 格式的文件；"application/pdf"表示 PDF 格式文件；"audio/mpeg"表示 mp3 格式的音频文件；"application/x-zip-compressed"表示 ZIP 格式的压缩文件；"application/octet-stream"表示二进制流文件，如 EXE 文件、RAR 文件、视频文件等。

- $FILES['file']['tmp_name']。文件被上传后在服务端储存的临时文件名。
- $FILES['file']['size']。已上传文件的大小，单位为字节。
- $FILES['file']['error']。错误信息代码。值为 0 表示没有错误发生，文件上传成功；值为 1 表示上传的文件超过了 php.ini 文件中 upload_max_filesize 选项限制的值；值为 2 表示上传文件的大小超过了 HTML 表单中规定的最大值；值为 3 表示文件只有部分被上传；值为 4 表示没有文件被上传；值为 5 表示上传文件大小为 0。

文件上传结束后，默认地存储在临时目录中，这时必须将其从临时目录中删除或移动到其他地方。不管是否上传成功，脚本执行完后临时目录里的文件肯定会被删除。所以在删除之前要使用 PHP 的 move_uploaded_file()函数将它移动到其他位置，此时，才完成了上传文件过程。move_uploaded_file()函数语法格式如下：

```
bool move_uploaded_file(string $filename , string $destination)
```

说明：$filename 参数是上传的文件名，如果$filename 指定的是合法的文件，则函数会将该文件移动至由$destination 参数指定的文件。如果目标文件已经存在，则会被新文件覆盖。如果上传文件不合法或文件无法移动，函数则不会进行任何操作并返回 FALSE。

例如：

```
move_uploaded_file($_FILES['myfile']['tmp_name'], "html/index.txt")
```

上面一句代码表示将由表单文件域控件"myfile"上传的文件移动到 html 目录下并将文件命名为 index.txt。

注意：

在将文件移动之前需要检查文件是否是通过 HTTP POST 上传的，这可以用来确保恶意的用户无法欺骗脚本去访问本不能访问的文件，这时需要使用 is_uploaded_file()函数。该函数的参数为文件的临时文件名，若文件是通过 HTTP POST 上传的，则函数返回 TRUE。

【例 5.1】 将由 HTML 表单上传的 GIF 图片文件移动到 html 目录下。

新建 EX5_1.php 文件，输入以下代码：

```
<!DOCTYPE html>
<!-- HTML5 表单 -->
<form enctype="multipart/form-data" action="" method="post">
    <input type="file" name="myFile">
    <input type="submit" name="up" value="上传文件">
</form>
<!-- PHP 代码 -->
<?php
    if(isset($_POST['up']))
    {
        if($_FILES['myFile']['type']=="image/gif")                     //判断文件格式是否为 GIF
        {
            if($_FILES['myFile']['error']>0)                           //判断上传是否出错
                echo "错误：".$_FILES['myFile']['error'];              //输出错误信息
            else
            {
```

```
        $tmp_filename=$_FILES['myFile']['tmp_name'];          //临时文件名
        $filename=$_FILES['myFile']['name'];                  //上传的文件名
        $dir="../good/html/";                                 //上传后文件的位置
        if(is_uploaded_file($tmp_filename))                   //判断是否通过 HTTP POST 上传
        {
            //上传并移动文件
            if(move_uploaded_file($tmp_filename, "$dir.$filename"))
            {
                echo "文件上传成功！";
                //输出文件大小
                echo "文件大小为：". ($_FILES['myFile']['size']/1024)."KB";
            }
            else
                echo "上传文件失败！";
        }
    }
  }
  else
  {
     echo "文件格式非 GIF 图片！";
  }
 }
?>
```

说明：运行程序后单击文件域的【浏览】按钮，选择一张 GIF 格式的图片后单击【上传文件】按钮，运行结果如图 5.2 所示。

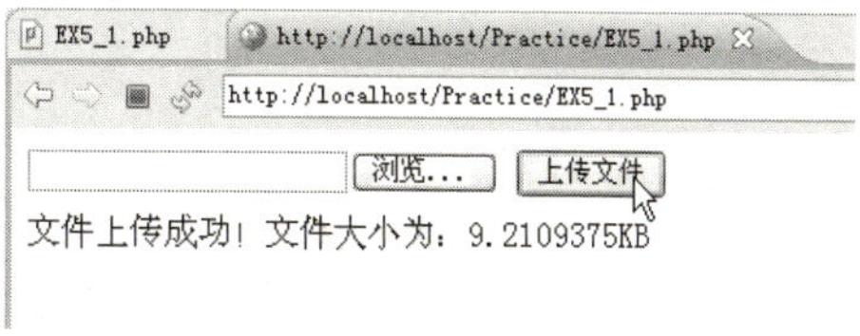

图 5.2　上传 GIF 文件

注意：

要使 HTML 表单产生文件上传变量必须满足 3 个条件：表单必须使用 POST 方法提交；<form>标记 enctype 属性规定了在提交表单时要使用哪种内容类型，在表单需要二进制数据时（如文件内容），必须使 enctype 值为"multipart/form-data"；表单中要含有一个文件域控件。

2. 文件下载

如果是普通的文件下载，建立一个超链接指向目标文件就可以了。但是这样就直接暴露了文件所在路径，可能会有安全隐患。要实现安全的文件下载，在 PHP 中一般使用 header()和 readfile()函数来完成。

header()函数的作用是向浏览器发送正确的 HTTP 报头，报头指定了网页内容的类型、页面的属性等信息。header()函数的功能很多，这里只列出以下几点：

- 页面跳转。如果 header()函数的参数为“Location: xxx”，页面就会自动跳转到“xxx”指向的 URL 地址。例如：

```
header("Location: http://www.baidu.com");              //跳转到百度页面
header("Location: first.php");                         //跳转到工作目录的 first.php 页面
```

- 指定网页内容。例如，同样的一个 XML 格式的文件，如果 header()函数的参数指定为“Content-type: application/xml”，浏览器会将其按照 XML 文件格式来解析。但如果是“Content-type: text/xml”，浏览器就会将其看做文本解析。
- 文件下载。header()函数结合 readfile()函数可以下载将要浏览的文件，例如，下载 html 目录下的 1.txt 文件可以使用以下代码：

```
<?php
    $textname="../good/html/1.txt";                              //源文件
    $newname="index.txt";                                        //新文件名
    header("Content-type: text/plain");                          //设置下载的文件类型
    header("Content-Length:" .filesize($textname));              //设置下载文件的大小
    header("Content-Disposition: attachment; filename=$newname"); //设置下载文件的文件名
    readfile($textname);                                         //读取文件
?>
```

说明：以上这段代码执行后会弹出“文件下载”对话框，单击【保存】按钮选择新地址保存该文件即实现了文件的下载，新文件名为 index.txt，如图 5.3 所示。

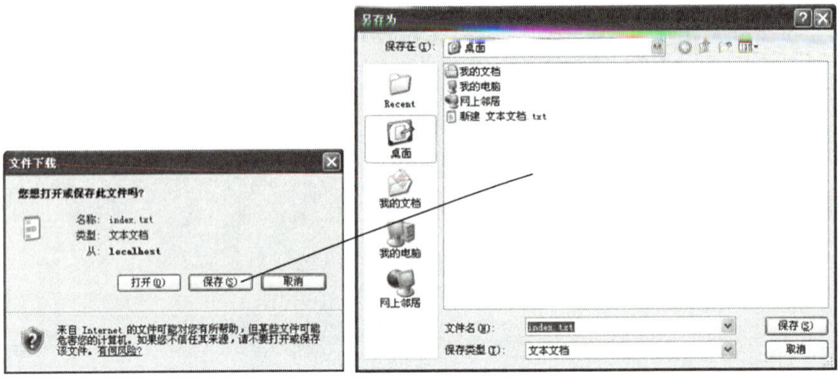

图 5.3　实现文件下载

注意：

如果服务器的输出缓存没有开启，在调用 header()函数之前如果输出了内容，如普通的 HTML 标记、空格、PHP 输出等，再调用 header()函数就会出错。开启输出缓存之后，输出的内容在执行过程中被放进缓存里，再调用 header()函数就不会出错。开启输出缓存的方法是修改 PHP 配置文件 php.ini 文件中“output_buffering”选项的值。在本书的 PHP 版本中，“output_buffering”的默认值为 4096，表示 4096 个字节内的输出会被放进缓存，所以这里不必修改。

5.1.6 其他常用文件函数

1. 计算文件大小

之前使用过的 filesize()函数用于计算文件的大小，以字节为单位。例如：

```
<?php
    $filename="../good/html/1.txt";
    $num=filesize($filename);                 //计算文件大小
    echo ($num/1024). "KB";                   //以 KB 为单位输出文件大小
?>
```

说明：filesize()函数结合 fread()函数可以实现一次读取整个文件（或某部分）。

PHP 还有一系列获取文件信息的函数，如 fileatime()函数用于取得文件的上次访问时间，fileowner()函数用于取得文件的所有者，filetype()函数用于取得文件的类型等。

2. 判断文件是否存在

如果希望在不打开文件的情况下检查文件是否存在，可以使用 file_exists()函数。函数的参数为指定的文件或目录，如果该文件或目录存在，则返回 TRUE，否则返回 FALSE。例如：

```
<?php
    $filename='../good/html/user.txt';
    if(file_exists($filename))                //检查 user.txt 文件是否存在
    {
        echo "文件存在";
    }
    else
    {
        echo "该文件不存在";
    }
?>
```

PHP 还有一些用于判断文件或目录的函数，例如，is_dir()函数用于判断给定文件名是否是目录，is_file()函数用于判断给定文件名是否是文件，is_readable()函数用于判断给定文件名是否可读，is_writeable()函数用于判断给定文件是否可写。

3. 删除文件

使用 unlink()函数可以删除不需要的文件，如果成功，将返回 TRUE，否则返回 FALSE。例如：

```
<?php
    $filename='../data/1.txt';
    unlink($filename);                //删除磁盘根目录下 data 目录中的 1.txt 文件
?>
```

4. 复制文件

在文件操作中经常会遇到要复制一个文件或目录到某个文件夹的情况，在 PHP 中使用 copy()函数来完成此操作，语法格式如下：

```
bool copy(string $source , string $dest[, resource $context ])
```

说明：参数$source 为需要复制的源文件，参数$dest 为目标文件，参数$context（PHP 5.3.0 新增）的意义与之前介绍的相同，这里不具体解释。复制后的新文件中内容与源文件完全相同，并且在复制文件的同时，也可以为新文件重新命名。如果复制成功则返回 TRUE，否则返回 FALSE。如果目标文件已经存在，则将被覆盖。例如：

```
<?php
    $rootfile="../good/html/1.txt";
    $targetfile="../good/copy.txt";
    if(copy($rootfile,$targetfile))
    {
        echo "文件复制成功！";
    }
?>
```

5. 移动、重命名文件

除了 move_uploaded_file()函数，还有一个 rename()函数也可以移动文件，语法格式如下：

```
bool rename ( string $oldname , string $newname [, resource $context ] )
```

说明：rename()函数主要用于对一个文件进行重命名，$oldname 是文件的旧名，$newname 为新的文件名。当然，如果$oldname 与$newname 的路径不相同，就实现了移动该文件的功能，例如：

```
<?php
    $file="../good/copy.txt";
    $newname="../good/recopy.txt";
    if(rename($file,$newname))                //重命名 copy.txt 文件
    {
        echo "文件重命名成功！";
    }
```

```
    if(rename("../good/html/2.txt","../good/2.txt"))            //移动 html 目录下的 2.txt 文件
    {
        echo "文件移动成功！";
    }
?>
```

6. 文件指针操作

PHP 中有很多操作文件指针的函数，如 rewind()、ftell()、fseek()函数等。之前用过的 feof()函数用于测试文件指针是否处于文件尾部，也属于文件指针操作函数。

- rewind()函数。用于重置文件的指针位置，使指针返回到文件头。它的参数只有一个，就是已经打开的指定文件的文件句柄。
- ftell()函数。可以以字节为单位，报告文件中指针的位置，也就是文件流中的偏移量。它的参数也是已经打开的文件句柄。
- fseek()函数。可以用于移动文件指针，语法格式如下：

```
int fseek ( resource $handle , int $offset [, int $whence ] )
```

说明：fseek()函数可以将文件指针$handle 从$whence 位置移动$offset 个字节。新位置从文件头开始以字节数度量，以$whence 指定的位置加上$offset。可选参数$whence 的值可以是：SEEK_SET（文件开始处）、SEEK_CUR（文件指针的当前位置）和 SEEK_END（文件的末尾）。如果没有指定$whence，默认为 SEEK_SET，要移动到文件末尾的位置，需要给$offset 传递一个负值。函数如果操作成功则返回 0，否则返回–1。注意，移动到 EOF 之后的位置不算错误。例如：

```
<?php
    $file="C:\wamp\bin\php\php5.4.16\php.ini";                  //php.ini 文件
    $handle=fopen($file, "r");                                  //以只读方式打开
    echo "当前指针为：".ftell($handle). "<br/>";                 //显示指针的当前位置，为 0
    fseek($handle,100);                                         //将指针移动 100 个字节
    echo "当前指针为：".ftell($handle). "<br/>";                 //显示当前指针值为 100
    rewind($handle);                                            //重置指针位置
    echo "当前指针为：".ftell($handle). "<br/>";                 //指针值为 0
?>
```

5.1.7 实例——投票统计

【例 5.2】 使用之前学过的文件操作方法，编写一个计算投票数量的程序。

新建 EX5_2.php 文件，输入以下代码：

```
<!DOCTYPE html>
<!-- HTML5 表单 -->
<style type="text/css">
div{
    font-size:18px;
    color:#0000FF;
}
li{
    font-size:24px;
    color:#FF0000;
}
</style>
<form enctype="multipart/form-data" action="" method="post">
    <table>
        <tr>
```

```
            <td bgcolor="#CCCCCC">
                <div>当前最流行的 Web 开发语言：</div>
            </td>
        </tr>
        <tr>
            <td><input type="radio" name="vote" value="PHP">PHP</td>
        </tr>
        <tr>
            <td><input type="radio" name="vote" value="ASP">ASP</td>
        </tr>
        <tr>
            <td><input type="radio" name="vote" value="JSP">JSP</td>
        </tr>
        <tr>
            <td><input type="submit" name="sub" value="请投票"></td>
        </tr>
    </table>
</form>
<?php
    $votefile="EX5_2_vote.txt";                         //用于计数的文本文件$votefile
    if(!file_exists($votefile))                          //判断文件是否存在
    {
        $handle=fopen($votefile,"w+");                   //不存在则创建该文件
        fwrite($handle,"0|0|0");                         //将文件内容初始化
        fclose($handle);
    }
    if(isset($_POST['sub']))
    {
        if(isset($_POST['vote']))                        //判断用户是否投票
        {
            $vote=$_POST['vote'];                        //接收投票值
            $handle=fopen($votefile,"r+");
            $votestr=fread($handle,filesize($votefile)); //读取文件内容到字符串$votestr
            fclose($handle);
            $votearray=explode("|", $votestr);           //将$votestr 根据"|"分割
            echo "<h3>投票完毕！</h3>";
            if($vote=='PHP')
                $votearray[0]++;                         //如果选择 PHP，则数组第 1 个值加 1
            echo "目前 PHP 的票数为：<li>".$votearray[0]."</li><br/>";
            if($vote=='ASP')
                $votearray[1]++;                         //如果选择 ASP，则数组第 2 个值加 1
            echo "目前 ASP 的票数为：<li>".$votearray[1]."</li><br/>";
            if($vote=='JSP')
                $votearray[2]++;                         //如果选择 JSP，则数组第 3 个值加 1
            echo "目前 JSP 的票数为：<li>".$votearray[2]."</li><br/>";
            //计算总票数
            $sum=$votearray[0]+$votearray[1]+$votearray[2];
            echo "总票数为：<li>".$sum."</li><br/>";
            $votestr2=implode("|",$votearray);           //将投票后的新数组用"|"连接成字符串$votestr2
            $handle=fopen($votefile,"w+");
            fwrite($handle,$votestr2);                   //将新字符串写入文件$votefile
            fclose($handle);
        }
```

```
            else
            {
                echo "<script>alert('未选择投票选项！')</script>";
            }
        }
?>
```

保存后运行该文件，选择单选按钮进行投票，运行结果如图 5.4 所示。

图 5.4 投票统计结果

5.2 图形处理

图形处理在 PHP 中应用十分广泛。图形处理包括图形学、字体、颜色、几何等方面的知识，PHP 可以使用内置的图形函数来处理图形，从而得到一些有趣而又实用的效果。

5.2.1 安装 PHP 图像库

在 PHP 中有的图形函数可以直接使用，但大多数函数需要安装 GD 2 函数库后才能使用。有关 GD 2 的详细信息，读者可以自行参考相关资料。在 Windows 平台下，安装 GD 2 库很简单，PHP 5 中自带了 GD 2 库扩展（就是 PHP 的 ext 目录中的 php_gd2.dll 文件），其实本书在安装 PHP 时已经安装了所有的扩展库，包括 GD 库。PHP 所能处理的图像格式取决于所安装的 GD 版本，以及其他 GD 可能用到的来访问这些图像格式的库。低于 gd-1.6 版本的 GD 支持 GIF 图像格式，不支持 PNG，高于 gd-1.6 低于 gd-2.0.28 的版本支持 PNG，不支持 GIF。在 gd-2.0.28 版本中又重新支持了 GIF。

目前的 GD 2 库支持 JPEG、PNG、GIF、WBMP 等文件格式。JPEG 通常用来存储照片或者具有丰富色彩和色彩层次的图像，这种格式使用了有损压缩，图像质量有所破坏，由于这个原因，该格式不适合绘制线条、文本或颜色块。GIF 是图形文件交换格式（Graphics Interchange Format），广泛应用于网络，适合存储包含文本、线条和简单颜色块的图像。PNG 是可移植的网络图像（Portable Network Graphics），该格式是无损压缩，所以适合直线、文本或简单颜色块的图像，由于 GIF 的专利原因，PNG 在一段时间内是作为 GIF 的替代品使用的。WBMP 是专门为无线通信设备设置的文件格式，但没有得到广泛的发展。

5.2.2 创建图形

在 PHP 中创建图形的步骤一般有 4 个：创建一个背景、在背景中绘制图形或输入文本、输出图形、释放所有资源。

【例 5.3】 绘制一条直线，并输出到浏览器中。

新建 EX5_3.php 文件，输入以下代码：

```
<?php
    $image=imagecreate(400, 400);                         //创建一个背景，背景默认为黑色
    //设置背景颜色为白色
    $background_color=imagecolorallocate($image, 255, 255, 255);
    $black=imagecolorallocate($image,0,0,0);              //定义颜色为黑色
    imageline($image, 0,0,100,100,$black);                //设置直线颜色为黑色
    header("Content-type: image/png");                    //向浏览器发送头信息，输出 PNG 图片
    imagepng($image);                                     //输出图形
    imagedestroy($image);                                 //清除资源
?>
```

运行结果如图 5.5 所示。

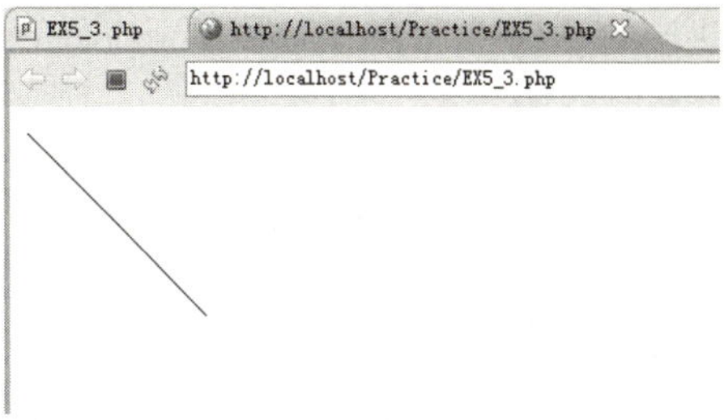

图 5.5 绘制直线

说明：要查看结果，只需要浏览 PHP 页面。如果要在 Web 页面中使用该图片，可以使用如下 HTML 代码：

```
<img src="EX5_3.php">
```

注意：

在使用 PHP 输出图形时，一定要使用 header()函数向浏览器发送头信息，指定浏览器输出相应格式的文件。若头信息为"Content-type: image/png"，则表示浏览器将输出 PNG 格式的图片。如果在程序中输出文本信息，则在浏览器中不会显示。

EX5_3.php 中的代码简要地说明了创建一个图形的过程，下面将对这一过程进行详细的介绍。

1. 创建背景图形

创建背景可以使用 imagecreate()和 imagecreatetruecolor()函数，这两个函数都可以创建一个空白的图形，并返回一个图像标志符（也可以称为句柄），供其他函数使用。

语法格式如下：

```
resource imagecreate(int $x_size , int $y_size)
resource imagecreatetruecolor(int $x_size , int $y_size)
```

说明：$x_size 是背景的宽度，$y_size 是背景的高度，imagecreate()函数用于建立一个基于调色板的图形，创建后可改变背景颜色。imagecreatetruecolor()函数用于创建一个真彩色图形，背景颜色默认为黑色。如果图形创建成功，函数将返回一个句柄，如果失败，并不会像其他函数一样返回 FALSE，这时可以使用 die()函数来捕获错误信息。例如：

```
$image=imagecreate(200,200) or die("创建图形失败！");
```

类似 imagecreate()的函数都可以使用 die()函数来捕获错误信息。

背景创建之后，就可以使用图形函数在背景中绘制图形或输入文本，图形的绘制和处理比较复杂，将在后面具体介绍。

2. 使用已有图片创建新图形

除了可以创建空白的背景图形外，还可以将已有的图片作为背景图形来创建新的图形。如

imagecreatefromgif()函数可以根据已有的 GIF 图片创建新图形，imagecreatefromjpeg()函数可以根据已有的 JPEG 图片创建新图形，$imagecreatefrompng()函数可以根据已有的 PNG 图片创建新图形。已有的图片也可以是远程的图片文件。例如：

```
<?php
    $imfile="../good/html/..cow.gif";
    $image=imagecreatefromgif($imfile);                    //根据..cow.gif 图片创建一个新图形
    header("Content-type: image/gif");                     //向浏览器发送头信息，输出 GIF 图片
    imagegif($image);                                      //输出图形
?>
```

使用这些函数后已有的图片将作为新图形的背景，之后的操作和 imagecreate()函数创建背景图形的操作方法一样。

3. 选择颜色

在处理图形的操作中，经常需要为图形的某些部分分配颜色，这时颜色值的选择就需要使用 imagecolorallocate()函数来完成。语法格式如下：

```
int imagecolorallocate ( resource $image , int $red , int $green , int $blue )
```

说明：imagecolorallocate()函数返回一个标志符，代表了由给定的红、绿、蓝（RGB）值组成的颜色。$red、$green 和$blue 分别是所需颜色的红、绿、蓝成分。这些参数是 0～255 的整数或者十六进制的 0x00～0xFF。imagecolorallocate()函数必须被调用以创建每一种用在$image 所代表的图形中的颜色。例如：

```
<?php
    $im=imagecreate(200, 200);                             //新建背景图形
    $background=imagecolorallocate($im, 255, 0, 0);        //背景设为红色
    //设定一些颜色
    $white=imagecolorallocate($im, 255, 255, 255);         //白色
    $black=imagecolorallocate($im, 0, 0, 0);               //黑色
    //十六进制方式
    $white=imagecolorallocate($im, 0xFF, 0xFF, 0xFF);
    $black=imagecolorallocate($im, 0x00, 0x00, 0x00);
?>
```

说明：第一次调用 imagecolorallocate()函数时会给基于调色板的图形（即用 imagecreate()函数建立的图形）填充背景色。例中的$white、$black 颜色定义后就可以在其他函数中使用该颜色对图形中的某一部分进行着色了。

在实际应用中，颜色使用的数据值无法直观地反映使用的是什么颜色，在分配颜色时可以记忆一些经常使用的值，如黑色（0,0,0）、红色（255,0,0）、蓝色（0,0,255）、白色（255,255,255）、绿色（0,255,0）等，不经常使用的值可以通过其他方式获取。

4. 输出图形

如果需要将已经绘制的图形输出到浏览器或文件中，可以使用相应的函数来完成。例如，使用 imagegif()可以将图形以 GIF 格式输出到浏览器或文件，imagejpeg()将图形以 JPEG 格式输出，imagepng()函数将图形以 PNG 格式输出等。语法格式如下：

```
bool imagepng(resource $image [, string $filename ])
bool imagegif(resource $image [, string $filename ])
bool imagejpeg(resource $image [, string $filename [, int $quality ]])
```

说明：$image 是已经创建的图像句柄，如果不提供参数$filename，则直接输出原始图形。如果提供参数$filename，则以$filename 为文件名创建一个相应格式的图片，保存以后在 Web 页面中就可以使用该图片了。imagejpeg()函数中的可选参数$quality，范围从 0（最差质量，文件最小）到 100（最

佳质量，文件最大）。

不管输出什么格式的图片，都要使用 header()函数向浏览器发送相应的头信息，如要输出 GIF 格式的图片应使用："header("Content-type: image/gif");"；输出 JPEG 格式的图片应使用"header("Content-type: image/jpeg");"；PNG 格式使用"header("Content-type: image/png");"。例如：

```
<?php
    $image=imagecreate(400,400);                          //创建背景图形
    $back_color=imagecolorallocate($image,255,0,0);       //设置背景颜色为红色
    header("Content-type: image/gif ");                   //发送头信息，使脚本输出 GIF 格式文件
    imagegif($image, "../good/html/back.gif");            //将图形保存为 back.gif 文件
    imagegif($image);                                     //在浏览器中输出图形
?>
```

5. 清除资源

为了节省资源，图片创建后返回的句柄如果不再使用，就要用 imagedestroy()函数来释放与之相关的内存。例如：

```
imagedestroy($image);
```

其中$image 是已经创建的句柄。

5.2.3 绘制图形

在掌握了一些最基本的图形操作后，就可以在已经创建了的画布（背景图形）上绘制具体的图形了。PHP 中可以绘制的图形有几何图形、文本文字、颜色块等。

1. 绘制几何图形

一般的几何图形包括直线、矩形、圆、多边形等，通过这些一般的几何图形，可以组合成更为复杂的图形。

（1）画一个点。

使用 imagesetpixel()函数可以在已经创建的背景图形上画一个单一像素，即一个点。语法格式如下：

```
bool imagesetpixel(resource $image , int $x , int $y , int $color )
```

说明：imagesetpixel()函数在已经创建的图形$image 上用$color 颜色在($x,$y)坐标上画一个点。起始坐标从左上角开始，坐标为(0,0)，到右下角的坐标为($x_size,$y_size)，其中$x_size 和$y_size 是背景图形的宽和高。例如：

```
<?php
    $image=imagecreate(200,200);                              //创建背景图形
    $background=imagecolorallocate($image,255,255,255);       //背景色设为白色
    $blue=imagecolorallocate($image,0,0,255);                 //定义蓝色
    imagesetpixel($image,100,100,$blue);                      //画一个蓝色的点
    header("Content-type: image/gif");                        //发送头信息
    imagegif($image);                                         //输出图形
    imagedestroy($image);                                     //清除资源
?>
```

（2）画一条线段。

使用 imageline()函数可以画出一条线段，语法格式如下：

```
bool imageline(resource $image , int $x1 , int $y1 , int $x2 , int $y2 , int $color)
```

说明：imageline()函数可以在已经创建的图形$image 上使用$color 颜色画出一条坐标从($x1,$y1)到($x2,$y2)的线段。例 5.3 中的线段正是使用 imageline()函数画出来的。

（3）画一个矩形。

几何学中最重要的图形就是矩形，绘制矩形可以使用 imagerectangle()函数来完成。语法格式如下：

```
bool imagerectangle(resource $image , int $x1 , int $y1 , int $x2 , int $y2 , int $color)
```

说明：imagerectangle()函数在已经创建的图形$image 上使用$color 颜色画出一个矩形，矩形的左上角坐标为($x1,$y1)，右下角坐标为($x2,$y2)。

（4）画一个椭圆。

使用 imageellipse()函数可以画出一个椭圆，语法格式如下：

```
bool imageellipse ( resource $image , int $cx , int $cy , int $w , int $h , int $color )
```

说明：imageellipse()函数在图形$image 上画一个中心坐标为($cx,$cy)的椭圆。$w 和$h 分别指定了椭圆的宽度和高度，椭圆线条的颜色由$color 指定。当椭圆的宽度和高度相等时，画出的将是一个圆。

【例 5.4】 使用 imageellipse()函数画一个椭圆和一个圆。

新建 EX5_4.php 文件，输入以下代码：

```
<?php
    $image=imagecreate(500,300);                          //创建背景图形
    $background=imagecolorallocate($image,255,255,255);   //背景色设为白色
    $red=imagecolorallocate($image,255,0,0);              //定义红色
    imageellipse($image,100,100,200,100,$red);            //画一个椭圆
    imageellipse($image,200,100,200,200,$red);            //画一个圆
    header("Content-type: image/gif");                    //发送头信息
    imagegif($image);                                     //输出图形
    imagedestroy($image);                                 //清除资源
?>
```

运行结果如图 5.6 所示。

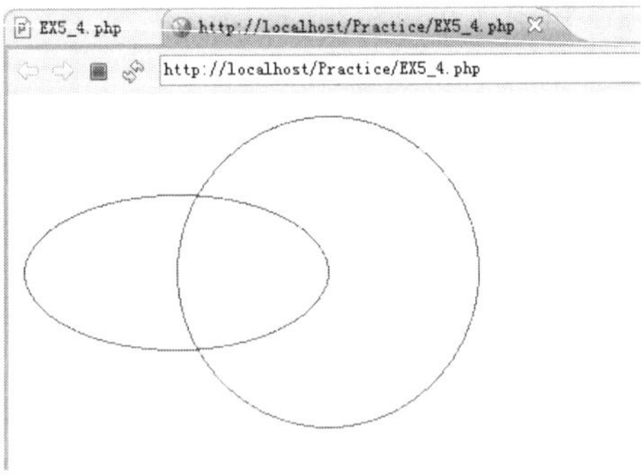

图 5.6　画一个椭圆和一个圆

（5）画一个椭圆弧。

imageellipse()函数用于创建一个完整的椭圆，而如果只要创建一个椭圆弧，可以使用 imagearc()函数。语法格式如下：

```
bool imagearc(resource $image,int $cx, int $cy, int $w, int $h,
int $s, int $e, int $color)
```

说明：imagearc()函数以坐标($cx ,$cy)为中心在图形$image 上画一个椭圆弧。$w 和$h 分别指定了椭圆的宽度和高度，当高度和宽度相等时，画出来的就是圆弧。起始和结束点用$s 和$e 参数以角度指定。0°位于三点钟位置，以顺时针方向绘画。例如：

```
imagearc($image,100,100,150,150,0,180,$color);     //画一个半圆弧
imagearc($image,200,100,150,150,0,360,$color);     //画一个圆
imagearc($image,300,100,200,150,90,180,$color);    //画一个椭圆弧
```

（6）画一个多边形。

使用 imagepolygon()函数可以画出一个多边形，语法格式如下：

```
bool imagepolygon(resource $image, array $points, int $num_points, int $color)
```

说明：imagepolygon()函数在$image 中创建一个多边形。$points 是一个 PHP 数组，包含了多边形的各个顶点坐标，即$points[0]=x0，$points[1]=y0，$points[2]=x1，$points[3]=y1，以此类推。$num_points 是顶点的总数。

【例 5.5】 绘制一个五边形。

新建 EX5_5.php 文件，输入以下代码：

```
<?php
    $image=imagecreate(200,200);                          //创建背景图形
    $background=imagecolorallocate($image,255,255,255);   //背景色设为白色
```

```
        $blue=imagecolorallocate($image,0,0,255);                   //定义蓝色
        $coords=array(100,25,24,80,53,170,147,170,176,80);          //定义坐标数组
        imagepolygon($image,$coords,5,$blue);                       //画出多边形
        header("Content-type: image/gif");
        imagegif($image);
        imagedestroy($image);
    ?>
```

运行结果如图 5.7 所示。

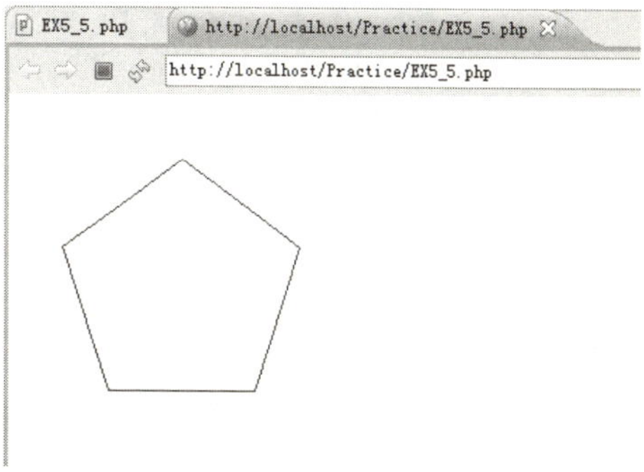

图 5.7　画五边形

2. 输出文本

（1）输出一个字符。

使用 imagechar()函数可以在图形上水平输出一个字符，语法格式如下：

```
bool imagechar(resource $image, int $font, int $x, int $y, string
$c, int $color)
```

说明：函数用颜色$color 将字符$c 画到$image 的($x,$y)坐标处（这是字符串左上角坐标）。如果$c 是一个字符串，则只输出第一个字符。$font 表示字符串的字体，如果值为 1～5 中的一个数，则使用内置字体，值为 5 时字体最大，为 1 时最小。例如：

```
imagechar($image,5,50,50, 'C',$color);
```

imagecharup()函数可以垂直地输出一个字符，用法与 imagechar()函数相同。

（2）输出字符串。

使用 imagestring()函数可以在已经创建的背景图形上输出字符串，语法格式如下：

```
bool imagestring(resource $image, int $font, int $x , int $y, string $s, int $color)
```

说明：函数用颜色$color 将字符串$s 画到$image 的($x,$y)坐标处（这是字符串左上角坐标）。例如：

```
<?php
    $image=imagecreate(100, 30);                                //建立一幅 100×30 的图像
    $bg=imagecolorallocate($image, 255, 255, 255);              //定义白色背景
    $textcolor=imagecolorallocate($image, 0, 0, 255);           //定义蓝色文本
    imagestring($image, 5, 0, 0, "Hello world!", $textcolor);   //把字符串写在图形左上角
    header("Content-type: image/gif");
    imagegif($image);                                           //输出图片
?>
```

使用 imagestringup()函数可以垂直地输出字符串，用法与 imagestring()函数相同。

注意：

imagestring()函数不支持中文显示。

（3）使用指定字体输出字符串。

使用 imagettftext()函数可以在输出字符的同时指定输出字符所使用的字体，并根据参数的不同输出不同角度的字符串，语法格式如下：

```
array imagettftext(resource $image, float $size, float $angle, int $x, int $y, int $color, string $fontfile, string $text)
```

说明：本函数用颜色$color 将字符串$text 输出到$image 图形的($x,$y)坐标上，函数还可以使用$size 参数指定字体的大小，使用$angle 参数指定字体的角度，水平时角度值为 0，沿逆时针变大。使用$fontfile 参数指定想要使用的 TrueType 的字体文件，该文件必须是一个有效的字体文件，否则运行时会产生错误。

【例 5.6】 以不同角度输出字符串，并指定字体。

新建 EX5_6.php 文件，输入以下代码：

```
<?php
    $image=imagecreate(200, 200);                              //创建图形
    $background=imagecolorallocate($image, 255, 255, 255);     //背景色为白色
    $grey=imagecolorallocate($image, 128, 128, 128);           //定义灰色
    $text='Testing...';                                        //初始化字符串
    $font='C:\WINDOWS\Fonts\simhei.ttf';                       //字体文件
    imagettftext($image, 20, 0, 10, 150, $grey, $font, $text);      //水平输出字符串$text
    imagettftext($image, 20, 45, 10,140, $grey, $font, $text);      //以 45°角度输出字符串$text
    header("Content-type: image/gif");
    imagegif($image);                                          //输出图形
    imagedestroy($image);
?>
```

运行结果如图 5.8 所示。

注意：

“simhei.ttf” 是 TrueType 字体的字体文件，在 Windows 平台下，字体文件全部位于 C:\Windows\Fonts 目录中。如果要指定输出字符的字体，就必须在代码中指定字体文件的位置，例如：

```
$font='C:\WINDOWS\Fonts\simhei.ttf';
```

（4）输出中文字符。

中文字符不可以使用 imagettftext()函数在图片中直接输出，如果要输出中文字符，需要先使用 iconv()函数对中文字符进行编码，语法格式如下：

```
string iconv ( string $in_charset, string $out_charset, string $str )
```

说明：参数$in_charset 是中文字符原来的字符集，$out_charset 是编码后的字符集，$str 是需要转换的中文字符串。函数最后返回编码后的字符串。这时使用 imagettftext()函数就可以在图片中输出中文了。例如：

```
<?php
    header("Content-type: image/gif");
    $image=imagecreate(200, 200);                              //创建图形
    $background=imagecolorallocate($image, 255, 255, 255);     //背景色为白色
    $red=imagecolorallocate($image, 0, 255, 0);                //定义绿色
    $text='南京 2014 青奥会';                                   //初始化字符串
    $font='C:\WINDOWS\Fonts\simhei.ttf';                       //字体文件，黑体
    $codetext=iconv("GB2312", "UTF-8", $text);                 //对中文进行编码
    imagettftext($image, 20, 0, 10, 150, $red, $font, $codetext);   //水平输出字符串$codetext
    imagegif($image);                                          //输出图形
    imagedestroy($image);
?>
```

输出效果如图 5.9 所示。

图 5.8 使用指定字体输出字符串

图 5.9 在图片中输出中文

3. 绘制带填充色的几何图形

在实际的绘图过程中，经常需要对图形中的某一区域填充颜色，这样图形才会变得更加美观。在 PHP 中可以使用 imagefill()函数对某一区域进行颜色填充，语法格式如下：

```
bool imagefill(resource $image, int $x, int $y, int $color )
```

说明：函数在$image 图形的坐标($x,$y)处用颜色$color 执行区域填充，即与($x,$y)点颜色相同且相邻的点都会被填充上该颜色。例如：

```
<?php
    $image=imagecreatetruecolor(100,100);
    $red=imagecolorallocate($image,255,0,0);                    //设定红色
    imagefill($image,0,0,$red);                                 //填充红色
    header('Content-type: image/gif');
    imagegif($image);
    imagedestroy($image);
?>
```

上面这段代码最终实现的功能是将整个背景图形的颜色填充为红色。

注意：

创建背景图形时使用了 imagecreatetruecolor()函数，背景图形原来为黑色，使用 imagefill()函数填充为红色。推荐使用 imagecreatetruecolor()函数来创建图形。

使用 imagefill()函数填充颜色时要计算填充点，这是一件很麻烦的事。PHP 可以在画几何图形的时候就将几何图形填充为指定颜色。

（1）画一个矩形并填色。

使用 imagefilledrectangle()函数可以画一个矩形，并使用指定颜色填充该矩形。语法格式如下：

```
bool imagefilledrectangle(resource $image, int $x1, int $y1, int $x2, int $y2, int $color )
```

说明：imagefilledrectangle()函数的功能和参数结构与 imagerectangle()函数类似，不同之处在于，imagerectangle()函数的$color 参数指定的是矩形线条的颜色，imagefilledrectangle()函数的$color 参数指定的是整个矩形区域的颜色。例如：

```
<?php
    $image=imagecreatetruecolor(200,200);
    $white=imagecolorallocate($image,255,255,255);              //定义白色
    $grey=imagecolorallocate($image, 128, 128, 128);            //定义灰色
    imagefill($image,0,0,$white);                               //背景颜色设为白色
    imagefilledrectangle($image,10,10,150,150,$grey);           //画一个矩形，并填充灰色
    header('Content-type: image/gif');
    imagegif($image);                                           //输出图形
    imagedestroy($image);
?>
```

另外，函数 imagefilledpolygon()可以画一个多边形并填充颜色，用法与 imagepolygon()类似。

（2）画一个椭圆并填色。

使用 imagefilledellipse()函数可以在已经创建的图形上画一个椭圆，并使用指定颜色进行填充。语法格式如下：

```
bool imagefilledellipse(resource $image, int $cx, int $cy, int $w, int $h, int $color)
```

说明：imagefilledellipse()函数的功能与参数结构与 imageellipse()函数类似，只不过 imagefilledellipse()函数画的椭圆的区域是使用颜色$color 填充的。

（3）画一个椭圆弧并填色。

函数 imagefilledarc()可以画一个椭圆弧并填充颜色，语法格式如下：

```
bool imagefilledarc(resource $image, int $cx, int $cy, int $w, int $h, int $s, int $e, int $color, int $style)
```

说明： 在$image 中以坐标($cx,$cy)为中心画一个椭圆弧。如果成功则返回 TRUE，失败则返回 FALSE。$w 和$h 分别指定了椭圆的宽和高，$s 和$e 参数以角度指定了起始和结束点。$style 指定了椭圆弧画出来的效果，值可以是以下几个：IMG_ARC_PIE（产生圆形边界）、IMG_ARC_CHORD（用直线连接起始和结束点）、IMG_ARC_NOFILL（指明弧或弦只有轮廓，不填充）和 IMG_ARC_EDGED（用直线将起始和结束点与中心点相连）。$style 的值可以一起使用，不过当 IMG_ARC_PIE 和 IMG_ARC_CHORD 一起使用时，只有 IMG_ARC_CHORD 将起作用。IMG_ARC_EDGED 和 IMG_ARC_NOFILL 一起使用是画饼状图轮廓的好方法。

【例 5.7】 通过一个圆盘图，显示某人某月的生活支出分布情况。

新建 EX5_7_Hpage.php 文件，输入以下代码：

```
<!DOCTYPE html>
<html>
<head>
    <title>生活费用统计</title>
    <style type="text/css">
    table{
        width:230px;
        height:210px;
        margin:0 auto;
    }
    div{
        font-family:"黑体";
        font-size:18px;
        color:#0000FF;
    }
    td{
        text-align:center;
        background:#CCCCCC;
    }
    </style>
</head>
<body>
<form name="fr" method="post" action="EX5_7_Ppage.php">
    <table border=1>
        <tr>
            <td colspan="2"><div>每月生活费用支出表</div></td>
        </tr>
        <tr>
            <td width="60">伙食</td>
            <td width="180"><input type="text" name="array[]">元</td>
        </tr>
        <tr>
            <td>住房</td>
            <td><input type="text" name="array[]">元</td>
        </tr>
        <tr>
            <td>交通</td>
            <td><input type="text" name="array[]">元</td>
        </tr>
        <tr>
```

```
            <td>通信</td>
            <td><input type="text" name="array[]">元</td>
        </tr>
        <tr>
            <td>其他</td>
            <td><input type="text" name="array[]">元</td>
        </tr>
        <tr>
            <td height="23" colspan="2">
                <input type="submit" name="Submit" value="提交">
            </td>
        </tr>
    </table>
</form>
</body>
</html>
```

新建 EX5_7_Ppage.php，输入以下代码：

```
<?php
    $array=$_POST['array'];                                    //接收所有的值并存入数组$array 中
    $options=array('伙食','住房','交通','通信','其他');          //定义存放选项的数组$options
    $image=imagecreatetruecolor(400,400);
    imagefill($image,0,0, imagecolorallocate($image,255,255,255));    //背景颜色设为白色
    $black=imagecolorallocate($image,0,0,0);
    $x=200;$y=200;                                             //圆心的坐标
    $w=360;$h=360;                                             //圆的宽和高，即半径为 180
    $i=0;                                                      //存放初始角度为 0，在 3 点钟位置
    $sum=0;                                                    //存放总数据量
    $temp=0;
    $font="C:/Windows/Fonts/simfang.ttf";                      //字体文件，仿宋体
    foreach($array as $value)
    {
        $sum=$sum+$value;                                      //计算总数据量
    }
    for($k=0;$k<count($array);$k++)                            //遍历数组$array
    {
        $temp=$temp+$array[$k];                                //中间数据
        //圆盘中的每条分界线所在的角度赋到数组$points 中
        $points[$k]=($temp/$sum)*360;
        $percent[$k]=number_format(($array[$k]/$sum)*100,1);   //计算每组数据占总数据的百分比
        if($k==0)
        {
            //如果是数组$array 的第一组数据
            $startdegrees=$i;                                  //起始角度设为 0
            $enddegrees=$points[$k];                           //终点角度为第一条分界线所在角度
        }
        else
        {
            //如果不是数组$array 的第一组数据
            $startdegrees=$points[$k-1];                       //起始角度为前一条分界线的角度
            $enddegrees=$points[$k];                           //终点角度为下一条分界线的角度
        }
        $midpoints=$startdegrees+($enddegrees-$startdegrees)/2;    //计算画出的扇形中心线所在角度
```

```
        $radian=$midpoints*pi()/180;                                   //将角度转化为弧度
        //随机产生颜色
        $color=imagecolorallocate($image,rand(0,255),rand(0,255),rand(0,255));
        //使用随机颜色画圆弧
        imagefilledarc($image, $x, $y, $w, $h, $i, $points[$k], $color, IMG_ARC_PIE);
        //对要在圆盘中输入的中文进行编码
        $codetext=iconv("GB2312","UTF-8",$options[$k].$percent[$k]."%");
        if($midpoints>=90&&$midpoints<=270)
        {
            //如果中心线处于左半圆则从中心线 3/4 处的点开始输入
            $mid_x=(cos($radian)*$w/2)*3/4+$x;
            $mid_y=(sin($radian)*$h/2)*3/4+$y;
            $angle=180-$midpoints;                                     //文字的偏斜角度
        }
        else
        {
            //如果中心线处于右半圆则从中心线 1/2 处的点开始输入
            $mid_x=(cos($radian)*$w/2)/2+$x;
            $mid_y=(sin($radian)*$h/2)/2+$y;
            $angle=360-$midpoints;
        }
        //在圆盘的扇形中以角度$angle 输入$codetext 中的内容
        imagettftext($image, 12, $angle,$mid_x,$mid_y, $black, $font, $codetext);
        $i=$points[$k];                                                //重新定义起始角度
    }
    $file="../good/image/EX5_7.gif";                                   //定义一个文件名
    imagegif($image,$file);                                            //将图像保存为 EX5_7.gif 文件
    echo "<font face='黑体' size='5' color='blue'>生活费用百分比分布图：</font><br/>";
    echo "<img src=$file>";                                            //输出图片
    imagedestroy($image);
?>
```

运行 EX5_7_Hpage.php 文件，在页面的表格中依次输入一组数据，如图 5.10 所示。单击【提交】按钮，结果如图 5.11 所示。

图 5.10　输入生活费用支出

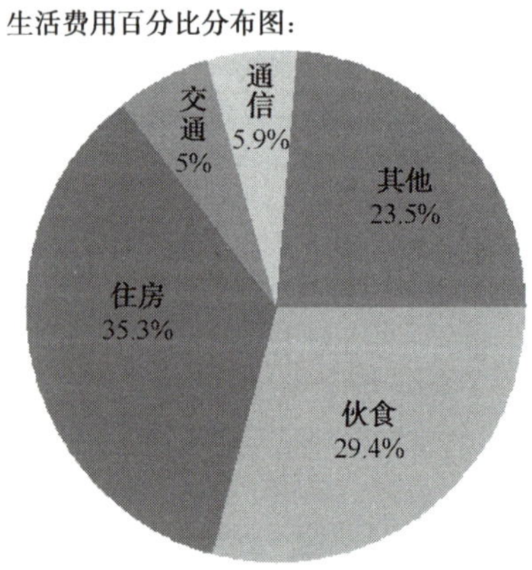

图 5.11　圆盘图

说明：在实际的绘图过程中，经常将绘图的代码写进类中，在画图时调用就可以实现动态地创建图像了。类和面向对象的内容将在第 6 章中介绍。

注意：

程序中用到了多个数学函数，如 number_format()、pi()、cos()、sin()。pi()函数的作用是返回圆周率的值，cos()函数和 sin()函数的作用是返回一个弧度的余弦值和正弦值。number_format()函数的作用是格式化一个浮点数，语法格式如下：

```
string number_format(float $number [, int $decimals [, string $dec_point [, string $thousands_sep]]])
```

参数$number 是要格式化的浮点数；参数$decimals 指定返回的小数的位数，若省略则只返回整数部分；$dec_point 表示小数点的表示方式，默认值是“.”；参数$thousands_sep 为整数部份每三位的分隔符号，默认值是“,”。例如，要取得只有一个小数的浮点数，可以使用以下一句代码：

```
$return=number_format($float,1);
```

5.2.4　图形的处理

1. 颜色处理

（1）指定颜色填充。

使用 imagefilltoborder()函数可以为指定点进行颜色填充，如果遇到指定颜色的边界时，则停止填充。语法格式如下：

```
bool imagefilltoborder(resource $image, int $x, int $y, int $border, int $color)
```

说明：该函数从坐标($x, $y)开始用$color 颜色执行区域填充，直到碰到颜色为$border 的边界为止。边界内的所有颜色都会被填充。例如：

```
<?php
$image=imagecreatetruecolor(300,300);
$white=imagecolorallocate($image,255,255,255);              //定义白色
$grey=imagecolorallocate($image,128,128,128);               //定义灰色
$red=imagecolorallocate($image,255,0,0);                    //定义红色
$black=imagecolorallocate($image,0,0,0);                    //定义黑色
imagefill($image,0,0,$white);                               //背景颜色设为白色
imagerectangle($image,10,10,250,250,$grey);                 //画一个矩形，线条为灰色
imageellipse($image,100,100,50,60,$red);                    //画一个椭圆，线条为红色
imagefilltoborder($image,80,80,$red,$black);                //用黑色填充，碰到边界为红色时停止
header('Content-type: image/gif');
imagegif($image);                                           //输出图形
imagedestroy($image);
?>
```

说明：如果指定的边界色和该点颜色相同，则没有填充。如果图像中没有该边界色，则整幅图像都会被填充。

（2）定义透明色。

使用 imagecolorallocatealpha()函数也可以为指定的图形分配颜色，还可以设置颜色的透明度。语法格式如下：

```
int imagecolorallocatealpha ( resource $image , int $red , int $green , int $blue , int $alpha )
```

说明：imagecolorallocatealpha()函数比 imagecolorallocate()函数多了一个参数$alpha，这个参数就用于设置颜色的透明度，其值从 0 到 127。0 表示完全不透明，127 表示完全透明。

例如：

```
<?php
$image=imagecreatetruecolor(200,200);
imagefill($image,0,0,imagecolorallocate($image,255,255,255));
```

```
$red=imagecolorallocatealpha($image,255,0,0,60);           //红色，透明度为 60
$blue=imagecolorallocatealpha($image,0,0,255,60);          //蓝色，透明度为 60
imagefilledellipse($image,50,50,100,100,$red);             //画红色圆
imagefilledellipse($image,70,70,100,100,$blue);            //画蓝色圆
header('Content-type: image/gif');
imagegif($image);
imagedestroy($image);
?>
```

2. 复制图片的一部分

使用 imagecopy()函数能够复制图片的一部分到另一个图片中，语法格式如下：

```
bool imagecopy(resource $dst_im, resource $src_im, int $dst_x, int $dst_y, int $src_x, int $src_y, int $src_w, int $src_h )
```

说明：将$src_im 中坐标从($src_x, $src_y)开始，宽度为$src_w、高度为$src_h 的一部分复制到$dst_im 中坐标为($dst_x, $dst_y)的位置上。

【例 5.8】 复制图片的一部分到另一张图片中（图片位于工作目录中的 image 目录下）。

新建 EX5_8.php 文件，输入以下代码：

```
<?php
    header("Content-type: image/jpeg");                          //发送头信息
    $image1=imagecreatefromjpeg("../good/image/EX5_8_n1.jpg");   //根据已经存在的图片创建图形
    $image2=imagecreatefromjpeg("../good/image/EX5_8_n2.jpg");
    imagecopy($image1,$image2,50,5,50,0,160,160);                //复制图片的一部分
    imagejpeg($image1);                                          //输出图形$image1
    imagedestroy($image1);
    imagededtroy($image2);
?>
```

运行结果如图 5.12 所示。

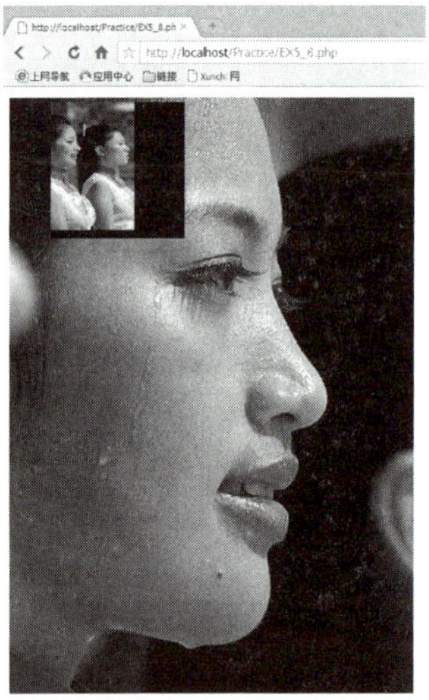

图 5.12 复制图片的一部分

3. 复制图片并调整大小

使用 imagecopyresized()函数也可以实现 imagecopy()函数的功能，并可以对复制的图片大小进行调整。语法格式如下：

```
bool imagecopyresized(resource $dst_image, resource $src_image, int $dst_x,
int $dst_y, int $src_x, int $src_y, int $dst_w, int $dst_h, int $src_w, int $src_h )
```

说明：imagecopyresized()函数比 imagecopy()函数多了两个参数：$dst_w 和$dst_h，这两个参数表示将复制的图片宽度和高度分别调整为$dst_w 和$dst_h，即实现了图片的缩放功能。例如：

```
imagecopyresized($image1,$image2,50,5,50,0,50,50,160,160);          //复制图
片的一部分并调整大小
```

以上这句代码将从$image2 复制的一部分从宽 160、高 160 缩小为宽 50、高 50 之后再复制到$image1 中。

【例 5.9】 上传图片，并用缩略图显示。

新建 EX5_9.php 文件，输入以下代码：

```
<!DOCTYPE html>
<!-- HTML5 表单 -->
<form method="post" action="" enctype="multipart/form-data">
    <h2>文件上传</h2>
    <input type="file" name="picture"><br/>
    <input type="submit" name="submit" value="提交">
</form>
<!--PHP 代码部分-->
```

```
<?php
    if(isset($_POST['submit']))
    {
        $filename=$_FILES['picture']['name'];                    //获取上传文件的名称
        $type=$_FILES['picture']['type'];                        //获取上传文件的类型
        $upfile="../good/image/EX5_9.jpg";                       //上传后文件所在的路径和文件名
        $small_upfile="../good/image/EX5_9_small.jpg";           //上传后缩略图所在的路径和文件名
        if(!$filename)                                           //判断文件是否存在
        {
            echo "<script>alert('文件不存在！') </script>";
        }
        else if($type!='image/pjpeg')                            //判断文件是否为 JPEG 格式
        {
            echo "<script>alert('文件格式不正确！') </script>";
        }
        else
        {
            //复制上传文件并将文件保存为$upfile
            move_uploaded_file($_FILES['picture']['tmp_name'],$upfile);
            $dst_w=150;                                          //设定缩略图的宽
            $dst_h=150;                                          //设定缩略图的高
            $src_image=imagecreatefromjpeg($upfile);             //读取上传后的文件并创建图像
            $src_w=imagesx($src_image);                          //获得图像的宽
            $src_h=imagesy($src_image);                          //获得图像的高
            $dst_image=imagecreatetruecolor($dst_w,$dst_h);      //创建新图像
            //将图像$src_image 重新定义大小并写入新的图像$dst_image 中
            imagecopyresized($dst_image,$src_image,0,0,0,0,$dst_w,$dst_h,$src_w,$src_h);
            imagejpeg($dst_image,$small_upfile);                 //将新图像保存为$small_upfile
            echo "文件上传成功，缩略图如下：<br/>";
            echo "<img src=$small_upfile>";                      //显示图像
            imagedestroy($src_image);
            imagedestroy($dst_image);
        }
    }
?>
```

运行 EX5_9.php 文件，选择一幅 JPEG 图片，单击【提交】按钮，结果如图 5.13 所示。

图 5.13 生成图片缩略图

说明：代码中的 imagesx()和 imagesy()函数的作用是获取一个图像的宽度和高度，它们的参数是已经创建的图像句柄，这两个函数在实际应用十分有用。

4. 旋转图像

使用 imagerotate()函数可以将图像旋转给定角度，语法格式如下：

```
resource imagerotate(resource $src_im, float $angle, int $bgd_color
[, int $ignore_transparent ] )
```

说明：参数$src_im 是给定的图像，$angle 是指定的旋转角度，$bgd_color 指定了旋转后没有覆盖到的部分的颜色。旋转的中心是图像的中心，旋转后的图像会按比例缩小以适合目标图像的大小，边缘不会被剪去。可选参数$ignore_transparent 是 PHP 5.1.0 新增加的，若被设为非零值，则透明色会被忽略（否则会被保留）。例如，将图像旋转 45° 后显示：

```
<?php
$filename='../good/image/EX5_8_n1.jpg';                    //指定一张图片
$degrees=45;                                               //旋转的角度
header('Content-type: image/jpeg');
$image=imagecreatefromjpeg($filename);                     //根据已有图片创建图形
$rotate=imagerotate($image, $degrees, 0,0);                //旋转图片
imagejpeg($rotate);
imagedestroy($image);
?>
```

说明：旋转时将参数$bgd_color 设为 0 表示旋转后没有覆盖到的部分用黑色填充。

5.2.5 其他的图形函数

1. 取得图形信息

之前介绍的 imagesx()和 imagesy()函数可以获取图形的宽和高，这里介绍的 getimagesize()函数可以获取指定图形的尺寸、宽度、高度和类型等信息。该函数将这些信息以数组的形式返回，如果图片指定的图形不是有效的文件，则返回 FALSE。例如：

```
<?php
$image="../good/image/EX5_7.gif";
$message=getimagesize($image);
print_r($message);
/*输出结果：
Array ( [0] => 400 [1] => 400 [2] => 1 [3] => width="400" height="400"
        [bits] => 8 [channels] => 3 [mime] => image/gif )
*/
?>
```

说明：键名为 0 的键值表示图形文件宽的像素值；键名为 1 的键值表示图形文件高的像素值；键名为 2 的键值表示图形类型的标记，其中 1 为 GIF，2 为 JPG，3 为 PNG，4 为 SWF，5 为 PSD，6 为 BMP 等；键名为 3 的键值是一个字符串，width 表示图形宽度，height 表示图形高度；键名为 bits 的键值表示图形颜色的位数；键名为 channels 的键值 3 表示图形是 RGB 图形；键名为 mime 的键值表示图形的类型信息。

2. 设定画线

使用 imagesetthickness()函数可以设置画几何图形时画线的宽度，语法格式如下：

```
bool imagesetthickness(resource $image , int $thickness)
```

说明：该函数将画线宽度设为$thickness 个像素，例如：

```
<?php
$image=imagecreatetruecolor(400,400);
imagefill($image,0,0,imagecolorallocate($image,255,255,255));
$black= imagecolorallocate($image,0,0,0);
imagesetthickness($image,5);
imageline($image,0,200,300,0,$black);
header("Content-type: image/gif");
imagegif($image);
imagedestroy($image);
?>
```

5.2.6 实例——自动生成验证码

【例 5.10】 在制作一个用户留言页面时需要进行验证，本例自动生成验证码图片，用户输入验

证码图片中的字符，系统进行验证。

新建 EX5_10_image.php 文件，用于输入验证码图片中的字符，系统进行验证。输入以下代码：

```
<?php
    session_start();                                            //启动 session
    header('Content-type: image/gif');                          //输出头信息
    $image_w=100;                                               //验证码图形的宽
    $image_h=25;                                                //验证码图形的高
    $number=range(0,9);                                         //定义一个成员为数字的数组
    $character=range("Z","A");                                  //定义一个成员为大写字母的数组
    $result=array_merge($number,$character);                    //合并两个数组
    $string="";                                                 //初始化
    $len=count($result);                                        //新数组的长
    for($i=0;$i<4;$i++)
    {
        $new_number[$i]=$result[rand(0,$len-1)];                //在$result 数组中随机取出 4 个字符
        $string=$string.$new_number[$i];                        //生成验证码字符串
    }
    $_SESSION['string']=$string;                                //使用$_SESSION 变量传值
    $check_image=imagecreatetruecolor($image_w,$image_h);       //创建图片对象
    $white=imagecolorallocate($check_image, 255, 255, 255);
    $black=imagecolorallocate($check_image, 0, 0, 0);
    imagefill($check_image,0,0,$white);                         //设置背景颜色为白色
    for($i=0;$i<100;$i++)                                       //加入 100 个干扰的黑点
    {
        imagesetpixel($check_image, rand(0,$image_w), rand(0,$image_h),$black);
    }
    for($i=0;$i<count($new_number);$i++)                        //在背景图片中循环输出 4 位验证码
    {
        $x=mt_rand(1,8)+$image_w*$i/4;                          //设定字符所在位置 X 坐标
        $y=mt_rand(1,$image_h/4);                               //设定字符所在位置 Y 坐标
        //随机设定字符颜色
        $color=imagecolorallocate($check_image,mt_rand(0,200),mt_rand(0,200),mt_rand(0,200));
        //输入字符到图片中
        imagestring($check_image,5,$x,$y,$new_number[$i],$color);
    }
    imagepng($check_image);
    imagedestroy($check_image);
?>
```

新建 EX5_10.php 文件，输入以下代码：

```
<!DOCTYPE html>
<html>
<head>
    <title>留言页面</title>
</head>
<body>
<form method="post" action="">
    验证码：<input type="text" size="10" name="check">
    <img src="EX5_10_image.php">
    <input type="submit" name="ok" value="提交">
</form>
</body>
</html>
```

```
<?php
    session_start();                          //启动 session
    if(isset($_POST['ok']))
    {
        $checkstr=$_SESSION['string'];        //使用$_SESSION 变量获取 EX5_10_image.php 页面上的验证码
        $str=$_POST['check'];                 //用户输入的字符串
        if(strcasecmp($str,$checkstr)==0)     //不区分大小写进行比较
            echo "<script>alert('验证码输入正确！');</script>";
        else
            echo "<script>alert('输入错误！');</script>";
    }
?>
```

运行结果如图 5.14 所示。

图 5.14　提交验证码

说明：验证码一般用于防止恶意用户通过识别技术等工具进行密码破获等行为，所以在实际编程中一般都将验证码保存在 session（会话）中。本例中使用 session_start()函数启用了会话，使用$_SESSION 预定义变量来保存产生的随机验证码$string，有关会话的内容将在第 7 章介绍，$_SESSION 变量的用法可以参见第 7 章。

5.3　日期和时间

在操作数据库时，经常需要处理一些日期和时间类型的数据。PHP 提供了一系列函数来处理这些数据。

5.3.1　UNIX 时间戳

在了解日期和时间类型的数据时需要了解 UNIX 时间戳的意义。在当前大多数的 UNIX 系统中，保存当前日期和时间的方法是：保存格林尼治标准时间从 1970 年 1 月 1 日零点起到当前时刻的秒数，以 32 为整列表示。1970 年 1 月 1 日零点也称为 UNIX 纪元。在 Windows 系统下也可以使用 UNIX 时间戳，简称为时间戳，但如果时间是在 1970 年以前或 2038 年以后，处理的时候可能会出现问题。

PHP 在处理有些数据，特别是对数据库中时间类型的数据进行格式化时，经常需要先将时间类型的数据转化为 UNIX 时间戳再进行处理。另外，不同的数据库系统对时间类型的数据不能兼容转换，这时就需要将时间转化为 UNIX 时间戳，再对时间戳进行操作，这样就实现了不同数据库系统的跨平台性。

5.3.2 时间转化为时间戳

如果要将用字符串表达的日期和时间转化为时间戳的形式，可以使用 strtotime()函数。语法格式如下：

```
int strtotime(string $time [, int $now ])
```

说明：$time 是包含英语日期格式的字符串，$time 值如果有毫秒数将被忽略。其值相对于$now 参数给出的时间，如果没有给出则默认使用系统当前时间。例如：

```
<?php
    echo strtotime('2014-08-16').'<br/>';              //输出 1408147200
    echo strtotime('2014-08-16 10:24:30').'<br/>';     //输出 1408184670
    echo strtotime("10 September 2014");               //输出 1410307200
?>
```

注意：

如果给定的年份是两位数字的格式，则年份值 0 ~ 69 表示 2000 ~ 2069，70 ~ 100 表示 1970 ~ 2000。

另一个取得日期的 UNIX 时间戳的函数是 mktime()函数，语法格式如下：

```
int mktime([int $hour [, int $minute [, int $second [, int $month [, int $day [, int $year]]]]]])
```

说明：$hour 表示小时数，$minute 表示分钟数，$second 表示秒数，$month 表示月份，$day 表示天数，$year 表示年份，$year 的合法范围是 1901～2038 之间，不过此限制自 PHP 5.1.0 起已被克服了。如果所有的参数都为空，则默认为当前时间。例如：

```
<?php
    echo $timenum1=mktime(0,0,0,8,16,2014).'<br/>';    //输出 1408147200
    echo $timenum2=mktime(10,24,30,8,16,2014);         //输出 1408184670
?>
```

注意：

在使用此函数的参数时，参数的顺序一定要正确，时间参数$hour、$minute、$second 不能遗漏，否则会得到错误的结果。

5.3.3 获取日期和时间

1. date()函数

PHP 中最常用的日期和时间函数就是 date()函数，该函数的作用是将时间戳按照给定的格式转化为具体的日期和时间字符串，语法格式如下：

```
string date(string $format [, int $timestamp ])
```

说明：$format 指定了转化后的日期和时间的格式，$timestamp 是需要转化的时间戳，如果省略则使用本地当前时间，即默认值为 time()函数的值。time()函数返回当前时间的时间戳，例如：

```
echo time();                        //输出当前时间的时间戳
```

date 函数的$format 参数的取值如表 5.2 所示。

表 5.2 date()函数支持的格式代码

字 符	说 明	返回值例子
d	月份中的第几天，有前导零的 2 位数字	01～31
D	星期中的第几天，用 3 个字母表示	Mon 到 Sun

续表

字　符	说　　明	返回值例子
j	月份中的第几天，没有前导零	1～31
l	星期几，完整的文本格式	Sunday～Saturday
N	ISO 8601 格式数字表示的星期中的第几天（PHP 5.1.0 新增）	1（星期一）～7（星期天）
S	每月天数后面的英文后缀，用 2 个字符表示	st、nd、rd 或 th，可以和 j 一起用
w	星期中的第几天，数字表示	0（星期天）～6（星期六）
z	年份中的第几天	0～365
W	ISO 8601 格式年份中的第几周，每周从星期一开始	例如，42（当年的第 42 周）
F	月份，完整的文本格式，如 January 或 March	January～December
m	数字表示的月份，有前导零	01～12
M	3 个字母缩写表示的月份	Jan～Dec
n	数字表示的月份，没有前导零	1～12
t	给定月份所应有的天数	28～31
L	是否为闰年	如果是闰年为 1，否则为 0
o	ISO 8601 格式年份数字。这和 Y 的值相同，只是如果 ISO 的星期数（W）属于前一年或下一年，则用那一年（PHP 5.1.0 新增）	例如，1999 或 2003
Y	4 位数字完整表示的年份	例如，1999 或 2003
y	2 位数字表示的年份	例如，99 或 03
a	小写的上午和下午值	am 或 pm
A	大写的上午和下午值	AM 或 PM
B	Swatch Internet 标准时	000～999
g	小时，12 小时格式，没有前导零	1～12
G	小时，24 小时格式，没有前导零	0～23
h	小时，12 小时格式，有前导零	01～12
H	小时，24 小时格式，有前导零	00～23
i	有前导零的分钟数	00～59
s	秒数，有前导零	00～59
u	毫秒（PHP 5.2.2 新增）。需要注意的是 date()函数总是返回 000000 因为它只接受 integer 参数， 而 DateTime::format() 才支持毫秒	654 321
e	时区标志（PHP 5.1.0 新增）	例如，UTC，GMT，Atlantic/Azores
I	是否为夏令时	如果是夏令时为 1，否则为 0
O	与格林尼治时间相差的小时数	例如，+0200
P	与格林尼治时间（GMT）的差别，小时和分钟之间用冒号分隔（PHP 5.1.3 新增）	例如，+02:00
T	本机所在的时区	例如，EST，MDT（在 Windows 下为完整文本格式，如"Eastern Standard Time"，中文版会显示"中国标准时间"）
Z	时区偏移量的秒数。UTC 西边的时区偏移量总是负的，UTC 东边的时区偏移量总是正的	–43 200～43 200

续表

字　符	说　　明	返回值例子
c	ISO 8601 格式的日期（PHP 5 新增）	2004-02-12T15:19:21+00:00
r	RFC 822 格式的日期	Thu, 21 Dec 2000 16:01:07 +0200
U	从 UNIX 纪元开始至今的秒数	参见 time()函数

例如：

```
<?php
    echo date('jS-F-Y').'<br/>';                      //输出 12th-May-2014
    echo date('Y-m-d').'<br/>';                       //输出 2014-05-12
    echo date('l M ',strtotime('2014-08-16')).'<br/>'; //输出 Saturday Aug
    echo date("l",mktime(0,0,0,7,1,2000)).'<br/>';    //输出 Saturday
    echo date('U');                                   //输出当前时间的时间戳
?>
```

2. getdate()函数

使用 getdate()函数也可以获取日期和时间信息，语法格式如下：

```
array getdate([ int $timestamp ])
```

说明：$timestamp 是要转化的时间戳，如果不给出则使用当前时间。函数根据$timestamp 返回一个包含日期和时间信息的数组，数组的键名和值如表 5.3 所示。

表 5.3　getdate()函数返回的数组中的键名和值

键　　名	说　　明	值 的 例 子
seconds	秒的数字表示	0～59
minutes	分钟的数字表示	0～59
hours	小时的数字表示	0～23
mday	月份中第几天的数字表示	1～31
wday	星期中第几天的数字表示	0（表示星期天）～6（表示星期六）
mon	月份的数字表示	1～12
year	4 位数字表示的完整年份	例如，1999 或 2003
yday	一年中第几天的数字表示	0～365
weekday	星期几的完整文本表示	Sunday～Saturday
month	月份的完整文本表示	January～December
0	自 UNIX 纪元开始至今的秒数	系统相关，典型值从–2 147 483 648～2 147 483 647

例如：

```
<?php
$array1=getdate();
$array2=getdate(strtotime('2014-08-16'));
print_r($array1);
/*输出
Array ( [seconds] => 6 [minutes] => 29 [hours] => 3 [mday] => 12
    [wday] => 1 [mon] => 5 [year] => 2014 [yday] => 131
    [weekday] => Monday [month] => May [0] => 1399865346 )
*/
print_r($array2);
/*输出
```

```
Array ( [seconds] => 0 [minutes] => 0 [hours] => 0 [mday] => 16
      [wday] => 6 [mon] => 8 [year] => 2014 [yday] => 227
      [weekday] => Saturday [month] => August [0] => 1408147200 )
*/
?>
```

5.3.4 其他日期和时间函数

1. 日期和时间的计算

由于时间戳是 32 位整型数据，所以通过对时间戳进行加减法运算可计算两个时间的差值。例如：

```
<?php
    $oldtime=mktime(0,0,0,5,12,2014);
    $newtime=mktime(0,0,0,8,16,2014);
    $days=($newtime-$oldtime)/(24*3600);          //计算两个时间相差的天数
    echo $days;                                    //输出 96
?>
```

2. 检查日期

checkdate()函数可以用于检查一个日期数据是否有效，语法格式如下：

```
bool checkdate( int $month , int $day , int $year)
```

说明：$year 的值是从 1 到 32767，$month 的值从 1 到 12，$day 的值在给定的$month 值所具有的天数范围内，其中闰年的情况也考虑在内。当给定的日期是有效的日期时，函数返回 TRUE，否则返回 FALSE。

例如：

```
<?php
var_dump(checkdate(12,31,2000));               //输出 boolean true

var_dump(checkdate(2,29,2001));                //输出 boolean false
?>
```

3. 设置时区

系统默认的是格林尼治标准时间，所以显示当前时间时可能与本地时间会有差别。PHP 提供了可以修改时区的函数 date_default_timezone_set()，语法格式如下：

```
bool date_default_timezone_set (string $timezone_identifier)
```

参数$timezone_identifier 为要指定的时区，中国大陆可用的值是 Asia/Chongqing，Asia/Shanghai，Asia/Urumqi（依次为重庆，上海，乌鲁木齐）。北京时间可以使用 PRC。例如：

```
<?php
date_default_timezone_set('PRC');              //时区设置为北京时间
echo date("h:i:s",time());                     //输出当前时间
?>
```

另外，还可以通过修改 PHP 配置文件的方法来修改默认时区：打开 php.ini，找到 date.timezone 选项，将选项前面的分号“;”去掉，将选项的值设为要设置的默认时区的时区标志符，如 Asia/Chongqing、PRC 等。保存后重启 Apache，系统默认的时区就设置完了。

5.3.5 实例——生成日历

【例 5.11】 输出某个月的日历，要求年份和月份可以进行选择。

新建 EX5_11.php 文件，输入以下代码：

```
<?php
    $year=@$_GET['year'];                                   //获得地址栏的年份
    $month=@$_GET['month'];                                 //获得地址栏的月份
    if(empty($year))
        $year=date("Y");                                    //初始化为本年度的年份
    if(empty($month))
        $month=date("n");                                   //初始化为本月的月份
    $day=date("j");                                         //获取当天的天数
    $wd_ar=array("日","一","二","三","四","五","六");          //星期数组
    $wd=date("w",mktime(0,0,0,$month,1,$year));             //计算当月第一天是星期几
    //年链接
    $y_lnk1=$year<=1970?$year=1970:$year-1;                 //上一年
    $y_lnk2=$year>=2037?$year=2037:$year+1;                 //下一年
    //月链接
    $m_lnk1=$month<=1?$month=1:$month-1;                    //上个月
    $m_lnk2=$month>=12?$month=12:$month+1;                  //下个月
    echo "<table cellpadding=6 cellspacing=0 width=200 bgcolor=#eeeeee><tr align=center bgcolor=#cccccc>";
    //输出年份，单击“<”链接跳到上一年，单击“>”链接跳到下一年
    echo "<td colspan=4><a href='EX5_11.php?year=$y_lnk1&month=$month'>
            <</a>".$year."年<a href='EX5_11.php?year=$y_lnk2&month=$month'>></a></td>";
    //输出月份，单击“<”链接跳到上个月，单击“>”链接跳到下个月
    echo "<td colspan=3><a href='EX5_11.php?year=$year&month=$m_lnk1'>
            <</a>".$month."月<a href='EX5_11.php?year=$year&month=$m_lnk2'>></a></td></tr>";
    echo "<tr align=center>";
    for($i=0;$i<7;$i++)
    {
        echo "<td>$wd_ar[$i]</td> ";                        //输出星期数组
    }
    echo "</tr>";
    $tnum=$wd+date("t",mktime(0,0,0,$month,1,$year));       //计算星期几加上当月的天数
    for($i=0;$i<$tnum;$i++)
    {
        $date=$i+1-$wd;                                     //计算日数在表格中的位置
        if($i%7==0)   echo "<tr align=center>";             //一行的开始
        echo "<td>";
        if($i>=$wd)
        {
            if($date==$day&&$month==date("n"))              //如果是当月的当天则将天数加黑
                echo "<b>".$day."</b>";
            else
                echo $date;                                 //输出日数
        }
        echo "</td> ";
        if($i%7==6)
            echo "</tr> ";                                  //一行结束
    }
    echo "</table>";
?>
```

运行结果如图 5.15 所示。

图 5.15 显示日历

说明：代码中在使用超链接时，超链接的地址中包含了年份和月份信息，例如，代码中的一句：

```
<a href='EX5_11.php?year=$y_lnk1&month=$month'> < </a>
```

这句中的 URL 形式为"url?参数 1=值 1&参数 2=值 2"，当单击超链接时，将跳转到该 URL 页面，在该页面使用"$_GET['参数']"就可以获得 URL 中参数的值。

习 题 5

1．操作文件的一般步骤有哪些？如何读取指定长度的文件内容？
2．如何创建一个文件？如何向文件中写入指定内容？
3．在实现文件上传和下载时需要注意哪些方面？
4．绘制直线、椭圆、点分别使用哪几个图形处理函数？
5．如何在浏览器上显示已经绘制的图形？
6．如何在图形上输出中文字符？
7．将当前日期以 xxxx-xx-xx 的格式输出。
8．如何判断一个日期是否有效？

第 6 章

PHP 面向对象程序设计

PHP 从 PHP 4 就引进了面向对象的程序设计（Object Oriented Programming），但其语言模型并不完善，析构函数、抽象类（接口）、异常处理等基本元素类的缺乏，极大地限制了利用 PHP 来完成大规模应用程序的能力。而到了 PHP 5，PHP 的语法设计得到了改进，终于使得 PHP 成为了设计完备、真正具有面向对象能力的脚本语言，本章就来具体介绍 PHP 的面向对象程序设计。

6.1 基本概念

在传统的结构化程序设计方法中，数据和处理数据的程序是分离的。当对某段程序进行修改或删除时，整个程序中所有与其相关的部分都要进行相应的修改，从而使程序代码的维护比较困难。为了避免这种情况的发生，PHP 引进了面向对象的设计方法，它将数据及处理数据的相应函数“封装”到一个“类（class）”中，类的实例称为“对象”。在一个对象内，只有属于该对象的函数才可以存取该对象的数据。这样，其他函数就不会无意中破坏它的内容，从而达到保护和隐藏数据的效果。

面向对象的程序设计有三个主要特征：封装、继承和多态。

1. 封装

封装是将数据和代码捆绑到一起，避免外界的干扰和不确定性。在 PHP 中，封装是通过类来实现的。类是抽象数据类型的实现，一个类的所有对象都具有相同的数据结构，并且共享相同的实现操作的代码，而各个对象又有着各自不同的状态，即私有的存储。因此，类是所有对象的共同的行为和不同状态的结合体。

由一个特定的类所创建的对象称为这个类的实例，因此类是对象的抽象及描述，它是具有共同行为的若干对象的统一描述体。类中还包含生成对象的具体方法。

2. 继承

类提供了创建新类的一种方法，再借助于“继承”这一重要机制扩充了类的定义，实现了面向对象的优越性。

继承提供了创建新类的方法，这种方法就是，一个新类可以通过对已有的类进行修改或扩充来满足新类的需求。新类共享已有类的行为，而自己还具有修改的或额外添加的行为。因此，可以说继承的本质特征是行为共享。

从一个类继承定义的新类，将继承已有类的所有方法和属性，并且可以添加所需要的新的方法和属性。新类被称为已有类的子类，已有类称为父类，又叫基类。

3. 多态

不同的类对于不同的操作具有不同的行为，称为多态。多态机制使具有不同的内部结构的对象可以共享相同的外部接口，通过这种方式减少代码的复杂度。

6.2 PHP 中的类

6.2.1 创建类

类是面向对象程序设计的核心，它是一种数据类型。类由变量和函数组成，在类里面，变量称为属性或成员变量，函数称为方法。定义类的语法格式如下：

```
class classname
{
     [ var $property[= value];…]
    [function functionname($args)
    {
        //代码
    }
    ]
}
```

在 PHP 中，类需要使用 class 关键字来定义，后面跟类名 classname，类的命名规则要符合 PHP 标记的命名规则，并且不能是 PHP 的保留字。类名后跟一对花括号，花括号里面包含类的属性和方法。

自 PHP 5.5 起，关键字 class 也可用于类名的解析。使用 classname::class 可以获取一个字符串，包含了类 classname 的完全限定名称。这对使用了命名空间的类尤为有用。例如：

```
<?php
namespace NS {
    class classname {
            //类定义代码
    }
    echo classname::class;
}
?>
```

以上程序会输出：

```
NS\classname
```

6.2.2 类的属性和方法

在类中，使用关键字 var 来声明变量，即类的属性。使用关键字 function 来定义函数，即类的方法。例如，以下是一个简单的类定义：

```
class a
{
    var $a='hello world';
    function fun($b)
    {
        echo "hello world";
    }
}
```

注意：

在定义属性时，给属性赋的值不能是表达式，不能包含括号，不能通过其他变量赋值。另外，在类的方法内部的变量只是普通变量，不属于类的属性，因为它的作用范围只限于方法内部。

自 PHP 5.3.0 起，新增对 nowdoc（详见第 3.2.3 节）的支持，即可以使用 nowdoc 初始化属性，例如：

```
class a
{
    var $a=<<<'EOT'
hello world
EOT;
…
}
```

不能将类的定义放到多个文件或多个 PHP 块中，例如，以下的做法是错误的：

```
<?php
class test
{?>
    var $tmp;
<?php
    function test()
    {
        echo "test";
    }
}
?>
```

6.2.3 类的实例化

在声明一个类后，类只存在于文件中，程序不能直接调用。需要创建一个对象后程序才能使用，创建一个类对象的过程叫做类的实例化。类的实例化使用 new 关键字，关键字后面需要指定实例化的类名，例如，定义一个 Ctest 类并实例化：

```
<?php
class Ctest                             //定义一个类 Ctest
{
    var $stunumber;                     //声明一个属性
    function add ($str)                 //声明一个方法
    {
        $this->stunumber=$str;          //使用$this 指针引用类内部的属性
        echo $this->stunumber;
    }
}
$obj=new Ctest;                         //创建 Ctest 类的一个对象$obj
?>
```

说明：在一个类中，可以访问一个特殊的指针“$this”。如果当前类有一个属性$attribute，则在类的内部要访问这个属性时，可以使用“$this->attribute”来引用。

在实例化一个类时，有些类允许在实例化时接收参数，如果能够接收参数，可以使用以下代码创建对象，其中$args 是所带参数：

```
$obj=new Ctest([$args,…]);
```

6.2.4 类的访问

在对象被创建之后，可以在类的外部对该类的属性和方法进行访问，访问的方法是在该类对象后面使用“->”符号加上要访问的属性和方法。例如，创建了对象“$obj”，类中有属性“$stunumber”，要访问该属性可以使用“$obj->stunumber”，注意属性的前面没有“$”。

例如，访问 Ctest 类的属性和方法：

```
$obj->stunumber='081102';                    //给类属性$stunumber 赋值
echo $obj->stunumber;                        //输出'081102'
$obj->add('081101');                         //输出'081101'
```

说明： 有的类会对其中的属性进行访问控制，如果设置了类外部不能访问类中属性时，直接访问将会发生错误。

在 PHP 5 中，引入了访问修饰符 public、private 和 protected。它们可以控制属性和方法的可见性，通常放置在属性和方法的声明之前。

- public。声明为公用的属性和方法，可以在类的外部或内部进行访问。public 是默认选项，如果没有为一个属性或方法指定修饰符，那么它将是 public 的。
- private。声明为私有的属性和方法，只可以在类的内部进行访问。私有的属性和方法将不会被继承。
- protected。声明为被保护的属性和方法，只可以在类的内部和子类的内部进行访问。

说明： 为了向后兼容 PHP 4，PHP 5 声明属性依然可以直接使用关键字 var 来替代（或者附加于）public、private 或 protected，但是已不再需要 var 了。从 PHP 5.0 到 5.1.3，var 一度曾被认为是废弃的，且抛出 E_STRICT 警告，但是 PHP 5.1.3 之后它不再认为是废弃的，也不会抛出警告。如果直接使用 var 声明属性，而没有用 public、private 或 protected 之一，PHP 5 会将其视为 public。例如：

```
<?php
class Cstu
{
    var $number;                             //PHP 视其为 public
    protected $name;
    private $phone;
    public function Stuinfo()
    {
        echo "学生信息";
    }
}
$object=new Cstu;
$object->number="081101";
echo $object->number;                        //输出"081101"
$object->Stuinfo();                          //输出"学生信息"
$object->phone="84565879";                   //本语句出错，访问权限不够
?>
```

在进行类设计时，通常将类的属性设为私有的，而将大多数方法设为公有的。这样，类以外的代码不能直接访问类的私有数据，从而实现了数据的封装。而公有的方法可为内部的私有数据提供外部接口，但接口实现的细节在类外又是不可见的。

6.2.5 静态属性和方法

在类中还可以定义静态的属性和方法，所谓“静态”是指所定义的属性和方法与类的实例无关，

只与类本身有关。静态的属性和方法一般用来包含类要封装的数据和功能，可以为该类的所有实例所共享。在类里面可以使用 static 关键字定义静态属性和方法。

访问静态属性和方法时需要使用到范围解析符“::”，格式如下：

```
classname::$attribute;                    //访问静态属性
classname::Cfunction([$args,…]);          //访问静态方法
```

例如：

```
<?php
class Cteacher
{
    public $num="tom";
    public static $name="未命名";
    public static function setname($name)
    {
        Cteacher::$name=$name;
    }
    public static function getname()
    {
        echo Cteacher::$name;
    }
}
echo Cteacher::$name;                     //输出"未命名"
Cteacher::setname("王林");                //访问 setname()方法
Cteacher::getname();                      //输出"王林"
echo Cteacher::$name;                     //输出"王林"
echo Cteacher::$num                       //出错
?>
```

注意：

只有静态的属性和方法才能使用范围解析符，不能使用范围解析符访问非静态的属性和方法，如本例最后一句会出错警告。

6.2.6　构造函数和析构函数

构造函数是类中的一个特殊函数，当创建一个类的实例时，构造函数将被自动调用，主要功能通常是对类的对象完成初始化工作。与构造函数相对的是析构函数，析构函数在类的对象被销毁时将被自动调用，这是 PHP 5 中新添加的内容。

- 构造函数。在 PHP 4 中，在类的内部与类同名的函数都被认为是构造函数，在创建类的对象时被自动执行。而在 PHP 5 中，构造函数的名称为__construct，“construct”的前面是两根下画线。如果一个类同时拥有__construct 构造函数和与类名相同的函数，PHP 5 将把__construct 看做是构造函数。自 PHP 5.3.3 起，在命名空间中，与类名同名的方法不再作为构造函数。这一改变不影响不在命名空间中的类。PHP 中的构造函数可以带参数，也可以不带参数。
- 析构函数。类的析构函数的名称是__destruct，如果在类中声明了__destruct 函数，PHP 将在对象被销毁前调用析构函数将对象从内存中销毁，节省服务器资源。

例如：

```
<?php
class Con
```

```
{
    function __construct($num)
    {
        echo "执行构造函数$num";
    }
    function __destruct()
    {
        echo "执行析构函数";
    }
}
$a=new Con('1');                              //输出"执行构造函数 1"
$b=new Con('2');                              //输出"执行构造函数 2"
//执行结束，最后输出"执行析构函数执行析构函数"
?>
```

说明：如果构造函数中带了参数，在创建对象时也可以在类名后面为构造函数指定参数。

6.3 类的继承

6.3.1 子类访问父类

在 PHP 中，允许通过继承其他类的方法来调用这些类里已经定义好的属性和方法，PHP 不支持多继承，所以一个子类只能继承一个父类。可以使用 extends 关键字来指明类与类之间的继承关系。例如，以下是类 B 继承类 A 的代码：

```
<?php
class A                                   //定义父类 A
{
    public $a_str1;
    private $a_str2="string2";
    protected $a_str3="string3";
    public function a_fun()
    {
        $this->a_str1= "string1";
    }
}
class B extends A                         //定义子类 B，继承于父类 A
{
    public $b_str;
    public function b_fun()
    {
        parent::a_fun();                  //子类访问父类的方法
        echo $this->a_str1;               //子类中访问父类的 public 属性
        $this->a_str3="str3";             //子类中访问父类的 protected 属性
    }
}
$b=new B;                                 //创建对象$b
$b->a_fun();                              //调用 A 类的 a_fun()方法
echo $b->a_str1;                          //输出"string1"
$b->b_fun();                              //访问 B 类的方法
?>
```

说明： 由于类 B 继承于类 A，所以类 B 的对象可以访问类 A 的属性和方法，但 A 中的 private 的属性和方法将不能被继承，A 中 protected 的属性和方法只能在 B 的内部访问，类 B 创建的对象无法访问，否则将产生错误。B 作为 A 的子类，具有类 A 一样的数据和功能，此外 B 还可以声明自己的属性和方法。

另外值得注意的是，继承是单方向的，子类可以从父类中继承特性，但父类却无法从子类中继承特性。

如果子类中没有自己的构造函数，那么子类在实例化时会自动调用父类的构造函数。如果子类中有自己的构造函数，则执行自己的构造函数。

如果要在子类中调用父类的方法，除了使用“$this->”外，还可以使用 parent 关键字加范围解析符，如“parent::functionname()”。建议使用后一种方法，因为前面的方法容易造成子类和父类方法结构不清。而对于父类的属性，在子类中只能使用“$this->”来访问，属性是不区分父类和子类的。

继承可以是多重的，例如，类 B 继承了类 A，类 C 继承了类 B，那么类 C 也就继承了类 B 和类 B 的父类的所有特性。

6.3.2　方法重载

方法的重载是指在一个类中可以定义多个拥有相同名称的方法，通过参数个数和类型来区分这些方法，而 PHP 目前并不支持这一特性。但可以通过类的继承，在子类中定义和父类中相同名称的方法来实现类似于方法重载的特性。例如：

```
<?php
class A
{
	public $attribute="stringA";
	function func()
	{
		echo "父类 A";
	}
}
class B extends A
{
	public $attribute="stringB";
	function func()
	{
		echo "子类 B";
	}
}
$b=new B;
echo $b->attribute;				//输出"stringB"
$b->func();					//输出"子类 B"
?>
```

上述代码中，类 B 重载了类 A 的属性$attribute 和方法 func()，但类 A 的初始定义不会改变，例如，在以上代码的最后添加如下两行：

```
$a=new A;
$a-> func();					//输出"父类 A"
```

6.3.3　使用 final 关键字

PHP 5 引入了 final 关键字，在声明类时使用这个关键字，将使这个类不能被继承。例如，定义一个类 A：

```
final class A
{
    //....
}
```

如果类 B 尝试继承类 A，将会提示以下错误：

```
Fatal error: Class B may not inherit from final class (A)
```

另外，如果将 final 关键字用于声明类中的方法，该方法将不能在任何子类中重载。

注意：

final 关键字只能用于声明类和方法。

6.3.4 Traits 机制

自 PHP 5.4.0 起，PHP 实现了代码复用的一个机制，称为 Traits。Traits 类似 PHP 的单继承，但它减少单继承语言的限制，使开发人员能够自由地在不同层次结构内独立的类中复用方法集。Traits 和一个类相似，但仅仅旨在用细粒度和一致的方式来组合功能。Traits 不能通过它自身来实例化。它为传统继承增加了水平特性的组合。例如：

```
<?php
class Base {
    public function sayHello() {
        echo 'Hello ';
    }
}

trait SayWorld {
    public function sayHello() {
        parent::sayHello();
        echo 'World!';
    }
}

class MyHelloWorld extends Base {
    use SayWorld;
}

$o = new MyHelloWorld();
$o->sayHello();
?>
```

从基类继承的成员被插入的 SayWorld Trait 中的 MyHelloWorld 方法所覆盖。其行为与 MyHelloWorld 类中定义的方法一致。优先顺序是当前类中的方法会覆盖 Trait 方法，而 Trait 方法又覆盖了基类中的方法。输出结果：Hello World!

6.4 抽象类与接口

6.4.1 抽象类

抽象类也是 PHP 5 引入的新特性，它是一种特殊的类，使用关键字 abstract 来定义，不能被实例化。一个抽象类中至少包含一个抽象方法，抽象方法也是由 abstract 关键字来定义的。抽象方法只提供了方法的声明，不提供方法的具体实现。例如：

```
abstract function func($name, $number);
```

包含抽象方法的类必须是抽象类。

抽象类不能用于创建对象，所以只能通过继承来使用。继承抽象类的子类，必须重载抽象类中的所有抽象方法才能被实例化。例如：

```
<?php
//定义抽象类 teacher
abstract class teacher
{
    var $number="081101";
    var $project;
    abstract function shownumber();                //定义抽象方法 shownumber()
    abstract function getproject($project);        //定义抽象方法 getproject()
    function showproject()                         //在抽象类中定义普通方法 showproject()
    {
        echo $this->project;
    }
}
//定义子类 stu
class stu extends teacher
{
    function shownumber()                          //重载父类中的 shownumber()方法
    {
        echo $this->number;
    }
    function getproject ($pro)                     //重载父类中的 getproject()方法
    {
        $this->project= $pro;
    }
}
$obj=new stu;                                      //创建对象
$obj->shownumber();                                //输出"081101"
$obj->getproject("计算机");
$obj->showproject();                               //输出"计算机"
?>
```

6.4.2　接口

1. 接口的概念

PHP 只能进行单继承，即一个类只能有一个父类。为了解决这个问题，PHP 5 引入了接口的概念，接口是一个特殊的抽象类，使用 interface 关键字取代 class 关键字来定义。抽象类中允许存在非抽象的方法和属性，而在接口中定义的方法都是抽象方法。在接口中不能使用属性，但可以使用 const 关键字定义的常量。例如：

```
const con="tom";
```

接口的定义方法和定义类的方法类似，在接口中定义抽象方法不使用 abstract 关键字。例如：

```
<?php
interface stu
{
```

```
    const name="tom";
    function show();
    function getname($name);
}
?>
```

注意：

接口中所有的方法都要求使用 public 定义，由于默认的访问修饰符就是 public，所以可以省略。

接口和类一样，也支持继承，接口之间的继承也使用 extends 关键字。例如：

```
<?php
interface A
{
    const name="";
    function show();
}
interface B extends A
{
    function getname();
}
?>
```

2. 接口的实现

定义了接口之后可以将其实例化，接口的实例化称为接口的实现。要实现一个接口需要一个子类来实现接口的所有抽象方法。定义接口的子类使用 implements 关键字，另外，一个子类还可以实现多个接口，这样就解决了多继承的问题。例如：

```
<?php
interface Teacher                                   //定义接口 Teacher
{
    const name="";
    function getname($name);
}
interface Stu                                       //定义接口 Stu
{
    function showname();
}
class Cteacher implements Teacher                   //定义继承接口 Teacher 的类 Cteacher
{
    var $name="";
    function getname($name)
    {
        $this->name=$name;
    }
}
class Cstu implements Teacher,Stu                   //定义继承接口 Teacher 和 Stu 的类 Cstu
{
    var $name="";
    function getname($name)
    {
        $this->name=$name;
    }
    function showname()
    {
        echo $this->name;
    }
```

```
}
$obj=new Cstu;
$obj->getname("王林");
$obj->showname();                               //输出"王林"
?>
```

一个子类还可以同时继承一个父类和多个接口，例如，假设类 base 和上面代码中的接口已经创建，创建一个子类继承它们可以使用如下代码：

```
class test extends base implements Teacher, Stu
{
    //类内容省略
}
```

6.5 类的魔术方法

PHP 规定以两个下画线“__”开头的方法都保留为魔术方法，所以在定义函数名时尽量不要用“__”开头，除非是为了重载已有的魔术方法。前面介绍的构造函数__construct 和析构函数__destruct 都属于魔术方法。这里再介绍一些 PHP 的其他魔术方法。

6.5.1 克隆对象

PHP 使用 clone 关键字建立一个与原对象拥有相同属性和方法的对象，这种方法用于通过一个类实例化两个类似对象的情况下。例如：

```
$new_obj=clone $old_obj;
```

$new_obj 是新的对象名，$old_obj 是要克隆的对象名。

克隆后的对象拥有克隆对象的全部属性，如果需要改变这些属性，可以使用 PHP 提供的魔术方法__clone。这个方法在克隆一个对象时将被自动调用，类似于__construct 和__destruct 方法。在__clone 方法中，可以定义确切的复制行为或执行一些操作。例如：

```
<?php
class Cid
{
    public $id=1;
    public function __clone()
    {
        $this->id=$this->id+1;
    }
}
$c1=new Cid;
$c2=clone $c1;
echo $c1->id;                        //输出 1
echo $c2->id;                        //输出 2
?>
```

6.5.2 方法重载

PHP 5 中有一个魔术方法__call，该方法可以用于实现方法的重载。__call 方法必须有两个参数。第一个参数包含被调用的方法名称，第二个参数包含传递给该方法的参数数组。__call 方法在类中的方法被访问时被调用。例如：

```
<?php
class C_call
{
    function getarray($a)
    {
        print_r($a);
    }
    function getstr($str)
    {
        echo $str;
    }
    function __call($method, $array)
    {
        if($method=='show')
        {
        if(is_array($array[0]))
            $this->getarray($array[0]);
        else
            $this->getstr($array[0]);
        }
    }
}
$obj=new C_call;                          //类的实例化
$obj->show(array(1,2,3));                 //输出：Array ( [0] => 1 [1] => 2 [2] => 3 )
$obj->show('string');                     //输出：'string'
?>
```

在上面这段代码中，实例化类 C_call 后，调用的方法是 show 方法。而类中没有定义 show 方法，此时调用__call 方法，__call 方法中参数$method 表示被调用的方法名，参数$array 表示被调用的方法中的参数组成的数组，如果只有一个参数则在__call 中表示为$array[0]。__call 方法可以根据参数的不同而调用不同的方法，例如，如果 show 方法的参数为数组则调用 getarray()方法，如果不是则调用 getstr()方法，这样就实现了方法的重载。PHP 5.3.0 新增__callStatic()魔术方法，其用法与__call 方法类似，在静态方式调用重载方法时使用。

6.5.3 属性重载

通常情况下，从类的外部直接访问类的属性是不建议使用的方法。若一定要这么做，可以通过 PHP 的"属性重载"机制，使用__get 和__set 方法来检查和设置属性的值，这样就可以实现封装性。例如：

```
<?php
class classname
{
    var $attribute=1;
    function __get($name)
    {
        if($name=='attribute')
            return $this->$name;
    }
```

```
        function __set($name,$value)
        {
            if($name=='attribute')
                $this->$name=$value;
        }
    }
    $a='attribute';
    $obj=new classname;                    //初始化
    echo $obj->$a;                         //输出 1
    $set=$obj->$a=10;                      //输出 10
    echo $set;
    ?>
```

上例代码中，__get 方法带有一个参数：属性的名称，并返回属性的值；__set 方法中带有两个参数：要被设置值的属性名称和要被设置的值。语句“$obj->$a”将间接调用__get 方法，将$name 参数设置为'attribute'，并返回属性$attribute 的值。语句“$obj->$a=10”将间接调用__set 方法，将$name 参数的值设为'attribute'，$value 参数的值设为 10。这两个方法的主要作用就是在属性被访问时进行检查或设置相关的值。

6.5.4 字符串转换

由于类创建的对象的数据类型是对象，所以不能用 print 或 echo 语句直接输出。如果要输出对象，可以在类中定义一个__toString 方法，在方法中返回一个可输出的字符串。例如：

```
<?php
class TestClass
{
    public $foo;
    public function __construct($foo)
    {
        $this->foo = $foo;
    }
    public function __toString()
    {
        return $this->foo;
    }
}
$class = new TestClass('Hello');
echo $class;                              //输出'Hello'
?>
```

在 PHP 5.2.0 之前，__toString 方法只有在直接使用于 echo 或 print 时才能生效。PHP 5.2.0 之后，则可以在任何字符串环境生效（如通过 printf()，使用%s 修饰符），但不能用于非字符串环境（如使用%d 修饰符）。

6.5.5 自动加载对象

__autoload 方法用于自动加载对象，它不是一个类方法，而是一个单独的函数。如果脚本中定义了__autoload 函数，当使用 new 关键字实例化一个没有声明的类时，这个类的名字将作为参数传递给__autoload 函数，__autoload 函数根据参数自动包含含有类的文件，并加载类文件中的同名类。例如：

```
<?php
function __autoload($name)
{
    require_once $name.".php";
}
$obj=new stu();
?>
```

以上代码中，使用 new 关键字实例化 stu 类时，字符串“stu”将作为参数传递给__autoload 函数，__autoload 函数根据参数包含文件 stu.php，并试图实例化文件内的 stu 类。

6.5.6 对象序列化

对象序列化是指将一个对象转换成字节流的形式，将序列化后的对象在一个文件或网络上传输，然后再反序列化还原为原数据。对象序列化使用 serialize()函数，反序列化使用 unserialize()函数。在对象序列化时，如果存在魔术方法__sleep，PHP 会调用__sleep 方法，主要用于清除如数据提交、关闭数据库链接等工作，并返回一个数组，该数组包含需要序列化的所有变量；在反序列化一个对象后，PHP 会调用__wakeup 方法，主要用于重建对象序列化时丢失的资源。这两个魔术方法都不接收参数。例如：

```
<?php
class Serialization
{
    private $number= '081101';
    private $name= '王林';
    public function show()
    {
        echo $this->number;
        echo $this->name;
    }
    function __sleep()
    {
        return array('number', 'name');
    }
    function __wakeup()
    {
        $this->number= '081102';
        $this->name= '程明';
    }
}
$test=new Serialization;            //实例化
$demo=serialize($test);             //序列化$test 对象，将序列化后的字符保存在$demo 变量中
echo $demo;                         //输出一串序列化后的字符串
$ntest=unserialize($demo);          //反序列化
$ntest->show();                     //输出'081102' '程明'
?>
```

上面代码中，__sleep 方法中指定了要序列化的变量为$number 和$name。

6.5.7 对象调用

当尝试以调用函数的方式调用一个对象时，__invoke 方法会被自动调用。例如：

```
<?php
class CallableClass
{
        function __invoke($x) {
                var_dump($x);
        }
}
$obj = new CallableClass;
$obj(5);
var_dump(is_callable($obj));
?>
```

以上程序会输出：

```
int 5
boolean true
```

本特性只在 PHP 5.3.0 及以上版本有效。

6.6　类型判断与引用

6.6.1　对象类型的判断

当系统很大时，往往需要判断某个对象是否由某个类创建。这时可以使用 instanceof 关键字来实现。instanceof 关键字是 PHP 5 引入的，它可以检查一个对象的类型，判断一个对象是否为特定类的实例，是否继承于某个类或实现某个接口。用法如下：

```
$var instanceof class_name;
```

如果变量$var 是类 class_name 创建的对象，则返回 TRUE，否则返回 FALSE。例如：

```
<?php
class C
{
        //类内容
}
$var=new C;
if($var instanceof C)
        echo 'yes';                                    //输出'yes'
else
        echo 'no';
?>
```

6.6.2　通过变量引用类

自 PHP 5.3.0 起，可以通过变量来引用类（动态调用类），例如：

```
<?php
class MyClass {
        const CONST_VALUE = 'A constant value';
}

$classname = 'MyClass';
echo $classname::CONST_VALUE;                //输出'A constant value'
```

```
echo MyClass::CONST_VALUE;                  //输出'A constant value'
?>
```

注意：

该变量的值不能是关键字（如 self、parent 和 static）。

6.6.3 引用静态调用的类

自 PHP 5.3.0 起，PHP 增加了一个叫做“后期静态绑定”的功能，用于在继承范围内引用静态调用的类。

举个例子说明，使用 self:: 或者__CLASS__对当前类的静态引用，取决于定义当前方法所在的类。

```
<?php
class A {
    public static function who() {
        echo __CLASS__;
    }
    public static function test() {
        self::who();
    }
}

class B extends A {
    public static function who() {
        echo __CLASS__;
    }
}

B::test();
?>
```

以上代码会输出：A。

“后期静态绑定”使用已经预留的 static 关键字表示运行时最初调用的类，能够让用户在上述例子中调用 test()时引用的类是 B 而不是 A，代码如下：

```
<?php
class A {
    public static function who() {
        echo __CLASS__;
    }
    public static function test() {
        static::who();              // 后期静态绑定从这里开始
    }
}

class B extends A {
    public static function who() {
        echo __CLASS__;
    }
}

B::test();
?>
```

此时的代码输出变为：B。

6.7　实例——设计一个学生管理类

【例 6.1】 设计一个学生管理类，用于获取学生信息。

新建 EX6_1.php 文件，输入以下代码：

```
<!DOCTYPE html>
<html>
<head>
    <title>学生管理类</title>
</head>
<body>
<form method="post">
    学号：<input type="text" name="number"><br/>
    姓名：<input type="text" name="name"><br/>
    性别：<input type="radio" name="sex" value="男" checked="checked">男
    <input type="radio" name="sex" value="女">女<br/>
    <input type="submit" name="ok" value="显示">
</form>
</body>
</html>
<?php
class student
{
    private $number;
    private $name;
    private $sex;
    function show($XH,$XM,$XB)
    {
        $this->number=$XH;
        $this->name=$XM;
        $this->sex=$XB;
        echo "学号：".$this->number."<br/>";
        echo "姓名：".$this->name."<br/>";
        echo "性别：".$this->sex."<br/>";
    }
}

if(isset($_POST['ok']))
{
    $XH=$_POST['number'];
    $XM=$_POST['name'];
    $XB=$_POST['sex'];
    $stu=new student;
    $stu->show($XH,$XM,$XB);
}
?>
```

运行程序，在页面上输入学号和姓名、选择性别，单击【显示】按钮，执行结果如图 6.1 所示。

图 6.1　用“学生管理类”显示学生信息

习　题　6

1．请列举面向对象程序设计的主要特征。
2．如何在 PHP 中创建类、属性和方法？
3．实例化一个类，并分别访问其 public、private、protected 属性，查看有何不同。
4．如何在 PHP 中定义类的构造函数和析构函数？
5．定义一个类的子类，在子类中访问父类的属性和方法。
6．如何实例化一个抽象类？接口和抽象类有什么区别？

第 7 章

构建 PHP 互动网页

使用 PHP 和 HTML 可以制作出内容丰富的动态网页。网页的实体内容可以通过 HTML 完成，数据的处理和与数据库的交互通过 PHP 完成。本章将具体介绍如何使用 PHP 来处理 Web 页面，实现与用户的交互。与数据库交互的部分在后面的章节中介绍。

7.1 PHP 与表单

在 Web 开发中，通常使用表单来实现程序与用户输入的交互。用户在 HTML 表单上输入数据，然后通过单击按钮或超链接提交表单，将数据传输到网站的程序以进行相应的处理。本节主要介绍如何使用 PHP 处理表单数据，实现与用户的交互。

7.1.1 提交表单数据

在之前的内容中，已经了解过表单数据的提交方法。表单数据的提交方法主要分为两种：POST 方法和 GET 方法。POST 方法是在 HTTP 请求中嵌入表单数据；GET 方法则将表单数据附加到请求该页的 URL 中。提交表单时要将表单标记<form>的属性 method 设为 post 或 get，post 表示使用 POST 方法提交，get 表示使用 GET 方法提交。属性 action 指定数据提交到的 URL 地址，提交后页面将跳转到这个地址。而用户输入的数据也将提交到该地址。例如：

```
<form method= "get" action= "test.php">
```

说明：使用 POST 方法提交数据后地址栏除了 action 指定的 URL 外不包含其他额外的数据，而使用 GET 方法提交数据后地址栏将包含用户所输入的数据。

7.1.2 接收表单数据

提交表单数据后就可以在目标页面接收用户输入的数据了。接收表单数据可以使用$_POST、$_GET 和$_REQUEST 来完成。$_POST 用于接收 POST 方法传来的值，$_GET 用于接收 GET 方法传来的值，$_REQUEST 可以取得包括 POST、GET 和 Cookie 在内的外部变量。这些在第 3 章已经进行了介绍。

表单中可以包含很多的控件，如文本框、单选按钮、复选框、文件域、滚动文本框、按钮等。接收表单数据即指获取表单控件的 value 属性的值。不同的控件可以设置不同的 name 属性，在接收数据时根据 name 属性确定是哪个控件的值。不同的控件设置 value 属性的方式也不一样。例如，单选按钮可能由多个选项组成，这些选项的 name 属性值都相同时表示这些选项属于同一个表单控件，每个选项都有一个 value 值，接收控件的值后可以根据这个 value 值判断用户选择了哪个选项。又例如，复选框控件可以使用户选择多个选项，复选框中选项的 name 属性值都设置为相同，并且设置为数组的形式，如“name="XQ[]"”，而每个选项都有一个 value 值，接收数据时接收到的是一个数组，数组中保存了用户选择的选项，遍历数组的值就可以确定用户选择了哪些选项。

与其他控件不同，文件域控件不是通过$_POST、$_GET、$REQUEST 来接收数据，而是通过$_FILES 数组来接收，详细内容请参见第 5 章。

7.1.3 常用表单数据的验证方法

有些表单数据填写时必须符合一定的条件，例如，填写出生日期时必须符合日期的格式，填写电话号码时必须填写正确位数的数字。这时就需要通过验证表单数据来判断用户所填写数据的正确性。

表单数据的验证一般可以使用正则表达式（见 4.3 节）来完成。例如，一个简单的验证日期的正则表达式可以写做“^\d{4}-(0?\d|1?[012])-(0?\d|[12]\d|3[01])$”。验证 E-mail 格式的正则表达式可以写做“^[a-zA-Z0-9_\-]+@[a-zA-Z0-9\-]+\.[a-zA-Z0-9\-\.]+$”。

7.1.4 实例——使用 PHP 处理表单数据

【例 7.1】 制作一个学生信息表单，包含学生学号、姓名、性别、出生日期、所学专业、备注、兴趣爱好等信息。要求学号必须为 6 位数字，出生日期必须符合日期格式，学号和姓名不允许为空。表单数据以 GET 方法提交到另一个页面，在另一个页面判断表单数据的正确性并输出。

新建 EX7_1_Hpage.php 文件，输入以下代码：

```
<!DOCTYPE html>
<html>
<head>
<title>学生个人信息</title>
<style type="text/css">
table{
	width:400px;
	margin:0 auto;
	background:#CCFFCC;
}
div{
	text-align:center;
}
</style>
</head>
<body>
<form method="get" action="EX7_1_Ppage.php">
<table border="0">
	<tr>
		<td colspan="2"><div>学生个人信息</div></td>
	</tr>
	<tr>
		<td width="120">学号:</td>
		<td><input name="XH" type="text" value=""></td>
	</tr>
```

```
<tr>
    <td>姓名：</td>
    <td><input name="XM" type="text" value=""></td>
</tr>
<tr>
    <td>性别：</td>
    <td>
        <input name="SEX" type="radio" value="男" checked="checked">男
        <input name="SEX" type="radio" value="女">女
    </td>
</tr>
<tr>
    <td>出生日期：</td>
    <td><input name="Birthday" type="text" value=""></td>
</tr>
<tr>
    <td>所学专业：</td>
    <td>
        <select name="ZY">
            <option>计算机</option>
            <option>信息网络</option>
            <option>软件工程</option>
        </select>
    </td>
</tr>
<tr>
    <td>备注：</td>
    <td><textarea name="BZ"></textarea></td>
</tr>
<tr>
    <td>兴趣：</td>
    <td>
        <input name="XQ[]" type="checkbox" value="游泳">游泳
        <input name="XQ[]" type="checkbox" value="看电视">看电视
        <input name="XQ[]" type="checkbox" value="上网">上网
    </td>
</tr>
<tr>
    <td colspan="2" align="center">
        <input type="submit" name="BUTTON1" value="提交">
        <input type="reset" name="BUTTON2" value="重置">
    </td>
</tr>
</table>
</form>
</body>
</html>
```

再新建 EX7_1_Ppage.php 文件，输入以下代码：

```
<?php
$XH=$_GET['XH'];
$XM=$_REQUEST['XM'];
$XB=$_GET['SEX'];
```

```
$CSSJ=$_GET['Birthday'];
$ZY=$_GET['ZY'];
$BZ=$_GET['BZ'];
$XQ=@$_GET['XQ'];
$checkbirthday=preg_match('/^\d{4}-(0?\d|1?[012])-(0?\d|[12]\d|3[01])$/',$CSSJ);
if($XH==NULL)
{
    echo "学号不能为空！";
}
elseif(preg_match('/\d{6}/',$XH)==0)
{
    echo "学号格式错误！";
}
elseif($XM==NULL)
{
    echo "姓名不能为空！";
}
elseif($CSSJ&&$checkbirthday==0)
{
    echo "日期格式错误！";
}
else
{
    echo "学号：".$XH."<br/>";
    echo "姓名：".$XM."<br/>";
    echo "性别：".$XB."<br/>";
    echo "出生日期：".$CSSJ."<br/>";
    echo "专业：".$ZY."<br/>";
    echo "备注：".$BZ."<br/>";
    if($XQ)
    {
        echo "兴趣爱好：";
        foreach($XQ as $value)
        {
            echo $value." ";
        }
        echo "<br/>";
    }
}
?>
```

运行 EX7_1_Hpage.php 文件，如图 7.1 所示。

图 7.1　学生信息表单

在表单中输入学生信息，然后单击【提交】按钮验证输入的信息。运行结果示例如图 7.2 所示。

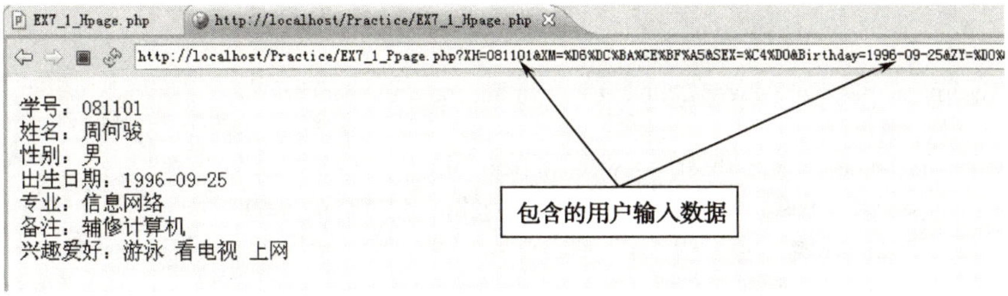

图 7.2 学生信息输出显示

说明：运行后观察图 7.2 的地址栏，可以发现地址栏中包含了用户输入的数据（其中中文数据进行了编码），这是使用 GET 方法与使用 POST 方法的区别。

7.2 URL 处理

以 GET 方法提交表单到某个页面时，该页面的 URL 中包含了表单数据的值，通过获取 URL 中的参数值即可获得需要的数据。

7.2.1 获取 URL 参数

URL 通常的格式为："url?参数 1=值 1&参数 2=值 2&参数 3=值 3…"。

在页面中使用"$_GET['参数']"即可获得具体参数的值，例如：

```
<a href="?action=超链接&name=王林">单击</a>
<?php
echo @$_GET['action'];                    //单击超链接后输出"超链接"
echo @$_GET['name'];                      //单击超链接后输出"王林"
?>
```

说明：超链接的 href 属性中问号"?"前面是要访问的页面地址，省略则表示是当前页面的地址。

7.2.2 解析 URL

在 PHP 中可以使用 parse_url()函数解析一个 URL，语法格式如下：

```
mixed parse_url ( string $url [, int $component = -1 ] )
```

说明：$url 为要解析的 URL 地址字符串。本函数不是用于解析 URL 的合法性，不完整的 URL 也可接受。除了对于严重不合格的 URL，该函数将返回 FALSE 并发出警告外，如果省略了 component 参数，函数将返回一个关联数组，包含 URL 中出现的各个组成部分。其组成部分为（至少有一个）：

- scheme。如 http。
- host。如 www.php.net。
- port。端口号。
- user。用户名。
- pass。密码。
- path。路径。
- query。在问号"?"之后的内容。

● fragment。在散列符号#之后的内容。

例如：

```
<?php
$url='http://username:password@www.php.net/index.php?arg=value#anchor';
print_r(parse_url($url));
/*输出：Array ( [scheme] => http [host] => www.php.net [user] => username
                [pass] => password [path] => /index.php [query] => arg=value
                [fragment] => anchor )
*/
?>
```

PHP 5.1.2 增加了参数 component，它指定 PHP_URL_SCHEME、PHP_URL_HOST、PHP_URL_PORT、PHP_URL_USER、PHP_URL_PASS、PHP_URL_PATH、PHP_URL_QUERY 或 PHP_URL_FRAGMENT 的其中一个来获取 URL 中指定部分的 string（除了指定为 PHP_URL_PORT 后，将返回一个 integer 的值）。例如：

```
<?php
    $url='http://username:password@hostname/path?arg=value#anchor';
    echo parse_url($url, PHP_URL_PATH);
?>
```

输出结果：/path。

另外，使用预定义变量$_SERVER 也可以获得 URL 中一些相关的内容，如使用$_SERVER ["QUERY_STRING"]可以获得 URL 中第一个问号"?"后面的内容，使用$_SERVER ["REQUEST_URL"]可以获得访问本页面所需的 URI，使用$_SERVER["PHP_SELF"]可以获得当前正在执行脚本的文件名。详细的内容请见第 3 章。

7.2.3 URL 编解码

如果 URL 参数中含有中文参数，为了防止在传递过程中出现乱码，需要对 URL 进行编码。所谓的编码就是将字符串中除了"-"、"_"、"."之外的所有非字母或数字字符都替换为一个以百分号"%"开头后跟 2 位十六进制数的 3 位字符串，空格被替换为加号"+"。

在 PHP 中对 URL 编码使用 urlencode()函数，语法格式如下：

```
string urlencode(string $str)
```

说明：$str 为要编码的字符串，该函数返回一个编码后的字符串。例如：

```
<?php
$url="http://www.php.net";
echo urlencode($url);                          //输出"http%3A%2F%2Fwww.php.net"
?>
```

URL 编码后需要使用 urldecode()函数进行解码，语法格式如下：

```
string urldecode(string $str)
```

该函数将对字符串$str 中所有以百分号"%"开头后跟 2 位十六进制数的 3 位字符串进行解码，并返回解码后的字符串。例如：

```
<?php
    $urlenstr="http%3A%2F%2Fwww.php.net";    //上例刚刚编码的字符
    $new_url=urldecode($urlenstr);           //对$urlenstr 进行解码
    echo $new_url;                           //输出"http://www.php.net"
?>
```

7.3　页面跳转

常用的页面跳转方法有三种：使用 header()函数、使用 HTML 标记和使用客户端脚本实现。使用这些方法能够使页面直接跳转到目标页面。

7.3.1　使用 header()函数

在 5.1.5 节曾介绍过 header()函数的作用，其中一个作用就是页面跳转，只要在 header()函数的参数中使用“Location: xxx”即可实现该功能。例如：

```
<?php
$var1="sa";
$var2="sa";
if($var1==$var2)
{
    header("Location: http://www.baidu.com");
}
else
    echo "页面不能跳转";
?>
```

7.3.2　使用 HTML 标记

最常用的跳转页面的方法是提交表单，将<form>标记的 action 属性设置为要跳转到的页面，提交表单后就跳转到该页面。例如：

```
<form method="post" action="index.php">
<input type="text" name="text">
<input type="submit" name="bt" value="提交">
</form>
```

说明：运行以上代码后单击【提交】按钮即可跳转到 index.php 页面。

使用 HTML 的超链接标记<a>也能够实现跳转页面的功能，例如：

```
<?php
echo "<a href='index.php?id=1&name=zhou'>单击超链接</>";
?>
```

说明：程序运行后单击页面中的超链接，页面将跳转至 index.php 页面，可以在 index.php 中获取 URL 的参数值。

使用按钮也可以进行页面跳转，只需要在按钮控件的 onclick 方法中设置执行的代码即可，例如：

```
<?php
echo '<input type="button" name="bt" value="页面跳转" onclick="location=\'index.php\'">';
?>
```

说明：执行以上代码后，单击页面中的【页面跳转】按钮即跳转到 index.php 页面。

使用 HTML 实现页面跳转的另外一种方法是使用<meta>标记，实例代码如下：

```
<meta http-equiv="refresh" content="5;url=index.php">
```

说明：以上代码的作用是 5s 之后跳转到 index.php 页面。content 属性中数字 5 表示 5s 之后跳转，设置为 0 则表示立即跳转，url 选项可以指定要跳转到的页面。如果要刷新本页面，则可以省略 url

选项，代码如下：

```
<meta http-equiv="refresh" content="5">
```

7.3.3 使用客户端脚本

在 PHP 中还可以使用客户端脚本实现页面的跳转，例如，在 PHP 中使用 JavaScript 跳转到 index.php 页面的代码如下：

```
<?php
echo "<script>if(confirm('确认跳转页面?')) ";
echo "window.location='index.php'</script>";
//上面一句也可写做 echo "location.href='index.php'; </script>";
?>
```

说明：在 JavaScript 中，confirm()函数用于显示一个确认对话框，如果用户单击【确定】按钮则返回 TRUE，单击【取消】按钮则返回 FALSE。

7.4 会话管理

Web 应用是通过 HTTP 协议进行传输的，而根据 HTTP 协议的特点，客户端每次与服务器的对话都被当做一个单独的过程。例如，用户从浏览器上访问第二个网页时，第一个网页上的信息将不被保存。这可能为一些需要权限设置的安全页面的编写造成很大麻烦。

例如，一个需要使用用户名和密码登录的系统在用户登录后，用户请求过一个页面后再去请求另一个页面，该用户的请求将不会被 HTTP 所接受。这时就需要使用会话管理。会话管理的思想就是指在网站中通过一个会话跟踪用户，记录下用户的信息，实现信息在页面间的传递。本节将具体介绍在 PHP 中如何实现会话管理的功能。

7.4.1 会话的工作原理

PHP 的会话也称为 Session。PHP 在操作 Session 时，在用户登录或访问一些初始页面时服务器会为客户端分配一个 SessionID。SessionID 是一个加密的随机数字，在 Session 的生命周期中保存在客户端。它可以保存在用户机器的 Cookie 中，也可以通过 URL 在网络中进行传输。

用户通过 SessionID 可以注册一些特殊的变量，称为会话变量，这些变量的数据保存在服务器端。在一次特定的网站连接中，如果客户端可以通过 Cookie 或 URL 找到 SessionID，那么服务器就可以根据客户端传来的 SessionID 访问会话保存在服务器端的会话变量。

Session 的生命周期只在一次特定的网站连接中有效，当关闭浏览器后，Session 会自动失效，之前注册的会话变量也不能再使用。

7.4.2 实现会话

在 PHP 中实现会话的主要步骤如下：

（1）初始化会话；

（2）注册会话变量；

（3）访问会话变量；

（4）注销并删除会话。

以上的步骤可以在不同的脚本中使用，例如，在一个页面中注册一个会话变量后，可以在另一个页面中初始化会话后访问该会话变量。在进行其他步骤之前必须经过初始化会话这一步骤。

1. 初始化会话

在实现会话功能之前必须初始化会话，初始化会话使用 session_start()函数，语法格式如下：

```
bool session_start(void)
```

该函数将检查 SessionID 是否存在，如果不存在则创建一个，并且能够使用预定义数组$_SESSION 进行访问。如果启动会话成功则函数返回 TRUE，否则返回 FALSE。会话启动后就可以载入该会话已经注册的会话变量以便使用。

2. 注册会话变量

自 PHP 4.1 以后，会话变量保存在预定义数组$_SESSION 中，所以可以以直接定义数组单元的方式来定义一个会话变量，格式如下：

```
$_SESSION["键名"]="值";
```

定义后该会话变量保存为$_SESSION 数组的一个单元，例如：

```
<?php
$name="zhou";
session_start();
$_SESSION["name"]=$name;
echo $_SESSION["name"];                    //输出"zhou"
?>
```

以上代码运行后，定义的会话变量在$_SESSION 数组中的键名为“name”，值为“zhou”。会话变量定义后被记录在服务器中，并对该变量的值进行跟踪，直到会话结束或手动注销该变量。

3. 访问会话变量

要在一个脚本中访问会话变量，首先要使用 session_start()函数启动一个会话。之后就可以使用$_SESSION 数组访问该变量了。例如：

```
<?php
session_start();
if(isset($_SESSION["name"]))
{
    echo $_SESSION["name"];
}
else
    echo "会话变量未注册";
?>
```

说明：可以使用 isset()函数或 empty()函数来判断会话变量是否存在。

4. 销毁会话变量

会话变量使用完后，删除已经注册的会话变量以减少对服务器资源的占用。删除会话变量使用 unset()函数，语法格式如下：

```
void unset(mixed $var [, mixed $var [, $... ]])
```

说明：$var 是要销毁的变量，可以销毁一个或多个变量。例如：

```
<?php
$var="hello";
session_start();
$_SESSION["var"]=$var;                  //注册会话变量
unset($_SESSION["var"]);                //删除会话变量
if(!isset($_SESSION["var"]))            //判断是否存在会话变量
```

```
    echo "删除成功";
?>
```

要一次销毁所有的会话变量，可以使用以下语句：

```
session_unset();
```

5. 销毁会话

使用完一个会话后，要注销所有的会话变量，然后再调用 session_destroy()函数销毁会话，语法格式如下：

```
bool session_destroy ( void )
```

该函数将删除会话的所有数据并清除 SessionID，关闭该会话。例如：

```
<?php
session_start();
session_destroy();
?>
```

注意：

如果销毁会话前未启动会话会出现警告。

【例 7.2】 创建一个用户登录页面，设定的用户名和密码分别为 administrator 和 123456。表单提交到本页面，当用户名和密码输入正确时，启动 Session，将用户名和密码值传到用户管理员页面。如果不先登录而访问用户管理员页面则提示无权访问。

新建 EX7_2_1.php 文件，输入以下代码：

```
<!DOCTYPE html>
<html>
<head>
    <title>登录</title>
    <style type="text/css">
    table{
        margin:0 auto;
    }
    td{
        text-align:center;
    }
    </style>
</head>
<body>
<form action="EX7_2_1.php" method="post">
    <table border="0">
        <tr>
            <td colspan="2">用户登录</td>
        </tr>
        <tr>
            <td>用户名<input name="username" type="text"></td>
        </tr>
        <tr>
            <td>密码<input name="password" type="password"></td>
        </tr>
        <tr>
            <td colspan="2">
                <input type="submit" name="Submit" value="登录">
                <input type="reset" name="Submit2" value="重置">
```

```
            </td>
        </tr>
    </table>
</form>
</body>
</html>
<?php
session_start();
if(isset($_POST['Submit']))
{
    $username=$_POST['username'];
    $password=$_POST['password'];
    if($username=="administrator"&&$password=="123456")
    {
        $_SESSION['username']=$username;
        $_SESSION['password']=$password;
        header("location:EX7_2_2.php");
    }
    else
    {
        echo "<script>alert('登录失败');location.href='EX7_2_1.php';</script>";
    }
}
?>
```

新建 EX7_2_2.php 文件，输入以下代码：

```
<?php
session_start();
$username=@$_SESSION['username'];
$password=@$_SESSION['password'];
if($username)
    echo "欢迎管理员登录，您的密码为$password";
else
    echo "对不起，您没有权限登录本页";
?>
```

运行 EX7_2_1.php 文件，在页面中输入用户名和密码，如图 7.3 所示。单击【登录】按钮，结果如图 7.4 所示。

图 7.3　用户登录界面

图 7.4　管理员界面

7.4.3　Cookie 技术

使用 Session 时，在关闭浏览器后 Session 会自动失效，要使用 Session 则必须在每次重新开启浏览器窗口时创建新的 Session。使用 Cookie 则可以解决这个问题，Cookie 是用户浏览网站时客户端存放在用户机器中的一个文本文件，其中保存了用户访问网站的私有信息。当用户下一次访问网站时，网站的脚本文件就可以读取这些信息。普通的 Session 在浏览器关闭后就失效了，而保存在 Cookie 中的 Session 允许在 Cookie 的有效期内保留。

值得注意的是，Cookie 技术有很多局限性，例如：

- 多人共用一台计算机，Cookie 数据容易泄露；
- 一个站点存储的 Cookie 信息有限；
- 有些浏览器不支持 Cookie；
- 用户可以通过设置浏览器选项来禁用 Cookie。

正是由于以上 Cookie 的一些局限性，所以在进行会话管理时，SessionID 通常会选择 Cookie 和 URL 两种方式来保存，而不是只保存在 Cookie 中。

下面介绍在 PHP 中实现 Cookie 的步骤。

1. 创建 Cookie

在 PHP 中创建 Cookie 使用 setcookie()函数，语法格式如下：

```
bool setcookie(string $name [, string $value [, int $expire [, string $path [, string $domain [, bool $secure [, bool
$httponly ]]]]]])
```

说明：本函数将定义一个和其余的 HTTP 标头一起发送的 Cookie。setcookie()函数要遵守的规定和 header()函数类似。如果服务器的输出缓存没有开启，则使用 setcookie()函数前脚本不能有任何输出，否则将出现警告。本书中 php.ini 文件的 output_buffering 选项的值为 4096，表示服务器的缓存已经开启，将不会出现警告。如果 setcookie()函数运行成功将返回 TRUE。

本函数的参数如下：

- $name。表示 Cookie 的名字。
- $value。表示 Cookie 的值，该值保存在客户端，所以不要保存比较敏感的数据。
- $expire。表示 Cookie 过期的时间，这是一个 UNIX 时间戳，即从 UNIX 纪元开始的秒数。对于$expire 的设置一般通过当前时间戳加上相应的秒数来决定。例如，time()+1200 表示 Cookie 将在 20 分钟后失效。如果不设置则 Cookie 将在浏览器关闭之后失效。
- $path。表示 Cookie 在服务器上的有效路径。默认值为设定 Cookie 的当前目录。
- $domain。表示 Cookie 在服务器上的有效域名。例如，要使 Cookie 能在 example.com 域名下的所有子域都有效，该参数应设为".example.com"。
- $secure。表示 Cookie 是否仅允许通过安全的 HTTPS 协议传输。取值为 1 或 0，当设成 1 时 Cookie 仅允许通过 HTTPS 传输，设成 0 表示允许通过普通 HTTP 协议传输。默认值为 0。

例如：

```
<?php
setcookie("user", "administrator");                              //设置 Cookie 的名称和值
setcookie("password", "123456", time()+3600);                    //设置一个 Cookie，1 小时后失效
setcookie("name", "zhou", time()+3600, "\php5" );                //创建只在 php5 目录下有效的 Cookie
setcookie("number", "001", time()+3600, "", ".example.com");    //创建在.example.com 有效的 Cookie
?>
```

2. 访问 Cookie

通过 setcookie()函数创建的 Cookie 是作为数组的单元，存放在预定义变量$_COOKIE 中的。也就是说，直接对$_COOKIE 数组单元进行赋值也可以创建 Cookie。但$_COOKIE 数组创建的 Cookie 在会话结束后就会失效。例如：

```
<?php
setcookie("name", "周何骏");
$_COOKIE["number"]="081101";
```

```
print_r($_COOKIE);
//输出：Array ( [password] => 123456 [bdshare_firstime] => 1398408989078 [number] => 081101 )
?>
```

访问 Cookie 的方法与 Session 类似，例如：

```
<?php
setcookie("name","zhou");
if(isset($_COOKIE["name"]))
    echo $name;
?>
```

3. 删除 Cookie

Cookie 在创建时指定了一个过期时间，如果到了过期时间，Cookie 将自动被删除。在 PHP 中没有专门删除 Cookie 的函数。如果为了安全方面的考虑，在 Cookie 过期之前就想删除 Cookie，可以使用 setcookie()函数或$_COOKIE 数组将已知 Cookie 的值设为空。例如：

```
<?php
$_COOKIE["user"]="administrator";
setcookie("password","123456",time()+3600);
$_COOKIE["user"]="";                                //使用$_COOKIE 清除 Cookie
setcookie("password","");                           //使用 setcookie()函数清除 Cookie
print_r($_COOKIE);
//输出：Array ( [password] => 123456 [bdshare_firstime] => 1398408989078 [user] => )
?>
```

说明：使用 setcookie()函数删除 Cookie 时，其$_COOKIE 数组里的对应单元也将被删除；而使用$_COOKIE 设置 Cookie 为空值后，只是删除了 Cookie 的值，其在$_COOKIE 数组中单元的键名仍然存在。另外，使用 setcookie()函数删除 Cookie 时，还可以将过期时间设为过去的时间，如“time()-3600”表示当前时间的前一天过期，即可立即将 Cookie 删除。

【例 7.3】 制作一个登录表单，将表单的值保存在 Cookie 中，并可以选择 Cookie 的有效时间。

新建 EX7_3_1.php 文件，输入以下代码：

```
<!DOCTYPE html>
<html>
<head>
<title>登录</title>
<style type="text/css">
table{
    margin:0 auto;
}
td{
    text-align:center;
}
</style>
</head>
<body>
<form action="EX7_3_1.php" method="post">
<table border="0">
    <tr>
        <td>用户名<input name="username" type="text"></td>
    </tr>
    <tr>
        <td>密码<input name="password" type="password"></td>
    </tr>
```

```
        <tr>
            <td>
                Cookie 保存时间
                <select name="time">
                    <option value="0" selected>不保存</option>
                    <option value="1">保存 1 小时</option>
                    <option value="2">保存 1 天</option>
                    <option value="3">保存 1 星期</option>
                </select>
            </td>
        </tr>
        <tr>
            <td colspan="2">
                <input type="submit" name="Submit" value="登录">
                <input type="reset" name="Submit2" value="重置">
            </td>
        </tr>
    </table>
    form>
    </body>
    </html>
    <?php
    setcookie("username");
    if(isset($_POST['Submit']))
    {
    $username=$_POST['username'];
    $password=$_POST['password'];
    $time=$_POST['time'];
    if($username=="administrator"&&$password=="123456")
    {
        switch($time)
        {
            case 0:                         //不保存
                setcookie("username",$username);
                break;
            case 1:                         //保存 1 小时
                setcookie("username",$username,time()+60*60);
                break;
            case 2:                         //保存 1 天
                setcookie("username",$username,time()+24*60*60);
                break;
            case 3:                         //保存 1 星期
                setcookie("username",$username,time()+7*24*60*60);
                break;
        }
        header("location:EX7_3_2.php");     //自动跳转到 EX7_3_2.php 页面
    }
    else
        {
            echo "<script>alert（'登录失败'）; location.href='EX7_3_1.php';</script>";
        }
    }
    ?>
```

新建 EX7_3_2.php 文件，输入以下代码：

```
<?php
if($username=@$_COOKIE['username'])
{
echo "欢迎管理员".$username."登录";
}
else
echo "您没有权限访问本页面";
?>
```

运行 EX7_3_1.php 文件，输入用户名 administrator，密码 123456，Cookie 选择保存 1 天，如图 7.5 所示。单击【登录】按钮，结果如图 7.6 所示。

关闭当前浏览器，在重新启动浏览器后访问 EX7_3_2.php 文件，由于 Cookie 设置成保存 1 天，这时同样可以显示如图 7.6 所示的页面。如果不是此设置，直接访问 EX7_3_2.php 文件时会提示无权限访问。

图 7.5　管理员登录，保存 Cookie

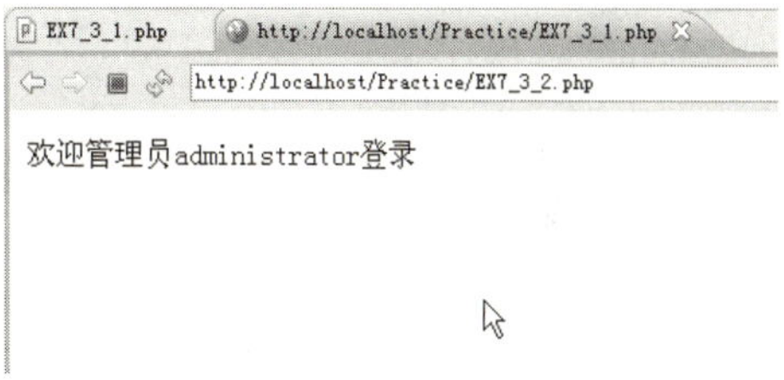

图 7.6　管理员页面

7.5　实例——制作一个 PHP 互动网页

【例 7.4】 制作一个智能问答系统，系统根据存储于文本文件中的用户信息判断用户是否是合法登录。用户登录后可以进行智力问答，回答完后系统会计算其所得分数。

在 Practice 文件夹下新建一个 EX7_4_info.txt 文本文件，在其中保存用户的信息，有用户名、密码两个信息，中间用“|”隔开，如输入如下几行数据：

```
user1|123456
user2|654321
user3|111111
```

新建 EX7_4_login.php 文件（登录页面），输入以下代码：

```
<!DOCTYPE html>
<html>
<head>
<title>登录</title>
<style type="text/css">
table{
    margin:0 auto;
}
td{
    text-align:center;
}
</style>
```

```
</head>
<body>
<form action="EX7_4_main.php" method="get">
<table border="0">
    <tr>
        <td>用户名<input name="username" type="text"></td>
    </tr>
    <tr>
        <td>密码<input name="password" type="password"></td>
    </tr>
    <tr>
        <td colspan="2">
            <input type="submit" name="Submit" value="登录">
            <input type="reset" name="Submit2" value="重置">
        </td>
    </tr>
</table>
</form>
</body>
</html>
```

新建 EX7_4_main.php 文件（主页面），输入以下代码：

```
<?php
session_start();
$username=@$_GET['username'];                                    //获取用户名
$password=@$_GET['password'];                                    //获取密码

//本函数用于获取文本文件中的用户数据
function loadinfo()
{
$user_array=array();
$filename='EX7_4_info.txt';                                      //用户信息文件
$fp=fopen($filename,"r");                                        //打开文件
$i=0;
while($line=fgets($fp,1024))
{
    list($user,$pwd)=explode('|',$line);                         //读取每行数据
    $user=trim($user);                                           //去掉首尾特殊符号
    $pwd=trim($pwd);
    $user_array[$i]=array($user,$pwd);                           //将数组组成一个二维数组
    $i++;
}
fclose($fp);
return $user_array;                                              //返回一个数组
}
$user_array=loadinfo();
if($username)
{
//判断用户输入用户名和密码是否正确
if(!in_array(array($username,$password),$user_array))
    echo "<script>alert('用户名或密码错误!');location='EX7_4_login.php';</script>";
else
{
```

```
        foreach($user_array AS $value)                    //遍历数组
        {
            list($user,$pwd)=$value;
            if($user==$username&&$pwd==$password)
            {
                //使用 Session 将用户名和密码传到其他页面
                $_SESSION['username']=$username;
                $_SESSION['password']=$password;
                echo "<div>您的用户名为：".$user."</div>";
                echo "<br/>";
                //得到 EX7_4_QA.php 中使用 Session 传来的值
                if($points=@$_SESSION['QA_points'])
                {
                    echo "您刚刚答题得到了".$points."分<br/>";
                    echo "<input type='button' value='继续答题'
                             onclick=window.location='EX7_4_QA.php'>";
                }
                else
                {
                    echo "您还没有答题记录<br/>";
                    echo "<input type='button' value='开始答题'
                            onclick=window.location='EX7_4_QA.php'>";
                }
            }
        }
    }
}
else
echo "您尚未登录，无权访问本页";
?>
```

新建 EX7_4_QA.php 文件（答题页面），输入以下代码：

```
<?php
session_start();
$username=@$_SESSION['username'];
$password=@$_SESSION['password'];
if($username)
{
echo $username.",请回答以下题目：<br/>";
?>
<form method="post" action="">
<div>
    1. 农夫有 17 只羊，除了 9 只以外都病死了，农夫还剩几只羊？<br/>
    <input type="radio" name="q1" value="1">17
    <input type="radio" name="q1" value="2">9
    <input type="radio" name="q1" value="3">8
</div>
<br/>
<div>
    2. 大月有 31 天，小月有 30 天，那么一年中几个月有 28 天？<br/>
    <input type="radio" name="q2" value="1">1 个
    <input type="radio" name="q2" value="2">4 年一个
    <input type="radio" name="q2" value="3">12 个
```

```
</div>
<br/>
<div>
    3. 小明的妈妈有三个小孩，老大叫大毛，老二叫二毛，老三叫什么？<br/>
    <input type="radio" name="q3" value="1">三毛
    <input type="radio" name="q3" value="2">小明
    <input type="radio" name="q3" value="3">不知道
</div>
<br/>
<div>
    4. 英国有没有七月四日（美国独立纪念日）？<br/>
    <input type="radio" name="q4" value="1">有
    <input type="radio" name="q4" value="2">没有
    <input type="radio" name="q4" value="3">不知道
</div>
<br/>
<div>
    5. 医生给你 3 个药丸，要你每 30 分钟吃 1 个，这些药丸多久后会被吃完？<br/>
    <input type="radio" name="q5" value="1">90 分钟
    <input type="radio" name="q5" value="2">60 分钟
    <input type="radio" name="q5" value="3">30 分钟
</div>
<br/>
<input type="submit" value="提交" name="submit">
</form>
<?php
if(isset($_POST['submit']))
{
    $q1=@$_POST['q1'];
    $q2=@$_POST['q2'];
    $q3=@$_POST['q3'];
    $q4=@$_POST['q4'];
    $q5=@$_POST['q5'];
    $i=0;
    if($q1=="1")
        $i++;
    if($q2=="3")
        $i++;
    if($q3=="2")
        $i++;
    if($q4=="1")
        $i++;
    if($q5=="2")
        $i++;
    $_SESSION['QA_points']=$i*20;                    //使用 Session 将答题所得分数传到其他页面
    echo "<script>alert('您一共答对".$i."道题，得到".($i*20)."分');";
    echo "if(confirm('返回继续答题？'))";
    echo "window.location='EX7_4_QA.php';";
    echo "else ";
    //使用 get 方法提交本页面的用户信息
    echo "window.location='EX7_4_main.php?username=$username&password=$password';"; echo "</script>";
}
}
```

```
else
echo "您尚未登录，无权访问本页";
?>
```

运行 EX7_4_login.php 文件，输入用户名 user1，密码 123456，如图 7.7 所示。

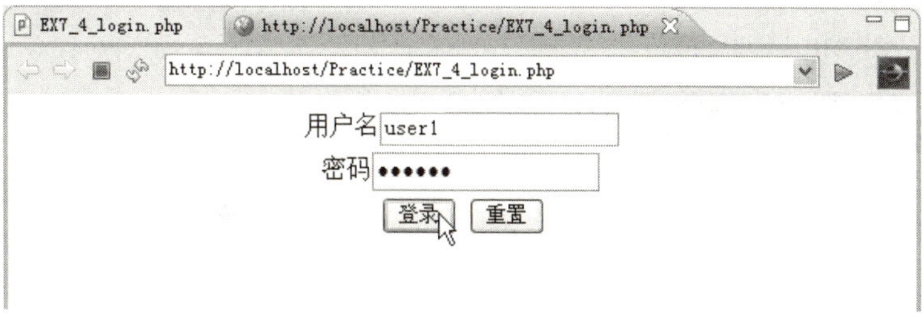

图 7.7　用户登录界面

单击【登录】按钮，进入主页面，如图 7.8 所示。

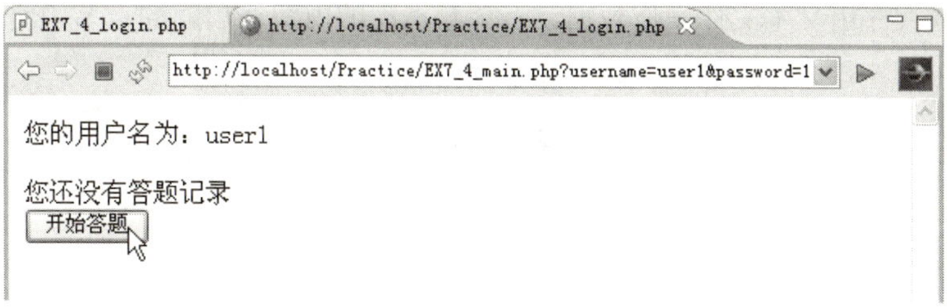

图 7.8　主页面

单击【开始答题】按钮，进入答题页面，如图 7.9 所示。

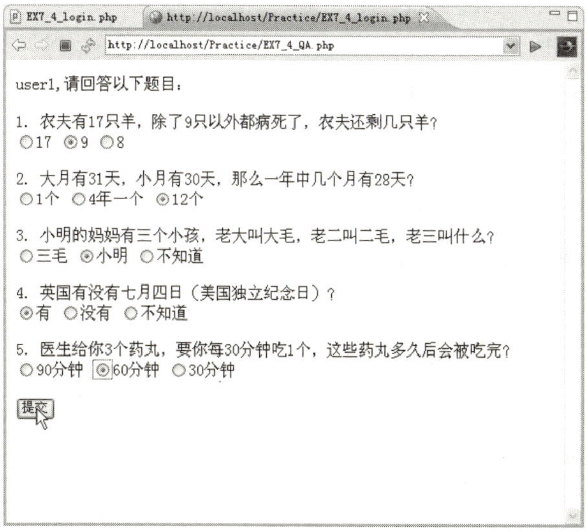

图 7.9　答题页面

在答题页面上进行答题，答完后单击【提交】按钮，系统会计算所得分数，如图 7.10 所示。单击【确定】按钮后会弹出“继续答题”确认对话框，如图 7.11 所示。单击【确定】按钮则继续答题，单击【取消】按钮则返回主页面，在主页面中会有相应提示，如图 7.12 所示。

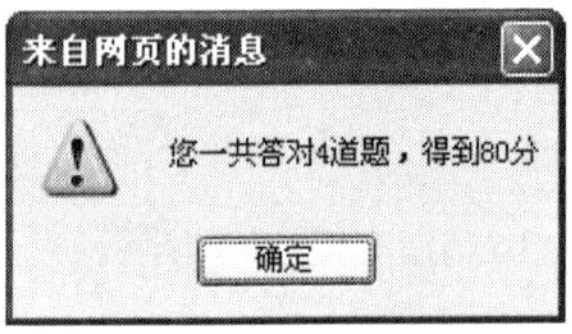

图 7.10 计算得分

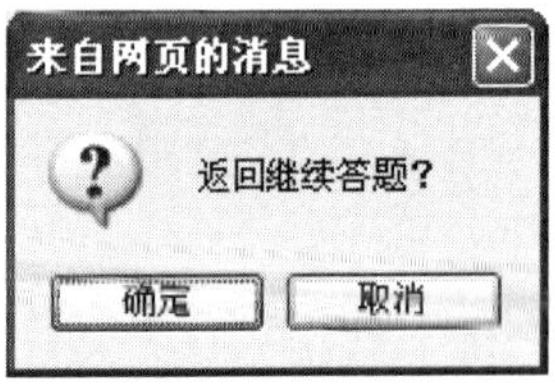

图 7.11 “继续答题”确认对话框

图 7.12 返回主页面

说明：一般在使用 PHP 制作 Web 页面时，经常要使用数据库来存储数据。由于本书至此尚未介绍数据库，所以本程序用文本文件操作数据。有关数据库的内容在后面的章节中将具体介绍。

习 题 7

1．PHP 接收表单数据的常用方法有哪些？

2．制作一个登录表单，用户名要求为 20 位以下字符，密码为 6～20 位数字，使用 PHP 接收这个登录表单的数据并判断是否符合要求。

3．在 URL 中附加要提交的参数，使用$_GET 变量获取参数的值。

4．常用的页面跳转方法有哪些？试各举一例。

5．简述会话的工作原理。

6．在 PHP 中实现会话的主要步骤有哪些？

7．如何定义和访问会话变量？

8．简述 Cookie 的工作原理。

9．在 PHP 中如何创建和访问 Cookie？

10．制作一个互动网页，要求使用 session 在页面间传值。

第 8 章

MySQL 数据库基础

MySQL 是当前比较流行的中小型关系数据库管理系统，也是最常用的一种与 PHP 结合应用的数据库管理系统。本章将具体介绍数据库的基本内容，并系统地介绍 MySQL 数据库。

8.1 数据库基础

为了更好地学习 MySQL，首先要了解一下数据库的基本概念。

8.1.1 数据库与数据库管理系统

1. 数据库

数据库（DB）是存放数据的仓库，只不过这些数据存在一定的关联，并按一定的格式存放在计算机上。从广义上讲，数据不仅包含数字，还包括了文本、图像、音频、视频等。

例如，把学校的学生、课程、学生成绩等数据有序地组织并存放在计算机内，就可以构成一个数据库。因此，数据库由一些持久的相互关联的数据集合组成，并以一定的组织形式存放在计算机的存储介质中。

2. 数据库管理系统

数据库管理系统（DBMS）是管理数据库的系统软件，它按一定的数据模型组织数据。DBMS 应提供如下功能。

- 数据定义：可定义数据库中的数据对象。
- 数据操纵：可对数据库表进行基本操作，如插入、删除、修改、查询。
- 完整性检查：保证用户输入的数据满足相应的约束条件。
- 数据库安全保护：保证只有赋予权限的用户才能访问数据库中的数据。
- 并发控制：使多个应用程序可在同一时刻并发地访问数据库的数据。
- 故障恢复：当数据库运行出现故障时进行数据库恢复，以保证数据库可靠运行。
- 网络功能：在网络环境下访问数据库的功能。
- 编程接口和工具：编程人员通过程序开发工具与数据库的接口编写数据库应用程序；数据库管理员（DataBase Adminitrator，DBA）通过提供的工具对数据库进行管理。

数据、数据库、数据库管理系统与操作数据库的应用程序，加上支撑它们的硬件平台、软件平台及与数据库有关的人员，构成了一个完整的数据库系统。图 8.1 描述了这种系统的构成。

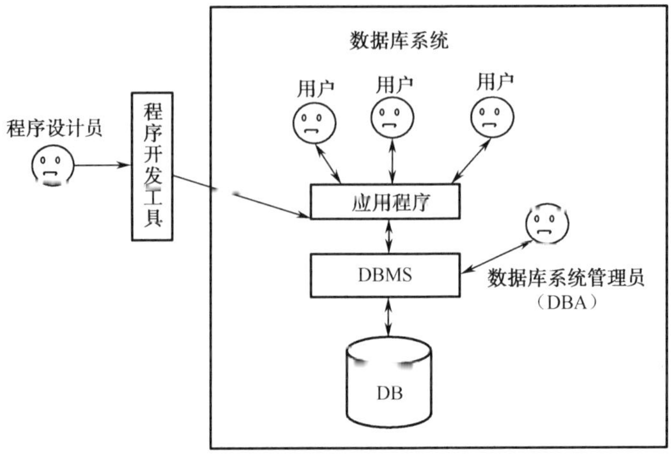

图 8.1　数据库系统的构成

8.1.2　关系数据库管理系统

数据库管理系统根据数据模型对数据进行存储和管理，数据库管理系统采用的数据模型主要有层次模型、网状模型和关系模型。

层次模型以树型层次结构组织数据。网状模型中，每个数据用一个节点表示，每个节点与其他节点都有联系，这样数据库中的所有数据节点就构成了一个复杂的网络。而关系模型是以二维表格（关系表）的形式组织数据库中的数据。

例如，学生成绩管理系统涉及学生、课程和成绩三个表。"学生"表涉及的主要信息有：学号、姓名、性别、出生时间、专业、总学分、备注。"课程"表涉及的主要信息有：课程号、课程名、开课学期、学时和学分。"成绩"表涉及的主要信息有：学号、课程号和成绩。表 8.1、表 8.2 和表 8.3 分别描述了学生成绩管理系统中学生、课程和成绩三个表的数据（本书将使用学生管理系统的这三个表作为例表）。

表 8.1　学生表

学　号	姓　名	性　别	出生时间	专　业	总学分	备　注
081101	王林	男	1990-2-10	计算机	50	
081102	程明	男	1991-2-1	计算机	50	
081103	王燕	女	1989-10-6	计算机	50	
081104	韦严平	男	1990-8-26	计算机	50	
081106	李方方	男	1990-11-20	计算机	50	
081107	李明	男	1990-5-1	计算机	54	提前修完《数据结构》，并获学分
081108	林一帆	男	1989-8-5	计算机	52	已提前修完一门课
081109	张强民	男	1989-8-11	计算机	50	
081110	张蔚	女	1991-7-22	计算机	50	三好学生
081111	赵琳	女	1990-3-18	计算机	50	
081113	严红	女	1989-8-11	计算机	48	有一门课不及格，待补考
081201	王敏	男	1989-6-10	通信工程	42	

续表

学　号	姓　名	性　别	出生时间	专　业	总学分	备　注
081202	王林	男	1989-1-29	通信工程	40	有一门课不及格，待补考
081203	王玉民	男	1990-3-26	通信工程	42	
081204	马琳琳	女	1989-2-10	通信工程	42	
081206	李计	男	1989-9-20	通信工程	42	
081210	李红庆	男	1989-5-1	通信工程	44	已提前修完一门课，并获学分
081216	孙祥欣	男	1989-3-19	通信工程	42	
081218	孙研	男	1990-10-9	通信工程	42	
081220	吴薇华	女	1990-3-18	通信工程	42	
081221	刘燕敏	女	1989-11-12	通信工程	42	
081241	罗林琳	女	1990-1-30	通信工程	50	转专业学习

表 8.2　课程表

课程号	课程名	开课学期	学　时	学　分
101	计算机基础	1	80	5
102	程序设计与语言	2	68	4
206	离散数学	4	68	4
208	数据结构	5	68	4
210	计算机原理	5	85	5
209	操作系统	6	68	4
212	数据库原理	7	68	4
301	计算机网络	7	51	3
302	软件工程	7	51	3

表 8.3　成绩表

学　号	课程号	成　绩	学　号	课程号	成　绩	学　号	课程号	成　绩
081101	101	80	081107	101	78	081111	206	76
081101	102	78	081107	102	80	081113	101	63
081101	206	76	081107	206	68	081113	102	79
081103	101	62	081108	101	85	081113	206	60
081103	102	70	081108	102	64	081201	101	80
081103	206	81	081108	206	87	081202	101	65
081104	101	90	081109	101	66	081203	101	87
081104	102	84	081109	102	83	081204	101	91
081104	206	65	081109	206	70	081210	101	76
081102	102	78	081110	101	95	081216	101	81

续表

学　号	课 程 号	成　绩	学　号	课 程 号	成　绩	学　号	课 程 号	成　绩
081102	206	78	081110	102	90	081218	101	70
081106	101	65	081110	206	89	081220	101	82
081106	102	71	081111	101	91	081221	101	76
081106	206	80	081111	102	70	081241	101	90

表格中的一行称为一个记录，一列称为一个字段，每列的标题称为字段名。如果给每个关系表取一个名字，则有 *n* 个字段的关系表的结构可表示为：关系表名（字段名 1，……，字段名 *n*），通常把关系表的结构称为关系模式。

在关系表中，如果一个字段或几个字段组合的值可唯一标志其对应记录，则称该字段或字段组合为码。

例如，表 8.1 的“学号”可唯一标志每个学生，表 8.2 的“课程号”可唯一标志每门课。表 8.3 的“学号”和“课程号”可唯一标志每个学生每门课程的成绩。

有时一个表可能有多个码，如表 8.1 中，姓名不允许重名，则“学号”、“姓名”均是学生表的码。对于每个关系表通常可指定一个码为“主码”，在关系模式中，一般用下画线标出主码。

设表 8.1 的名字为 XSB，关系模式可表示为：XSB（学号，姓名，性别，出生时间，专业，总学分，备注）。

设表 8.2 的名字为 KCB，关系模式可表示为：KCB（课程号，课程名，开课学期，学时，学分）。

设表 8.3 的名字为 CJB，关系模式可表示为：CJB（学号，课程号，成绩）。

从上面可看出，按关系模型组织的数据表达方式简洁、直观，插入、删除、修改操作方便，而按层次、网状模型组织的数据表达方式复杂，插入、删除、修改操作复杂。因此，关系模型得到了广泛应用。

使用关系模型的数据库就是关系数据库，自 20 世纪 70 年代关系模型提出后，迅速被商用数据库系统采用，涌现出很多性能优良的关系数据库管理系统（RDBMS）。目前，商品化的数据库管理系统以关系数据库为主导产品，技术比较成熟。主流的大型关系数据库管理系统包括 Oracle、SQL Server、DB 2、Sybase、INFORMIX 和 INGRES 等，小型的关系数据库管理系统包括 MySQL、Access、Visual FoxPro 等。

8.1.3 关系数据库语言

关系数据库的标准语言是 SQL（Structured Query Language，结构化查询语言）。SQL 语言是用于关系数据库查询的结构化语言，最早由 Boyce 和 Chambedin 在 1974 年提出，称为 SEQUEL 语言。1976 年，IBM 公司的 San Jose 研究所在研制关系数据库管理系统 System R 时修改为 SEQUEL 2，即目前的 SQL 语言。1976 年，SQL 开始在商品化关系数据库管理系统中应用。1982 年美国国家标准化组织 ANSI 确认 SQL 为数据库系统的工业标准。SQL 是一种介于关系代数和关系演算之间的语言，具有丰富的查询功能，同时具有数据定义和数据控制功能，是集数据定义、数据查询和数据控制于一体的关系数据语言。目前，许多关系数据库管理系统都支持 SQL 语言，如 MySQL、SQL Server、Oracle、Access、DB 2、Sybase 等。

SQL 语言的功能包括数据查询、数据操纵、数据定义和数据控制 4 部分。SQL 语言简洁、方便实用，为完成其核心功能只用了 6 个词：SELECT、CREATE、INSERT、UPDATE、DELETE、GRANT

(REVOKE)。目前已成为应用最广的关系数据库语言。

在很长一段时间里，SQL 语言被划分为声明式、非过程式数据库语言。这里的声明式和非过程式，指的是用户（在语句的帮助下）必须指定他们需要哪些数据，而不是他们必须如何一条一条地访问。众所周知的语言如 C 语言、C++、Java、PHP 等，都是过程式语言。而如今，很多 SQL 厂商为 SQL 添加了过程式扩展，这使得触发器和存储过程这样的过程式数据库对象成为可能。MySQL 在最新的版本中也在这方面进行了扩展。

8.2 MySQL 基础知识

MySQL 是目前最流行的开放源码的中小型关系数据库管理系统，目前被广泛地应用于 Internet 上的中小型网站中。本章介绍的是 MySQL 5.6 版。

8.2.1 MySQL 简介

MySQL 是一个中小型关系数据库管理系统，开发者为瑞典 MySQL AB 公司。由于其体积小、速度快、总体拥有成本低，尤其是开放源码这一特点，许多中小型网站为了降低网站总体拥有成本而选择了 MySQL 作为网站数据库。

与其他大型数据库相比，MySQL 还有一些不足之处，但是这丝毫没有减少它受欢迎的程度。对于一般的个人用户和中小型企业来说，MySQL 提供的功能已经绰绰有余，而且由于 MySQL 是开放源码软件，因此可以大大降低总体拥有成本。

MySQL 数据库的特点主要有以下几个方面。

- 使用核心线程的完全多线程服务，这意味着可以采用多 CPU 体系结构。
- 可运行在不同的平台。
- 使用 C 和 C++语言编写，并使用多种编译器进行测试，保证了源代码的可移植性。
- 支持 AIX、FreeBSD、HP-UX、Linux、Mac OS、Novell Netware、OpenBSD、OS/2 Wrap、Solaris、Windows 等多种操作系统。
- 为多种编程语言提供了 API。这些编程语言包括 C、C++、Eiffel、Java、Perl、PHP、Python、Ruby 和 Tcl 等。
- 支持多线程，充分利用 CPU 资源。
- 优化的 SQL 查询算法，可有效地提高查询速度。
- 既能够作为一个单独的应用程序应用在客户端服务器网络环境中，也能够作为一个库嵌入其他的软件中。提供多语言支持，常见的编码如中文的 GB 2312、BIG 5，日文的 Shift_JIS 等，都可以用做数据表名和数据列名。
- 提供 TCP/IP、ODBC 和 JDBC 等多种数据库连接途径。
- 提供可用于管理、检查、优化数据库操作的管理工具。
- 可以处理拥有上千万条记录的大型数据库。

MySQL 支持 SQL 标准，并且进行了相应的扩展。在操作 MySQL 数据库之前，需要对 MySQL 的基础知识有个大概的了解。

8.2.2 MySQL 数据对象

数据库可以看做是一个存储数据对象（数据库对象）的容器，在 MySQL 中，这些数据对象包括以下几种。

1. 表

表是 MySQL 中最主要的数据对象，是用来存储和操作数据的一种逻辑结构。表由行和列组成，因此也称为二维表。表是在日常工作和生活中经常使用的一种表示数据及其关系的形式。

2. 视图

视图是从一个或多个基本表中引出的表。数据库中只存放视图的定义，而不存放视图对应的数据，这些数据仍存放在导出视图的基本表中。

由于视图本身并不存储实际数据，因此也称为虚表。视图中的数据来自定义视图的查询所引用的基本表，并在引用时动态生成数据。当基本表的数据发生变化时，从视图中查询出来的数据也随之改变。视图一经定义，就可以像基本表一样被查询、修改、删除和更新。

3. 索引

索引是一种不用扫描整个数据表就可以对表中的数据实现快速访问的途径，它是对数据表中的一列或多列的数据进行排序的一种结构。

表中的记录通常按其输入的时间顺序存放，这种顺序称为记录的物理顺序。为了实现对表中记录的快速查询，可以对表中记录按某个或某些属性进行排序，这种顺序称为逻辑顺序。

索引是根据索引表达式的值进行逻辑排序的一组指针，它可以实现对数据的快速访问。

4. 约束

约束机制保障了 MySQL 中数据的一致性与完整性，具有代表性的约束就是主键和外键。主键约束当前表记录的唯一性，外键约束当前表记录与其他表的关系。

5. 存储过程

在 MySQL 5.0 以后，MySQL 才开始支持存储过程、存储函数、触发器和事件这 4 种过程式数据库对象。存储过程是一组完成特定功能的 SQL 语句集合。这个语句集合经过编译后存储在数据库中，存储过程具有输入、输出和输入/输出参数，它可以由程序、触发器或另一个存储过程调用从而激活它，实现代码段中的 SQL 语句。存储过程独立于表存在。

6. 触发器

触发器是一个被指定关联到一个表的数据库对象，触发器是不需要调用的，当对一个表的特别事件出现时，它会被激活。触发器的代码是由 SQL 语句组成的，因此用在存储过程中的语句也可以用在触发器的定义中。触发器与表的关系密切，用于保护表中的数据。当有操作影响到触发器保护的数据时，触发器自动执行，例如，通过触发器实现多个表间数据的一致性。当对表执行 INSERT、DELETE 或 UPDATE 语句时，将激活触发程序。在 MySQL 中，目前触发器的功能还不够全面，在以后的版本中将得到改进。

7. 存储函数

存储函数与存储过程类似，也是由 SQL 和过程式语句组成的代码片段，并且可以从应用程序和 SQL 中调用。但存储函数不能拥有输出参数，因为存储函数本身就是输出参数。存储函数必须包含一条 RETURN 语句，从而返回一个结果。

8. 事件

事件与触发器类似，都是在某些事情发生时启动。不同的是触发器是在数据库上启动一条语句时被激活，而事件是在相应的时刻被激活。例如，可以设定在 2014 年的 8 月 16 日上午 9 点启动一个事件，或者设定每个周六下午 4 点启动一个事件。从 MySQL 5.1 开始才添加了事件，不同的版本功能可能也会不同。

由于本书是 PHP 教程，介绍 MySQL 的篇幅有限，本章只对 MySQL 的数据库对象做比较基础的介绍。

8.2.3 MySQL 表结构

每个数据库包含若干个表。表是 MySQL 中最主要的数据库对象，它是用来存储数据的一种逻辑结构。表由行和列组成，因此也称为二维表。表是在日常工作和生活中经常使用的一种表示数据及其关系的形式，例如，表 8.1 就是用来表示学生情况的一个学生表。

每个表都有一个名字，以标志该表。表 8.1 的名字是“学生表”，它共有 7 列，每列有一个列名（一般用标题作为列名），描述学生某一方面的属性。每个表由若干行组成，表的第一行为各列标题，其他各行都是数据。

下面简单介绍与表有关的几个概念。

- 表结构。组成表的各列的名称及数据类型，称为表结构。
- 记录。每个表包含了若干行数据，它们是表的“值”，表中的一行称为一个记录。因此，表是记录的有限集合。
- 字段。每个记录由若干个数据项构成，构成记录的每个数据项称为字段。例如，表 8.1 中，表结构为（学号，姓名，性别，出生时间，专业，总学分，备注），包含 7 个字段，由 22 个记录组成。
- 空值。空值（NULL）通常表示未知、不可用或将在以后添加的数据。若某列允许为空值，则向表中输入记录值时可不为该列给出具体值。而某列若不允许为空值，则在输入时必须给出具体值。
- 关键字。若表中记录的某一字段或字段组合能唯一标志记录，则称该字段或字段组合为候选关键字（Candidate key）。若表中有多个候选关键字，则选定其中一个为主关键字（Primary key），也称为主键。当表中仅有唯一的一个候选关键字时，该候选关键字就是主关键字。

这里的主关键字与前面所讲的主码所起的作用是相同的，都用来唯一标志记录行。

例如，在学生表中，2 个或 2 个以上的记录的姓名、性别、出生时间、专业、总学分和备注这 6 个字段的值有可能相同，但是学号字段的值对表中所有记录来说一定不同，即通过“学号”字段可以将表中的不同记录区分开来。因此，学号字段是唯一的候选关键字，学号就是主关键字。又例如，学生成绩表记录的候选关键字是（学号，课程号）字段组合，它也是唯一的候选关键字。

8.2.4 MySQL 数据类型

在创建表的列时，必须为其指定数据类型，列的数据类型决定了数据的取值、范围和存储格式。MySQL 提供了丰富的数据类型，将其列于表 8.4 中。

表 8.4 数据类型表

数 据 类 型	符 号 标 志
整数型	BIGINT, INT, SMALLINT, MEDIUMINT, TINYINT
精确数值型	DECIMAL, NUMERIC

续表

数据类型	符号标志
浮点型	FLOAT, REAL, DOUBLE
位型	BIT
字符型	CHAR, VARCHAR, LONGVARCHAR, LONGTEXT
Unicode 字符型	NCHAR, NVARCHAR
BLOB 类型	TINYBLOB, BLOB, MEDIUMBLOB, LONGBLOB
文本型	TEXT, TINYTEXT
二进制型	BINARY, VARBINARY
日期时间类型	DATE, TIME, DATETIME, TIMESTAMP, YEAR

在讨论数据类型时，使用了精度、小数位数和长度三个概念，前两个概念是针对数值型数据的，它们的含义如下：

- 精度。指数值数据中所存储的十进制数据的总位数。
- 小数位数。指数值数据中小数点右边可以有的数字位数的最大值。例如，数值数据 3560.697 的精度是 7，小数位数是 3。
- 长度。指存储数据所使用的字节数。

下面分别介绍数据类型。

1. 整数型

整数型包括 BIGINT、INT、SMALLINT、MEDIUMINT 和 TINYINT，从标志符的含义可以看出，它们表示数的范围逐渐缩小。

- BIGINT。大整数，数值范围为-2^{63}(–9 223 372 036 854 775 808)～$2^{63}-1$(9 223 372 036 854 775 807)，其精度为 19，小数位数为 0，长度为 8B。
- INTEGER（简写为 INT）。整数，数值范围为-2^{31}(–2 147 483 648)～$2^{31}-1$(2 147 483 647)，其精度为 10，小数位数为 0，长度为 4B。
- MEDIUMINT。中等长度整数，数值范围为-2^{23}(–8 388 608)～$2^{23}-1$(8 388 607)，其精度为 7，小数位数为 0，长度为 3B。
- SMALLINT。短整数，数值范围为-2^{15}(–32 768)～$2^{15}-1$(32 767)，其精度为 5，小数位数为 0，长度为 2B。
- TINYINT。微短整数，数值范围为-2^{7}(–128)～$2^{7}-1$(127)，其精度为 3，小数位数为 0，长度为 1B。

2. 精确数值型

精确数值型由整数部分和小数部分构成，其所有的数字都是有效位，能够以完整的精度存储十进制数。精确数值型包括 DECIMAL、NUMERIC 两类。从功能上说两者完全等价，两者的唯一区别在于 DECIMAL 不能用于带有 IDENTITY 关键字的列。

声明精确数值型数据的格式是 NUMERIC | DECIMAL(P[,S])，其中 P 为精度，S 为小数位数，S 的默认值为 0。例如，指定某列为精确数值型，精度为 6，小数位数为 3，即 DECIMAL(6,3)，那么若向某记录的该列赋值 56.342 689 时，该列实际存储的是 56.343。

3. 浮点型

浮点型也称近似数值型。这种类型不能提供精确表示数据的精度。使用这种类型来存储某些数值时，有可能会损失一些精度，所以它可用于处理取值范围非常大且对精确度要求不是十分高的数值量，如一些统计量。

有两种浮点数据类型：单精度（FLOAT）和双精度（DOUBLE）。两者通常都使用科学计数法表示数据，即形为：尾数 E 阶数，如 5.6432E20，−2.98E10，1.287 659E−9 等。

- FLOAT[(M,D)] [ZEROFILL]。取值范围：−3.402 823 466E+38 到−1.175 494 351E−38 之间、0、1.175 494 351E−38 到 3.402 823 466E+38 之间。M 是小数总位数，D 是小数点后面的位数。如果省略 M 和 D，根据硬件允许的限制来保存值。单精度浮点数精确到大约 7 位小数位。

存储要求：4 个字节，数据精确为 7 位小数位。

- DOUBLE[(M,D)] [ZEROFILL]。取值范围：−1.797 693 134 862 315 7E+308 到 −2.225 073 858 507 201 4E−308 之间、0、2.225 073 858 507 201 4E−308 到 1.797 693 134 862 315 7E+308 之间。DOUBLE PRECISION 和 REAL 是 DOUBLE 的同义词。

存储要求：8 个字节，数据精度为 15 位小数位。

- FLOAT(p) [UNSIGNED] [ZEROFILL]。p 表示精度（以位数表示），MySQL 只使用该值来确定是否结果列的数据类型为 FLOAT 或 DOUBLE。如果 p 为 0～24，数据类型为没有 M 或 D 值的 FLOAT。如果 p 为 25～53，数据类型为没有 M 或 D 值的 DOUBLE。

4. 位型

位字段类型，表示如下：

```
BIT[(M)]
```

其中，M 表示位值的位数，范围为 1～64。如果省略 M，默认为 1。

5. 字符型

字符型数据用于存储字符串，字符串中可包括字母、数字和其他特殊符号（如#、@、&等）。在输入字符串时，需将串中的符号用单引号或双引号括起来，如'ABC'、"ABC<CDE"。

MySQL 字符型包括固定长度（CHAR）和可变长度（VARCHAR）字符数据类型。

- CHAR[(N)]。定长字符数据类型，其中 N 定义字符型数据的长度，N 为 1～255 之间，默认为 1。当表中的列定义为 CHAR(N)类型时，若实际要存储的字符串长度不足 N 时，则在串的尾部添加空格以达到长度 N，所以 CHAR(N)的长度为 N。例如，某列的数据类型为 CHAR(20)，而输入的字符串为“AHJM1922”，则存储的是字符 AHJM1922 和 12 个空格。若输入的字符个数超出了 N，则超出的部分被截断。
- VARCHAR[(N)]。变长字符数据类型，其中 *n* 可以指定为 0～65 535 之间的值，但这里 N 表示的是字符串可达到的最大长度。VARCHAR(N)的长度为输入的字符串的实际字符个数，而不一定是 N。例如，表中某列的数据类型为 VARCHAR(100)，而输入的字符串为“AHJM1922”，则存储的就是字符 AHJM1922，其长度为 8B。

当列中的字符数据值长度接近一致时，如姓名，此时可使用 CHAR；而当列中的数据值长度显著不同时，使用 VARCHAR 较为恰当，可以节省存储空间。

6. 文本型

当需要存储大量的字符数据，如较长的备注、日志信息等，字符型数据的最长 65 535 个字符的限制可能使它们不能满足应用需求，此时可使用文本型数据。文本型数据对应 ASCII 字符，其数据的存储长度为实际字符数个字节。

文本型数据可分为 4 种：TINYTEXT、TEXT、MEDIUMTEXT 和 LONGTEXT。

表 8.5 列出了各种文本数据类型的最大字符数。

表 8.5 文本数据类型的最大字符数

文本数据类型	最 大 长 度
TINYTEXT	255(2^8-1)
TEXT	65 535($2^{16}-1$)
MEDIUMTEXT	16 777 215($2^{24}-1$)
LONGTEXT	4 294 967 295($2^{32}-1$)

7. BINARY 和 VARBINARY 型

BINARY 和 VARBINARY 类型数据类似于 CHAR 和 VARCHAR，不同的是它们包含的是二进制字符串，而不是非二进制字符串。也就是说，它们包含的是字节字符串，而不是字符字符串。这说明它们没有字符集，并且排序和比较基于列值字节的数值。

- BINARY [(N)]。固定长度的 N 字节二进制数据。N 取值范围为 1～255，默认为 1。BINARY(N)数据的存储长度为 N+4 字节。若输入的数据长度小于 N，则不足部分用 0 填充；若输入的数据长度大于 N，则多余部分被截断。

输入二进制值时，在数据前面要加上 0X，可以用的数字符号为 0～9、A～F（字母大小写均可）。例如，0XFF、0X12A0 分别表示十六进制的 FF 和 12A0。因为每字节的数最大为 FF，故在“0X”格式的数据每两位占 1B。

- VARBINARY[(N)]。N 字节变长二进制数据。N 取值范围为 1～65535，默认为 1。VARBINARY(N)数据的存储长度为实际输入数据长度+4B。

8. BLOB 类型

在数据库中，对于数码照片、视频和扫描的文档等的存储是必须的，MySQL 可以通过 BLOB 数据类型来存储这些数据。BLOB 是一个二进制大对象，可以容纳可变数量的数据。有 4 种 BLOB 类型：TINYBLOB、BLOB、MEDIUMBLOB 和 LONGBLOB。这 4 种 BLOB 数据类型的最大长度对应于 4 种 TEXT 数据类型：TINYTEXT、TEXT、MEDIUMTEXT 和 LONGTEXT。不同的是 BLOB 表示的是最大字节长度，而 TEXT 表示的是最大字符长度。

9. 日期时间类型

MySQL 支持 5 种时间日期类型：DATE、TIME、DATETIME、TIMESTAMP、YEAR。

- DATE。DATE 数据类型由年份、月份和日期组成，代表一个实际存在的日期。DATE 的使用格式为字符形式'YYYY-MM-DD'，年份、月份和日期之间使用连字符“-”隔开，除了“-”，还可以使用其他字符如“/”、“@”等，也可以不使用任何连接符，如'20140816'表示 2014 年 8 月 16 日。DATE 数据支持的范围是'1000-01-01'～'9999-12-31'。虽然不在此范围的日期数据也被允许，但是不能保证能正确进行计算。
- TIME。TIME 数据类型代表一天中的一个时间，由小时数、分钟数、秒数和微秒数组成。格式为'HH:MM:SS.fraction'，其中 fraction 为微秒部分，是一个 6 位的数字，可以省略。TIME 值必须是一个有意义的时间，如'10:08:34'表示 10 点 08 分 34 秒，而'10:98:10'是不合法的，它将变成'00:00:00'。
- DATETIME，TIMESTAMP。DATETIME 和 TIMESTAMP 数据类型是日期和时间的组合，日期和时间之间用空格隔开，如'2014-08-16 10:53:20'。大多数适用于日期和时间的规则在此也适用。DATETIME 和 TIMESTAMP 有很多共同点，但也有区别。对于 DATETIME，年份在 1000～9999 之间，而 TIMESTAMP 的年份在 1970～2037 之间。另一个重要的区别是：TIMESTAMP 支持时区，即在操作系统时区发生改变时，TIMESTAMP 类型的时间值也相应改变，而

DATETIME 则不支持时区。

- YEAR。YEAR 用来记录年份值。MySQL 以 YYYY 格式检索和显示 YEAR 值，范围是 1901～2155。

10. ENUM 和 SET 类型

ENUM 和 SET 是比较特殊的字符串数据列类型，它们的取值范围是一个预先定义好的列表。ENUM 或 SET 数据列的取值只能从这个列表中进行选择。ENUM 和 SET 的主要区别是：ENUM 只能取单值，它的数据列表是一个枚举集合。ENUM 的合法取值列表最多允许有 65 535 个成员。例如，ENUM("N", "Y")表示该数据列的取值要么是“Y”，要么是“N”。SET 可取多值。它的合法取值列表最多允许有 64 个成员。空字符串也是一个合法的 SET 值。

8.3　数据库和表的建立与管理

8.3.1　创建数据库

1. 创建数据库

创建数据库可以使用 CREATE DATABASE 语句，该语句的基本格式如下：

```
CREATE {DATABASE | SCHEMA} [IF NOT EXISTS] 数据库名
```

说明：“[ ]”中内容为可选项，DATABASE 与 SCHEMA 同义。

- 数据库名。要创建的数据库的名称，在文件系统中，MySQL 的数据存储区将以目录方式表示 MySQL 数据库。因此，命令中的数据库名字必须符合操作系统文件夹命名规则。值得注意的是，在 MySQL 中是不区分大小写的。
- IF NOT EXISTS。在创建数据库前进行判断，只有该数据库目前尚不存在时才执行 CREATE DATABASE 操作。用此选项可以避免出现数据库已经存在而再新建的错误。

【例 8.1】 创建学生管理系统的数据库，命名为 PXSCJ。

进入 MySQL 客户端，在命令提示行输入以下语句：

```
CREATE DATABASE PXSCJ;
```

运行效果如下：

```
mysql> CREATE DATABASE PXSCJ;
Query OK, 1 row affected (0.02 sec)
```

为了表达问题简单，在以后示例中的命令都用这种方式输入。

创建了数据库之后使用 USE 命令可指定当前数据库。语法格式如下：

```
USE 数据库名;
```

说明：这个语句也可以用来从一个数据库“跳转”到另一个数据库。在用 CREATE DATABASE 语句创建数据库之后，该数据库不会自动成为当前数据库，需要用这条 USE 语句来指定。

注意：

在 MySQL 中，每一条 SQL 语句都以“;”作为结束标志。

2. 删除数据库

已经创建的数据库如要删除，使用 DROP DATABASE 命令。语法格式如下：

```
DROP DATABASE [IF EXISTS] 数据库名
```

其中，“数据库名”是要删除的数据库的名称。可以使用 IF EXISTS 子句以避免删除不存在的数据库时出现的 MySQL 错误信息。示例如下：

```
mysql> DROP DATABASE BOOKSQL;
ERROR 1008 (HY000): Can't drop database 'booksql'; database doesn't exist
mysql> DROP DATABASE IF EXISTS BOOKSQL;
Query OK, 0 rows affected, 1 warning (0.00 sec)
```

注意：

这个命令必须小心使用，因为它将删除指定的整个数据库，该数据库的所有表（包括其中的数据）也将永久删除。

8.3.2 创建表

1. 表结构设计

创建表的实质就是定义表结构，设置表和列的属性。创建表之前，先要确定表的名字、表的属性，同时确定表所包含的列名、列的数据类型、长度、是否可为空值、默认值设置、哪些列是主键、哪些列是外键等，这些属性构成表结构。

本节以本书所使用到的学生管理系统的三个表：学生表（表名为 XSB）、课程表（表名为 KCB）和成绩表（表名为 CJB）为例介绍如何设计表的结构。

本书数据库部分所使用的学生表 XSB 包含的属性有学号、姓名、性别、出生时间、专业、总学分、备注。为了便于理解，这里使用中文属性名来表示列名（在实际开发中，应该使用英文字母来表示列名）。

其中，“学号”列的数据是学生的学号，学号值有一定的意义，例如，“081101”中“08”表示学生的年级，“11”表示所属班级，“01”表示学生在班级中的序号，所以“学号”列的数据类型可以是 6 位的定长字符型数据。“姓名”列记录学生的姓名，姓名一般不超过 4 个中文字符，所以可以是 8 位定长字符型数据。“性别”列有“男”、“女”两种值，可以用数字来表示，值 1 表示“男”，值 0 表示“女”，默认是 1。“出生时间”是日期类型数据，列类型定为 DATE。“专业”列为 12 位定长字符型数据。“总学分”列是整数型数据，值在 0～160 之间，列类型定为 INT，默认是 0。“备注”列需要存放学生的备注信息，属于文本信息，所以应该使用 TEXT 类型。在 XSB 表中，只有“学号”列能唯一标志一个学生，所以将“学号”列设为该表的主键。最后设计的 XSB 表的结构如表 8.6 所示。

表 8.6　XSB 表的结构

列　名	数据类型	长　度	是否可空	默认值	说　明
学号	定长字符型（CHAR）	6	×	无	主键，前 2 位年级，中间 2 位班级号，后 2 位序号
姓名	定长字符型（CHAR）	8	×	无	
性别	位型（TINYINT）	1	√	1	1:男; 0:女
出生时间	日期型（DATE）	系统默认	√	无	
专业	定长字符型（CHAR）	12	√	无	
总学分	整数型（INT）	4	√	0	0≤总学分≤160
备注	文本型（TEXT）	系统默认	√	无	

参照 XSB 表结构的设计方法，同样可以设计出其他两个表的结构，如表 8.7 所示为 KCB 的表结构，如表 8.8 所示为 CJB 的表结构。

表 8.7 KCB 的表结构

列 名	数据类型	长 度	是否可空	默认值	说 明
课程号	定长字符型（CHAR）	3	×	无	主键
课程名	定长字符型（CHAR）	16	×	无	
开课学期	整数型（TINYINT）	1	√	1	只能为 1～8
学时	整数型（TINYINT）	1	√	无	
学分	整数型（TINYINT）	1	×	无	

表 8.8 CJB 的表结构

列 名	数据类型	长 度	是否可空	默认值	说 明
学号	定长字符型（CHAR）	6	×	无	主键
课程号	定长字符型（CHAR）	3	×	无	主键
成绩	整数型（INT）	4	√	无	

表结构设计完后就可以开始在数据库中创建表，本书中所使用到的学生管理系统的表都在 PXSCJ 数据库中创建。

2. 创建表

设计完表结构，就可以根据表结构创建表了。创建表使用 CREATE TABLE 语句，基本格式如下：

```
CREATE [TEMPORARY] TABLE [IF NOT EXISTS] 表名
(
    <列名 1> <数据类型> [<列选项>],
    <列名 2> <数据类型> [<列选项>],
    …
    <表选项>
)
```

- TEMPORARY。该关键字表示用 CREATE 命令新建的表为临时表。不加该关键字创建的表通常称为持久表，在数据库中持久表一旦创建将一直存在，多个用户或者多个应用程序可以同时使用持久表。有时需要临时存放数据，例如，临时存储复杂的 SELECT 语句的结果。此后，可能要重复地使用这个结果，但这个结果又不需要永久保存。这时，可以使用临时表。用户可以像操作持久表一样操作临时表。只不过临时表的生命周期较短，而且只能对创建它的用户可见，当断开与该数据库的连接时，MySQL 会自动删除它们。
- IF NOT EXISTS。建表前加上一个判断，只有该表目前尚不存在时才执行 CREATE TABLE 操作。用此选项可以避免出现表已经存在无法再新建的错误。
- 列选项。列选项主要有以下几种。

NULL 或 NOT NULL：表示一列是否允许为空，NULL 表示可以为空，NOT NULL 表示不可以为空，如果不指定，则默认为 NULL。

DEFAULT 默认值：为列指定默认值，默认值必须为一个常量。

AUTO_INCREMENT：设置自增属性，只有整型列才能设置此属性。当插入 NULL 值或 0 到一个 AUTO_INCREMENT 列中时，列被设置为 value+1，value 是此前表中该列的最大值。AUTO_INCREMENT 顺序从 1 开始。每个表只能有一个 AUTO_INCREMENT 列，并且它必须被索引。

UNIQUE KEY | PRIMARY KEY：UNIQUE KEY 和 PRIMARY KEY 都表示字段中的值是唯一的。PRIMARY KEY 表示设置为主键，一个表只能定义一个主键，主键必须为 NOT NULL。

COMMENT '字符串'：对于列的描述，“字符串”是描述的内容。

- 表选项。在定义列选项的时候，可以将某列定义为 PRIMARY KEY，但是当主键是由多个列组成的多列索引时，定义列时无法定义此主键，这时就必须在语句最后加上一个 PRIMARY KEY(列名，…)子句定义的表选项。另外，表选项中还可以定义索引和外键。

【例 8.2】 使用命令行方式在 PXSCJ 数据库中创建学生管理系统中的三个表 XSB、KCB 和 CJB。表的结构参照表 8.6、表 8,7 和表 8.8。

创建 XSB 表使用如下语句：

```
USE PXSCJ;
CREATE TABLE XSB
(
    学号        CHAR(6)        NOT NULL PRIMARY KEY,
    姓名        CHAR(8)        NOT NULL,
    性别        TINYINT(1)     NULL DEFAULT 1,
    出生时间    DATE           NULL,
    专业        CHAR(12)       NULL,
    总学分      INT(4)         NULL DEFAULT  0,
    备注        TEXT           NULL
);
```

创建 KCB 表使用如下语句：

```
USE PXSCJ;
CREATE TABLE KCB
(
    课程号      CHAR(3)        NOT NULL PRIMARY KEY,
    课程名      CHAR(16)       NOT NULL,
    开课学期    TINYINT(1)     NULL DEFAULT 1,
    学时        TINYINT(1)     NULL,
    学分        TINYINT(1)     NOT NULL
);
```

创建 CJB 表使用如下语句：

```
USE PXSCJ;
CREATE TABLE CJB
(
    学号        CHAR(6)        NOT NULL,
    课程号      CHAR(3)        NOT NULL,
    成绩        INT(4)         NULL,
    PRIMARY KEY(学号,课程号)
);
```

3. 修改表

ALTER TABLE 用于更改原有的表结构。例如，可以增加或删减列，创建或取消索引，更改原有列的类型，重新命名列或表，还可以更改表的描述和表的类型。

ALTER TABLE 语句的基本格式如下：

```
ALTER TABLE  表名
    ADD <列名> <数据类型> <列选项>                                    /*添加列*/
    | ALTER <列名> {SET DEFAULT  默认值  | DROP DEFAULT}              /*修改默认值*/
    | CHANGE <旧列名> <新列名> <数据类型> <列选项>                     /*对列重命名*/
    | MODIFY <列名> <数据类型> <列选项>                                /*修改列类型*/
    | DROP <列名>                                                     /*删除列*/
    | RENAME <新表名>                                                  /*重命名该表*/
    |  其他
```

其中，“表名”为要修改的表的名称。

ALTER TABLE 语句中的修改子句可以包含以下几类。

- ADD 子句。向表中增加新列。例如，在表 t1 中增加新的一列 a：

```
ALTER TABLE t1 ADD COLUMN a TINYINT NULL ;
```

- ALTER 子句。修改表中指定列的默认值。
- CHANGE 子句。修改列的名称。重命名时，需给定旧列名、新列名和列当前的类型，例如，要把一个 INTEGER 列的名称从 a 变更到 b：

```
ALTER TABLE t1 CHANGE a b INTEGER;
```

- MODIFY 子句。修改指定列的类型。例如，把一个列的数据类型改为 BIGINT：

```
ALTER TABLE t1 MODIFY b BIGINT NOT NULL;
```

注意：

若表中该列所存数据的数据类型与将要修改的列的类型冲突，则发生错误。例如，原来 CHAR 类型的列要修改成 INT 类型，而原来列值中有字符型数据“a”，则无法修改。

- DROP 子句。从表中删除列或约束。
- RENAME 子句。修改该表的表名。例如，将表 a 改名为 b：

```
ALTER TABLE a RENAME b ;
```

可以在一个 ALTER TABLE 语句里写入多个 ADD、ALTER、DROP 和 CHANGE 子句，中间用逗号分开。这是 MySQL 相对于标准 SQL 的扩展。在标准 SQL 中，每个 ALTER TABLE 语句中每个子句只允许使用一次。

【例 8.3】 假设已经在数据库 PXSCJ 中创建了表 XSB，表中存在“姓名”列。在表 XSB 中增加“奖学金等级”列，并将表中的“姓名”列删除。

```
USE PXSCJ
ALTER TABLE XSB
    ADD 奖学金等级 TINYINT NULL,
    DROP 姓名;
```

4. 删除表

删除一个表可以使用 DROP TABLE 语句。语法格式如下：

```
DROP [TEMPORARY] TABLE [IF EXISTS] 表名 [, 表名] ...
```

例如，删除 XSB 表可以使用如下语句：

```
USE PXSCJ;
DROP TABLE XSB;
```

8.4 表数据操作

本节介绍如何使用命令行操作表中数据。

8.4.1 插入表数据

创建了数据库和表之后，下一步就是向表里插入数据。通过 INSERT 或 REPLACE 语句可以向表中插入一行或多行数据。

INSERT 语句的基本格式如下：

```
INSERT [INTO] 表名 [(列名,...)]
    VALUES ({表达式 | DEFAULT},...),(...),...
```

- 表名。被操作的表的名称。
- 列名。需要插入数据的列的名称。如果要给全部列插入数据，列名可以省略。如果只给表的部分列插入数据，需要指定这些列。对于没有指出的列，它们的值根据列默认值或有关属性来确定。
- VALUES 子句。包含各列需要插入的数据清单，数据的顺序要与列的顺序相对应。若表名后不给出列名，则在 VALUES 子句中要给出每列的值，如果列值为空，则值必须置为 NULL，否则会出错。VALUES 子句中的值如下。

表达式：可以是一个常量、变量或一个表达式，也可以是空值 NULL，其值的数据类型要与列的数据类型一致。例如，列的数据类型为 INT，插入数据“aa”时就会出错。当数据为字符型时要用单引号括起。

DEFAULT：指定为该列的默认值。前提是该列之前已经指定了默认值。

如果列清单和 VALUES 清单都为空，则 INSERT 会创建一行，每列都设置成默认值。

【例 8.4】 向 PXSCJ 数据库的表 XSB（表中列包括学号、姓名、性别、出生时间、专业、总学分、备注）中插入如下的一行：

081101，王林，1，1990-02-10，计算机，50，NULL

使用下列语句：

```
USE PXSCJ
INSERT INTO XSB
    VALUES('081101', '王林' , 1, '1990-02-10', '计算机', 50, NULL);
```

说明：读者可以根据需要向 PXSCJ 数据库的三个表中插入数据，也可以参考表 8.1、表 8.2、表 8.3 中的样本数据，本书后面的操作将建立在这三个表提供的样本数据的基础上进行。

【例 8.5】 表 XSB 中性别的默认值为 1，备注的默认值为 NULL，插入上例那行数据可以使用以下命令：

```
INSERT INTO XSB (学号, 姓名, 出生时间, 专业, 总学分)
    VALUES('081101', '王林', '1990-02-10', '计算机', 50);
```

与下列命令效果相同：

```
INSERT INTO XSB
    VALUES('081101', '王林', DEFAULT, '1990-02-10', '计算机', 50, NULL);
```

注意：

若原有行中存在 PRIMARY KEY 或 UNIQUE KEY，而插入的数据行中含有与原有行中 PRIMARY KEY 或 UNIQUE KEY 相同的列值，则 INSERT 语句无法插入此行。要插入这行数据需要使用 REPLACE 语句，REPLACE 语句的用法和 INSERT 语句基本相同。使用 REPLACE 语句可以在插入数据之前将与新记录冲突的旧记录删除，从而使新记录能够正常插入。

【例 8.6】 若例 8.4 中的数据行已经插入，其中学号为主键（PRIMARY KEY），现在想再插入如下一行数据：

```
081101，刘华，1，1991-03-08，通信工程，48，NULL
```

若使用 INSERT 语句，执行结果如下：

```
mysql> INSERT INTO XSB
    -> VALUES('081101','刘华',1,'1991-03-08','通信工程',48,NULL);
ERROR 1062 (23000): Duplicate entry '081101' for key 'PRIMARY'
```

使用 REPLACE 语句：

```
mysql> REPLACE INTO XSB
    -> VALUES('081101','刘华',1,'1991-03-08','通信工程',48,NULL);
Query OK, 2 rows affected (0.02 sec)
```

8.4.2 修改表数据

向表中插入数据后，如要修改表中的数据，可以使用 UPDATE 语句，基本格式如下：

```
UPDATE 表名
    SET 列名 1=表达式 1 [, 列名 2=表达式 2 ...]
    [WHERE 条件]
```

- SET 子句。根据 WHERE 子句中指定的条件对符合条件的数据行进行修改。若语句中不设定 WHERE 子句，则更新所有行。列名 1、列名 2 为要修改列值的列名，表达式 1、表达式 2 可以是常量、变量或表达式。可以同时修改所在数据行的多个列值，中间用逗号隔开。
- WHERE 子句。用于指定条件，通过设定条件确定要修改哪些行。

【例 8.7】 将 PXSCJ 数据库的 XSB 表（数据以表 8.1 中数据为准）中学号为 081101 的学生的备注值改为“三好生”。

```
USE PXSCJ;
UPDATE XSB
    SET 备注='三好生'
    WHERE 学号='081101';
```

【例 8.8】 将 XSB 表中的所有学生的总学分增加 10。

```
UPDATE XSB
    SET 总学分 = 总学分+10;
```

【例 8.9】 将姓名为“罗林琳”的同学的专业改为“软件工程”，备注改为“提前修完学分”，学号改为“081261”。

```
UPDATE XSB
    SET 专业 ='软件工程',
        备注 ='提前修完学分',
        学号 ='081261'
    WHERE 姓名 ='罗林琳';
```

说明：为了便于后面的举例，例题中所做的修改应尽快修改成与原样本数据一样。如例题无特殊说明，例题所做的修改不在其他例题中体现。

8.4.3 删除表数据

删除表中数据一般使用 DELETE 语句，语法格式如下：

```
DELETE FROM 表名
    [WHERE 条件]
```

【例 8.10】 假设数据库 mydata 中有一个表 table1，table1 中有如下数据：

姓名	年龄	职业
张三	42	教师
李四	28	工人

要删除张三的信息可使用如下语句：

```
USE mydata
DELETE FROM table1
    WHERE 姓名='张三';
```

【例 8.11】 将 PXSCJ 数据库的 XSB 表中总学分小于 50 的所有行删除，使用如下语句：

```
USE PXSCJ
DELETE FROM XSB
    WHERE 总学分<50;
```

使用 TRUNCATE TABLE 语句也可以删除表中数据，但是该语句将删除指定表中的所有数据，因此也称为清除表数据语句。语法格式如下：

```
TRUNCATE TABLE 表名
```

说明：该语句的功能与不带 WHERE 子句的 DELETE 语句（如 DELETE FROM XSB）相同。由于 TRUNCATE TABLE 语句将删除表中的所有数据，且无法恢复，因此使用时必须十分小心。

8.5 数据查询

在数据库应用中，最常用的操作是查询，它是数据库的其他操作（如统计、插入、删除和修改）的基础。在 MySQL 中，对数据库的查询使用 SELECT 语句。SELECT 语句功能非常强大，使用灵活。本节重点介绍利用该语句对数据库进行各种查询的方法。

SELECT 语句可以从一个或多个表中选取特定的行和列，结果通常是生成一个临时表。在执行过程中系统根据用户的要求从数据库中选出匹配的行和列，并将结果存放到临时的表中，SELECT 语句的语法格式如下：

```
SELECT
    [ALL | DISTINCT ]
    选择列表, ...
    [FROM 表 1 [ , 表 2] ...]                                /*FROM 子句*/
    [WHERE 条件]                                             /*WHERE 子句*/
    [GROUP BY {列名 | 表达式 | 位置} [ASC | DESC], ...]       /*GROUP BY 子句*/
    [HAVING 条件]                                            /*HAVING 子句*/
    [ORDER BY {列名 | 表达式 | 位置}[ASC | DESC] , ...]       /*ORDER BY 子句*/
    [LIMIT {[偏移量,] 行数}]                                  /*LIMIT 子句*/
```

说明：ALL 和 DISTINCT 选项指定是否重复行应被返回。如果没有给定这些选项，则默认值为 ALL（所有的匹配行被返回）。DISTINCT 用于消除结果集合中的重复行。

所有被使用的子句必须按语法说明中显示的顺序严格地排序。例如，HAVING 子句必须位于 GROUP BY 子句之后，并位于 ORDER BY 子句之前。

8.5.1 选择列

SELECT 语句中的“选择列表”用来指定需要查询的列。

1. 选择指定的列

使用 SELECT 语句选择表中的某些列，各列名之间要以逗号分隔。

【例 8.12】 查询 PXSCJ 数据库的 XSB 表中各个同学的姓名、专业和总学分。

```
USE PXSCJ
SELECT 姓名,专业,总学分
    FROM XSB;
```

说明：执行结果是 XSB 表中全部学生的姓名、专业和总学分列上的信息。

注意：

当在 SELECT 语句指定列的位置上使用*号时，表示选择表的所有列。

2. 定义列别名

当希望查询结果中的某些列或所有列显示时使用自己选择的列标题时，可以在列名之后使用 AS 子句来指定查询结果的列别名。语法格式为：

```
SELECT 列名 [AS] 别名
```

【例 8.13】 查询 XSB 表中计算机系同学的学号、姓名和总学分，结果中各列的标题分别指定为 number、name 和 mark。

```
SELECT 学号 AS number, 姓名 AS name, 总学分 AS mark
FROM XSB
WHERE 专业='计算机';
```

查询结果为：

```
+--------+--------+------+
| number | name   | mark |
+--------+--------+------+
| 081101 | 王林   |   50 |
| 081102 | 程明   |   50 |
| 081103 | 王燕   |   50 |
| 081104 | 韦严平 |   50 |
| 081106 | 李方方 |   50 |
| 081107 | 李明   |   54 |
| 081108 | 林一帆 |   52 |
| 081109 | 张强民 |   50 |
| 081110 | 张蔚   |   50 |
| 081111 | 赵琳   |   50 |
| 081113 | 严红   |   48 |
+--------+--------+------+
11 rows in set (0.00 sec)
```

8.5.2 选择查询对象

FROM 子句用于指定要查询的表，可以引用一个或多个表。

1. 引用一个表

可以用两种方式引用一个表，第一种方式是使用 USE 语句让一个数据库成为当前数据库，在这种情况下，如果在 FROM 子句中指定表名，则该表应该属于当前数据库。第二种方式是指定的时候在表名前带上表所属数据库的名字。例如，假设当前数据库是 db1，现在要显示数据库 db2 里的表 tb 的内容，使用如下语句：

```
SELECT * FROM db2.tb;
```

当然，在 SELECT 关键字后指定列名的时候也可以在列名前带上所属数据库和表的名字，但一般来说，如果选择的字段在各表中是唯一的，就没有必要去特别指定。

2. 引用多个表

如果要在不同表中查询数据，则必须在 FROM 子句中指定多个表。指定多个表时要使用到连接。把不同表的数据组合到一个表中叫做表的连接。例如，在 PXSCJ 数据库中需要查找选修了离散数学课程的学生的姓名和成绩，就需要将 XSB、KCB 和 CJB 三个表进行连接才能查找到结果。

连接的方式有全连接和 JOIN 连接两种。

（1）全连接。

连接的第一种方式是将各个表用逗号分隔，这样就指定了全连接。FROM 子句产生的中间结果是一个新表，是每个表的每行都与其他表中的每行交叉产生的所有可能的组合，列包含了所有表中出现的列，也就是笛卡儿积。这样连接表潜在地产生数量非常大的行，因为可能得到的行数为每个表中行数之积。在这样的情形下，通常要使用 WHERE 子句设定条件来将结果集减小到易于管理的大小。

【例 8.14】 查找 PXSCJ 数据库中所有学生选过的课程名和课程号，使用如下语句：

```
SELECT DISTINCT KCB.课程名, CJB.课程号
    FROM KCB, CJB
    WHERE KCB.课程号=CJB.课程号;
```

查询结果为：

```
+----------------+--------+
| 课程名         | 课程号 |
+----------------+--------+
| 计算机基础     | 101    |
| 程序设计与语言 | 102    |
| 离散数学       | 206    |
+----------------+--------+
3 rows in set (0.00 sec)
```

（2）JOIN 连接。

连接的第二种方式是使用 JOIN 关键字的连接，JOIN 连接主要分为三种：内连接、外连接和交叉连接。

① 内连接。

使用内连接时需要指定 INNER JOIN 关键字，并使用 ON 关键字指定连接条件。例如，要使用内连接实现例 8.14 的查询，可以使用以下语句：

```
SELECT DISTINCT 课程名, CJB.课程号
    FROM KCB INNER JOIN CJB
    ON (KCB.课程号=CJB.课程号);
```

该语句根据 ON 关键字后面的连接条件，合并两个表，返回满足条件的行。

内连接是系统默认的，可以省略 INNER 关键字。使用内连接后，FROM 子句中 ON 条件主要用来连接表，其他并不属于连接表的条件可以使用 WHERE 子句来指定。

② 外连接。

使用外连接需要指定 OUTER JOIN 关键字，外连接包括如下内容。

- 左外连接（LEFT OUTER JOIN）：结果表中除了匹配行外，还包括左表有的但右表中不匹配的行，对于这样的行，从右表被选择的列设置为 NULL。
- 右外连接（RIGHT OUTER JOIN）：结果表中除了匹配行外，还包括右表有的但左表中不匹配的行，对于这样的行，从左表被选择的列设置为 NULL。
- 自然连接（NATURAL JOIN）：自然连接还有自然左外连接（NATURAL LEFT OUTER JOIN）和自然右外连接（NATURAL RIGHT OUTER JOIN）。NATURAL JOIN 的语义定义与使用了 ON 条件的 INNER JOIN 相同。

其中的 OUTER 关键字均可省略。

【例 8.15】 查找所有学生情况及他们选修的课程号，如果学生未选修任何课，也要包括其情况。

```
SELECT XSB.* , 课程号
    FROM XSB LEFT OUTER JOIN CJB
    ON XSB.学号 = CJB.学号;
```

说明：若本例不使用 LEFT OUTER JOIN，则结果中不会包含未选任何课程的学生信息。使用左外连接后，结果返回的行中有未选任何课程的学生信息，相应行的课程号字段值为 NULL。

③ 交叉连接。

指定了 CROSS JOIN 关键字的连接是交叉连接。

不包含连接条件，交叉连接实际上是将两个表进行笛卡儿积运算，结果表是由第一个表的每行与第二个表的每行拼接后形成的表，因此结果表的行数等于两个表行数之积。

在 MySQL 中，CROSS JOIN 从语法上来说与 INNER JOIN 等同，两者可以互换。

8.5.3 指定查询条件

WHERE 子句用于指定查询条件，WHERE 子句必须紧跟在 FROM 子句之后，在 WHERE 子句中，使用条件从 FROM 子句的中间结果中选取行。WHERE 子句会根据条件对 FROM 子句的中间结果一行一行地进行判断，当条件为 TRUE 时，该行就被包含到 WHERE 子句的中间结果中。

在 WHERE 子句中，需要进行的运算包括比较运算、模式匹配、范围比较、空值比较和子查询。

1. 比较运算

比较运算符用于比较两个表达式的值，MySQL 支持的比较运算符有=（等于）、<（小于）、<=（小于等于）、>（大于）、>=（大于等于）、<=>（相等或都等于空）、<>（不等于）、!=（不等于）。

比较运算的语法格式为：

```
表达式 1 { = | < | <= | > | >= | <=> | <> | != } 表达式 2
```

其中表达式是除 TEXT 和 BLOB 外类型的表达式。

当两个表达式值均不为空值（NULL）时，除了“<=>”运算符，其他比较运算返回逻辑值 TRUE（真）或 FALSE（假）。

【例 8.16】 查询 XSB 表中总学分大于 50 的同学的情况。

```
SELECT 姓名,学号,出生时间,总学分
    FROM XSB
    WHERE 总学分>50;
```

查询结果为：

姓名	学号	出生时间	总学分
李明	081107	1990-05-01	54
林一帆	081108	1989-08-05	52

2 rows in set (0.00 sec)

WHERE 子句的查询条件还可以将多个判定运算的结果通过逻辑运算符（AND、OR 和 NOT）再组成更为复杂的查询条件。NOT 表示对判定的结果取反。AND 用于组合两个条件，两个条件都为 TRUE 时值才为 TRUE。OR 也用于组合两个条件，两个条件有一个条件为 TRUE 时值就为 TRUE。

【例 8.17】 查询 XSB 表中专业为计算机，性别为女（0）的同学的情况。

```
SELECT 姓名,学号,性别,总学分
    FROM XSB
    WHERE 专业='计算机'  AND 性别=0;
```

查询结果为：

姓名	学号	性别	总学分
王燕	081103	0	50
张蔚	081110	0	50
赵琳	081111	0	50
严红	081113	0	48

4 rows in set (0.00 sec)

2. 模式匹配

（1）LIKE 运算符。

LIKE 运算符用于指出一个字符串是否与指定的字符串相匹配，其运算对象可以是 CHAR、VARCHAR、TEXT、DATETIME 等类型的数据，返回逻辑值 TRUE 或 FALSE。LIKE 运算符表达式的格式为：

```
表达式 [ NOT ] LIKE 匹配表达式
```

使用 LIKE 进行模式匹配时，常使用特殊符号"_"和"%"，即可进行模糊查询。“%”代表 0 个或多个字符。“_”代表单个字符。

【例 8.18】 查询 PXSCJ 数据库 XSB 表中姓“王”的学生学号、姓名及性别。

```
SELECT 学号,姓名,性别
    FROM XSB
    WHERE 姓名 LIKE '王%';
```

查询结果为：

```
+--------+--------+------+
| 学号   | 姓名   | 性别 |
+--------+--------+------+
| 081101 | 王林   |    1 |
| 081103 | 王燕   |    0 |
| 081201 | 王敏   |    1 |
| 081202 | 王林   |    1 |
| 081203 | 王玉民 |    1 |
+--------+--------+------+
5 rows in set (0.00 sec)
```

（2）REGEXP 运算符。

REGEXP 运算符用来执行更复杂的字符串比较运算。REGEXP 是正则表达式（regular expression）的缩写。和 LIKE 运算符一样，REGEXP 运算符有多种功能，但它不是 SQL 标准的一部分，REGEXP 运算符的同义词是 RLIKE。语法格式如下：

```
表达式 [ NOT ][ REGEXP | RLIKE ] 匹配表达式
```

LIKE 运算符有两个符号具有特殊的含义：“_”和“%”。而 REGEXP 运算符则有更多的符号有特殊的含义，参见表 8.9。

表 8.9 REGEXP 运算符的特殊字符

特殊字符	含 义
^	匹配字符串的开始部分
$	匹配字符串的结束部分
.	匹配任何一个字符（包括回车和换行）
*	匹配星号之前的 0 个或多个字符的任何序列
+	匹配加号之前的 1 个或多个字符的任何序列
?	匹配问号之前 0 个或多个字符
{n}	匹配括号前的内容出现 n 次的序列
()	匹配括号里的内容
[abc]	匹配方括号里出现的字符串 abc
[a-z]	匹配方括号里出现的 a～z 之间的一个字符
[^a-z]	匹配方括号里出现的不在 a～z 之间的一个字符
|	匹配符号左边或右边出现的字符串
[[. .]]	匹配方括号里出现的符号（如空格、换行、括号、句号、冒号、加号、连字符等）
[[:<:]]和[[:>:]]	匹配一个单词的开始和结束
[[: :]]	匹配方括号里出现的字符中的任意一个字符

【例 8.19】 查询姓李的学生学号、姓名和专业。

```
SELECT 学号,姓名,专业
    FROM XSB
    WHERE 姓名 REGEXP '^李';
```

查询结果为：

```
+--------+--------+----------+
| 学号   | 姓名   | 专业     |
+--------+--------+----------+
| 081106 | 李方方 | 计算机   |
| 081107 | 李明   | 计算机   |
| 081206 | 李计   | 通信工程 |
| 081210 | 李红庆 | 通信工程 |
+--------+--------+----------+
4 rows in set (0.00 sec)
```

【例 8.20】 查询学号里包含 4、5、6 的学生学号、姓名和专业。

```
SELECT 学号,姓名,专业
    FROM XSB
    WHERE 学号 REGEXP '[4,5,6]';
```

查询结果为：

```
+--------+--------+----------+
| 学号   | 姓名   | 专业     |
+--------+--------+----------+
| 081104 | 韦严平 | 计算机   |
| 081106 | 李方方 | 计算机   |
| 081204 | 马琳琳 | 通信工程 |
| 081206 | 李计   | 通信工程 |
| 081216 | 孙祥欣 | 通信工程 |
| 081241 | 罗林琳 | 通信工程 |
+--------+--------+----------+
6 rows in set (0.00 sec)
```

【例 8.21】 查询学号以 08 开头、08 结尾的学生学号、姓名和专业。

```
SELECT 学号,姓名,专业
    FROM XSB
    WHERE 学号 REGEXP '^08.*08$';
```

查询结果为：

```
+--------+--------+--------+
| 学号   | 姓名   | 专业   |
+--------+--------+--------+
| 081108 | 林一凡 | 计算机 |
+--------+--------+--------+
1 row in set (0.00 sec)
```

说明：星号表示匹配位于其前面的字符，在这个例子中，星号前面是点，点又表示任意一个字符，所以“.*”表示一组任意的字符。

3. 范围比较

用于范围比较的关键字有两个：BETWEEN 和 IN。

当要查询的条件是某个值的范围时，可以使用 BETWEEN 关键字。BETWEEN 关键字指出查询范围，格式为：

```
表达式 [ NOT ] BETWEEN 表达式 1 AND 表达式 2
```

当不使用 NOT 时，若“表达式”的值在“表达式 1”与“表达式 2”之间（包括这两个值），则返回 TRUE，否则返回 FALSE；使用 NOT 时，返回值刚好相反。

使用 IN 关键字可以指定一个值表，值表中列出所有可能的值，当与值表中的任一个匹配时，即返回 TRUE，否则返回 FALSE。使用 IN 关键字指定值表的格式为：

```
表达式 IN ( 值 1 [,…n])
```

【例 8.22】 查询 PXSCJ 数据库 XSB 表中不在 1989 年出生的学生情况。

```
SELECT *
    FROM XSB
    WHERE 出生时间 NOT BETWEEN '1989-1-1' and '1989-12-31';
```

【例 8.23】 查询专业为“计算机”、“通信工程”或“无线电”的学生的情况。

```
SELECT *
    FROM XSB
    WHERE 专业 IN ('计算机', '通信工程', '无线电');
```

说明：IN 关键字最主要的作用是表达子查询。

4. 空值比较

当需要判定一个表达式的值是否为空值时，使用 IS NULL 关键字，格式为：

```
表达式 IS [ NOT ] NULL
```

当不使用 NOT 时，若表达式的值为空值，返回 TRUE，否则返回 FALSE。当使用 NOT 时，结果刚好相反。

【例 8.24】 查询总学分尚不确定的学生情况。

```
SELECT *
    FROM XSB
    WHERE 总学分 IS NULL;
```

该语句的查询结果为空。

5. 子查询

在查询条件中，可以使用另一个查询的结果作为条件的一部分，例如，判定列值是否与某个查询的结果集中的值相等，作为查询条件一部分的查询称为子查询。SQL 标准允许 SELECT 多层嵌套使用，以表示复杂的查询。子查询除了可以用在 SELECT 语句中，还可以用在 INSERT、UPDATE 及 DELETE 语句中。子查询通常与 IN、EXIST 谓词及比较运算符结合使用。

（1）IN 子查询。

IN 子查询用于进行一个给定值是否在子查询结果集中的判断，格式为：

```
表达式 [ NOT ] IN ( 子查询 )
```

当表达式与子查询的结果表中的某个值相等时，IN 谓词返回 TRUE，否则返回 FALSE；若使用了 NOT，则返回的值刚好相反。

【例 8.25】 查找选修了课程号为 206 的课程的学生姓名、学号。

```
SELECT 姓名,学号
    FROM XSB
        WHERE 学号 IN
            ( SELECT 学号
                FROM CJB
                WHERE 课程号 = '206'
            );
```

查询结果为：

```
+--------+--------+
| 姓名   | 学号   |
+--------+--------+
| 王林   | 081101 |
| 程明   | 081102 |
| 王燕   | 081103 |
| 韦严平 | 081104 |
| 李方方 | 081106 |
| 李明   | 081107 |
| 林一帆 | 081108 |
| 张强民 | 081109 |
| 张蔚   | 081110 |
| 赵琳   | 081111 |
| 严红   | 081113 |
+--------+--------+
11 rows in set (0.02 sec)
```

（2）比较子查询。

这种子查询可以认为是 IN 子查询的扩展，它使表达式的值与子查询的结果进行比较运算，格式为：

```
表达式 { < | <= | = | > | >= | != | <> } { ALL | SOME | ANY } ( 子查询 )
```

其中“表达式”为要进行比较的表达式，ALL、SOME 和 ANY 说明对比较运算的限制。

如果子查询的结果集只返回一行数据时，可以通过比较运算符直接比较。

ALL 指定表达式要与子查询结果集中的每个值进行比较，当表达式与每个值都满足比较的关系时，才返回 TRUE，否则返回 FALSE。

SOME 与 ANY 是同义词，表示表达式只要与子查询结果集中的某个值满足比较的关系时，就返回 TRUE，否则返回 FALSE。

【例 8.26】 查找选修了离散数学的学生学号。

```
SELECT 学号
    FROM CJB
        WHERE   课程号 =
            (
                SELECT 课程号
                    FROM KCB
                    WHERE 课程名 ='离散数学'
            );
```

查询结果为：

```
+--------+
| 学号   |
+--------+
| 081101 |
| 081102 |
| 081103 |
| 081104 |
| 081106 |
| 081107 |
| 081108 |
| 081109 |
| 081110 |
| 081111 |
| 081113 |
+--------+
11 rows in set (0.00 sec)
```

【例 8.27】 查找 XSB 表中比所有计算机系的学生年龄都大的学生学号、姓名、专业、出生时间。

```
SELECT 学号, 姓名, 专业, 出生时间
    FROM XSB
    WHERE   出生时间 <ALL
        (
            SELECT 出生时间
                FROM XSB
                WHERE 专业='计算机'
        );
```

查询结果为：

```
+--------+--------+----------+------------+
| 学号   | 姓名   | 专业     | 出生时间   |
+--------+--------+----------+------------+
| 081201 | 王敏   | 通信工程 | 1989-06-10 |
| 081202 | 王林   | 通信工程 | 1989-01-29 |
| 081204 | 马琳琳 | 通信工程 | 1989-02-10 |
| 081210 | 李红庆 | 通信工程 | 1989-05-01 |
| 081216 | 孙祥欣 | 通信工程 | 1989-03-19 |
+--------+--------+----------+------------+
5 rows in set (0.00 sec)
```

（3）EXISTS 子查询。

EXISTS 谓词用于测试子查询的结果是否为空表，若子查询的结果集不为空，则 EXISTS 返回 TRUE，否则返回 FALSE。EXISTS 还可与 NOT 结合使用，即 NOT EXISTS，其返回值与 EXISTS 刚好相反。格式为：

```
[ NOT ] EXISTS ( 子查询 )
```

【例 8.28】 查找选修课程号为 206 的课程的学生姓名。

```
SELECT 姓名
    FROM XSB
    WHERE EXISTS
        (
            SELECT *
                FROM CJB
                WHERE 学号 = XSB.学号 AND 课程号 = '206'
        );
```

查询结果为：

```
+--------+
| 姓名   |
+--------+
| 王林   |
| 程明   |
| 王燕   |
| 韦严平 |
| 李方方 |
| 李明   |
| 林一帆 |
| 张强民 |
| 张蔚   |
| 赵琳   |
| 严红   |
+--------+
11 rows in set (0.00 sec)
```

MySQL 有 4 种类型的子查询：返回一个表的子查询是表子查询；返回带有一个或多个值的一行的子查询是行子查询；返回一行或多行，但每行上只有一个值的是列子查询；只返回一个值的是标量子查询。从定义上讲，每个标量子查询都是一个列子查询和行子查询。上面介绍的子查询都属于列子查询。

另外，子查询还可以用在 SELECT 语句的其他子句中。

表子查询可以用在 FROM 子句中，但必须为子查询产生的中间表定义一个别名。

【例 8.29】 从 XSB 表中查找总学分大于 50 的男同学的姓名和学号。

```
SELECT 姓名,学号,总学分
    FROM    (
                SELECT  姓名,学号,性别,总学分
                    FROM XSB
                    WHERE 总学分>50
            ) AS STUDENT
    WHERE 性别=1;
```

查询结果为：

```
+--------+--------+--------+
| 姓名   | 学号   | 总学分 |
+--------+--------+--------+
| 李明   | 081107 |     54 |
| 林一帆 | 081108 |     52 |
+--------+--------+--------+
2 rows in set (0.01 sec)
```

SELECT 关键字后面也可以定义子查询。

【例 8.30】 从 XSB 表中查找所有女学生的姓名、学号和与 081101 号学生的年龄差距。

```
SELECT 学号, 姓名, YEAR(出生时间)-YEAR    (
                                        ( SELECT 出生时间
                                            FROM XSB
                                            WHERE 学号='081101'
                                        )
                                    ) AS 年龄差距
    FROM XSB
WHERE 性别=0;
```

查询结果为：

```
+--------+--------+----------+
| 学号   | 姓名   | 年龄差距 |
+--------+--------+----------+
| 081103 | 王燕   |       -1 |
| 081110 | 张蔚   |        1 |
| 081111 | 赵琳   |        0 |
| 081113 | 严红   |       -1 |
| 081204 | 马琳琳 |       -1 |
| 081220 | 吴薇华 |        0 |
| 081221 | 刘燕敏 |       -1 |
| 081241 | 罗林琳 |        0 |
+--------+--------+----------+
8 rows in set (0.00 sec)
```

说明：本例中子查询返回值中只有一个值，所以这是一个标量子查询。YEAR()函数用于取出 DATE 类型数据的年份。

8.5.4 数据分组

数据分组一般使用 GROUP BY 子句来完成。

1. 聚合函数

在介绍 GROUP BY 子句前先介绍一下聚合函数的概念。聚合函数常常用于对一组值进行计算，然后返回单个值。聚合函数通常与 GROUP BY 子句一起使用。如果 SELECT 语句中有一个 GROUP BY 子句，则这个聚合函数对所有列起作用，如果没有，则 SELECT 语句只产生一行作为结果。聚合函数一般用于 SELECT 语句选择列的后面。表 8.10 列出了一些常用的聚合函数。

表 8.10 聚合函数表

函 数 名	说 明
COUNT	求组中项数，返回 int 类型整数
MAX	求最大值
MIN	求最小值
SUM	返回表达式中所有值的和
AVG	求组中值的平均值
STD 或 STDDEV	返回给定表达式中所有值的标准差
VARIANCE	返回给定表达式中所有值的方差
GROUP_CONCAT	返回由属于一组的列值连接组合而成的结果
BIT_AND	逻辑或
BIT_OR	逻辑与
BIT_XOR	逻辑异或

（1）COUNT 函数。

最经常使用的聚合函数是 COUNT()函数，用于统计组中满足条件的行数或总行数，返回 SELECT 语句检索到的行中非 NULL 值的数目，若找不到匹配的行，则返回 0。

语法格式为：

```
COUNT ( { [ ALL | DISTINCT ] 表达式 } | * )
```

ALL 表示对所有值进行运算，DISTINCT 表示除去重复值，默认为 ALL。使用 COUNT(*)时将返回检索行的总数目，不论其是否包含 NULL 值。

【例 8.31】 求学生的总人数。

```
SELECT COUNT(*) AS '学生总数'
    FROM XSB;
```

查询结果为：

```
+----------+
| 学生总数 |
+----------+
|       22 |
+----------+
1 row in set (0.03 sec)
```

【例 8.32】 统计总学分在 50 分以上的学生人数。

```
SELECT COUNT(总学分)   AS   '总学分 50 分以上的人数'
    FROM XSB
    WHERE 总学分>50;
```

查询结果为：

```
+----------------------+
| 总学分50分以上的人数 |
+----------------------+
|                    2 |
+----------------------+
1 row in set (0.00 sec)
```

（2）MAX 和 MIN 函数。

MAX()和 MIN()函数分别用于求表达式中所有值项的最大值与最小值，语法格式为：

```
MAX / MIN ( [ ALL | DISTINCT ]  表达式  )
```

其中，“表达式”可以是常量、列、函数或表达式。

【例 8.33】 求选修课程号为 101 的课程的学生的最高分和最低分。

```
SELECT MAX(成绩),   MIN(成绩)
    FROM CJB
    WHERE 课程号='101';
```

查询结果为：

```
+-----------+-----------+
| MAX(成绩) | MIN(成绩) |
+-----------+-----------+
|        95 |        62 |
+-----------+-----------+
1 row in set (0.00 sec)
```

（3）SUM 函数和 AVG 函数。

SUM()和 AVG()函数分别用于求表达式中所有值项的总和与平均值，语法格式为：

```
SUM / AVG ( [ ALL | DISTINCT ]  表达式  )
```

【例 8.34】 求学号 081101 的学生所学课程的总成绩。

```
SELECT SUM(成绩) AS '课程总成绩'
    FROM CJB
    WHERE 学号 ='081101';
```

查询结果为：

```
+------------+
| 课程总成绩 |
+------------+
|        234 |
+------------+
1 row in set (0.00 sec)
```

【例 8.35】 求课程号为 101 的课程的平均成绩。

```
SELECT AVG(成绩) AS '课程 101 平均成绩'
    FROM CJB
    WHERE 课程号 ='101';
```

查询结果为：

```
+-----------------+
| 课程101平均成绩 |
+-----------------+
|         78.6500 |
+-----------------+
1 row in set (0.00 sec)
```

2. GROUP BY 子句

GROUP BY 子句主要用于根据字段对行分组。例如，根据学生所学的专业对 XSB 表中的所有行分组，结果是每个专业的学生成为一组。GROUP BY 子句的语法格式如下：

```
GROUP BY {列名 | 表达式 | 位置} [ASC | DESC], ...
```

说明：GROUP BY 子句后通常包含列名或表达式。MySQL 对 GROUP BY 子句进行了扩展，可以在列的后面指定 ASC（升序）或 DESC（降序）。GROUP BY 可以根据一个或多个列进行分组，也可以根据表达式进行分组，经常与聚合函数一起使用。

【例 8.36】 将 PXSCJ 数据库中各专业输出。

```
SELECT 专业
    FROM XSB
    GROUP BY 专业;
```

查询结果为：

```
+----------+
| 专业     |
+----------+
| 计算机   |
| 通信工程 |
+----------+
2 rows in set (0.00 sec)
```

【例 8.37】 求 PXSCJ 数据库中各专业的学生数。

```
SELECT 专业,COUNT(*) AS '学生数'
    FROM XSB
    GROUP BY 专业;
```

查询结果为：

```
+----------+--------+
| 专业     | 学生数 |
+----------+--------+
| 计算机   |     11 |
| 通信工程 |     11 |
+----------+--------+
2 rows in set (0.00 sec)
```

3. HAVING 子句

使用 HAVING 子句的目的与 WHERE 子句类似，不同的是 WHERE 子句用在 FROM 子句之后选择行，而 HAVING 子句用在 GROUP BY 子句后选择行。例如，查找 PXSCJ 数据库中平均成绩在 85 分以上的学生，就是在 CJB 表上按学号分组后筛选出符合平均成绩大于等于 85 的学生。

【例 8.38】 查找平均成绩在 85 分以上的学生的学号和平均成绩。

```
SELECT 学号, AVG(成绩) AS '平均成绩'
    FROM CJB
    GROUP BY 学号
    HAVING AVG(成绩) >=85;
```

查询结果为：

```
+--------+----------+
| 学号   | 平均成绩 |
+--------+----------+
| 081110 |  91.3333 |
| 081203 |  87.0000 |
| 081204 |  91.0000 |
| 081241 |  90.0000 |
+--------+----------+
4 rows in set (0.00 sec)
```

8.5.5 排序

如果不使用 ORDER BY 子句，结果中行的顺序是不可预料的。使用 ORDER BY 子句可以保证结果中的行按一定顺序排列。语法格式如下：

```
ORDER BY {列名 | 表达式 | 位置} [ASC | DESC] , ...
```

说明：ORDER BY 子句后可以是一个列、一个表达式或一个正整数。正整数表示按结果表中该位置上的列排序。例如，使用 ORDER BY 3 表示对 SELECT 的列清单上的第 3 列进行排序。

关键字 ASC 表示升序排列，DESC 表示降序排列，系统默认值为 ASC。

【例 8.39】 将通信工程专业的学生按出生时间先后排序。

```
SELECT *
    FROM XSB
    WHERE 专业='通信工程'
    ORDER BY 出生时间;
```

【例 8.40】 将计算机专业学生的“计算机基础”课程成绩按降序排列。

```
SELECT 姓名, 课程名, 成绩
    FROM XSB, KCB, CJB
    WHERE XSB.学号= CJB.学号
        AND CJB.课程号= KCB.课程号
        AND 课程名='计算机基础'
        AND 专业='计算机'
    ORDER BY 成绩 DESC;
```

查询结果为：

姓名	课程名	成绩
张蔚	计算机基础	95
赵琳	计算机基础	91
韦严平	计算机基础	90
林一帆	计算机基础	85
王林	计算机基础	80
李明	计算机基础	78
张强民	计算机基础	66
李方方	计算机基础	65
严红	计算机基础	63
王燕	计算机基础	62

10 rows in set (0.03 sec)

8.5.6 限制返回行数

LIMIT 子句是 SELECT 语句的最后一个子句，主要用于限制 SELECT 语句返回的行数。语法格式如下：

```
LIMIT {[偏移量,] 行数 }
```

说明：语法格式中的“偏移量”和“行数”都必须是非负的整数常数，“偏移量”指定返回的第一行的偏移量，“行数”是返回的行数。例如，“LIMIT 5”表示返回 SELECT 语句的结果集中最前面 5 行，而“LIMIT 3,5”则表示从第 4 行开始返回 5 行。值得注意的是初始行的偏移量为 0 而不是 1。

【例 8.41】 查找 XSB 表中学号最靠前的 5 位学生的信息。

```
SELECT 学号, 姓名, 性别, 出生时间, 专业, 总学分
    FROM XSB
    ORDER BY 学号
    LIMIT 5;
```

查询结果为：

学号	姓名	性别	出生时间	专业	总学分
081101	王林	1	1990-02-10	计算机	50
081102	程明	1	1991-02-01	计算机	50
081103	王燕	0	1989-10-06	计算机	50
081104	韦严平	1	1990-08-26	计算机	50
081106	李方方	1	1990-11-20	计算机	50

5 rows in set (0.00 sec)

【例 8.42】 查找 XSB 表中从第 4 位同学开始的 5 位学生的信息。

```
SELECT 学号, 姓名, 性别, 出生时间, 专业, 总学分
    FROM XSB
    ORDER BY 学号
    LIMIT 3, 5;
```

查询结果为：

学号	姓名	性别	出生时间	专业	总学分
081104	韦严平	1	1990-08-26	计算机	50
081106	李方方	1	1990-11-20	计算机	50
081107	李明	1	1990-05-01	计算机	54
081108	林一帆	1	1989-08-05	计算机	52
081109	张强民	1	1989-08-11	计算机	50

5 rows in set (0.00 sec)

8.6 视　　图

8.6.1 视图的概念

视图是从一个或多个表（或视图）导出的表。视图是数据库用户使用数据库的观点。例如，对于一个学校，其学生的情况存储于数据库的一个或多个表中，而作为学校的不同职能部门，所关心的学生数据的内容是不同的。即使是同样的数据，也可能有不同的操作要求，于是就可以根据不同需求，在物理的数据库上定义他们对数据库所要求的数据结构，这种根据用户观点所定义的数据结构就是视图。

视图与表（有时为与视图区别，称表为基本表——Base Table）不同，它是一个虚表，即视图所对应的数据不进行实际存储，数据库中只存储视图的定义，对视图的数据进行操作时，系统根据视图的定义去操作与视图相关联的基本表。

视图一经定义，就可以像表一样被查询、修改、删除和更新。使用视图有下列优点：

- 为用户集中数据，简化用户的数据查询和处理。有时用户所需要的数据分散在多个表中，定义视图可将它们集中在一起，从而方便用户的数据查询和处理。
- 屏蔽数据库的复杂性。用户不必了解复杂的数据库中的表结构，并且数据库表的更改也不影响用户对数据库的使用。
- 简化用户权限的管理。只需授予用户使用视图的权限，而不必指定用户只能使用表的特定列，增加了安全性。
- 便于数据共享。各用户不必都定义和存储自己所需的数据，可共享数据库的数据，这样同样的数据只需存储一次。
- 可以重新组织数据以便输出到其他应用程序中。

在 MySQL 5.0 版中就已经实现了视图功能。

8.6.2 创建视图

视图在数据库中是作为一个对象来存储的。创建视图使用 CREATE VIEW 语句，基本的语法格式如下：

```
CREATE VIEW 视图名 [(列列表)]
    AS Select 语句
```

- 视图名。定义视图的名称。
- 列列表。为视图的列定义明确的名称，可使用可选的列列表子句，列出由逗号隔开的列名。列列表中的名称数目必须等于 SELECT 语句检索的列数。若使用与源表或视图中相同的列名时可以省略列列表。
- Select 语句。用来创建视图的 SELECT 语句，可在 SELECT 语句中查询多个表或视图。

【例 8.43】 创建 PXSCJ 数据库上的 CS_KC 视图，包括计算机专业各学生的学号、其选修的课程号及成绩。

```
USE PXSCJ
CREATE VIEW CS_KC
    AS
    SELECT XSB.学号,课程号,成绩
        FROM XSB, CJB
        WHERE XSB.学号 = CJB.学号 AND XSB.专业='计算机';
```

【例 8.44】 创建 PXSCJ 数据库上的计算机专业学生的平均成绩视图 CS_KC_AVG，包括学号（在视图中列名为 num）和平均成绩（在视图中列名为 score_avg）。

```
CREATE VIEW CS_KC_AVG(num, score_avg)
    AS
    SELECT 学号,AVG(成绩)
        FROM CS_KC
        GROUP BY 学号;
```

说明： 这里 SELECT 语句直接从 CS_KC 视图中查询出结果。

8.6.3 查询视图

视图定义后，就可以像查询基本表那样对视图进行查询了。

【例 8.45】 在视图 CS_KC 中查找计算机专业的学生学号和选修的课程号。

```
SELECT 学号, 课程号
    FROM CS_KC;
```

【例 8.46】 查找平均成绩在 80 分以上的学生的学号和平均成绩。

本例首先创建学生平均成绩视图 XS_KC_AVG，包括学号（在视图中列名为 num）和平均成绩（在视图中列名为 score_avg）。

创建学生平均成绩视图 XS_KC_AVG：

```
CREATE VIEW XS_KC_AVG ( num,score_avg )
    AS
    SELECT 学号, AVG(成绩)
        FROM CJB
        GROUP BY 学号;
```

再对 XS_KC_AVG 视图进行查询。

```
SELECT *
    FROM XS_KC_AVG
    WHERE score_avg>=80;
```

查询结果为：

```
+--------+-----------+
| num    | score_avg |
+--------+-----------+
| 081110 |   91.3333 |
| 081201 |   80.0000 |
| 081203 |   87.0000 |
| 081204 |   91.0000 |
| 081216 |   81.0000 |
| 081220 |   82.0000 |
| 081241 |   90.0000 |
+--------+-----------+
7 rows in set (0.00 sec)
```

从以上两例可以看出，创建视图可以向最终用户隐藏复杂的表连接，简化了用户的 SQL 程序设计。

注意：

使用视图查询时，若其关联的基本表中添加了新字段，则该视图将不包含新字段。例如，视图 CS_XS 中的列关联了 XSB 表中所有列，若 XSB 表新增了“籍贯”字段，那么 CS_XS 视图中将查询不到“籍贯”字段的数据。如果与视图相关联的表或视图被删除，则该视图将不能再使用。

8.6.4 删除视图

语法格式如下：

```
DROP VIEW [IF EXISTS] 视图名 [, 视图名] ...
```

其中，声明了 IF EXISTS，若视图不存在的话，就不会出现错误信息。使用 DROP VIEW 一次可删除多个视图。例如：

```
DROP VIEW CS_KC, XS_KC_AVG;
```

将删除视图 CS_KC 和 XS_KC_AVG。

8.7 过程式数据库对象

8.7.1 存储过程

使用存储过程的优点如下：

- 存储过程在服务器端运行，执行速度快。
- 存储过程执行一次后，其执行规划就驻留在高速缓冲存储器，在以后的操作中，只需从高速缓冲存储器中调用已编译好的二进制代码执行，提高了系统性能。
- 确保数据库的安全。使用存储过程可以完成所有数据库操作，并可通过编程方式控制上述操作对数据库信息访问的权限。

1. 创建存储过程

存储过程可以由声明式 SQL 语句（如 CREATE、UPDATE 和 SELECT 等语句）和过程式 SQL 语句（如 IF-THEN-ELSE 语句）组成。创建存储过程使用 CREATE PROCEDURE 语句，语法格式如下：

```
CREATE PROCEDURE 过程名 ([[ IN | OUT | INOUT ] 参数名 类型 [,...]])
    <程序体>
```

说明：“过程名”是存储过程的名称。存储过程可以定义参数，“类型”为参数的数据类型。MySQL 存储过程支持三种类型的参数：输入参数、输出参数和输入/输出参数，关键字分别是 IN、OUT 和 INOUT。输入参数使数据可以传递给一个存储过程。当需要返回一个答案或结果时，存储过程使用输出参数。输入/输出参数既可以充当输入参数，也可以充当输出参数。参数如果不指定类型，默认为 IN 参数。存储过程也可以不加参数，但是名称后面的括号是不可省略的。

<程序体>是存储过程的主体部分，也叫做存储过程体。它包含了在过程调用时必须执行的语句，这个部分总是以 BEGIN 开始，以 END 结束。当然，当存储过程体中只有一个 SQL 语句时可以省略 BEGIN-END 标志。另外，BEGIN-END 复合语句还可以嵌套使用。

在开始创建存储过程之前，先介绍一个很实用的命令：DELIMITER 命令。在 MySQL 中，服务器处理语句时是以分号为结束标志的。但在创建存储过程时，存储过程体中可能包含多个 SQL 语句，每个 SQL 语句都是以分号为结尾的，这时服务器处理程序遇到第一个分号时就会认为程序结束，这肯定是不行的。所以这里使用 DELIMITER 命令将 MySQL 语句的结束标志修改为其他符号。例如：

```
DELIMITER $$
```

执行完这条命令后，程序结束的标志就换成两个美元符“$$”了。

要想恢复使用分号“;”作为结束符，运行下面命令即可：

```
DELIMITER ;
```

存储过程体中可以包含所有类型的 SQL 语句，另外还可以包含以下内容。

（1）局部变量。

使用 DECLARE 语句声明局部变量，例如，声明一个整型变量和两个字符变量：

```
DECLARE num INT(4);
DECLARE str1, str2 VARCHAR(6);
```

说明：局部变量只能在 BEGIN_END 语句块中声明。

（2）使用 SET 语句赋值。

要给局部变量赋值，可以使用 SET 语句，例如：

```
SET num=1, str1= 'hello';
```

说明：这条语句无法单独执行，只能在存储过程和存储函数中使用。

（3）SELECT...INTO 语句。

使用 SELECT…INTO 语句可以把选定的列值直接存储到变量中。因此，返回的结果只能有一行。例如：

```
SELECT 姓名,专业 INTO name, project
    FROM XSB
    WHERE 学号= '081101';
```

说明：该语句将学号为 081101 的学生姓名和专业的值分别赋给变量 name 和 project。这条语句只能在存储过程体中使用。变量 name 和 project 需要在之前经过声明。通过该语句赋值的变量可以在语句块的其他语句中使用。

（4）流程控制语句。

在 MySQL 中，常见的过程式 SQL 语句可以用在一个存储过程体中。例如，IF 语句、CASE 语句、WHILE 语句等。

- IF 语句。IF-THEN-ELSE 语句可根据不同的条件执行不同的操作。语法格式为：

```
IF 条件 THEN 语句列表
[ELSEIF 条件 THEN 语句列表 ] ...
[ELSE  语句列表]
END IF
```

说明：“条件”是判断的条件，“语句列表”中包含一个或多个 SQL 语句。当判断的条件为真时，就执行相应的 SQL 语句。

● CASE 语句。语法格式为：

```
CASE 值
    WHEN 值 THEN 语句列表
    [WHEN 值 THEN 语句列表] ...
    [ELSE 语句列表]
END CASE
```

或者：

```
CASE
    WHEN 条件 THEN 语句列表
    [WHEN 条件 THEN 语句列表] ...
    [ELSE 语句列表]
END CASE
```

第一种格式中 CASE 后的“值”是要被判断的值或表达式，接下来是一系列的 WHEN-THEN 块，每一块的“值”参数指定要与 CASE 后的“值”比较的值，如果为真，就执行“语句列表”中的 SQL 语句。如果前面的每一块都不匹配就执行 ELSE 块指定的语句。CASE 语句最后以 END CASE 结束。

第二种格式中 CASE 关键字后面没有参数，在 WHEN-THEN 块中，“条件”指定了一个比较表达式，表达式为真时执行 THEN 后面的语句。与第一种格式相比，这种格式能够实现更为复杂的条件判断，使用起来更方便。

● WHILE 语句。语法格式为：

```
WHILE 条件 DO
    语句列表
END WHILE
```

说明：语句首先判断“条件”是否为真，为真则执行“语句列表”中的语句，然后再次进行判断，为真则继续循环，不为真则结束循环。

【例 8.47】 创建一个存储过程，实现的功能是删除一个特定学生的信息。

```
DELIMITER $$
CREATE PROCEDURE DELETE_STUDENT(IN XH CHAR(6))
BEGIN
    DELETE FROM XSB WHERE 学号=XH;
END $$
DELIMITER ;
```

说明：当调用这个存储过程时，MySQL 根据提供的参数 XH 的值，删除对应在 XSB 表中的数据。

【例 8.48】 创建一个存储过程，有两个输入参数 XH 和 KCM，要求当某学生某门课程的成绩小于 60 分时将备注修改为“有课程没过”，大于等于 60 分时将该成绩修改为 60 分。

```
DELIMITER $$
CREATE PROCEDURE DO_UPDATE(IN XH CHAR(6), IN KCM CHAR(16))
BEGIN
    DECLARE KCH CHAR(3);
    DECLARE CJ TINYINT;
    SELECT 课程号 INTO KCH FROM KCB WHERE 课程名=KCM;
    SELECT 成绩 INTO CJ FROM CJB WHERE 学号=XH AND 课程号=KCH;
    IF CJ<60 THEN
        UPDATE XSB SET 备注='有课程没过' WHERE 学号=XH;
    ELSE
        UPDATE CJB SET 成绩=60 WHERE 学号=XH AND 课程号=KCH;
    END IF;
```

```
END$$
DELIMITER ;
```

2. 调用存储过程

存储过程创建完后，可以使用 CALL 语句来调用。语法格式如下：

```
CALL 过程名([参数[,...]])
```

【例 8.49】 创建存储过程，实现查询 XSB 表中学生人数的功能，该存储过程不带参数。

```
CREATE PROCEDURE DO_QUERY()
    SELECT COUNT(*) FROM XSB ORDER BY 学号;
```

调用该存储过程：

```
CALL DO_QUERY();
```

查询结果为：

```
+----------+
| COUNT(*) |
+----------+
|       22 |
+----------+
1 row in set (0.03 sec)
```

【例 8.50】 假设例 8.47 中的存储过程已经创建，调用该存储过程。

```
CALL DELETE_STUDENT('081101');
```

在存储过程之外可以在变量名前加一个“@”符号表示一个用户变量，用户变量在调用存储过程时可以作为存储过程的参数。使用 SET 语句可以为用户变量赋值。

3. 删除存储过程

存储过程创建后需要删除时使用 DROP PROCEDURE 语句。例如，删除存储过程 DELETE_STUDENT 可以使用如下语句：

```
DROP PROCEDURE IF EXISTS DELETE_STUDENT;
```

8.7.2 存储函数

存储函数也是过程式对象，与存储过程很相似。它们都是由 SQL 和过程式语句组成的代码片断，并且可以从应用程序和 SQL 中调用。然而，它们也有一些区别：

- 存储函数不能拥有输出参数，因为存储函数本身就是输出参数；
- 不能用 CALL 语句来调用存储函数；
- 存储函数必须包含一条 RETURN 语句，而这条特殊的 SQL 语句不允许包含于存储过程中。

使用 CREATE FUNCTION 语句创建存储函数。语法格式如下：

```
CREATE FUNCTION 函数名 ([参数[,...]])
    RETURNS 类型
    程序体
```

说明：存储函数的参数只有名称和数据类型。“RETURNS 类型”子句声明函数返回值的数据类型。“程序体”是存储函数的主体，所有在存储过程中使用的 SQL 语句在存储函数中也适用。但是存储函数体中必须包含一个“RETURN 值”语句，“值”为存储函数的返回值。这是存储过程体中没有的。

【例 8.51】 创建一个存储函数，返回某个学生的姓名。

```
DELIMITER $$
CREATE FUNCTION NAME_OF_STU(XH CHAR(6))
RETURNS CHAR(8)
BEGIN
    RETURN (SELECT 姓名 FROM XSB WHERE 学号=XH);
```

```
END$$
DELIMITER ;
```

说明：创建存储函数之前必须先激活 log_bin_trust_function_creators 系统变量，方法如下：

```
mysql> show variables like '%func%';
+---------------------------------+-------+
| Variable_name                   | Value |
+---------------------------------+-------+
| log_bin_trust_function_creators | OFF   |
+---------------------------------+-------+
1 row in set (0.00 sec)

mysql> set global log_bin_trust_function_creators=1;
Query OK, 0 rows affected (0.03 sec)

mysql> show variables like '%func%';
+---------------------------------+-------+
| Variable_name                   | Value |
+---------------------------------+-------+
| log_bin_trust_function_creators | ON    |
+---------------------------------+-------+
1 row in set (0.00 sec)
```

存储函数创建完后使用 SELECT 关键字调用，例如，调用上例中的存储函数，可以使用以下语句：

```
SELECT NAME_OF_STU('081102');
```

若要删除存储函数，可以使用 DROP FUNCTION 语句，例如：

```
DROP FUNCTION NAME_OF_STU;
```

8.7.3 触发器

创建触发器使用 CREATE TRIGGER 语句，语法格式如下：

```
CREATE TRIGGER 触发器名 触发时间 触发事件
ON 表名 FOR EACH ROW 触发语句
```

- 触发器名。创建的触发器的名称。
- 触发时间。触发器触发的时刻，有两个选项 AFTER 和 BEFORE，以表示触发器是在激活它的语句之前还是之后触发。
- 触发事件。指明激活触发程序的语句的类型，可以是 INSERT、UPDATE 和 DELETE，分别表示插入、修改、删除数据时激活触发器。
- 表名。与触发器相关的表名，在该表上发生触发事件才会激活触发器。同一个表不能拥有两个具有相同触发时刻和事件的触发器。
- 触发语句。触发器动作，包含触发器激活时将要执行的语句。如果要执行多个语句，可使用 BEGIN ... END 复合语句结构，这样就能使用存储过程中允许的相同语句。

在 MySQL 触发器中的 SQL 语句可以关联表中的任意列，但不能直接使用列的名称去标志，那会使系统混淆，因为激活触发器的语句可能已经修改、删除或添加了新的列名，而列的旧名同时存在。因此，必须用这样的语法来标志：“NEW.列名”或“OLD.列名”。“NEW.列名”用来引用新行的一列，“OLD.列名”用来引用更新或删除它之前的已有行的一列。

对于 INSERT 语句，只有 NEW 是合法的；对于 DELETE 语句，只有 OLD 是合法的；而 UPDATE 语句可以与 NEW 或 OLD 同时使用。

【例 8.52】 创建一个触发器，当删除表 XSB 中某个学生的信息时，同时将 CJB 表中与该学生有关的数据全部删除。

```
DELIMITER $$
CREATE TRIGGER XS_DELETE AFTER DELETE
    ON XSB FOR EACH ROW
BEGIN
```

```
    DELETE FROM CJB WHERE 学号=OLD.学号;
END$$
DELIMITER ;
```

现在验证一下触发器的功能：

```
DELETE FROM XSB WHERE 学号='081101';
```

使用 SELECT 语句查看 CJB 表中的情况：

```
SELECT * FROM CJB;
```

说明：这时可以发现，学号 081101 的学生在 CJB 表中的所有信息已经被删除了。为了继续下面的举例，建议将此处删除的数据恢复。

删除触发器也是使用 DROP 语句，例如：

```
DROP TRIGGER XS_DELETE;
```

习 题 8

1．数据库管理系统的基本功能有哪些？

2．MySQL 数据库管理系统有哪些特点？

3．MySQL 的数据对象有哪些？

4．MySQL 的数据类型有哪些？

5．写出创建产品销售数据库 CPXS 和表的 SQL 语句。所包含的表如下。

产品表：产品编号，产品名称，价格，库存量。

销售商表：客户编号，客户名称，地区，负责人，电话。

产品销售表：销售日期，产品编号，客户编号，数量，销售额。

6．写出 SQL 语句，对产品销售数据库产品表（结构见题 5）进行如下操作。

（1）插入如下记录：

0001	空调	3000	200
0203	冰箱	2500	100
0301	彩电	2800	50
0421	微波炉	1500	50

（2）将产品数据库的产品表中的每种商品的价格打 8 折。

（3）将产品数据库的产品表中价格打 8 折后小于 50 的商品删除。

7．试说明 SELECT 语句的作用。

8．试说明 SELECT 语句的 FROM、WHERE、GROUP BY 及 ORDER BY 子句的作用。

9．能够在 WHERE 中使用的运算符有哪些？各运算符的功能是什么？

10．写出 SQL 语句，对产品销售数据库（结构见题 5）进行如下操作：

（1）查找价格在 2000～2900 之间的商品名。

（2）计算所有商品总价格。

（3）在产品销售数据库上创建冰箱产品表的视图 BXCP。

（4）在 BXCP 视图上查询库存量在 100 台以下的产品编号。

11．使用 EXISTS 关键字引入的子查询与使用 IN 关键字引入的子查询在语法上有哪些不同？

12．视图的作用有哪些？如何创建视图？

13．存储过程的特点有哪些？如何创建存储过程？

14．定义一个触发器，当删除学生表（XSB）中的一行记录时同时删除成绩表（CJB）的相应记录。

第 9 章

PHP 操作 MySQL

在实际的 Web 应用中，无论是网站建设还是设计信息管理系统，PHP 都要与数据库进行结合才能完成。PHP 支持绝大多数的数据库，如 MySQL、SQL Server、Oracle、Access、DB 2 等。其中，PHP 与 MySQL 是最常用的一种。本章将介绍 PHP 操作 MySQL 的应用。

9.1 PHP 访问 MySQL 的基本流程

第 8 章对 MySQL 进行了系统的介绍，PHP 和 MySQL 的组合可以运用在各种不同的平台之上，开发人员既可以选择在 Windows 环境下开发，也可以在 Linux 环境下开发。而且这两种软件都是开源的，可以减少大量的开发成本。

使用 PHP 访问 MySQL，必须让 PHP 程序先能连接 MySQL 数据库服务器，再选择一个数据库作为默认操作的数据库，然后才能向 MySQL 数据库管理系统发送 SQL 语句，其基本流程如图 9.1 所示。

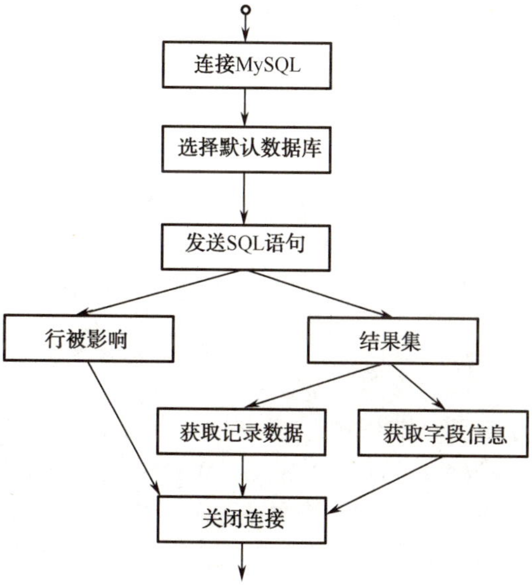

图 9.1　PHP 访问 MySQL 流程

如果发送的是类似 INSERT、UPDATE 或 DELETE 等 SQL 语句，MySQL 执行完成并对数据表的记录有所影响，说明执行成功。如果发送的是类似 SELECT 这样的 SQL 语句，会返回结果集，还需要对结果集进行处理。处理结果集又包括获取字段信息和获取记录数据两种操作，而多数情况下只需要获取记录数据即可。脚本执行结束后还需要关闭本次连接。

9.2 连接 MySQL 服务器

操作 MySQL 数据库，首先必须与数据库服务器建立连接。PHP 提供了操作 MySQL 的函数库，本书在安装 PHP 时已经安装了 MySQL 的扩展，只要使用 PHP 的 MySQL 函数就可以实现与 MySQL 服务器的连接。

9.2.1 建立连接

在 PHP 中，用于连接 MySQL 服务器的函数是 mysql_connect()，语法格式如下：

```
resource mysql_connect([string $server [, string $username [, string $password [, bool $new_link [, int $client_
flags ]]]]])
```

说明：$server 参数指定 MySQL 服务器的域名，如“127.0.0.1”、“localhost”、“php.com”等。$server 中还可以包括端口号，如"localhost:3306"（MySQL 的默认端口为 3306，默认值即为"localhost:3306"）。参数$username 指定连接的数据库用户名。$password 参数指定用户名的密码，默认值为空。

如果使用同样的参数第二次调用 mysql_connect()函数，将不会建立新连接，而将返回已经打开的连接标志。参数$new_link 指定在这种情况下是否建立新的连接，值为 TRUE 表示建立新的连接，值为 FALSE 时返回已经建立连接的句柄，默认值为 FALSE。

参数$client_flags 指定 MySQL 客户端的一些常量，主要有以下几种：

- MYSQL_CLIENT_SSL。使用 SSL 加密。
- MYSQL_CLIENT_COMPRESS。使用压缩的通信协议。
- MYSQL_CLIENT_IGNORE_SPACE。允许在函数名后留空格位。
- MYSQL_CLIENT_INTERACTIVE。允许设置断开连接之前所空闲等候的 interactive_ timeout 时间（代替 wait_timeout）。

【例 9.1】 测试能否连接 MySQL 数据库服务器。

新建 EX9_1.php 文件，输入以下代码：

```
<?php
$conn=mysql_connect('localhost','root','');
if($conn)
	echo "连接成功";
else
	echo "连接失败";
?>
```

运行该文件，并查看提示信息，如果输出“连接成功”，表示 PHP 能够正确连接 MySQL。如果提示“连接失败”，请确认服务器名、用户名和密码（WAMP 集成环境默认 MySQL 登录密码为空）是否正确，确认 MySQL 服务器是否已经启动。如果提示不能使用 mysql_connect()函数，请确认 PHP 安装目录下的 libmysql.dll 文件是否已经复制到系统目录“C:\Windows\system32”中。

PHP 还提供了另外一个用于连接 MySQL 服务器的函数：mysql_pconnect()函数。该函数用于建立一个与 MySQL 服务器的持久连接，语法格式如下：

```
resource mysql_pconnect([ string $server [, string $username [, string $password [, int $client_flags ]]]] )
```

mysql_pconnect()函数与 mysql_connect()函数类似，不同的是，使用 mysql_pconnect()函数将建立一个持久的连接，在每次处理页面时不需要再进行连接，而使用 mysql_connect()函数则需要在每次处理页面时都发送连接请求。

9.2.2　选择数据库

连接到服务器后，可以选择需要使用的数据库，使用 mysql_select_db()函数，语法格式如下：

```
bool mysql_select_db(string $database_name [, resource $ link_identifier ])
```

说明：$database_name 参数为要选择的数据库名，可选参数$link_identifier 为一个连接标志符，如果没有指定则使用上一个打开的连接。如果之前没有已经打开的连接，则本函数尝试调用一个无参数的 mysql_connect()函数来打开一个连接并使用。本函数运行成功返回 TRUE，否则返回 FALSE。例如：

```
<?php
$link=mysql_connect ('localhost', 'root', '')
    or die('数据库服务器连接失败：'.mysql_error());
if(mysql_select_db('PXSCJ', $link))
    echo '选择数据库成功';
?>
```

说明：die()函数用于在操作失败时提示信息，mysql_error()函数的作用是获取在数据库操作过程中的错误信息。

9.2.3　关闭连接

当一个已经打开的连接不再需要时，可以使用 mysql_close()函数将其关闭，语法格式如下：

```
bool mysql_close([ resource $link_identifier ])
```

可选参数$link_identifier 为指定的连接标志符，如果省略，则关闭上一个打开的连接。通常编程中可以不使用 mysql_close()函数，因为已打开的非持久连接会在脚本执行完毕后自动关闭。

9.3　操作 MySQL 数据库

在成功连上 MySQL 服务器后，就可以使用 MySQL 函数操作数据库了。PHP 语言为程序员操作 MySQL 提供了功能丰富的函数接口（API）。对数据库的操作主要包括执行 SQL 语句以及处理由 SQL 语句返回的结果集。

9.3.1　执行 SQL 语句

在 PHP 中，通常使用 mysql_query()函数执行 MySQL 的 SQL 语句，语法格式如下：

```
resource mysql_query ( string $query [, resource $link_identifier ] )
```

$query 参数为要执行的 SQL 语句，语句后面不需要加分号。$link_identifier 参数指定一个已经打开的连接标志符，如果没有指定则默认为上一个打开的连接。本函数执行成功后将返回一个资源变量来存储 SQL 语句的执行结果。在执行 SQL 语句前，需要打开一个连接并选择相关的数据库。例如：

```
<?php
$conn= mysql_connect('localhost','root','') or die('连接失败');
mysql_select_db('PXSCJ', $conn) or die('选择数据库失败');
$sql="select * from XSB";
$result=mysql_query($sql);
if($result)
```

```
    echo "SQL 语句执行成功！";
?>
```

除了 SELECT 语句，mysql_query()函数还可以执行其他各种 SQL 语句，例如，下面的代码执行了一条 INSERT 语句：

```
<?php
$conn= mysql_connect('localhost','root','') or die('连接失败');
mysql_select_db('PXSCJ', $conn) or die('选择数据库失败');
mysql_query("SET NAMES gb2312");                              //设置字符集为 gb2312
$sql="insert into XSB values('000001', '张建', 1, '1990-06-05', '计算机', 50, NULL)";
$result=mysql_query($sql) or die('数据插入失败：'.mysql_error());
?>
```

执行完以上代码后，打开 MySQL 客户端，使用 SELECT 语句查询 XSB 表中的数据情况，可以看到，INSERT 语句中的一行数据已经插入 XSB 中。

注意：

由于连接上的字符集问题，中文数据在插入时可能会导致错误，所以在插入数据前需要使用语句“SET NAMES gb2312”来设置字符集，这样才能支持中文的插入。

9.3.2 处理结果集

PHP 在执行 SQL 语句后，有各种方式处理从数据库返回的结果。例如，执行 SELECT 语句后返回的是一个资源变量，其中包含了 SELECT 语句的结果集，需要使用特殊的函数从该资源变量中取得查询到的结果。

1. mysql_fetch_row()函数

使用 mysql_fetch_row()函数可以从返回的结果集中逐行获取记录，语法格式如下：

```
array mysql_fetch_row(resource $result)
```

参数$result 指定返回结果集的资源变量名，该函数从指定的结果集中取得一行数据并作为数组返回。每个结果的列储存在一个数组的单元中，数组的键名默认以数字顺序分配，偏移量从 0 开始。依次调用 mysql_fetch_row()函数将返回结果集中的下一行，如果没有更多行则返回 FALSE。例如：

```
<?php
$conn= mysql_connect('localhost','root','') or die('连接失败');
mysql_select_db('PXSCJ', $conn) or die('选择数据库失败');
mysql_query("SET NAMES gb2312");
$sql="select * from XSB where 学号= '081101'";
$result=mysql_query($sql);
if($row=mysql_fetch_row($result))
    print_r($row);
//输出：Array ([0] => 081101 [1] => 王林 [2] => 1 [3] => 1990-02-10 [4] => 计算机 [5] => 50 [6] =>)
?>
```

如果结果集中返回的是多行记录，可以使用循环的方式来获取记录。

【例 9.2】 获取 PXSCJ 数据库中女同学的总学分信息。

新建 EX9_2.php 文件，输入以下代码：

```
<?php
$conn= mysql_connect('localhost','root','') or die('连接失败');
mysql_select_db('PXSCJ', $conn) or die('选择数据库失败');
mysql_query("SET NAMES gb2312");
```

```
$sql="select * from XSB where 性别=0";
$result=mysql_query($sql);
echo "<table border=1>";
echo "<tr><td>学号</td><td>姓名</td><td>总学分</td></tr>";
while($row=mysql_fetch_row($result))
{
    list($XH,$XM,$XB,$CSSJ,$ZY,$ZXF,$BZ)=$row;
    echo "<tr><td>$XH</td><td>$XM</td><td>$ZXF</td></tr>";
}
echo "</table>";
?>
```

运行结果如图 9.2 所示。

图 9.2　查看学生信息

2. mysql_fetch_assoc()函数

mysql_fetch_assoc()函数的作用也是获取结果集中的一行记录并保存到数组中，数组的键名为相应的字段名。语法格式如下：

```
array mysql_fetch_assoc(resource $result)
```

如果结果中的两个或两个以上的列具有相同字段名，最后一列将优先被访问。要访问同名的其他列，必须用该列的数字索引或给该列起个别名。对有别名的列，不能再用原来的列名访问其内容。例如：

```
<?php
$conn= mysql_connect('localhost','root','');
mysql_select_db('PXSCJ', $conn);
mysql_query("SET NAMES gb2312");
$sql="select 学号 as XH, 姓名, 性别 from XSB where 学号='081101'";
$result=mysql_query($sql);
$row=mysql_fetch_assoc($result);
echo $row['XH']. "<br/>";                 //输出"081101"，不能输出$row['学号']
echo $row['姓名']. "<br/>";               //输出"王林"
?>
```

3. mysql_fetch_array()函数

mysql_fetch_array()函数是 mysql_fetch_row()函数的扩展。除了将数据以数字作为键名存储在数组中外，还使用字段名作为键名存储。语法格式如下：

```
array mysql_fetch_array(resource $result [, int $ result_type ])
```

可选的$result_type 参数是一个常量，可以是以下值：MYSQL_ASSOC，MYSQL_NUM 和 MYSQL_BOTH。如果用 MYSQL_BOTH，将得到一个同时包含数字和字段名作为键名的数组。用 MYSQL_ASSOC 将得到字段名作为键名的数组（功能与 mysql_fetch_assoc()函数相同），用

MYSQL_NUM 将得到数字作为键名的数组（功能与 mysql_fetch_row()函数相同）。默认值为 MYSQL_BOTH。例如：

```
<?php
$conn= mysql_connect('localhost','root','');
mysql_select_db('PXSCJ', $conn);
mysql_query("SET NAMES gb2312");
$sql="select 学号, 姓名, 性别 from XSB where 姓名='王林'";
$result=mysql_query($sql);
$row=mysql_fetch_array($result);
print_r($row);
//输出：Array ( [0]=>081101 [学号]=>081101 [1]=>王林 [姓名]=>王林 [2]=>1 [性别]=>1 )
?>
```

4. mysql_fetch_object()函数

使用 mysql_fetch_object()函数将从结果集中取出一行数据并保存为对象，使用字段名即可访问对象的属性。语法格式如下：

```
object mysql_fetch_object(resource $result)
```

例如：

```
<?php
$conn= mysql_connect('localhost','root','');
mysql_select_db('PXSCJ', $conn);
mysql_query("SET NAMES gb2312");
$sql="select * from XSB where 学号='081101'";
$result=mysql_query($sql);
$row=mysql_fetch_object($result);
    echo "姓名：$row->姓名<br/>";                //输出"王林"
    echo "专业：$row->专业<br/>";                //输出"计算机"
?>
```

9.3.3 其他 MySQL 函数

1. mysql_num_rows()函数

mysql_num_rows()函数可以获取结果集中行的数目，语法格式如下：

```
int mysql_num_rows(resource $result)
```

2. mysql_num_fileds()函数

获取结果集中字段的数目，语法格式如下：

```
int mysql_num_fields(resource $result)
```

3. mysql_affected_rows()函数

本函数用于获取 MySQL 最后执行的 INSERT、UPDATE 或 DELETE 语句所影响的行数，语法格式如下：

```
int mysql_affected_rows([ resource $link_identifier ])
```

$link_identifier 参数为已经建立的数据库连接标志符。本函数执行成功则返回受影响的行的数目，否则将返回–1。若最近一次执行的是没有 WHERE 子句的 DELETE 语句，则表中所有记录都被删除，在 PHP 4.1.2 之前函数将返回 0。注意，本函数只对改变 MySQL 数据库中记录的操作起作用，对于 SELECT 语句本函数将不会得到预期的行数。

4. mysql_field_name()函数

本函数用于取得结果中指定字段的字段名，语法格式如下：

```
string mysql_field_name(resource $result , int $field_index)
```

$filed_index 参数为要获取字段的数字偏移量，从 0 开始。例如，第三个字段的索引值其实是 2，第四个字段的索引值是 3，以此类推。

5. mysql_field_type()函数

本函数返回指定字段的数据类型，语法格式如下：

```
string mysql_field_type(resource $result , int $field_offset)
```

$field_offset 参数用于指定字段所在的位置。

6. mysql_field_len()函数

本函数用于返回指定字段的长度，语法格式如下：

```
int mysql_field_len (resource $result , int $field_offset )
```

参数格式与 mysql_field_type()函数类似。

7. mysql_free_result()函数

语法格式如下：

```
bool mysql_free_result(resource $result)
```

本函数将释放所有与结果标志符$result 所关联的内存。由于在脚本结束后所有关联的内存都会被自动释放，所以仅需要在考虑到返回很大的结果集会占用很多内存时才调用本函数。

8. mysql_create_db()函数

本函数用于创建一个新的 MySQL 数据库，语法格式如下：

```
bool mysql_create_db(string $database_name[, resource $link_identifier ])
```

$database_name 参数指定要创建的数据库名。

9. mysql_drop_db()函数

本函数用于删除一个已经存在的 MySQL 数据库，语法格式如下：

```
bool mysql_drop_db (string $database_name [, resource $ link_identifier ])
```

10. mysql_data_seek()函数

本函数用于将结果集中的内部指针移动到指定的行号，语法格式如下：

```
bool mysql_data_seek(resource $result , int $row_number)
```

$row_number 参数用于指定要移动到的行号，例如，为 2 表示移动到第 2 行。

PHP 中还有很多的 MySQL 函数，这里不再一一列出，可以参考 PHP 手册。另外，PHP 5 还为连接 MySQL 提供了新的函数库，这个函数库是 mysqli（i 表示改进）。mysqli 函数库的函数名与 mysql 函数库的函数名类似，例如，mysqli_connect()函数与 mysql_connect()函数功能与语法格式一样，但 mysqli 函数执行速度更快，而且提供的函数更多，并允许使用面向对象和面向过程的语法。

9.4 实例——操作课程表

【例 9.3】 使用 PHP 操作 MySQL 中的 PXSCJ 数据库，对课程信息实现查询、增加、删除、修改的功能。建立触发器，如果删除一条记录，则同时删除成绩表中该课程信息。

在 MySQL 客户端输入以下创建触发器的代码：

```
USE PXSCJ;
DELIMITER $$
CREATE TRIGGER KC_DELETE AFTER DELETE
    ON KCB FOR EACH ROW
BEGIN
    DELETE FROM CJB WHERE 课程号=OLD.课程号;
```

```
END$$
DELIMITER ;
```

新建 EX9_3.php 文件，输入以下代码：

```
<html>
<meta http-equiv="Content-Type" content="text/html; charset=gb2312"/>
<head>
    <title>课程信息更新</title>
    <style type="text/css">
    <!--
        .STYLE1 {font-size: 15px; font-family: "幼圆";}
    -->
    div{
        text-align:center;
        font-family:"幼圆";
        font-size:24px;
        font-weight:bold;
        color:"#008000";
    }
    table{
        width:300px;
    }
    </style>
</head>
<body>
<div>课程表操作</div>
<form name="frm1" method="post">
    <table align="center">
        <tr>
            <td width="120"><span class="STYLE1">根据课程号查询:</span></td>
            <td>
                <input name="KCNumber" id="KCNumber" type="text" size="10">
                <input type="submit" name="test" class="STYLE1" value="查找">
            </td>
        </tr>
    </table>
</form>
<?php
$conn=mysql_connect("localhost","root","") or die('连接失败');          //连接服务器
mysql_select_db("PXSCJ",$conn) or die('连接数据库失败');               //选择数据库
mysql_query("SET NAMES 'gb2312'");                                     //设置字符集
$KCNumber=@$_POST['KCNumber'];                                         //获取课程号
$sql="select * from KCB where 课程号='$KCNumber'";                      //查找课程信息
$result=mysql_query($sql);
$row=@mysql_fetch_array($result);                                      //取得查询结果
if(($KCNumber!==NULL)&&(!$row))                                        //判断课程是否存在
    echo "<script>alert('没有该课程信息！')</script>";
?>
<form name="frm2" method="post">
    <table bgcolor="#CCCCCC" border="1" align="center" cellpadding="0" cellspacing="0">
        <tr>
            <td bgcolor="#CCCCCC" width="90"><span class="STYLE1">课程号:</span></td>
            <td>
```

```
                <input name="KCNum" type="text" class="STYLE1" value="<?php echo $row['课程号
']; ?>">
                <input name="h_KCNum" type="hidden" value="<?php echo $row['课程号']; ?>">
            </td>
        </tr>
        <tr>
            <td bgcolor="#CCCCCC" width="90"><span class="STYLE1">课程名:</span></td>
            <td><input name="KCName" type="text" class="STYLE1"    value="<?php echo $row['课程名
']; ?>"></td>
        </tr>
        <tr>
            <td bgcolor="#CCCCCC"><span class="STYLE1">开课学期:</span></td>
            <td><input name="KCTerm" type="text" class="STYLE1"    value="<?php echo $row['开课学期
']; ?>"></td>
        </tr>
        <tr>
            <td bgcolor="#CCCCCC"><span class="STYLE1">学时:</span></td>
            <td><input name="KCtime" type="text" class="STYLE1"    value="<?php echo $row['学时
']?>"></td>
        </tr>
        <tr>
            <td bgcolor="#CCCCCC"><span class="STYLE1">学分:</span></td>
            <td><input name="KCCredit" type="text" class="STYLE1" value="<?php echo $row['学分
'];?>"></td>
        </tr>
        <tr>
            <td align="center" colspan="2" bgcolor="#CCCCCC">
                <input name="b" type="submit" value="修改" class="STYLE1"> 
                <input name="b" type="submit" value="添加" class="STYLE1"/> 
                <input name="b" type="submit" value="删除" class="STYLE1"> 
            </td>
        </tr>
    </table>
</form>
</body>
</html>
<?php
$KCH=@$_POST['KCNum'];                          //课程号
$h_KCH=@$_POST['h_KCNum'];                      //表单中原有的隐藏文本中的课程号
$KCM=@$_POST['KCName'];                         //课程名
$KKXQ=@$_POST['KCTerm'];                        //开课学期
$XS=@$_POST['KCtime'];                          //学时
$XF=@$_POST['KCCredit'];                        //学分
//简单的验证函数，验证表单数据的正确性
function test($KCH,$KCM,$KKXQ,$XF)
{
        if(!$KCH)                               //判断课程号是否为空
            echo "<script>alert('课程号不能为空!');location.href='EX9_3.php';</script>";
        elseif(!$KCM)                           //判断课程名是否为空
            echo "<script>alert('课程名不能为空!');location.href='EX9_3.php';</script>";
        elseif($KKXQ>8||$KKXQ<1)                //判断开课学期是否在 1-8 之间
            echo "<script>alert('开课学期必须为 1-8 的数字!');location.href='EX9_3.php';</script>";
        elseif(!is_numeric($XF))                //判断学分是否为数字
```

```
            echo "<script>alert('学分必须为数字!');location.href='EX9_3.php';</script>";
    }
    //单击【修改】按钮
    if(@$_POST["b"]=='修改')
    {
        test($KCH,$KCM,$KKXQ,$XF);                                    //检查输入信息
        if($KCH!=$h_KCH)                                  //判断用户是否修改了原来的课程号值
            echo "<script>alert('课程号与原数据有异，无法修改!');</script>";
        else
        {
            $update_sql="update KCB set 课程名='$KCM',开课学期=$KKXQ,学时=$XS,学分=$XF WHERE 课
程号='$KCH'";
            $update_result=mysql_query($update_sql);
            if(mysql_affected_rows($conn)!=0)
                echo "<script>alert('修改成功!');</script>";
            else
                echo "<script>alert('信息未修改!');</script>";
        }
    }
    //单击【添加】按钮
    if(@$_POST["b"]=='添加')
    {
        test($KCH,$KCM,$KKXQ,$XF);
        $s_sql="select 课程号 from KCB where 课程号='$KCH'";
        $s_result=mysql_query($s_sql);
        $s_row=mysql_fetch_array($s_result);
        if($s_row)                                            //若要添加的课程已经存在则提示
            echo "<script>alert('课程已存在，无法添加!');</script>";
        else
        {
            $insert_sql="insert into KCB(课程号,课程名,开课学期,学时,学分) values('$KCH', '$KCM', $KKXQ,
$XS, $XF)";
            $insert_result=mysql_query($insert_sql) or die('添加失败！');
            if(mysql_affected_rows($conn)!=0)
                echo "<script>alert('添加成功!');</script>";
        }
    }
    //单击【删除】按钮
    if(@$_POST["b"]=='删除')
    {
        if(!$KCH)
        {
            echo "<script>alert('请输入要删除的课程号!');</script>";
        }
        else
        {
            $d_sql="select 课程号 from KCB where 课程号='$KCH'";
            $d_result=mysql_query($d_sql);
            $d_row=mysql_fetch_array($d_result);
            if(!$d_row)                                           //课程如果不存在则提示
                echo "<script>alert('课程号不存在，无法删除!');</script>";
            else
            {
```

```
                $del_sql="delete from KCB where 课程号='$KCH'";
                $del_result=mysql_query($del_sql) or die('删除失败！ ');
                if(mysql_affected_rows($conn)!=0)
                    echo "<script>alert('删除课程".$KCH."成功!');</script>";
            }
        }
    }
?>
```

运行结果如图 9.3 所示。在第一个文本框中输入课程号，单击【查找】按钮，如果课程表中有这个课程号，则下方的表格中会显示各列的内容。在文本框中修改该课程的信息后单击【修改】按钮即可对该课程进行修改，单击【添加】按钮可以添加新的课程，单击【删除】按钮可以删除某门课程，并激活触发器 KC_DELETE，同时将成绩表 CJB 中的该门课程的信息删除。

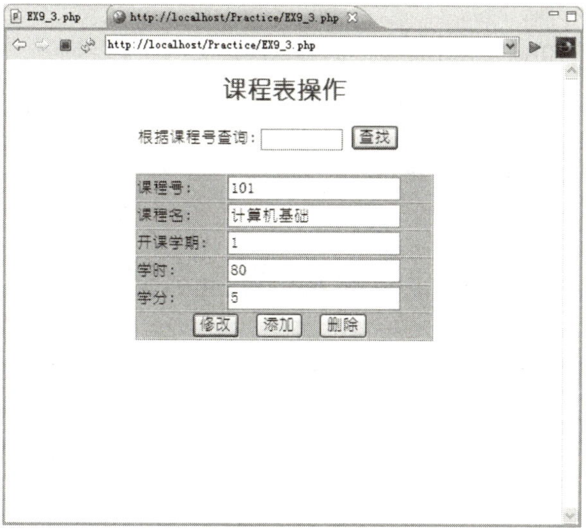

图 9.3　课程表操作

习　题　9

1. 简述 PHP 访问 MySQL 的流程。
2. 如何与 MySQL 数据库服务器建立连接？
3. 连接 MySQL 后选择 PXSCJ 数据库，读取 XSB 表中的数据，并以表格形式输出到浏览器中。
4. PHP 提供了哪些 MySQL 函数，它们各自的作用是什么？

第 10 章

PDO 方式访问数据库

PDO 扩展类库为 PHP 访问各种不同类型的数据库定义了一个轻量级、一致的接口，无论用户使用何种数据库（MySQL、SQL Server、Oracle 等），都可以通过一致的函数执行查询和获取数据，如此就屏蔽了异构数据库之间的差异。使用 PDO 可以很方便地进行跨数据库程序的开发，是未来 PHP 数据库编程的主要发展方向！

10.1 PDO 的基本概念

PHP 5 之前处理各种数据库系统，包括 MySQL、PostgreSQL、Oracle、SQL Server 等，访问不同的 DBMS 所使用的扩展函数也是不同的。例如，在第 9 章介绍的 mysql 函数就只能访问 MySQL 数据库。如果需要处理 Oracle，就必须安装和重新学习 PHP 中处理 Oracle 的扩展函数库，如图 10.1 所示。

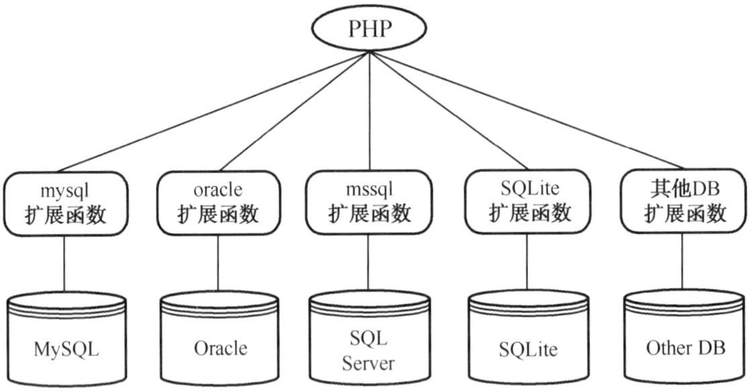

图 10.1 访问不同数据库要使用不同的扩展函数库

访问每种数据库时都需要学习新的函数库，这很麻烦，而且使得 PHP 应用程序在异构数据库间的移植难以实现。为了解决这样的难题，就需要一个“数据库抽象层”。它能解决应用程序逻辑与数据库通信逻辑之间的耦合，通过这个通用接口传递所有与数据库相关的命令，PDO 就是这样一个“数据库抽象层”，它的作用是统一各种数据库的访问接口，能够轻松地在不同数据库之间进行切换，使得 PHP 程序在数据库间的移植容易实现。如图 10.2 所示描述了这一过程。

PDO 与 PHP 支持的所有数据库扩展都非常相似，因为 PDO 借鉴了以往数据库扩展的最好特性。从 PHP 5.1 开始附带了 PDO，在 PHP 5.0 中 PDO 是作为一个 PECL 扩展使用。PDO 需要 PHP 5 核心的新 OO（面向对象）特性，因此不能在较早版本的 PHP 上运行。

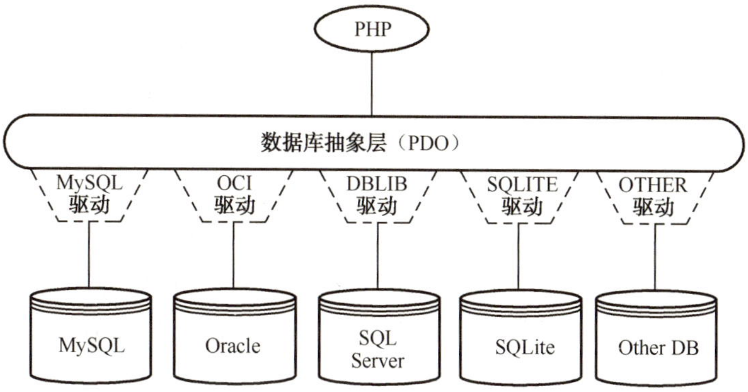

图 10.2　PDO 数据库抽象层的应用体系结构

对任何数据库的操作，并不是使用 PDO 扩展本身执行的，必须针对不同的数据库服务器使用特定的 PDO 驱动程序访问。驱动程序扩展则为 PDO 和本地 RDBMS 客户机 API 库架起一座桥梁，用来访问指定的数据库系统。这能大大提高 PDO 的灵活性，因为 PDO 在运行时才加载必需的数据库驱动程序，所以不需要在每次使用不同的数据库时重新配置和重新编译 PHP。

PDO 对各种数据库的支持及对应使用的驱动名称，如表 10.1 所示。

表 10.1　支持 PDO 的驱动列表

驱　动　名	对应访问的数据库
PDO_CUBRID	Cubrid
PDO_DBLIB	FreeTDS / Microsoft SQL Server 2005 / Sybase
PDO_FIREBIRD	Firebird/Interbase 6
PDO_IBM	IBM DB2
PDO_INFORMIX	IBM Informix Dynamic Server
PDO_MYSQL	MySQL 3.x/4.x/5.x
PDO_OCI	Oracle (OCI=Oracle Call Interface)
PDO_ODBC	ODBC v3 (IBM DB2, unixODBC and win32 ODBC)
PDO_PGSQL	PostgreSQL
PDO_SQLITE	SQLite 3 及 SQLite 2
PDO_SQLSRV	Microsoft SQL Server 2008 及以上/ SQL Azure
PDO_4D	4D

例如，如果数据库服务器需要从 MySQL 切换到 Microsoft SQL Server 2008，只要重新加载 PDO_SQLSRV 驱动程序就可以了。

10.2　PDO 访问异构数据库的方法

使用 PDO 访问数据库，一般包括如下通用的步骤：安装 PDO→创建 PDO 对象→使用 PDO。

10.2.1 安装 PDO

PDO 随 PHP 5.1 发行，在 PHP 5.0 的 PECL 扩展中也可以使用。PDO 需要 PHP 5 核心面向对象特性的支持，所以它无法运行于之前的 PHP 版本中。无论如何，在配置 PHP 时，仍需要显式地指定所要包括的驱动程序，驱动程序除 PDO_SQLITE（默认已包括这个驱动程序）之外，都需要手工安装。

在 Windows 环境下 PHP 5.1 以上版本中，PDO 和主要数据库的驱动同 PHP 一起作为扩展发布，要激活它们只需要简单地编辑 php.ini 文件，去掉相应数据库 PDO 驱动 dll 之前的注释符（;）即可。例如：

```
[PHP_PDO_MYSQL]
extension=php_pdo_mysql.dll                //激活 MySQL 的 PDO 驱动
[PHP_PDO_ODBC]
extension=php_pdo_odbc.dll                 //激活 ODBC 的 PDO 驱动
[PHP_PGSQL]
extension=php_pgsql.dll                    //激活 PostgreSQL 的 PDO 驱动
```

保存修改的 php.ini 文件变化，重启 Apache 服务器，查看 phpinfo()页，就可以看到系统中已经安装了的 PDO 驱动。

10.2.2 创建 PDO 对象

在使用 PDO 与数据库交互之前，首先要创建一个 PDO 对象，创建 PDO 对象的语句格式如下：

```
$db=new PDO(DSN,username,password);
```

其中，DSN 是数据源名，username 为连接数据库的用户名，password 为密码。针对不同 DBMS 的 DSN 是不同的，如表 10.2 所示。

表 10.2 各种不同 DBMS 的 DSN

DBMS	DSN
SQL Server 2005	mssql:host=localhost;dbname=testdb
Sybase	sybase:host=localhost;dbname=testdb
MySQL	mysql:host=localhost;dbname=testdb
SQL Server 2008	sqlsrv:Server=localhost;Database=testdb
Oracle	oci:dbname=//localhost:1521/testdb
ODBC	odbc:testdb
PostgreSQL	pgsql:host=localhost;port=5432;dbname=testdb

10.2.3 使用 PDO

创建好 PDO 对象后，就可以在编程中使用它来访问数据库了，对于 PDO 来说，访问不同数据库的接口是完全相同的。

当执行 INSERT、UPDATE 和 DELETE 等没有结果集的查询时，使用 PDO 对象中的 exec()方法去执行。该方法成功执行后，将返回受影响的行数。

当执行返回结果集的 SELECT 查询时，或者所影响的行数无关紧要时，应当使用 PDO 对象中的 query()方法。如果该方法成功执行指定的查询，则返回一个 PDOStatement 对象。如果使用了 query()方法，并想要了解获取的数据行总数，可以使用 PDOStatement 对象中的 rowCount 方法获取。

有关 PDO 接口的具体使用细节，见下面的实例。

10.3　PDO 访问数据库实例

本节通过一个 PDO 访问 SQL Server 2008 的实例，演示 PDO 的使用。这里采用分立组件构建开发环境。

10.3.1　安装 SQL Server 2008 的 PDO 驱动

从微软官网下载 PHP 的 SQL Server 2008 扩展库 SQLSRV20.EXE，解压并安装后，将其中的 php_pdo_sqlsrv_53_ts_vc9.dll 和 php_sqlsrv_53_ts_vc9.dll 复制到 C:\Program Files\PHP\ext 下，再在配置文件 php.ini 末尾添加：

```
extension=php_pdo_sqlsrv_53_ts_vc9.dll
extension=php_sqlsrv_53_ts_vc9.dll
```

完成后打开 IE，输入 http://localhost/phpinfo.php 并单击【Enter】键，如图 10.3 所示，查看 PDO 的安装情况。

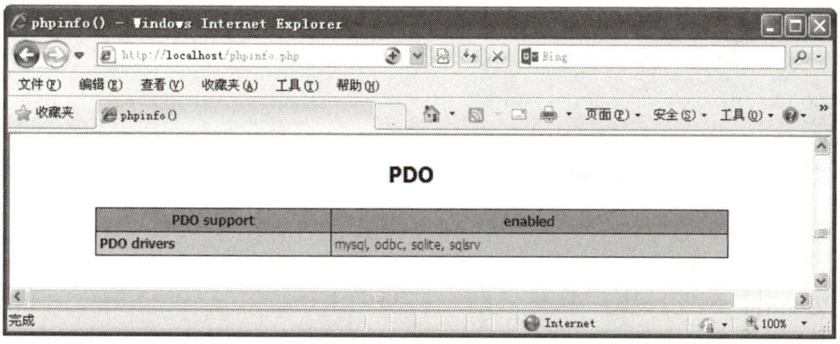

图 10.3　SQL Server 2008 的 PDO 安装成功

可以发现，PDO 支持的驱动中多了 sqlsrv 一项，这表示 SQL Server 2008 的 PDO 驱动安装成功！

10.3.2　实例——实现简单的登录系统

【例 10.1】 制作一个登录系统，实现用户注册、用户登录、用户注销、修改密码等功能。

首先需要进行数据库设计，本例中需要创建的数据库名为 USERS，数据库中有一个表 userinfo，表的结构如表 10.3 所示。

表 10.3　userinfo 表的结构

项目名	列　名	数 据 类 型	长度	是否可空	默认值	说　明
用户名	username	不定长字符型（VARCHAR）	20	×	无	主键，由英文字母、下画线或数字组成
密码	password	不定长字符型（VARCHAR）	20	×	无	6～20 位字符
性别	sex	位型（BIT）	默认值	×	1	1:男；0:女
年龄	age	整数型（INT）	默认值	√	无	
邮箱	email	定长字符型（CHAR）	30	√	无	

创建 USERS 数据库的语句如下：

```
CREATE DATABASE USERS
```

创建表 userinfo 的语句如下：

```
USE USERS
GO
CREATE TABLE userinfo
(
    username    VARCHAR(20)     NOT NULL PRIMARY KEY,
    password    VARCHAR(20)     NOT NULL,
    sex         BIT             NOT NULL DEFAULT 1,
    age         INT             NULL,
    email       CHAR(30)        NULL
)
```

表创建完成后用户可以自行添加一些数据。

在 Practice 工作目录下，新建以下文件。

● EX10_1_fun.php 文件，用于连接数据库，代码如下：

```
<?php
try{
    //创建 SQL Server 2008 的 PDO 对象
    $db=new PDO("sqlsrv:Server=localhost;Database=USERS","sa","123456");
}catch (PDOException $e)
{
    echo "数据库连接失败：".$e->getMessage();
}
?>
```

● EX10_1_login.php 文件，用户登录页面，代码如下：

```
<html>
<head>
    <title>用户登录页面</title>
</head>
<body>
<form action="" method="post">
<div align="center"><font size="5" color="blue">用户登录</font></div>
<table align="center">
    <tr>
        <td>用户名:</td>
        <td><input type="text" name="userid"></td>
    </tr>
    <tr>
        <td>密码：</td>
        <td><input type="password" name="pwd" size="21"></td>
    </tr>
    <tr>
        <td colspan="2" align="center">
            <input type="submit" name="Submit" value="登录">
            <input  type="reset"  name="Submit2"  value="注册"  onclick="window.location='EX10_1_regist.
```

```
php'">
                </td>
            </tr>
    </table>
    </form>
    </body>
    </html>
    <?php
    include "EX10_1_fun.php";                          //包含 EX10_1_fun.php 文件，用于连接数据库
    if(isset($_POST['Submit']))
    {
        $userid=$_POST['userid'];                      //用户名
        $pwd=$_POST['pwd'];                            //密码
        $sql="select * from userinfo where username='$userid'";
        $result=$db->query($sql);                      //查看用户名是否存在
        if(list($username,$password,$sex,$age,$email)=$result->fetch(PDO::FETCH_NUM))
        {
            if($password==$pwd)                        //判断密码是否正确
            {
                session_start();
                $_SESSION['userid']=$userid;           //使用 SESSION 传值
                header("location:EX10_1_main.php");    //进入主页
            }
            else
                echo "<script>alert('密码错误!');</script>";
        }
        else
            echo "<script>alert('用户名不存在!');</script>";
    }
    ?>
```

上面程序代码中的加黑部分为使用 PDO 对象中的 query()方法执行 SELECT 查询，获取 userinfo 表中的信息，并返回$result（为 PDOStatement 对象）作为结果集。然后通过 fetch()方法获取数据，其中 PDO::FETCH_NUM 参数值表示从结果集中获取一个以列在行中的数值偏移为索引的值数组。

- EX10_1_regist.php 文件，用户注册页面，代码如下：

```
<html>
<head>
    <title>用户注册页面</title>
</head>
<body>
<form action="" method="post">
<div align="center"><font size="5" color="blue">新用户注册</font></div>
<table width="340" align="center" border="0">
    <tr>
        <td width="80" align="right">用户名:</td>
        <td><input type="text" name="userid"></td>
        <td><font color="red">*1-20 个字符</font></td>
```

```
        </tr>
        <tr>
            <td align="right">密码：</td>
            <td><input type="password" name="pwd1" size="21"></td>
            <td><font color="red">*6-20 个字符</font></td>
        </tr>
        <tr>
            <td align="right">确认密码：</td>
            <td><input type="password" name="pwd2" size="21"></td>
            <td> </td>
        </tr>
        <tr>
            <td align="right">性别：</td>
            <td>
                <input type="radio" name="sex" value="1">男
                <input type="radio" name="sex" value="0">女
            </td>
            <td> </td>
        </tr>
        <tr>
            <td align="right">年龄：</td>
            <td><input type="text" name="age"></td>
            <td> </td>
        </tr>
        <tr>
            <td align="right">email：</td>
            <td><input type="text" name="email"></td>
            <td> </td>
        </tr>
        <tr>
            <td colspan="3" align="center">
                <input type="submit" name="Submit" value="提交">
                <input type="reset" name="Submit2" value="重置">
            </td>
        </tr>
    </table>
    </form>
    </body>
    </html>
    <?php
    if(isset($_POST['Submit']))
    {
        $userid=$_POST['userid'];
        $pwd1=$_POST['pwd1'];
        $pwd2=$_POST['pwd2'];
        $sex=@$_POST['sex'];
        $age=$_POST['age'];
```

```
    $email=$_POST['email'];
    $checkid=preg_match('/^\w{1,20}$/',$userid);                    //使用正则表达式检查用户名
    $checkpwd1=preg_match('/^\w{6,20}$/',$pwd1);
    $checkemail=preg_match('/^[a-zA-Z0-9_\-]+@[a-zA-Z0-9\-]+\.[a-zA-Z0-9\-\.]+$/',$email);
    if(!$checkid)
        echo "<script>alert('用户名设置错误!');</script>";
    elseif(!$checkpwd1)
        echo "<script>alert('密码设置错误!');</script>";
    elseif(!$sex)
        echo "<script>alert('性别为必选项!');</script>";
    elseif($age&&(!is_numeric($age)))
        echo "<script>alert('年龄必须为一个数字!');</script>";
    elseif($email&&(!$checkemail))
        echo "<script>alert('email 格式错误!');</script>";
    elseif($pwd1!=$pwd2)
        echo "<script>alert('两次输入的密码不一致!');</script>";
    else
    {
        include "EX10_1_fun.php";                                     //连接数据库
        $s_sql="select * from userinfo where username='$userid'";
        $s_result=$db->query($s_sql);
        if($s_result->rowCount()!=0)
            echo "<script>alert('用户名已存在!');</script>";
        else
        {
            $in_sql="insert into userinfo(username,password,sex,age,email) values(?,?,?,?,?)";
            $in_result=$db->prepare($in_sql);
            $in_result->bindParam(1, $userid);
            $in_result->bindParam(2, $pwd1);
            $in_result->bindParam(3, $sex);
            $in_result->bindParam(4, $age);
            $in_result->bindParam(5, $email);
            $in_result->execute();
            if($in_result->rowCount()==0)
                echo "<script>alert('注册失败!');</script>";
            else
            {
                //注册成功后跳转到登录页面
                echo "<script>alert('注册成功!');location.href='EX10_1_login.php';</script>";
            }
        }
    }
}
?>
```

查询中使用“？”参数，通过 PDOStatement 对象中的 bindParam()方法，把参数变量绑定到准备好的占位符上，当准备好查询并绑定了相应的参数后，就可以通过调用 PDOStatement 类对象中的

execute()方法，执行在数据库缓存区准备好的语句了。最后通过 PDOStatement 类对象中的 rowCount()方法获取影响记录的行数。

● EX10_1_main.php 文件，主页面，代码如下：

```
<?php
session_start();
$userid=@$_SESSION['userid'];                    //取得 SESSION 值
if($userid)
{
    echo "欢迎用户".$userid."登录!<br/>";
    echo "<a href='EX10_1_select.php'>查看个人信息</a> ";
    echo "<a href='EX10_1_update.php'>修改密码</a> ";
    echo "<a href='EX10_1_delete.php'>注销账户</a> ";
    echo "<a href='EX10_1_login.php'>退出</a><br/><br/>";
}
else
    echo "对不起，您没有权限访问本页面";
?>
```

● EX10_1_select.php 文件，用于查看个人信息，代码如下：

```
<?php
include "EX10_1_main.php";                       //包含主页面
$username=@$_SESSION['userid'];                  //取得 SESSION 值
if($username)
{
    include "EX10_1_fun.php";
    $select_sql="select * from userinfo where username='$username'";
    $select_result=$db->query($select_sql);
    while(list($username,$password,$sex,$age,$email)=$select_result->fetch(PDO::FETCH_NUM))
    {
        echo "用户名：".$username."<br/>";
        echo "性别：";
        if($sex==1)
            echo "男.<br/>";
        else
            echo "女.<br/>";
        echo "年龄：".$age."<br/>";
        echo "email：".$email."<br/>";
    }
}
?>
```

● EX10_1_update.php 文件，用于修改密码，代码如下：

```
<?php
session_start();
$username=@$_SESSION['userid'];
if($username)
{?>
    <form action="" method="post">
```

```
    <div align="center"><font size="5" color="blue">密码修改</font></div>
    <table align="center">
        <tr>
            <td>原密码:</td>
            <td><input type="password" name="oldpwd"></td>
        </tr>
        <tr>
            <td>新密码：</td>
            <td><input type="password" name="newpwd"></td>
        </tr>
        <tr>
            <td colspan="2" align="center">
                <input type="submit" name="Submit" value="修改">
                <input type="reset" name="Submit" value="重置">
            </td>
        </tr>
    </table>
    </form>
<?php
}
if(isset($_POST['Submit']))
{
    include "EX10_1_fun.php";
    $oldpwd=$_POST['oldpwd'];                                    //原密码
    $newpwd=$_POST['newpwd'];                                    //新密码
    $s_sql="select * from userinfo where username='$username'";
    $s_result=$db->query($s_sql);
    list($username,$password,$sex,$age,$email)=$s_result->fetch(PDO::FETCH_NUM);
    if($password!=$oldpwd)                                       //判断原密码是否正确
        echo "<script>alert('原密码错误!');</script>";
    else
    {
        $checkpwd=preg_match('/^\w{6,20}$/',$newpwd);
        if(!$checkpwd)
            echo "<script>alert('新密码格式不满足要求!');</script>";
        else
        {
            $update_sql="update userinfo set password='$newpwd' where username='$username'";
            $affected=$db->exec($update_sql);
            if($affected)
                echo"<script>alert('密码修改成功!');location.href='EX10_1_main.php';</script>";
            else
                echo "<script>alert('密码修改失败!');</script>";
        }
    }
}
else
```

```
    echo "您没有权限访问本页面";
?>
```

当执行 INSERT、UPDATE 和 DELETE 等没有结果集的查询时，一般使用 PDO 对象中的 exec()方法执行。该方法成功执行后，将返回受影响的行数，根据行数是否为 0 判断执行成功与否（这里是密码修改成功与否）。

- EX10_1_delete.php 文件，用于注销用户账户，代码如下：

```
<?php
include "EX10_1_fun.php";
session_start();
$username=@$_SESSION['userid'];
$delete_sql="delete from userinfo where username='$username'";
$affected=$db->exec($delete_sql);
if($affected)
    echo "<script>alert('注销用户成功!');location.href='EX10_1_login.php';</script>";
else
    echo "<script>alert('注销用户失败!');location.href='EX10_1_main.php';</script>";
?>
```

本例的登录页面如图 10.4 所示，如果没有用户账户，可以单击【注册】按钮，进入注册页面，如图 10.5 所示。如果已有用户账户，输入账户及密码后单击【登录】按钮即可进入主页面。主页面如图 10.6 所示。

图 10.4　登录界面

图 10.5　用户注册页面

单击主页面中的各个超链接可实现各个功能，例如，可以查看用户的个人信息、修改密码、注销账户等。修改密码的界面如图 10.7 所示。

图 10.6　主页面

图 10.7　修改密码

习 题 10

1．PDO 是什么？简述其基本思想。

2．如何安装和使用 PDO？

3．将本章【例 10.1】中的程序改为访问 MySQL 数据库（PDO 方式）。

4．安装 Oracle 数据库，在其中建立本章实例的 userinfo 表（见表 10.3），然后修改实例程序，使其能访问 Oracle，实现同样的功能。试着操作一下，从中得到什么启示？

第 11 章

PHP 与 AJAX

在目前的 Web 2.0 热潮中，AJAX 已经逐渐流行起来。AJAX 的全称是“Asynchronous JavaScript and XML（异步 JavaScript 和 XML）”，是指一种创建交互式网页应用的网页开发技术。如名称所示，AJAX 其实也是一种 JavaScript 编程语言。本章将简要介绍 PHP 中 AJAX 的一些应用。在学习本章内容之前，读者可以提前了解一些关于 JavaScipt 的知识，以便于更好地理解本章的内容。

11.1 AJAX 基础

其实 AJAX 是多种技术的综合，它使用 XHTML 和 CSS 标准化呈现，使用 DOM 进行动态显示和交互，使用 XML 和 XSTL 进行数据交换与处理，使用 XMLHttpRequest 对象进行异步数据读取，使用 JavaScript 绑定和处理所有数据。更重要的是它打破了使用页面重载的惯例技术组合，可以说 AJAX 已成为 Web 开发的重要武器。

11.1.1 AJAX 的工作原理

传统 Web 应用允许用户填写表单，当提交表单时向 Web 服务器发送一个 HTTP 请求。服务器接收并处理传来的表单，然后返回一个新的网页到用户浏览器。如图 11.1 所示为传统 Web 应用的工作原理。使用传统 Web 应用时若要改变页面的一小部分数据，需要重新加载整个页面，这是一种不友好的用户体验。而且由于每次应用的交互都需要向服务器发送请求，应用的响应时间依赖于服务器的响应时间，这有可能导致用户花费较长的等待时间。

图 11.1　传统 Web 应用工作原理

与传统 Web 应用不同的是，AJAX 采用异步交互过程。AJAX 可以仅向服务器发送并取回必需的数据，它使用 SOAP（简单对象访问协议）或其他一些基于 XML 的 Web Service 接口，并在客户端采用 JavaScript 处理来自服务器的响应。用户在页面上获得的数据是通过 AJAX 引擎提供的，由于页面不需要与服务器直接交互，所以客户端浏览器不需要刷新页面就能获得服务器的信息，提高了页面的友好度。如图 11.2 所示为 AJAX 引擎的工作原理。

使用 AJAX 的最大优点是能在不更新整个页面的前提下维护数据。这使得 Web 应用程序更为迅捷地回应用户动作，并避免在网络上发送那些没有改变过的信息。而其劣势主要表现在：由于 AJAX 是在客户端执行的，所以编程时需要考虑浏览器的类型，不同的浏览器对 AJAX 的支持状况有所不同；AJAX 的脚本是保存在页面的 HTML 中的，不利于代码的保密；使用 AJAX 后通常会导致浏览器的

【后退】按钮失效。

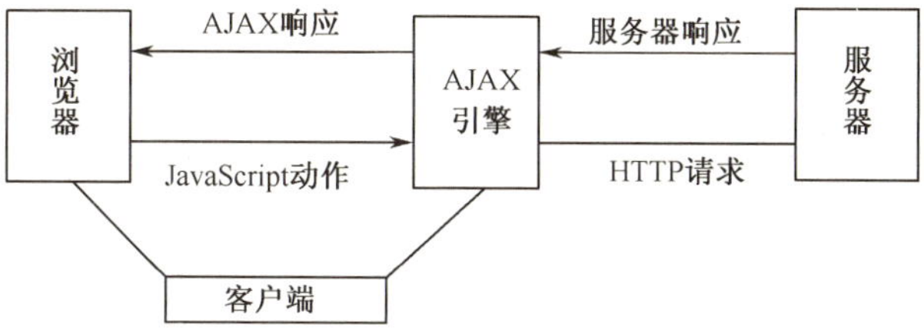

图 11.2　AJAX 引擎的工作原理

11.1.2　AJAX 初始化

要实现 AJAX 引擎的初始化，首先要建立一个 JavaScript 对象，对象的名称为 XMLHttpRequest。XMLHttpRequest 是由浏览器提供的一个组件，使用该组件可以使页面不用刷新就能实现与服务器的交互。目前主流的浏览器如 IE、NetScape 都提供了对该组件的支持。

不同的浏览器使用不同的方法来创建 XMLHttpRequest 对象。Internet Explorer 使用 ActiveXObject。其他浏览器使用名为 XMLHttpRequest 的 JavaScript 内建对象。例如，以下代码将创建一个 XMLHttpRequest 对象：

```
<?php
//实现 AJAX 引擎
?>
<script>
var XMLHttp=null                          //创建一个作为 XMLHttpRequest 对象使用的 XMLHttp 变量
if (window.XMLHttpRequest)                //判断 XMLHttpRequest 对象是否可用
{
    //如果可用则创建一个新的 XMLHttpRequest 对象
    XMLHttp=new XMLHttpRequest()
}
else if (window.ActiveXObject)            //判断 ActiveXObject 是否可用
{
    //如果可用则使用 Microsoft.XMLHTTP 组件来创建 XMLHttpRequest 对象
    XMLHttp=new ActiveXObject("Microsoft.XMLHTTP")
}
</script>
```

说明： AJAX 的编写方法与 JavaScript 类似，也是通过<script>标记来实现。

微软最新版本的 Msxml2.XMLHTTP 组件在 Internet Explorer 6 中可用。如果要使用它来创建 XMLHttpRequest 对象，可以使用以下代码：

```
<script>
function GetXmlHttpObject()               //定义一个初始化函数
{
    var XMLHttp=null;                     //创建一个作为 XMLHttpRequest 对象使用的 XMLHttp 变量
    try
    {
        //尝试使用 XMLHttpRequest 创建对象
        XMLHttp=new XMLHttpRequest();
    }
    catch (e)
    {
```

```
            //如果捕获错误则尝试使用“Msxml2.XMLHTTP”创建对象
            try
            {
                XMLHttp=new ActiveXObject("Msxml2.XMLHTTP");
            }
            catch (e)
            {
                //如果捕获错误则尝试使用“Microsoft.XMLHTTP”创建对象
                XMLHttp=new ActiveXObject("Microsoft.XMLHTTP");
            }
        }
        return XMLHttp;
    }
</script>
```

11.1.3 发送 HTTP 请求

AJAX 初始化后，就可以向服务器发送 HTTP 请求了。通过调用 XMLHttpRequest 对象的 open() 和 send()方法即可实现这一功能。

open()方法的作用是建立对服务器的调用。语法格式如下：

```
XMLHttp.open("method","url"[,flag])
```

说明： method 参数可以是 GET 或 POST，对应表单的 GET 和 POST 方法。url 参数是页面要调用的地址，可以是相对 URL 或绝对 URL。flag 参数是一个标记位，如果为 TRUE 表示在等待被调用页面响应的时间内可以继续执行页面代码，为 FALSE 则相反，默认为 TRUE。

open()方法调用完后要调用 send()方法，send()方法的作用是向服务器发送请求，语法格式如下：

```
XMLHttp.send(content)
```

send()方法的参数如果是以 GET 方式发出，可以是任何想要传送给服务器的内容。

11.1.4 指定响应处理函数

发送服务器请求后，需要指定当服务器返回信息时客户端的处理方式。这时只要将相应的处理函数的名称赋给 XMLHttpRequest 对象的 onreadystatechange 属性即可。每当状态改变时都会触发这个事件处理器，通常会调用一个 JavaScript 函数。例如：

```
XMLHttp.onreadystatechange=function_name
```

XMLHttp 为创建的 XMLHttpRequest 对象。函数名称 function_name 不加括号，不指定参数。也可以使用 JavaScript 即时定义函数的方法来定义相应函数，例如：

```
XMLHttp.onreadystatechange=function()
{
    //代码
}
```

11.1.5 处理服务器返回的信息

在指定了响应处理函数之后，需要指定处理函数中要进行的操作。

在进行操作前，处理函数首先需要判断请求目前的状态。表示请求状态的是 XMLHttpRequest 对象的 readyState 属性。通过判断该属性的值就可以知道请求的状态。有 5 个可取值：“0”表示未初始化；“1”表示正在加载；“2”表示已加载；“3”表示交互中；“4”表示完成。

readyState 属性的值为 4 时，表示服务器已经传回了所有信息，可以开始处理信息并更新页面内容了。例如：

```
if(XMLHttp.readyState==4)
{
    //处理信息
}
else
{
    window.alert("请求还未成功");
}
```

服务器返回信息后需要判断服务器的 HTTP 状态码，确定返回的页面没有错误。通过判断 XMLHttpRequest 对象的 status 属性的值即可得到 HTTP 状态码。如 200 表示 OK（成功），404 表示 Not Found（未找到）。例如：

```
if(XMLHttp. status==200)
{
    //页面正常
}
else
{
    window.alert("页面有问题");
}
```

XMLHttpRequest 对象的 statusTextHTTP 属性保存了 HTTP 状态码的相应文本，如 OK 或 Not Found 等。

XMLHttpRequest 对成功返回的信息有如下两种处理方式。

- responseText：将传回的信息当字符串使用。
- responseXML：将传回的信息当 XML 文档使用，可以用 DOM 处理。

11.2 PHP 与 AJAX 交互

AJAX 进行初始化后，即可进行 PHP 与 AJAX 的交互。PHP 中表单的提交方法有 GET 和 POST 两种，而在 AJAX 中提交请求也分为 GET 方式和 POST 方式。本节将通过一些实例来介绍如何使用 AJAX 实现与 PHP 的交互。

11.2.1 使用 GET 方式

使用 GET 方式发送请求时，在 open()方法的 url 参数中要包含需要传递的参数，url 的格式如下：

```
url="xxx.php?参数 1=值 1&参数 2=值 2&…"
```

请求发送后服务器端将在 xxx.php 页面中进行数据处理，之后将该页面的输出结果返回到本页面中。整个过程浏览器页面一直是本页面的内容，页面没有刷新。下面以一个具体的实例来介绍如何使用 GET 方式发送请求。

【例 11.1】 使用 GET 方式实现一个简单的服务器请求，通过输入学生的学号和课程名，查看学生的成绩（本例使用 MySQL 数据库）。

新建 EX11_1_main.php 文件，输入以下代码：

```
<html>
<head>
<meta http-equiv="Content-Type" content="text/html; charset=gb2312" />
<title>AJAX Example</title>
<script>
//AJAX 初始化函数
function GetXmlHttpObject()
{
    var XMLHttp=null;
    try
    {
        XMLHttp=new XMLHttpRequest();
    }
    catch (e)
    {
        try
        {
            XMLHttp=new ActiveXObject("Msxml2.XMLHTTP");
        }
        catch (e)
        {
            XMLHttp=new ActiveXObject("Microsoft.XMLHTTP");
        }
    }
    return XMLHttp;
}
function cj_query()
{
    XMLHttp=GetXmlHttpObject();                    //初始化一个 XMLHttpRequest 对象
    //得到学号和课程名文本框中输入的值
    var XH=document.getElementById("XH").value;
    var KCM=document.getElementById("KCM").value;
    var url="EX11_1_process.php";                  //服务器端在 EX11_1_process.php 中处理
    url=url+"?XH="+XH+"&KCM="+KCM;                 //url 地址，以 GET 方式传递
    url=url+"&sid="+Math.random();                 //添加一个随机数，以防服务器使用缓存的文件
    XMLHttp.open("GET",url, true);                 //以 GET 方式通过给定的 url 打开 XMLHTTP 对象
    XMLHttp.send(null);                            //向服务器发送 HTTP 请求，请求内容为空
    XMLHttp.onreadystatechange = function()        //定义响应处理函数
        {
            if (XMLHttp.readyState==4&&XMLHttp.status==200)
            {
                //如果请求成功则在 CJ 文本框中显示 EX9_1_process.php 传回的信息
                document.getElementById("CJ").value=XMLHttp.responseText;
            }
        }
}
</script>
</head>
<body>
<form action="">
学号：<input type="text" name="XH" size="12">
课程名：<input type="text" name="KCM" size="12">
<input type="button" value="查询" onclick="cj_query();"><br>
```

```
成绩：<input type="text" name="CJ" size="12">
</form>
</body>
</html>
```

新建 EX11_1_process.php 文件，输入以下代码：

```
<?php
$XH=$_GET['XH'];                                        //取得 XH 的值
$KCM=$_GET['KCM'];                                      //取得 KCM 的值
header('Content-Type:text/html;charset=gb2312');        //发送 header，将编码设为 gb2312
$conn=mysql_connect("localhost","root","");             //连接 MySQL 服务器
mysql_select_db("PXSCJ",$conn);                         //选择 PXSCJ 数据库
mysql_query("SET NAMES gb2312");                        //将字符集设为 gb2312
//查询成绩的 SQL 语句
$sql="select 成绩 from CJB where 学号='$XH' and 课程号=(select 课程号 from KCB where 课程名='$KCM')";
$result=mysql_query($sql);
$row=mysql_fetch_array($result);
if($row)
    echo $row['成绩'];                                  //输出课程成绩
else
    echo "无此成绩";
?>
```

运行 EX11_1_main.php 文件，在学号文本框中输入“081101”，在课程名文本框中输入“计算机基础”，单击【查询】按钮，在页面不刷新的情况下，“成绩”文本框中将显示出相应信息，如图 11.3 所示。

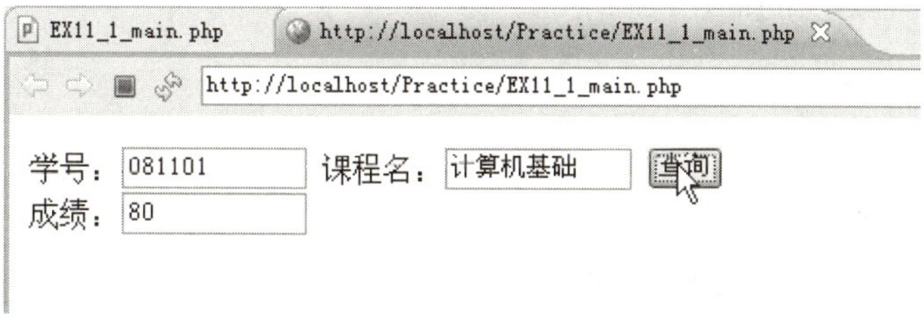

图 11.3　无刷新查询学生成绩

说明：

- 通过设置按钮的 onclick 方法。当用户单击【查询】按钮时，会触发 cj_query()函数的运行。
- 程序中使用 document.getElementById()的 value 属性来获取文本框中的内容。
- 由于在使用 AJAX 时默认的返回字符编码是 utf-8，而后台处理时字符集为 gb2312。如果返回的数据是中文，则会显示为乱码，所以在 EX11_1_process.php 中需要使用 header()函数将发送的字符编码指定为 gb2312。

11.2.2　使用 POST 方式

使用 POST 方式发送请求时，open()方法中发送的 url 中不包含参数。如果要上传文件或发送 POST 请求，必须先调用 XMLHttpRequest 对象的 setRequestHeader()方法修改 HTTP 报头的相关信息，如下所示：

```
XMLHttp.setRequestHeader("Content-Type","application/x-www-form-urlencoded")
```

然后，在使用 send()方法发送请求时，send()方法的参数就是要发送的查询字符串，格式如下：

```
参数 1=值 1&参数 2=值 2&…
```

例如，下面的代码是使用 POST 方式发送请求的过程：

```
var XMLHttp=GetXmlHttpObject();                                          //初始化
var StuNumber="081101";
var StuKC="计算机基础";
var url="xxx.php";                                                       //在 xxx.php 中处理
var postStr="StuNumber="+StuNumber+"&StuKC="+StuKC;                      //传送两个值 StuNumber 和 StuKC
XMLHttp.open("POST",url, true);                                          //用 POST 方式打开对象
XMLHttp.setRequestHeader("Content-Type","application/x-www-form-urlencoded");  //设置头信息
XMLHttp.send(postStr);                                                   //发送请求
```

【例 11.2】 要添加一个学生的信息，用户输入学号，使用无刷新技术判断学号是否存在并给出提示。

新建 EX11_2_main.php 文件，输入以下代码：

```
<html>
<head>
<meta http-equiv="Content-Type" content="text/html; charset=gb2312" />
<title>AJAX Example2</title>
<script>
//初始化函数
function GetXmlHttpObject()
{
    var XMLHttp=null;
    try
     {
        XMLHttp=new XMLHttpRequest();
     }
     catch (e)
     {
         try
         {
             XMLHttp=new ActiveXObject("Msxml2.XMLHTTP");
         }
         catch (e)
         {
             XMLHttp=new ActiveXObject("Microsoft.XMLHTTP");
         }
    }
    return XMLHttp;
}
//单击【查询】按钮触发 run()函数
function run()
{
    XMLHttp=GetXmlHttpObject();
    var XH=document.getElementById("XH").value;            //得到"学号"文本框中输入的值
    var XM=document.getElementById("XM").value;            //得到"姓名"文本框中输入的值
    var url="EX11_2_process.php";                          //服务器端在 EX11_2_process.php 中处理
    var poststr="XH="+XH+"&XM="+XM;                        //url 地址，以 POST 方式传递
    XMLHttp.open("POST",url,true);                         //以 POST 方式打开 XMLHTTP 对象
    XMLHttp.setRequestHeader("Content-Type","application/x-www-form-urlencoded");     //设置头信息
    XMLHttp.send(poststr);                                 //向服务器发送 HTTP 请求
    XMLHttp.onreadystatechange = function()                //定义响应处理函数
      {
```

```
            if (XMLHttp.readyState==4&&XMLHttp.status==200)
            {
                //如果“学号”文本框内容为空则提示“学号未填”
                if(XH=="")
                {
                    window.alert("学号未填");
                }
                else
                {
                    //如果接收到的字符串为“1”表示学号已存在
                    if(XMLHttp.responseText=="1")
                    {
                        //设置 id 为“txthimt”的标记要显示的信息
                        document.getElementById("txthint").innerHTML="学号已存在";
                    }
                    //如果接收到的字符串为“0”表示学号不存在
                    else if(XMLHttp.responseText=="0")
                    {
                        document.getElementById("txthint").innerHTML="学号未被使用";
                    }
                }
            }
        }
}
</script>
</head>
<body>
<form>
<table bgcolor="#CCCCCC" width="280" border="1" align="center" cellpadding="0" cellspacing="0">
<tr>
    <td width="90">学号:</td>
    <td>
        <input type="text" name="XH" size="15">
        <input type="button" name="select" value="检测" onclick="run();">
    </td>
</tr>
<tr>
    <td bgcolor="#CCCCCC" width="90">姓名:</td>
    <td><input name="XM" type="text" size="15"></td>
</tr>
<tr>
    <td>性别:</td>
    <td>
        <input type="radio" name="XB" value="1">男
        <input type="radio" name="XB" value="0">女
    </td>
</tr>
<tr>
    <td align="center" colspan="2">
        <input type="submit" name="cmdINSERT" value="添加">
    </td>
</tr>
</table>
```

```
</form>
<!-- 设置 id 为"txthint"的 div 标记，用于显示返回信息 -->
<font color="red"><div id="txthint" align="center"></div></font>
</body>
</html>
```

新建 EX11_2_process.php 文件，输入以下代码：

```
<?php
$XH=$_POST['XH'];
$XM=$_POST['XM'];
header('Content-Type:text/html;charset=gb2312');                //发送 header，将编码设为 gb2312
$conn=mysql_connect("localhost","root","");                      //连接 MySQL 服务器
mysql_select_db("PXSCJ",$conn);                                  //选择 PXSCJ 数据库
mysql_query("SET NAMES gb2312");                                 //将字符集设为 gb2312
$sql="select * from XSB where 学号='$XH'";                       //查询语句
$result=mysql_query($sql);
$row=mysql_fetch_array($result);
if($row)
    echo "1";
else
    echo "0";
?>
```

运行 EX11_2_main.php 文件，在“学号”文本框中输入要添加的新学号，单击【检测】按钮，表格的下方将会给出相应的提示，如图 11.4 所示。

图 11.4　测试学号是否存在

说明：这种方法经常用在用户注册系统中，为了保证用户名的唯一性，在注册时检查用户名是否已经存在。使用 AJAX 可以在不影响用户填写表单时检测用户名的唯一性，增加了页面的友好度。

11.2.3　简单实例——AJAX 的应用

【例 11.3】 从 MySQL 数据库中取出学生管理系统的专业列表，放入下拉框中，当选择某个专业时，下拉框下方将显示所有属于该专业的学生学号。

新建 EX11_3_main.php 文件，输入以下代码：

```
<html>
<head>
<meta http-equiv="Content-Type" content="text/html; charset=gb2312" />
<title>AJAX Example3</title>
<script>
//初始化函数
function GetXmlHttpObject()
{
```

```
    var XMLHttp=null;
    try
    {
        XMLHttp=new XMLHttpRequest();
    }
    catch (e)
     {
        try
        {
            XMLHttp=new ActiveXObject("Msxml2.XMLHTTP");
        }
        catch (e)
        {
            XMLHttp=new ActiveXObject("Microsoft.XMLHTTP");
        }
     }
    return XMLHttp;
}
//选择列表框中选项时触发 redirec()函数
function redirec()
{
    XMLHttp=GetXmlHttpObject();
    var ZY=document.getElementById("s").value;
    var url="EX11_3_process.php";              //服务器端在 EX11_3_process.php 中处理
    url=url+"?ZY="+ZY;                         //url 地址，以 GET 方式传递
    url=url+"&sid="+Math.random();             //添加一个随机数，以防服务器使用缓存的文件
    XMLHttp.open("GET",url,true);              //通过 GET 方式打开 XMLHTTP 对象
    XMLHttp.send(null);                        //向服务器发送 HTTP 请求，请求内容为空
    XMLHttp.onreadystatechange = function()    //定义响应处理函数
        {
            if (XMLHttp.readyState==4&&XMLHttp.status==200)
            {
                //在"txthint"上显示返回信息
                document.getElementById("txthint").innerHTML=XMLHttp.responseText;
            }
        }
}
</script>
</head>
<body>
<form name="frm">
<select name="s" onChange="redirec()">
    <option selected>请选择</option>
    <?php
    $conn=mysql_connect("localhost","root","");       //连接 MySQL 服务器
    mysql_select_db("PXSCJ",$conn);                   //选择 PXSCJ 数据库
    mysql_query("SET NAMES gb2312");                  //将字符集设为 gb2312
    $sql="select distinct 专业 from XSB";
    $result=mysql_query($sql);
    while($row=mysql_fetch_array($result))
    {
        $ZY=$row['专业'];
        echo "<option value='$ZY'>$ZY</option>";
```

```
    }
    ?>
</select>
</form>
<!-- 设置 id 为"txthint"的 div 标记，用于显示返回信息 -->
<div id="txthint"></div>
</body>
</html>
```

新建 EX11_3_process.php 文件，输入以下代码：

```
<?php
$ZY=$_GET['ZY'];
header('Content-Type:text/html;charset=gb2312');            //发送 header，将编码设为 gb2312
$conn=mysql_connect("localhost","root","");                 //连接 MySQL 服务器
mysql_select_db("PXSCJ",$conn);                             //选择 PXSCJ 数据库
mysql_query("SET NAMES gb2312");                            //将字符集设为 gb2312
$sql="select 学号 from XSB where 专业='$ZY'";
$result=mysql_query($sql);
while($row=mysql_fetch_array($result))
{
    echo $row['学号']."<br/>";                              //输出该专业的所有学号
}
?>
```

运行 EX11_3_main.php 文件，选择专业下拉框中的“计算机”专业，下方将显示所有属于该专业的学生学号，如图 11.5 所示。

图 11.5　下拉框的 AJAX 技术

习　题　11

1. 简述 AJAX 的工作原理。
2. 简述 AJAX 技术的优缺点。
3. 如何进行 AJAX 的初始化？不同的浏览器初始化的方法是否相同？
4. 使用 AJAX 如何发送 HTTP 请求？
5. AJAX 如何处理服务器返回的信息？
6. 分别使用 GET 和 POST 方式实现 PHP 与 AJAX 的交互。

第2部分 实验指导

实验 1

使用 HTML 制作网页

目的与要求

（1）掌握 HTML 常用标记的使用方法；
（2）掌握网页中表格、表单、框架等的建立方法；
（3）掌握使用 HTML 制作复杂网页的方法。

实验准备

（1）了解 HTML 标记的主要属性和作用；
（2）了解表格、表单等的建立方法。

实验内容

1. 基本标记

【实验 1.1】 在网页上应用 HTML 的一些常用标记，并查看效果。

在 SY 项目文件夹下新建 SY1_1.php 文件，输入以下代码：

```
<html>
<head>
	<title>基本标记</title>
</head>
<body>
<h1 align="center">标题标记</h1>
<p align="center">分段标记</p>
<b>换行标记</b><br/>
<center>对中标记</center><br/>
<hr size="2" width="300" noshade>
<div align="center"><font size="5" color="red" face="黑体">块标记</font></div>
<a href="http://www.163.com">超链接</a>
</body>
```

```
</html>
```

该文件的运行效果如图 T1.1 所示。

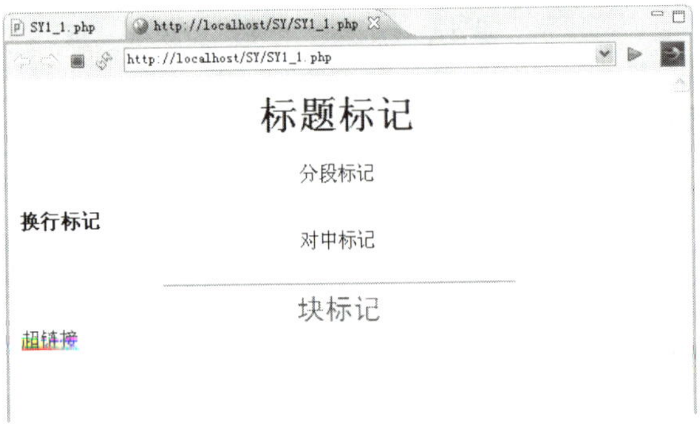

图 T1.1　基本标记的应用

【思考与练习】

① 将实验 1.1 中的网页背景定义为蓝色，并在网页中插入一幅图片，规定图片的大小，将“标题标记”设计成滚动字幕。

② 设计一个网页，该网页显示一篇新闻稿，要求尽可能多地使用 HTML 标记，设计完成后在浏览器中显示该网页。

2. 表格的创建

【实验 1.2】　创建一个学生成绩表。

新建 SY1_2.php 文件，输入以下代码：

```
<html>
<head>
<title>学生成绩显示</title>
</head>
<body>
<table align=center border=1 bordercolor=red>
<caption><font size=5 color=blue>学生成绩表</font></caption>
  <tr bgcolor=#CCCCCC>
    <td width=80>专业</td>
    <td width=80>学号</td>
    <td width=80>姓名</td>
    <td width=90>计算机导论</td>
    <td width=90>数据结构</td>
  </tr><tr>
    <td rowspan=3><font color=blue>计算机</font></td>
    <td>081101</td>
    <td>王 林</td>
    <td align=center>80</td>
    <td align=center>78</td>
  </tr><tr>
    <td>081102</td>
    <td>程 明</td>
    <td align=center>90</td>
    <td align=center>60</td>
  </tr> <tr>
    <td>081104</td>
    <td>韦严平</td>
```

```
        <td align=center>83</td>
        <td align=center>86</td>
    </tr><tr>
        <td><font color=green>通信工程</font></td>
        <td>081201</td>
        <td>王 敏</td>
        <td align=center>89</td>
        <td align=center>100</td>
    </tr>
</table>
</body>
</html>
```

运行效果如图 T1.2 所示。

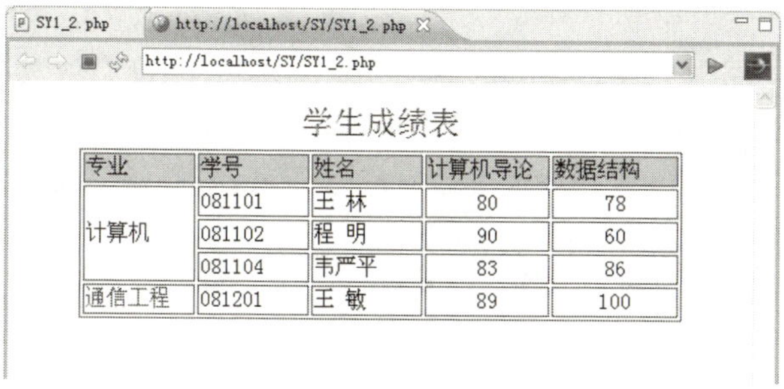

专业	学号	姓名	计算机导论	数据结构
计算机	081101	王 林	80	78
	081102	程 明	90	60
	081104	韦严平	83	86
通信工程	081201	王 敏	89	100

图 T1.2 学生成绩表

【思考与练习】

① 修改上面的表格，为通信工程专业增加一名学生；增加一门“操作系统”课程，只有计算机专业的学生在这门课程上有成绩。

② 创建一个课程情况表，描述课程的学时、学分、开课学期情况。

3. 表单的创建

【实验 1.3】 创建一个表单，包含学生的个人信息，如学号、姓名、性别、出生日期、所学专业等信息。在网页中要使用到 CSS 样式表。

新建 SY1_3.php 文件，输入以下代码：

```
<html>
<head>
<title>学生个人信息</title>
<style type="text/css">
<!--
.STYLE1{font-size: 20px; font-family: "黑体"; color:blue;}
.STYLE2{font-size: 15px; font-family: "幼圆";}
-->
</style>
</head>
<body>
<form name="form" method="post" action="">
  <table width="400" border="0" align="center" bgcolor="#CCFFCC">
    <tr>
      <td colspan="2" bgcolor="#999999"><div align="center" class="STYLE1">学生个人信息</div></td>
    </tr>
    <tr>
      <td width="120" class="STYLE2">学号:</td>
```

```
        <td><input name="XH" type="text" value="081101"></td>
      </tr>
      <tr>
        <td class="STYLE2">姓名：</td>
        <td><input name="XM" type="text" value="王林"></td>
      </tr>
      <tr>
        <td class="STYLE2">性别：</td><td>
          <input name="SEX" type="radio" value="男" checked="checked">男
          <input name="SEX" type="radio" value="女">女</td>
      </tr>
      <tr>
        <td class="STYLE2">出生日期：</td>
        <td><input name="Birthday" type="text" value="1989-05-06"></td>
      </tr>
      <tr>
        <td class="STYLE2">所学专业：</td>
        <td><select name="ZY">
              <option>计算机</option>
              <option>软件工程</option>
              <option>信息管理</option>
          </select></td>
      </tr>
      <tr>
        <td class="STYLE2">所学课程：</td>
        <td><select name="KC" size="3" multiple>
              <option selected>计算机导论</option>
              <option selected>数据结构</option>
              <option>数据库原理</option>
              <option>操作系统</option>
              <option>计算机网络</option>
          </select></td>
      </tr>
      <tr>
        <td class="STYLE2">备注：</td>
        <td><textarea name="BZ">团员</textarea></td>
      </tr>
      <tr>
        <td class="STYLE2">兴趣：</td>
        <td><input name="XQ" type="checkbox" value="听音乐" checked="checked" >听音乐
              <input name="XQ" type="checkbox" value="看小说">看小说
              <input name="XQ" type="checkbox" value="上网" checked="checked">上网</td>
      </tr>
      <tr>
        <td align="center" colspan="2"><input type="submit" name="button1" value="提交">
        <input type="reset" name="button2" value="重置"></td>
      </tr>
    </table>
</form>
</body>
</html>
```

运行结果如图 T1.3 所示。

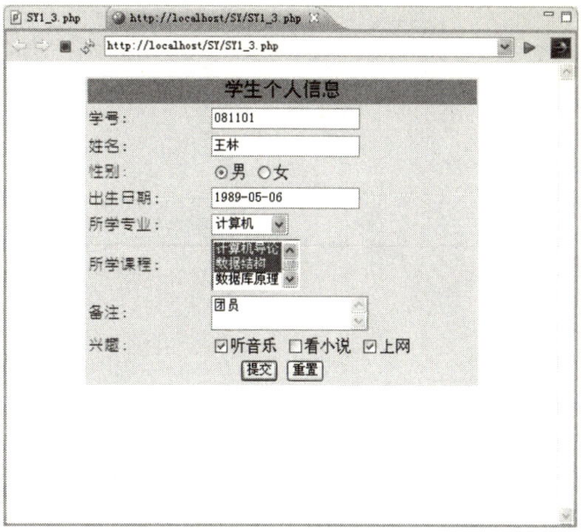

图 T1.3 学生个人信息表单

【思考与练习】

① 将实验 1.3 的表单中性别的默认值修改为"女"；将"学号"文本框中的内容设为不可更改；将表单中所有文本框的 size 属性设为 20。

② 创建一个登录表单，包括"登录名"、"密码"文本框和"提交"按钮，创建完后使用 PHP 获得用户输入的登录名和密码。登录名为"user"，密码为"123456"时提示登录成功。

③ 设计一个框架，分成左右两个页面，左边页面包含各个超链接，单击超链接时右边的页面上将显示相应的表单内容。

实验 2

PHP 的开发环境

目的与要求

（1）掌握 WAMP 组合的搭建方法；
（2）掌握 PHP 配置文件的配置方法；
（3）能够编写并运行简单的 PHP 程序。

实验准备

（1）了解 PHP 开发环境的组成；
（2）了解使用 Eclipse 进行 PHP 开发的方法；
（3）基本了解 PHP 编程语言。

实验内容

1. Apache 服务器的安装

下载最新版本的 Apache 服务器，参照第 2 章内容，在 Windows XP 系统上进行安装。需要注意的是，如果系统的 80 端口被占用，如已经安装了 IIS 服务器，需要关闭 IIS 服务器或使用别的端口才能正确安装。

2. PHP 的安装和配置

下载最新的 Windows 安装版的 PHP 安装文件，参照第 2 章内容进行安装。安装时要注意将所有的扩展都安装到计算机中。

PHP 安装完成后在 PHP 的安装目录下（如 C:\Program Files\PHP）找到名为 php.ini 的文件，该文件即为 PHP 的配置文件，修改文件中的选项将改变 PHP 的配置，例如，将“display_errors”选项的值由“off”改为“on”后，PHP 代码产生错误时错误信息将会被显示在浏览器上，有助于调试错误。修改完配置后保存，重启 Apache 服务器。重启 Apache 服务器的方法是：双击桌面右下角的 Apache 管理器图标，打开 Apache 服务管理器窗口，如图 T2.1 所示，单击【Restart】按钮即可重启 Apache。

相关配置完成后，可以来测试一下 PHP 程序能否运行。

在 Apache 的根目录 htdocs 文件夹（路径为 C:\Program Files\Apache Software Foundation\Apache2.2\htdocs）下新建一个文本文件，在其中写入如下代码：

```
<?php
    phpinfo();
?>
```

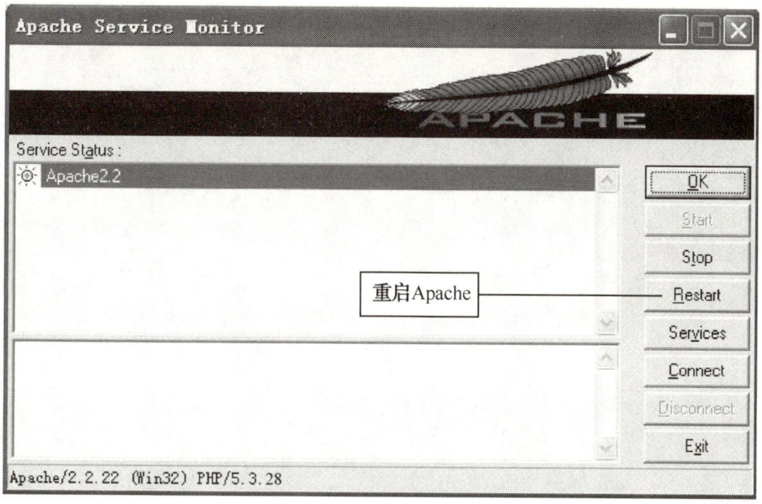

图 T2.1 Apache 服务管理器

保存后将文件名修改为 phpinfo.php，打开 IE 浏览器，输入 http://localhost/phpinfo.php，单击【Enter】键。如果出现如图 T2.2 所示界面则表示 PHP 配置成功。在该页面中可查看 PHP 的相关信息。

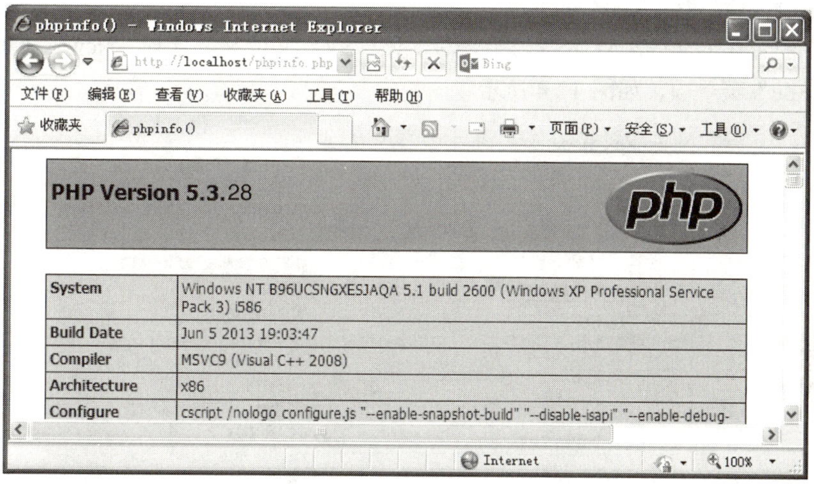

图 T2.2 测试 PHP 程序

3. Eclipse 的使用

下载 Eclipse PDT 作为本书的开发工具，安装完成后启动 Eclipse，选择 Apache 的根目录为 Eclipse 的工作目录（如 C:\Program Files\Apache Software Foundation\Apache2.2\htdocs）。Eclipse 的工作界面如图 T2.3 所示。

在 Eclipse 的工作界面中单击“File”菜单选择“New”菜单项，在其子菜单中选择“Project”菜单项。在弹出的新建项目窗口中展开 PHP 目录树，选择“Local PHP Project”菜单项，单击【Next】按钮进入项目信息对话框。在“Project Name”文本框中输入项目名称为“SY”，完成后单击【Finish】按钮，这样即可新建一个新的 PHP 项目，名称为 SY。本书实验部分的实例文件都将在此项目中创建。

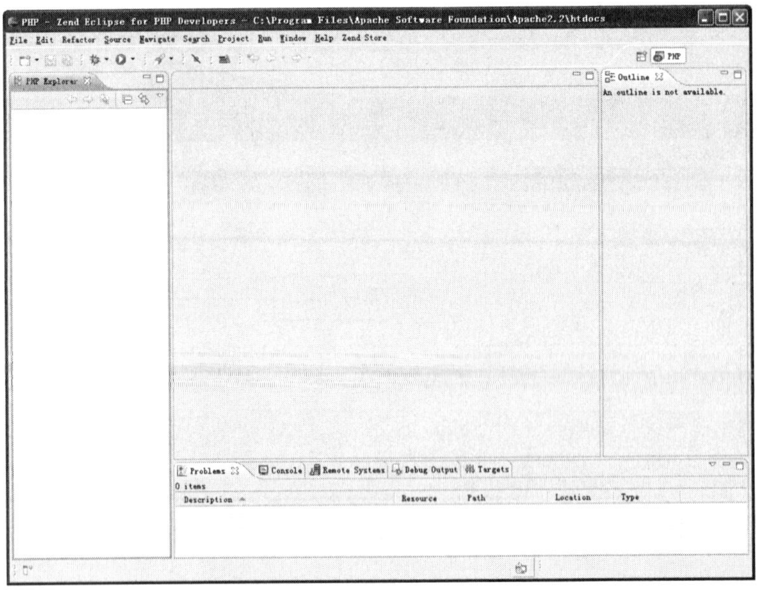

图 T2.3　Eclipse 的工作界面

4. 编写并运行简单的 PHP 程序

在 Eclipse 的工作界面的项目“SY”中，右击该“SY”文件夹，选择“New”菜单项，在子菜单中选择“PHP File”菜单项，如图 T2.4 所示。

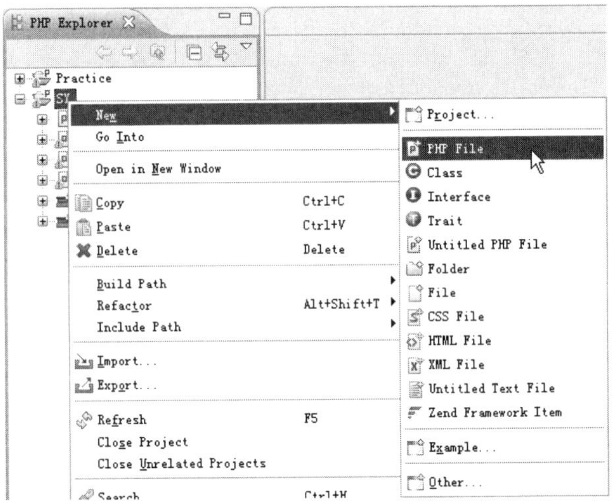

图 T2.4　新建 PHP 文件

在弹出的新建文件窗口中新建一个“SY2_1.php”文件，在代码输入窗口中输入以下代码：

```
<?php
echo "Hello World!";
?>
```

单击界面上的按钮保存输入的代码，之后单击面板上的运行图标，在下拉菜单中选择“Run As”菜单项，在子菜单中选择“PHP Web Application”菜单项，运行该文件后将输出“Hello World!”。

【思考与练习】

① 如何在 IE 浏览器中运行 SY2_1.php 文件？

② 如何使用 Eclipse 导入一个已经创建的项目？

实验 3

PHP 基础语法

目的与要求

（1）掌握 PHP 与 HTML 交互使用的方法；
（2）掌握 PHP 中变量和常量的定义方法；
（3）掌握 PHP 中运算符的使用方法；
（4）掌握 PHP 中进行流程控制的方法；
（5）掌握 PHP 中函数的定义和使用方法。

实验准备

（1）了解使用 PHP 输出 HTML 的方法；
（2）了解在 HTML 中嵌入 PHP 代码的方法；
（3）了解 PHP 的各种数据类型；
（4）了解函数的概念。

实验内容

1. 使用 PHP 输出 HTML

【实验 3.1】 使用 PHP 代码输出一个表格。

新建 SY3_1.php 文件，输入以下代码：

```
<?php
$XH="081101";
echo "<table width=200 border=1 align=center>";
echo "<tr><td>学号</td><td>姓名</td><td>性别</td></tr>";
echo "<tr><td>$XH</td><td>王林</td><td>男</td></tr>";
echo "<tr><td>081102</td><td>程明</td><td>男</td></tr>";
echo "</table>";
?>
```

运行结果如图 T3.1 所示。

【思考与练习】

① 使用 PHP 输出字体为黑体、颜色为红色的汉字；输出字体为“幼圆”的超链接。

② 使用 PHP 输出一个 JavaScript 弹出框。

2. 在 HTML 中嵌入 PHP 代码

【实验 3.2】 在文本框中输出 PHP 内容。

新建 SY3_2.php 文件，输入以下代码：

```
<html>
<head>
        <title>HTML 中嵌入 PHP</title>
</head>
<body>
        <?php
        $XH="081101";
        ?>
        学号：<input type="text" name="tx" size=20 value="<?php echo $XH; ?>"><br/>
</body>
</html>
```

运行结果如图 T3.2 所示。

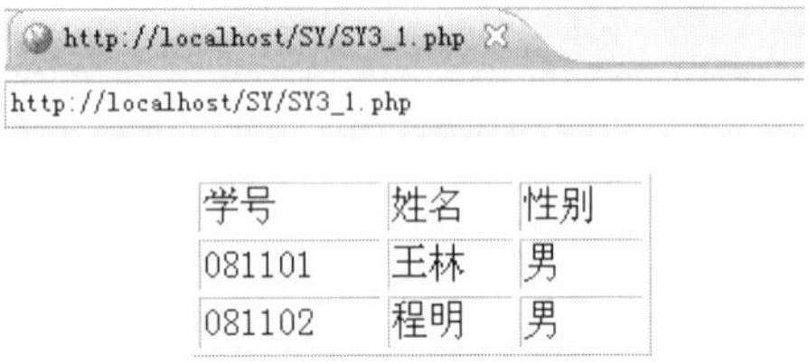

图 T3.1 PHP 输出 HTML 表格

图 T3.2 HTML 中嵌入 PHP 代码

【思考与练习】

显示一个表单，在表单的控件中使用 PHP 代码输出控件的选项。

3. PHP 变量的使用

【实验 3.3】 获取登录表单中的用户名和密码，如果用户名为“admin”，密码为“123456”，则提示登录成功。

新建 SY3_3.php 文件，输入以下代码：

```
<html>
<body>
<form action="" method="post">
<table border="1" align="center" cellpadding="0" cellspacing="0">
<tr><td colspan="2" align="center"    bgColor="#999999">用户登录表单</td></tr>
<tr><td>用户名：</td><td><input name="username" type="text"></td></tr>
<tr><td>密码：</td><td><input name="password" type="password" size="21"></td></tr>
<tr><td colspan="2" align="center">
<input type="submit" name="submit" value="登录">
<input type="reset" name="submit2" value="重置"></td></tr>
</table>
</form>
</body>
</html>
<?php
if(isset($_POST['submit']))
{
        $username=$_POST['username'];
```

```
        $password=$_POST['password'];
        if($username=="admin"&&$password=="123456")
        {
            echo "<script>alert('登录成功');</script>";
        }
        else
        {
            echo "<script>alert('登录失败');</script>";
        }
    }
    ?>
```

运行后用户可在如图 T3.3 所示页面中输入用户名和密码，测试运行结果。

【思考与练习】

① 由用户输入一元二次方程的系数，根据系数求一元二次方程的解，将结果输出。

② 由用户在一个表单的文本框中输入内容，单击【提交】按钮在另一个表单的文本框中显示该内容。

4. 流程控制

【实验 3.4】 计算从 1 开始到指定数字的累加和，指定数字由用户输入。

新建 SY3_4.php 文件，输入以下代码：

```
<html>
<body>
<div><font size="4" color="blue" face="黑体">计算累加和</font></div>
<form action="" method="post">
1+2+...+<input type="text" name="num" size="5">
<input type="submit" name="submit" value="计算">
</form>
</body>
</html>
<?php
if(isset($_POST['submit']))
{
    $num=$_POST['num'];
    $i=0;
    $sum=0;
    if($num<=2)
        echo "<script>alert('输入的数字必须大于 2');</script>";
    else
    {
        while($i<=$num)
        {
            $sum=$sum+$i;
            $i++;
        }
        echo "<script>alert('1+2+...+$num=$sum');</script>";
    }
}
?>
```

运行结果如图 T3.4 所示。

图 T3.3　用户登录页面

图 T3.4　计算累加和

【思考与练习】

① 计算一个指定整数的阶乘，要求先判断用户输入的是否为不等于 0 的整数。

② PHP 中有哪些流程控制符？各举一例以掌握其用法。

5. 函数的定义和使用

函数可以分为用户自定义函数和系统函数，用户自定义函数是由用户自行编写的。本实验主要涉及的是用户自定义函数。

【实验 3.5】 设计一个排序函数，接收用户输入的值后使用该函数对其进行排序。

新建 SY3_5.php 文件，输入以下代码：

```
<?php
//定义排序函数 my_sort()
function my_sort($array)
{
        for($i=0;$i<count($array);$i++)
        {
            for($j=$i+1;$j<count($array);$j++)
            {
                if($array[$i]>$array[$j])
                {
                    $tmp=$array[$j];
                    $array[$j]=$array[$i];
                    $array[$i]=$tmp;
                }
            }
    }
    return $array;                          //返回排序后的数组
}
echo "请输入需要排序的数据:<br/>";
echo "<form method=post>";                  //新建表单
for($i=1;$i<6;$i++)                         //循环生成文本框
{
        //文本框的名字是数组名
        echo "<input type='text' name='stu[]' size='5'>";
        if($i<5)
            echo "-";
```

```
}
echo "<input type='submit' name='bt' value='提交'>";
echo "</form>";
if(isset($_POST['bt']))                              //检查提交按钮是否被按下
{
        $stu=$_POST['stu'];
        $arr_stu=my_sort($stu);                      //调用排序函数 my_sort()
        echo "排序后的数据如下所示：<br/>";
        while(list($key,$value)=each($arr_stu))      //使用 while 循环遍历数组
        {
                echo $value."<br/>";                 //输出排序后的值
        }
}
?>
```

运行后依次输入需要排序的数：25、12、6、32、20，单击【提交】按钮，运行结果如图 T3.5 所示。

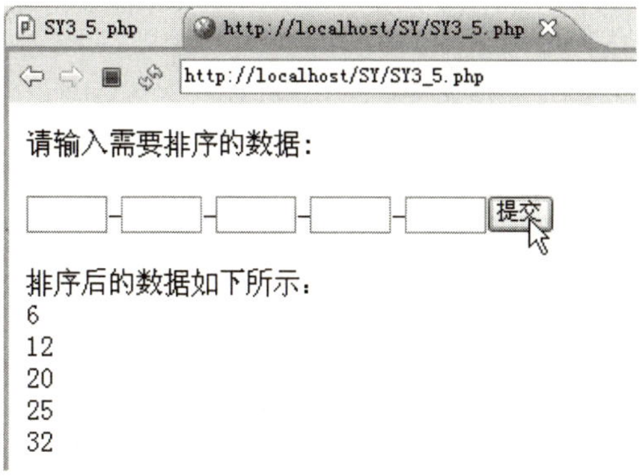

图 T3.5　函数的使用

【思考与练习】

① 定义一个函数，用于检测由表单输入的值是否符合相应的格式要求。

② 定义一个函数，用于比较两个数的大小。

实验 4

PHP 数组与字符串

目的与要求

（1）掌握 PHP 中处理数组数据的方法；
（2）掌握 PHP 中进行字符串操作的方法；
（3）掌握 PHP 中正则表达式的使用方法。

实验准备

（1）了解 PHP 中数组的键与键值的概念；
（2）了解操作字符串的各类函数；
（3）了解有关正则表达式的基础知识和 Perl 兼容正则表达式语法。

实验内容

1. 数组的操作

在实验前首先要了解数组中键名与键值的概念，一维数组与多维数组的概念，以及使用 array() 函数创建数组的方法。接着要掌握数组遍历和输出的方法，如使用 foreach、while 循环等。另外还有数组的其他操作，如对数组的排序、指针、栈操作等。

【实验 4.1】 使用循环将用户输入的 5 个数进行由小到大的排序。

新建 SY4_1.php 文件，输入以下代码：

```
<?php
echo "请输入需要排序的数据:<br/>";
echo "<form method=post>";                          //新建表单
for($i=1;$i<6;$i++)                                 //循环生成文本框
{
        //文本框的名字是数组名
        echo "<input type='text' name='stu[]' size='5'>";
        if($i<5)
                echo "-";
}
echo "<input type='submit' name='bt' value='提交'>";
echo "</form>";
if(isset($_POST['bt']))                             //检查提交按钮是否被按下
{
                $temp=0;                            //中间变量初始化为 0
```

```
        $stu=$_POST['stu'];                          //将所有文本框的值赋给数组$stu
        $num=count($stu);                            //计算数组$stu 元素个数
        echo "您输入的数据有：<br/>";
        foreach($stu as $score)                      //使用 foreach 循环遍历数组$stu
        {
            echo $score."<br/>";                     //输出接收的值
        }
        for($i=0;$i<$num;$i++)
            for($j=$i+1;$j<$num;$j++)
            {
                if($stu[$i]>$stu[$j])                //判断大小，前者比后者大则交换位置
                {
                    $temp=$stu[$i];
                    $stu[$i]=$stu[$j];
                    $stu[$j]=$temp;
                }
            }
        echo "排序后的数据如下所示：<br/>";
        while(list($key,$value)=each($stu))          //使用 while 循环遍历数组
        {
            echo $value."<br/>";                     //输出排序后的值
        }
}
?>
```

运行结果如图 T4.1 所示。

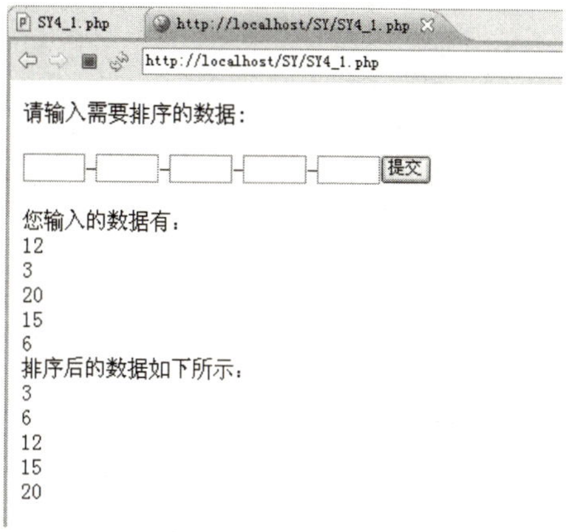

图 T4.1　对数组排序

【思考与练习】

① 改用 PHP 的排序函数对实验 4.1 中的数组排序。

② 在表单上由用户输入学号、姓名和成绩这三列的数据，一共 5 行。将用户输入的数据组成一个二维数组，根据成绩值对二维数组进行排序，并将结果以表格形式输出。

2. 字符串的操作

字符串操作是任何一门语言的基础，在做本实验前学生需要掌握字符串的定义和显示的方法，以及字符串的格式化、比较、替换等一些常用的字符串操作。

【实验 4.2】　由用户输入 5 个学生的学号，如果有相同的学号则只保留一个，找到 08 级计算机专业的学生（前缀为“0811”），将前缀改为“0810”，最后将所有学号输出，以逗号“，”为分隔符。

新建 SY4_2.php 文件，输入以下代码：

```
<?php
echo "请输入学号:<br/>";
echo "<form method=post>";                          //新建表单
for($i=1;$i<6;$i++)                                 //循环生成文本框
{
        //文本框的名字是数组名
        echo "<input type='text' name='stu[]' size='6'>";
        if($i<5)
                echo "-";
}
echo "<input type='submit' name='bt' value='提交'>";
echo "</form>";
if(isset($_POST['bt']))                              //检查提交按钮是否被按下
{
        $k=0;
        $jsj=array();
        $stu=$_POST['stu'];                          //将所有文本框的值赋给数组$stu
        for($i=0;$i<count($stu);$i++)
                for($j=$i+1;$j<count($stu);$j++)
                {
                        if(strcmp($stu[$i],$stu[$j])==0)
                                array_splice($stu,$j,1);    //将数组中重复的值删除
                }
        $str=implode(",",$stu);                      //使用逗号作为连接符将数组转化为字符串
        echo "所有的学生学号如下：<br/>";
        echo $str."<br/>";
        foreach($stu as $value)
        {
                if(strstr($value,"0811"))            //查找包含“0811”的学号
                {
                        $string=str_replace("0811","0810",$value);
                        $jsj[$k]=$string;            //将修改后的计算机专业学生学号赋给数组$jsj
                        $k++;
                }
        }
        echo "计算机专业的学号如下：<br/>";
        echo implode(",",$jsj);
}
?>
```

运行后输入 5 个学号“081101”、“081121”、“081206”、“081125”，单击【提交】按钮，运行结果如图 T4.2 所示。

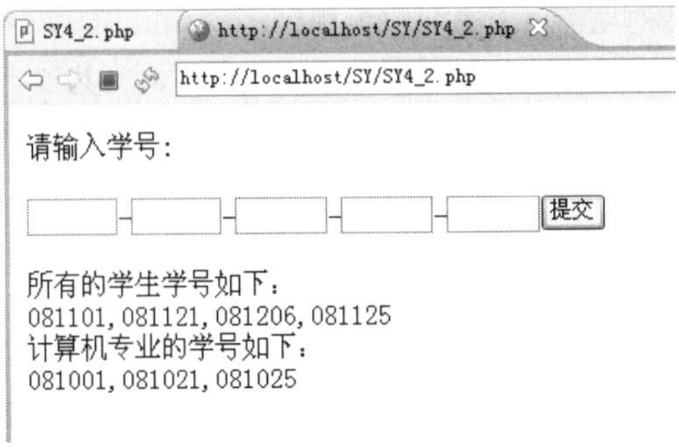

图 T4.2　字符串操作

【思考与练习】

① 由用户输入一行字符串，以逗号为分隔符将字符串分隔后存入数组中。

② 使用 PHP 的字符串函数输出 HTML 标记的实体。

3. 正则表达式的应用

正则表达式设定了一些规则，当正则表达式函数使用这些规则时，可以根据设定好的内容对指定的字符串进行匹配。自 PHP 5.3.0 起，只支持 Perl 兼容的正则表达式，故本次实验仅为针对这种风格的正则表达式。在做实验前，首先要对正则表达式的基础知识有一定的了解，能够编写一些基本的正则表达式。

【实验 4.3】 验证表单数据的正确性，表单中包含用户名、密码、出生日期、E-mail。要求用户名为 6～12 个字符，密码为 6～20 个数字，出生日期要为有效的日期，E-mail 要为有效的 Email 地址。

新建 SY4_3.php 文件，输入以下代码：

```
<html>
<head>
<title>注册页面</title>
<style type="text/css">
<!--
.STYLE1{font-size: 14px; color:red;}
-->
div{
	text-align:center;
	font-size:24px;
	color:#0000FF;
}
table{
	margin:0 auto;
}
</style>
</head>
<body>
<form name="fr1" method="post" action="">
<div>用户注册</div>
<table border="1" width=480>
<tr><td width=80>用户名：</td>
	<td><input type="text" name="ID">
	<td class="STYLE1">* 6～12 个字符(数字，字母和下划线)</td></tr>
<tr><td>密码：</td>
	<td><input type="password" name="PWD" size="21"></td>
	<td class="STYLE1">* 6～20 个数字</td></tr>
<tr><td>出生日期：</td>
	<td><input type="text" name="BIRTHDAY"></td>
	<td class="STYLE1">* 有效的日期</td></tr>
<tr><td>邮箱：</td>
	<td><input type="text" name="EMAIL"></td>
	<td class="STYLE1">* 有效的邮件地址</td></tr>
<tr><td colspan="3" align="center">
	<input type="submit" name="GO" value="注册">   
	<input type="reset" name="NO" value="取消"></td></tr>
</table>
</form>
```

```
</body>
</html>
<?php
if(isset($_POST['GO']))
{
	$id=$_POST['ID'];
	$pwd=$_POST['PWD'];
	$birthday=$_POST['BIRTHDAY'];
	$Email=$_POST['EMAIL'];
	$checkid=preg_match('/^\w{6,12}$/',$id);			//检查是否为 6～12 个字符
	$checkpwd=preg_match('/^\d{6,20}$/',$pwd);			//检查是否为 6～20 个数字
	//检查是否是有效的日期
	$checkbirthday=preg_match('/^\d{4}-(0?\d|1?[012])-(0?\d|[12]\d|3[01])$/',$birthday);
	//检查 Email 地址的合法性
	$checkEmail=preg_match('/^[a-zA-Z0-9_\-]+@[a-zA-Z0-9\-]+\.[a-zA-Z0-9\-\.]+$/',$Email);
	if(!$checkid)
		echo "<script>alert('用户名格式错误！ ')</script>";
	elseif(!$checkpwd)
		echo "<script>alert('密码格式错误！ ')</script>";
	elseif(!$checkbirthday)
		echo "<script>alert('出生日期格式错误！ ')</script>";
	elseif(!$checkEmail)
		echo "<script>alert('Email 格式错误！ ')</script>";
	else
		echo "注册成功！ ";
}
?>
```

用户注册页面如图 T4.3 所示，输入不同的数据以测试数据的正确性。

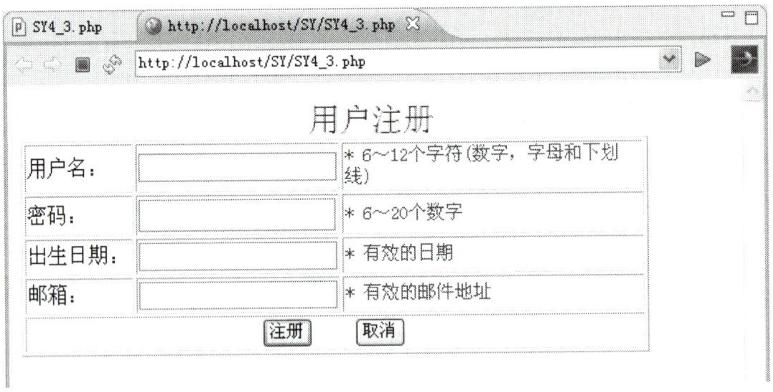

图 T4.3 用户注册页面

【思考与练习】

① 写出匹配身份证号码、QQ 号、中文的正则表达式。

② 使用正则表达式函数从 URL 中提取出域名。

实验 5

PHP 常用功能模块

目的与要求

（1）掌握 PHP 中文件的操作方法；
（2）掌握 PHP 中图形的处理方法；
（3）掌握 PHP 中日期数据的处理方法。

实验准备

（1）了解文件的操作方法；
（2）了解 PHP 绘制图形的过程；
（3）了解 PHP 中时间戳的概念。

实验内容

1. 文件的操作

文件的操作一般有打开、读取、写入、关闭等，PHP 提供了一系列用于文件操作的函数，如 fopen()、fread()、fwrite()等。在进行本实验前首先需要熟悉这些函数。

【实验 5.1】 编写一个统计投票数的程序，要求投票的计数保存在文本文件中。

新建 SY5_1.php 文件，输入以下代码：

```
<!DOCTYPE html>
<style type="text/css">
div{
        font-size:18px;
        color:#0000FF;
}
</style>
<form enctype="multipart/form-data" action="" method="post">
<table border="0">
<tr><td bgcolor="#CCCCCC">
<div>当前最流行的 Web 开发语言：</div>
</td></tr>
<tr><td><input type="radio" name="vote" value="PHP">PHP</td></tr>
<tr><td><input type="radio" name="vote" value="ASP">ASP</td></tr>
<tr><td><input type="radio" name="vote" value="JSP">JSP</td></tr>
```

```
<tr><td><input type="submit" name="sub" value="请投票"> </td></tr>
</table>
</form>
<?php
$votefile="SY5_1_vote.txt";                        //用于计数的文本文件$votefile
if(!file_exists($votefile))                        //判断文件是否存在
{
    $handle=fopen($votefile,"w+");                 //不存在则创建该文件
    fwrite($handle,"0|0|0");                       //将文件内容初始化
    fclose($handle);
}
if(isset($_POST['sub']))
{
    if(isset($_POST['vote']))                      //判断用户是否投票
    {
        $vote=$_POST['vote'];                      //接收投票值
        $handle=fopen($votefile,"r+");
        $votestr=fread($handle,filesize($votefile)); //读取文件内容到字符串$votestr
        fclose($handle);
        $votearray=explode("|", $votestr);         //将$votestr 根据"|"分割
        echo "<h3>投票完毕！</h3>";
        if($vote=='PHP')
            $votearray[0]++;                       //如果选择 PHP，则数组第 1 个值加 1
        echo "目前 PHP 的票数为：<font size=5 color=red>".$votearray[0]."</font><br/>";
        if($vote=='ASP')
            $votearray[1]++;                       //如果选择 ASP，则数组第 2 个值加 1
        echo "目前 ASP 的票数为：<font size=5 color=red>".$votearray[1]."</font><br/>";
        if($vote=='JSP')
            $votearray[2]++;                       //如果选择 JSP，则数组第 3 个值加 1
        echo "目前 JSP 的票数为：<font size=5 color=red>".$votearray[2]."</font><br/>";
        //计算总票数
        $sum=$votearray[0]+$votearray[1]+$votearray[2];
        echo "总票数为：<font size=5 color=red>".$sum."</font><br/>";
        $votestr2=implode("|",$votearray);         //将投票后的新数组用"|"连接成字符串$votestr2
        $handle=fopen($votefile,"w+");
        fwrite($handle,$votestr2);                 //将新字符串写入文件$votefile
        fclose($handle);
    }
    else
    {
        echo "<script>alert('未选择投票选项！')</script>";
    }
}
?>
```

运行结果如图 T5.1 所示。

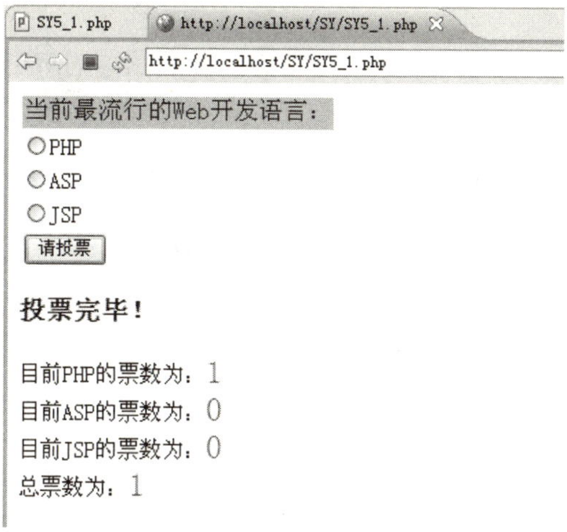

图 T5.1　投票统计

【思考与练习】

① 编写程序：将由表单上传的图片文件上传到指定位置。

② 读取一个文件中的内容，并将部分内容写入另一个文件。

2. 图形处理

在进行图形处理时，首先要查看 PHP 中是否已经安装了 GD 2 扩展库，如果没有，要先安装 GD 2 库。在处理图形时首先要使用 imagecreate()或 imagecreatetruecolor()函数创建一个背景图形，然后在该背景图形上绘制图形。也可以直接打开一个已经存在的图形作为背景来创建新图形。PHP 提供了多种绘制图形的函数，在实验前要先熟悉这些函数。

【实验 5.2】　创建随机生成验证码的图片。

新建 SY5_2.php 文件，输入以下代码：

```
<?php
header('Content-type: image/gif');                          //输出头信息
$image_w=100;                                               //验证码图形的宽
$image_h=25;                                                //验证码图形的高
$number=range(0,9);                                         //定义一个成员为数字的数组
$character=range("Z","A");                                  //定义一个成员为大写字母的数组
$result=array_merge($number,$character);                    //合并两个数组
$string="";                                                 //初始化
$len=count($result);                                        //新数组的长
for($i=0;$i<4;$i++)
{
    $new_number[$i]=$result[rand(0,$len-1)];                //在$result 数组中随机取出 4 个字符
    $string=$string.$new_number[$i];                        //生成验证码字符串
}
$check_image=imagecreatetruecolor($image_w,$image_h);       //创建图片对象
$white=imagecolorallocate($check_image, 255, 255, 255);
$black=imagecolorallocate($check_image, 0, 0, 0);
imagefill($check_image,0,0,$white);                         //设置背景颜色为白色
for($i=0;$i<100;$i++)                                       //加入 100 个干扰的黑点
{
    imagesetpixel($check_image, rand(0,$image_w), rand(0,$image_h),$black);
}
for($i=0;$i<count($new_number);$i++)                        //在背景图片中循环输出 4 位验证码
```

```
{
        $x=mt_rand(1,8)+$image_w*$i/4;                      //设定字符所在位置 X 坐标
        $y=mt_rand(1,$image_h/4);                           //设定字符所在位置 Y 坐标
        //随机设定字符颜色
        $color=imagecolorallocate($check_image,mt_rand(0,200),mt_rand(0,200),mt_rand(0,200));
        //输入字符到图片中
        imagestring($check_image,5,$x,$y,$new_number[$i],$color);
}
        imagepng($check_image);                             //输出图片
        imagedestroy($check_image);
?>
```

运行结果如图 T5.2 所示。

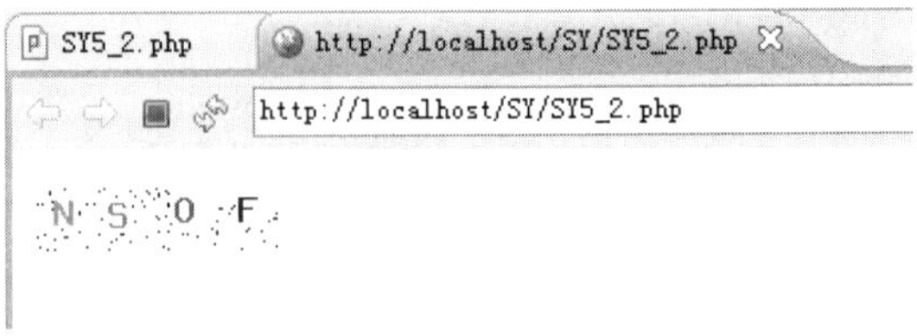

图 T5.2　验证码图片

【思考与练习】

① 已知某公司 1～6 月份的每月销售额，销售额由用户输入。请根据销售额画出 1～6 月份的销售情况走势图，横坐标为月份，纵坐标为销售额，每个节点之间由斜线连接。

② 以上程序完成以后将其修改为用柱形图表示。

③ 编写程序：新建一个“load”目录，由表单上传一个图片文件，将其缩放为指定大小后上传到 load 目录下。

3. 日期处理

在了解日期和时间类型的数据时需要了解 UNIX 时间戳的意义。PHP 在处理有些数据，特别是对数据库中时间类型的数据进行格式化时，经常需要先将时间类型的数据转化为 UNIX 时间戳进行处理。

【实验 5.3】　由用户输入自己的生日，系统帮助用户计算出年龄和出生时是星期几。

新建 SY5_3.php 文件，输入以下代码：

```
<html>
<head>
 <title>计算年龄</title>
</head>
<body>
<form method="post" action="">
请输入您的出生日期：
<input type="text" name="year" size="4">年
<input type="text" name="month" size="4">月
<input type="text" name="day" size="4">日
<input type="submit" name="submit" value="提交">
</form>
</body>
</html>
<?php
date_default_timezone_set('PRC');                          //设置时区
```

```
if(isset($_POST['submit']))
{
        $year=$_POST['year'];                                   //年份
        $month=$_POST['month'];                                 //月份
        $day=$_POST['day'];                                     //天数
        if(@checkdate($month,$day,$year))                       //检测日期是否有效
        {
            echo "您的年龄为：".(date('Y',time())-$year);        //计算年龄
            $array=getdate(strtotime("$year-$month-$day"));     //使用 getdate 函数得到指定日期的信息
            echo "<br/>出生时是".$array['weekday'];             //输出星期值
        }
        else
        {
            echo "<script>alert('无效的日期！');</script>";
        }
}
?>
```

运行后输入出生的年月日分别为“1983”、“09”、“25”，单击【提交】按钮，结果如图 T5.3 所示。

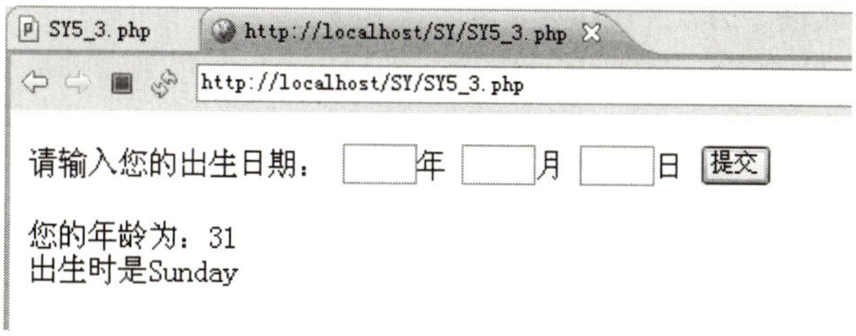

图 T5.3　计算年龄

【思考与练习】

创建当前月份的日历表。

实验 6

PHP 面向对象

目的与要求

（1）掌握 PHP 中类的定义、实例化；
（2）掌握 PHP 中类属性、方法的访问。

实验准备

（1）了解类的概念；
（2）了解面向对象程序的三个主要特征。

实验内容

类的定义和使用

类是一种数据类型，由变量和函数组成。在 PHP 中使用 class 关键字定义类，类的实例化使用 new 关键字。

【实验 6.1】 设计一个学生管理类，存储学生的信息。

新建 SY6_1.php 文件，输入以下代码：

```
<html>
<head>
<title>学生管理类</title>
</head>
<body>
<form method="post">
学号：<input type="text" name="number"><br/>
姓名：<input type="text" name="name"><br/>
性别：<input type="radio" name="sex" value="男" checked="checked">男
<input type="radio" name="sex" value="女">女<br/>
<input type="submit" name="ok" value="显示">
</form>
</body>
</html>
<?php
class student
{
        private $number;
        private $name;
```

```
        private $sex;
        function show($XH,$XM,$XB)
        {
            $this->number=$XH;
            $this->name=$XM;
            $this->sex=$XB;
            echo "学号：".$this->number."<br/>";
            echo "姓名：".$this->name."<br/>";
            echo "性别：".$this->sex."<br/>";
        }
    }
    if(isset($_POST['ok']))
    {
        $XH=$_POST['number'];
        $XM=$_POST['name'];
        $XB=$_POST['sex'];
        $stu=new student;
        $stu->show($XH,$XM,$XB);
    }
    ?>
```

运行程序，表单输入学号“081101”、姓名“王林”，单击【显示】按钮提交，结果如图 T6.1 所示。

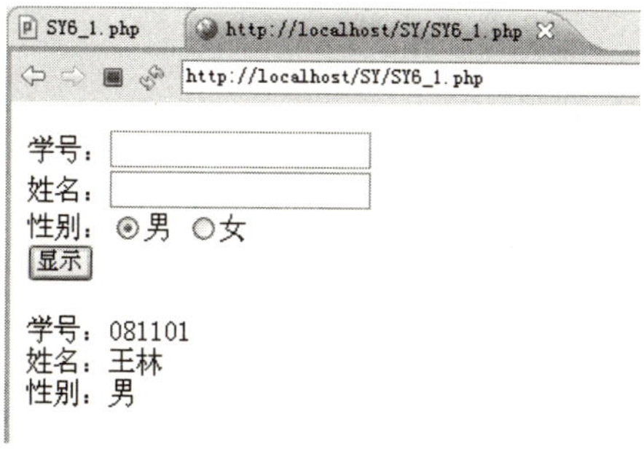

图 T6.1　使用学生管理类

【思考与练习】

① 设计一个简单的购物车类，类中包含的属性为购物车项目，包含的方法为向购物车添加项目和去除项目的方法。

② 设计一个画图类，类中包含了画直线、圆、矩形等基本图形的方法。

实验 7

PHP 互动网页

目的与要求

（1）掌握使用 PHP 接收表单数据的方法；
（2）掌握使用 PHP 获取 URL 参数的方法；
（3）掌握在网页中实现页面跳转的常用方法；
（4）掌握会话的原理和实现会话的方法。

实验准备

（1）了解 PHP 接收表单数据的两种方法；
（2）了解 PHP 获取 URL 参数的方法；
（3）了解常用的页面跳转方法；
（4）了解会话的工作原理和实现会话的方法；
（5）了解实现 Cookie 的方法。

实验内容

本实验的主要内容是完成一个 PHP 互动网页的制作。其中要使用 PHP 接收表单数据，使用 PHP 获取 URL 参数，在页面间使用 session，灵活使用页面跳转等。

【实验 7.1】 制作一个需要登录的智力问答系统。用户登录后可以进行智力问答，回答完后系统会计算其所得分数。

主要实验步骤如下所示：

（1）制作登录表单。

本实验用于登录的用户信息保存在文本文件中。在 SY 文件夹下新建一个 SY7_1.txt 文本文件，在其中保存用户的信息，有用户名、密码两个信息，中间用“|”隔开，例如，输入如下几行数据：

```
user1|123456
user2|654321
user3|111111
```

新建 SY7_1_login.php 文件，输入以下代码：

```
<html>
<body>
<form action="SY7_1_main.php" method="get">
<table border="0" align="center">
```

```
<tr><td align="center">用户名</td><td><input name="username" type="text"></td></tr>
<tr><td align="center">密码</td><td><input name="password" type="password" size="21"></td></tr>
<tr><td colspan="2" align="center">
<input type="submit" name="Submit" value="登录">
<input type="reset" name="Submit2" value="重置"></td></tr>
</table>
</form>
</body>
</html>
```

登录页面如图 T7.1 所示。输入正确的用户名和密码，单击【登录】按钮即可进入主页面。

图 T7.1 登录页面

（2）制作主页面。

新建 SY7_1_main.php 文件，输入以下代码：

```
<?php
session_start();
$username=@$_GET['username'];                    //获取用户名
$password=@$_GET['password'];                    //获取密码
//本函数用于获取文本文件中的用户数据
function loadinfo()
{
	$user_array=array();
	$filename='SY7_1.txt';                       //用户信息文件
	$fp=fopen($filename,"r");                     //打开文件
	$i=0;
	while($line=fgets($fp,1024))
	{
		list($user,$pwd)=explode('|',$line);      //读取每行数据
		$user=trim($user);                        //去掉首尾特殊符号
		$pwd=trim($pwd);
		$user_array[$i]=array($user,$pwd);        //将数组组成一个二维数组
		$i++;
	}
	fclose($fp);
	return $user_array;                          //返回一个数组
}
$user_array=loadinfo();
if($username)
{
	//判断用户输入的用户名和密码是否正确
	if(!in_array(array($username,$password),$user_array))
		echo "<script>alert('用户名或密码错误!');location='SY7_1_login.php';</script>";
	else
	{
```

```
            foreach($user_array AS $value)                              //遍历数组
            {
                list($user,$pwd)=$value;
                if($user==$username&&$pwd==$password)
                {
                    //使用 Session 将用户名和密码传到其他页面
                    $_SESSION['username']=$username;
                    $_SESSION['password']=$password;
                    echo "<div>您的用户名为：".$user."</div>";
                    echo "<br/>";
                    //得到 EX7_1_QA.php 中使用 Session 传来的值
                    if($points=@$_SESSION['QA_points'])
                    {
                        echo "您刚刚答题得到了".$points."分<br/>";
                        echo "<input type='button' value='继续答题'
                                onclick=window.location='SY7_1_QA.php'>";
                    }
                    else
                    {
                        echo "您还没有答题记录<br/>";
                        echo "<input type='button' value='开始答题'
                                onclick=window.location='SY7_1_QA.php'>";
                    }
                }
            }
        }
    }
    else
        echo "您尚未登录，无权访问本页";
    ?>
```

用户在登录成功后才能进入主页面，例如，使用“user1”登录后的主页面如图 T7.2 所示。单击【开始答题】按钮，转至问答页面。

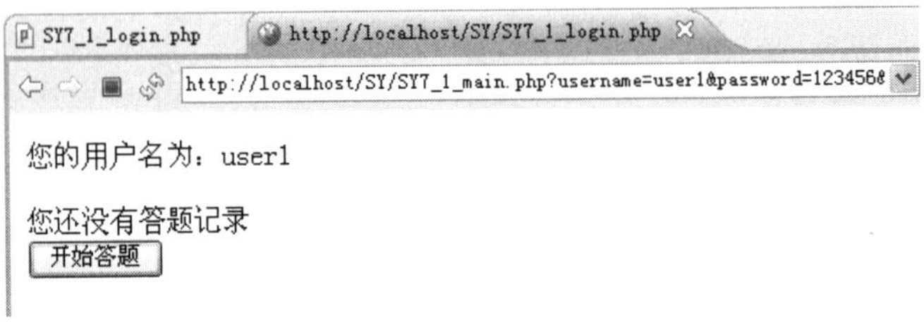

图 T7.2　主页面

（3）制作问答页面。

新建 SY7_1_QA.php 文件，输入以下代码：

```
<?php
session_start();
$username=@$_SESSION['username'];
$password=@$_SESSION['password'];
if($username)
{
    echo $username.",请回答以下题目：<br/>";
?>
```

```
        <form method="post" action="">
        <div>1. 农夫有 17 只羊，除了 9 只以外都病死了，农夫还剩几只羊？<br/>
        <input type="radio" name="q1" value="1">17
        <input type="radio" name="q1" value="2">9
        <input type="radio" name="q1" value="3">8</div><br/>
        <div>2. 大月有 31 天，小月有 30 天，那么一年中几个月有 28 天？<br/>
        <input type="radio" name="q2" value="1">1 个
        <input type="radio" name="q2" value="2">4 年一个
        <input type="radio" name="q2" value="3">12 个</div><br/>
        <div>3. 小明的妈妈有三个小孩，老大叫大毛，老二叫二毛，老三叫什么？<br/>
        <input type="radio" name="q3" value="1">三毛
        <input type="radio" name="q3" value="2">小明
        <input type="radio" name="q3" value="3">不知道</div><br/>
        <div>4. 英国有没有七月四日(美国独立纪念日)？<br/>
        <input type="radio" name="q4" value="1">有
        <input type="radio" name="q4" value="2">没有
        <input type="radio" name="q4" value="3">不知道</div><br/>
        <div>5. 医生给你 3 个药丸，要你每 30 分钟吃 1 个，这些药丸多久后会被吃完？<br/>
        <input type="radio" name="q5" value="1">90 分钟
        <input type="radio" name="q5" value="2">60 分钟
        <input type="radio" name="q5" value="3">30 分钟</div><br/>
        <input type="submit" value="提交" name="submit">
        </form>
<?php
        if(isset($_POST['submit']))
        {
            $q1=@$_POST['q1'];
            $q2=@$_POST['q2'];
            $q3=@$_POST['q3'];
            $q4=@$_POST['q4'];
            $q5=@$_POST['q5'];
            $i=0;
            if($q1=="1")
                $i++;
            if($q2=="3")
                $i++;
            if($q3=="2")
                $i++;
            if($q4=="1")
                $i++;
            if($q5=="2")
                $i++;
            $_SESSION['QA_points']=$i*20;          //使用 Session 将答题所得分数传到其他页面
            echo "<script>alert('您一共答对".$i."道题，得到".($i*20)."分');";
            echo "if(confirm('返回继续答题？'))";
            echo "window.location='SY7_1_QA.php';";
            echo "else ";
            //使用 GET 方式提交本页面的用户信息
            echo "window.location='SY7_1_main.php?username=$username&password=$password';";
            echo "</script>";
        }
}
else
```

```
        echo "您尚未登录，无权访问本页";
?>
```

问答页面如图 T7.3 所示，回答完问题后单击【提交】按钮，页面会提示所得答题分数，如图 T7.4 所示。单击【确定】按钮后会弹出“继续答题”对话框。单击【继续答题】按钮则继续答题，如图 T7.5 所示。

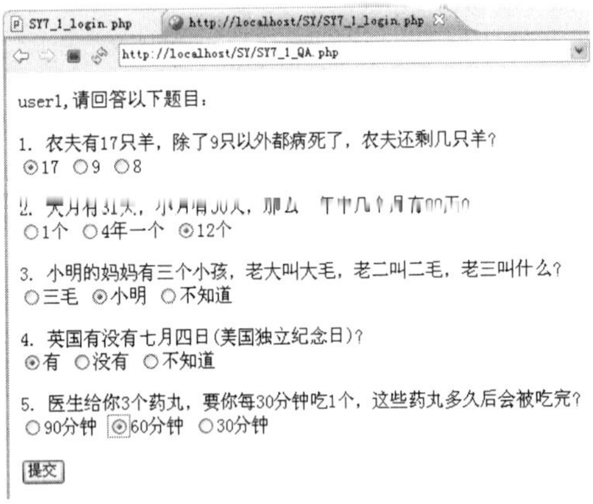

图 T7.3 问答页面

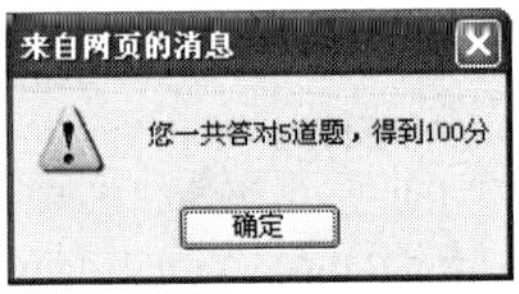

图 T7.4 计算得分

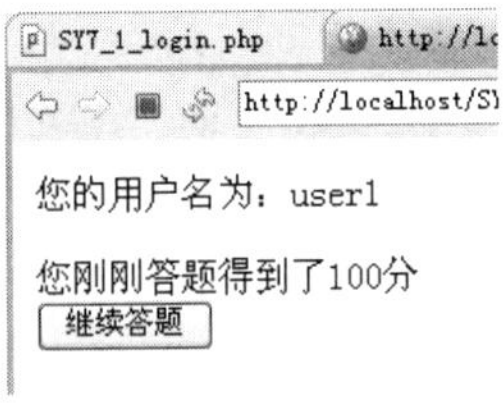

图 T7.5 返回主页面

【思考与练习】

① 参照本实验制作一个投票统计系统。

② 在网页中使用 Cookie 保存登录信息。

实验 8

MySQL 数据库

目的与要求

（1）掌握在 MySQL 中创建数据库和表的方法；
（2）掌握在 MySQL 中操作表数据的方法；
（3）掌握在 MySQL 中查询数据的方法；
（4）掌握创建过程式数据库对象的方法。

实验准备

（1）了解 MySQL 的数据类型；
（2）了解 MySQL 的数据库对象；
（3）了解 MySQL 中操作表数据的方法；
（4）了解 MySQL 查询语句的构成；
（5）了解 MySQL 中创建过程式数据库对象的方法。

实验内容

1. 熟悉 MySQL

（1）参照第 2 章内容安装 MySQL 服务器。

（2）打开“开始”→“程序”→“MySQL”→“MySQL Server 5.6”→“MySQL Command Line Client”菜单项，进入 MySQL 客户端界面，输入 root 用户密码登录。

登录后界面如图 T8.1 所示，SQL 语句可以在客户端中输入、执行。

2. 创建数据库和表

创建用于企业管理的员工管理数据库，数据库名为 YGGL，包含员工的信息、部门信息及员工的薪水信息。数据库 YGGL 包含下列 3 个表。

- Employees：员工信息表。
- Departments：部门信息表。
- Salary：员工薪水情况表。

各表的结构如表 T8.1、表 T8.2、表 T8.3 所示。

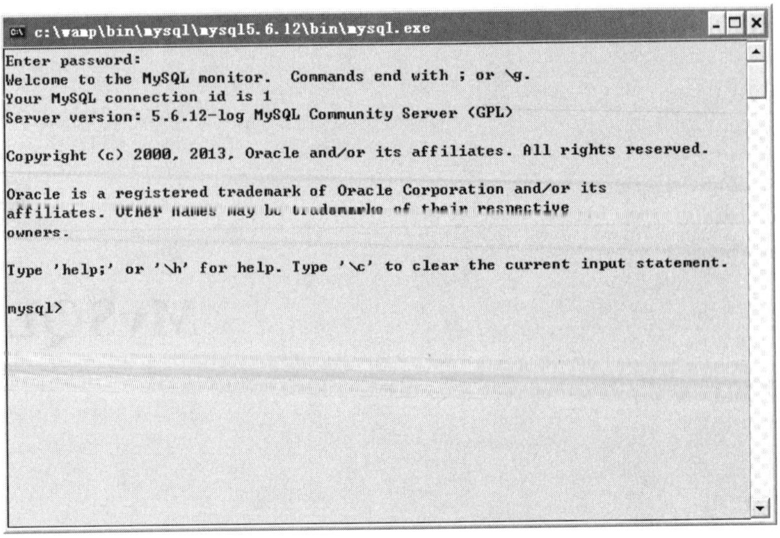

图 T8.1　MySQL 客户端界面

表 T8.1　Employees 表结构

列　名	数据类型	长度	是否可空	说　明
EmployeeID	定长字符型（CHAR）	6	×	员工编号，主键
Name	定长字符型（CHAR）	10	×	姓名
Education	定长字符型（CHAR）	4	×	学历
Birthday	日期型（DATE）	16	×	出生日期
Sex	定长字符型（CHAR）	2	×	性别
WorkYear	整数型（TINYINT）	1	√	工作时间
Address	不定长字符型（VARCHAR）	20	√	地址
PhoneNumber	定长字符型（CHAR）	12	√	电话号码
DepartmentID	定长字符型（CHAR）	3	×	员工部门号，外键

表 T8.2　Departments 表结构

列　名	数据类型	长度	是否可空	说　明
DepartmentID	定长字符型（CHAR）	3	×	部门编号，主键
DepartmentName	定长字符型（CHAR）	20	×	部门名
Note	文本（TEXT）	16	√	备注

表 T8.3　Salary 表结构

列　名	数据类型	长度	是否可空	说　明
EmployeeID	定长字符型（CHAR）	6	×	员工编号，主键
InCome	浮点型（FLOAT）	8	×	收入
OutCome	浮点型（FLOAT）	8	×	支出

创建数据库和表的实验步骤如下：

（1）打开 MySQL Command Line Client，输入 root 用户密码登录，使用 CREATE 语句创建 YGGL 数据库。

```
CREATE DATABASE YGGL;
```

（2）使用 SQL 语句在 YGGL 数据库中创建表 Employees。

执行创建表 Employees 的 SQL 语句：

```
USE YGGL
CREATE TABLE Employees
(
	EmployeeID	CHAR(6)		NOT NULL,
	Name		CHAR(10)	NOT NULL,
	Education	CHAR(4)		NOT NULL,
	Birthday	DATE		NOT NULL,
	Sex		CHAR(2)		NOT NULL DEFAULT '1' ,
	WorkYear	TINYINT(1)	NULL,
	Address		VARCHAR(20)	NULL,
	PhoneNumber	CHAR(12)	NULL,
	DepartmentID	CHAR(3)		NOT NULL,
	PRIMARY KEY (EmployeeID)
);
```

执行创建表 Departments 的 SQL 语句：

```
CREATE TABLE Departments
(
	DepartmentID		CHAR(3)		NOT NULL PRIMARY KEY,
	DepartmentName		CHAR(20)	NOT NULL,
	Note			TEXT		NULL
);
```

执行创建表 Salary 的 SQL 语句：

```
CREATE TABLE Salary
(
	EmployeeID	CHAR(6)	NOT NULL PRIMARY KEY,
	InCome		FLOAT(8) NOT NULL,
	OutCome		FLOAT(8) NOT NULL
);
```

【思考与练习】

① 在 YGGL 数据库存在的情况下，使用 CREATE DATABASE 语句新建数据库 YGGL，查看错误信息，再尝试加上 IF NOT EXISTS 关键词创建 YGGL，看看有什么变化。

② 将表 Emplorees1 中的 Address 列删去，并将 Sex 列的默认值修改为“男”。

③ 将表恢复如初，以便进行接下来的实验。

3. 表数据操作

表创建完以后可以向表中插入数据，也可以修改、删除数据。首先了解对表数据的插入、删除、修改都属于表数据的更新操作。同时要掌握 SQL 中用于对表数据进行插入、修改和删除的命令分别是 INSERT、UPDATE 和 DELETE（或 TRANCATE TABLE）。

假设本实验的 YGGL 数据库中的 3 个表已经创建完成。现在要将各表的样本数据添加到表中。样本数据如表 T8.4、表 T8.5 和表 T8.6 所示。

表 T8.4　Employees 表样本数据

编　号	姓名	学历	出生日期	性别	工作时间	住　　址	电　话	部门号
000001	王林	大专	1966-01-23	1	8	中山路 32-1-508	83355668	2
010008	伍容华	本科	1976-03-28	1	3	北京东路 100-2	83321321	1
020010	王向容	硕士	1982-12-09	1	2	四牌楼 10-0-108	83792361	1
020018	李丽	大专	1960-07-30	0	6	中山东路 102-2	83413301	1
102201	刘明	本科	1972-10-18	1	3	虎距路 100-2	83606608	5
102208	朱俊	硕士	1965-09-28	1	2	牌楼巷 5-3-106	84708817	5
108991	钟敏	硕士	1979-08-10	0	4	中山路 10-3-105	83346722	3
111006	张石兵	本科	1974-10-01	1	1	解放路 34-1-203	84563418	5
210678	林涛	大专	1977-04-02	1	2	中山北路 24-35	83467336	3
302566	李玉珉	本科	1968-09-20	1	3	热和路 209-3	58765991	4
308759	叶凡	本科	1978-11-18	1	2	北京西路 3-7-52	83308901	4
504209	陈林琳	大专	1969-09-03	0	5	汉中路 120-4-12	84468158	4

表 T8.5　Departments 表样本数据

部 门 号	部 门 名 称	备　注	部 门 号	部 门 名 称	备　注
1	财务部	NULL	4	研发部	NULL
2	人力资源部	NULL	5	市场部	NULL
3	经理办公室	NULL			

表 T8.6　Salary 表样本数据

编　号	收　入	支　出	编　号	收　入	支　出
000001	2100.8	123.09	108991	3259.98	281.52
010008	1582.62	88.03	020010	2860.0	198.0
102201	2569.88	185.65	020018	2347.68	180.0
111006	1987.01	79.58	308759	2531.98	199.08
504209	2066.15	108.0	210678	2240.0	121.0
302566	2980.7	210.2	102208	1980.0	100.0

主要实验步骤如下：

（1）使用命令初始化数据库 YGGL 中所有表的数据。

● 在命令行输入：

```
INSERT INTO Employees VALUES('000001', '王林', '大专', '1966-01-23', '1', 8,'中山路 32-1-508', '83355668', '2');
```

向表中插入一条记录，可以用记事本编辑成批的 SQL 语句，粘贴到命令行中一起执行，将表 T8.4 所示的记录录入表中。

● 用同样的方法分别向表 Departments 和表 Salary 中插入表 T8.5 和 T8.6 所示的记录。

注意：

① 插入的数据要符合列的类型。试着在 INT 类型的列中插入字符型数据（如字母），查看发生的情况。

② 不能插入两行有相同主键的数据，例如，如果编号“000001”的员工信息已经在表 Employees 中存在，则不能向表 Employees 再插入编号为“000001”的数据行。

【思考与练习】

将 3 个数据表中的样本数据都存入到数据库中。

（2）修改数据库 YGGL 中的表数据。

- 删除表 Employees 的第 1 行和表 Salary 的第 1 行。注意进行删除操作时，作为两表主键的 EmployeeID 的值要一致，以保持数据的完整性。
- 将表 Employees 中编号为 020018 记录的部门号改为 4。

（3）使用 SQL 语句插入表数据。

- 向表 Employees 中插入步骤（2）中删除的一行数据，启动 MySQL Command Line Client，在窗口中输入以下 SQL 语句：

```
USE YGGL
INSERT INTO Employees VALUES('000001', '王林', '大专', '1966-01-23', '1', 8,
                    '中山路 32-1-508', '83355668', '2');
```

- 向表 Salary 插入步骤（2）中删除的一行数据：

```
INSERT INTO Salary SET EmployeeID ='000001', InCome =2100.8, OutCome=123.09;
```

用 SELECT 语句观察表中数据的变化，验证操作是否成功。

- 使用 REPLACE 语句向表 Departments 插入一行数据：

```
REPLACE INTO Departments values('1', '广告部', '负责推广产品');
```

执行完该语句后使用 SELECT 语句进行查看，可见原有的 1 号部门已经被新插入的一行数据替换了。

（4）使用 SQL 语句修改和删除表数据。

- 使用 SQL 命令修改表 Salary 中的某个记录的字段值：

```
UPDATE Salary SET InCome = 2890
      WHERE EmployeeID = '011112';
```

执行上述语句，将编号为 011112 的职工收入改为 2890。

- 将所有职工收入增加 100：

```
UPDATE Salary
      SET InCome = InCome +100;
```

- 使用 SQL 命令删除表 Employees 中编号为 000001 的职工信息：

```
DELETE FROM Employees WHERE EmployeeID= '011112';
```

- 删除所有收入大于 2500 的员工信息：

```
DELETE FROM Employees
      WHERE EmployeeID=(SELECT EmployeeID FROM Salary WHERE InCome>2500);
```

【思考与练习】

使用 INSERT、UPDATE 语句将步骤（3）、步骤（4）中所有对表的修改恢复到原来的状态，方便在以后的实验中使用。

4. 表数据的查询

（1）SELECT 语句的基本用法。

- 查询表 Employees 中的所有记录。

使用如下 SQL 语句：

```
USE YGGL
SELECT *
      FROM Employees;
```

【思考与练习】

用 SELECT 语句查询表 Departments 和表 Salary 的所有记录。

● 查询每个雇员的地址和电话：

```
SELECT Address, PhoneNumber
    FROM Employees;
```

【思考与练习】

用 SELECT 语句查询表 Departments 和表 Salary 的一列或若干列。

● 查询 EmployeeID 为 000001 的雇员的地址和电话。

使用以下的 SQL 语句：

```
SELECT Address, PhoneNumber
    FROM Employees
    WHERE EmployeeID= '000001';
```

查询结果：

Address	PhoneNumber
中山路32-1-508	83355668

【思考与练习】

① 查询月收入高于 2000 的员工号码。

② 查询 1970 年以后出生的员工的姓名和住址。

③ 查询所有财务部的员工的号码和姓名。

● 查询表 Employees 中女雇员的地址和电话，使用 AS 子句将结果中各列的标题分别指定为地址、电话。

```
SELECT Address AS 地址, PhoneNumber AS 电话
    FROM Employees
    WHERE sex = '0';
```

查询结果：

地址	电话
中山东路102-2	83413301
中山路10-3-105	83346722
汉中路120-4-12	84468158

【思考与练习】

查询表 Employees 中男员工的姓名和出生日期，要求将各列标题用中文表示。

● 获得员工总数。

```
SELECT COUNT(*)
    FROM Employees;
```

查询结果：

COUNT(*)
12

【思考与练习】

① 计算表 Salary 中员工月收入的平均数。

② 查找表 Employees 中最大的员工号码。

③ 计算表 Salary 中所有员工的总支出。

● 找出所有姓王的雇员的部门号。

```
SELECT DepartmentID
        FROM Employees
        WHERE name LIKE '王%';
```

查询结果：

DepartmentID
2
1

【思考与练习】

查找员工号码中倒数第 2 个数字为 0 的姓名、地址和学历。

● 找出所有收入在 2000～3000 之间的员工号码。

```
SELECT EmployeeID
        FROM Salary
        WHERE InCome BETWEEN 2000 AND 3000;
```

查询结果：

EmployeeID
000001
020010
020018
102201
210678
302566
308759
504209

【思考与练习】

找出所有在部门“1”或“2”中工作的雇员的号码。

（2）子查询的使用。

● 查找在财务部工作的雇员的情况。

```
SELECT *
        FROM Employees
        WHERE DepartmentID =
                (SELECT DepartmentID
                FROM Departments
                WHERE DepartmentName = '财务部' );
```

查询结果：

EmployeeID	Name	Education	Birthday	Sex	WorkYear	Address	PhoneNumber	DepartmentID
010008	伍容华	本科	1976-03-28	1	3	北京东路100-2	83321321	1
020010	王向容	硕士	1982-12-09	1	2	四牌楼10-0-108	83792361	1
020018	李丽	大专	1960-07-30	0	6	中山东路102-2	83413301	1

【思考与练习】

用子查询的方法查找所有收入在 2500 以下的雇员的情况。

● 查找财务部年龄不低于研发部雇员年龄的雇员的姓名。

```
SELECT Name
    FROM Employees
```

```
    WHERE DepartmentID   IN
        ( SELECT DepartmentID
            FROM Departments
            WHERE DepartmentName = '财务部' )
        AND Birthday <= ALL
            ( SELECT Birthday
                FROM Employees
                WHERE DepartmentID   IN
                    ( SELECT DepartmentID
                        FROM Departments
                        WHERE DepartmentName = '研发部')
            );
```

查询结果：

Name
李丽

【思考与练习】

用子查询的方法查找研发部比所有财务部雇员收入都高的雇员的姓名。

（3）连接查询的使用。

● 查询每个雇员的情况及其薪水的情况。

```
USE YGGL
SELECT Employees.* , Salary.*
    FROM Employees, Salary
        WHERE Employees.EmployeeID = Salary.EmployeeID;
```

【思考与练习】

查询每个雇员的情况及其工作部门的情况。

● 使用内连接的方法查询名字为“王林”的员工所在的部门。

```
SELECT DepartmentName
    FROM Departments JOIN Employees
            ON Departments. DepartmentID=Employees. DepartmentID
    WHERE Employees.Name='王林';
```

查询结果：

DepartmentName
人力资源部

【思考与练习】

① 使用内连接方法查找不在财务部工作的所有员工的信息。

② 使用外连接方法查找所有员工的月收入。

（4）GROUP BY、ORDER BY 和 LIMIT 子句的使用。

● 查找表 Employees 中男性和女性的人数。

```
SELECT Sex, COUNT(Sex)
    FROM Employees
    GROUP BY Sex;
```

查询结果：

Sex	COUNT(Sex)
0	3
1	9

【思考与练习】

① 按部门列出在该部门工作的员工的人数。

② 按员工的学历分组，排列出本科、大专和硕士的人数。

● 查找员工数超过 2 人的部门名称和员工数量。

```
SELECT DepartmentName, COUNT(*) AS 人数
    FROM Employees, Departments
    WHERE Employees.DepartmentID=Departments. DepartmentID
    GROUP BY Employees.DepartmentID
    HAVING COUNT(*)>2;
```

查询结果：

DepartmentName	人数
财务部	3
研发部	3
市场部	3

【思考与练习】

按员工的工作年份分组，统计各个工作年份的人数，如工作 1 年的多少人，工作 2 年的多少人。

● 将表 Employees 中的员工号码由大到小排列。

```
SELECT EmployeeID
    FROM Employees
    ORDER BY EmployeeID DESC;
```

查询结果：

EmployeeID
504209
308759
302566
210678
111006
108991
102208
102201
020018
020010
010008
000001

【思考与练习】

① 将员工信息按出生时间从小到大排列。

② 在 ORDER BY 子句中使用子查询，查询员工姓名、性别和工作年份，要求按实际收入从大到小排列。

● 返回表 Employees 中的前 5 个员工的信息。

```
SELECT *
    FROM Employees
    LIMIT 5;
```

查询结果：

EmployeeID	Name	Education	Birthday	Sex	WorkYear	Address	PhoneNumber	DepartmentID
000001	王林	大专	1966-01-23	1	8	中山路32-1-508	83355668	2
010008	伍容华	本科	1976-03-28	1	3	北京东路100-2	83321321	1
020010	王向容	硕士	1982-12-09	1	2	四牌楼10-0-108	83792361	1
020018	李丽	大专	1960-07-30	0	6	中山东路102-2	83413301	1
102201	刘明	本科	1972-10-18	1	3	虎距路100-2	83606608	5

【思考与练习】

返回表 Employees 中从第 3 个员工开始的 5 个员工的信息。

5. 过程式数据库对象的创建

（1）创建存储过程。

- 创建存储过程，使用表 Employees 中的员工人数来初始化一个局部变量，并调用这个存储过程。

```
USE YGGL
DELIMITER $$
CREATE PROCEDURE TEST(OUT NUMBER1 INTEGER)
BEGIN
        DECLARE NUMBER2 INTEGER;
        SET NUMBER2=(SELECT COUNT(*) FROM Employees);
        SET NUMBER1=NUMBER2;
END$$
DELIMITER ;
```

调用该存储过程：

```
CALL TEST(@NUMBER);
```

查看结果：

```
SELECT @NUMBER;
```

输出：

@NUMBER
12

说明：@NUMBER 是用户变量，作为存储过程的输出参数。

- 创建存储过程，比较两个员工的实际收入，若前者比后者高就输出 0，否则输出 1。

```
DELIMITER $$
CREATE PROCEDURE
        COMPA(IN ID1 CHAR(6), IN ID2 CHAR(6), OUT BJ INTEGER)
BEGIN
        DECLARE SR1,SR2 FLOAT(8);
        SELECT InCome-OutCome INTO SR1 FROM Salary WHERE EmployeeID=ID1;
        SELECT InCome-OutCome INTO SR2 FROM Salary WHERE EmployeeID=ID2;
        IF ID1>ID2 THEN
        SET BJ=0;
ELSE
        SET BJ=1;
END IF;
END$$
DELIMITER ;
```

调用该存储过程：

```
CALL COMPA('000001', '108991',@BJ);
```

查看结果：

```
SELECT @BJ;
```

输出：

```
+-------+
| @BJ   |
+-------+
|     1 |
+-------+
```

【思考与练习】

① 创建存储过程，要求当一个员工的工作年份大于 6 年时将其转到经理办公室工作。

② 创建存储过程，使用游标计算本科及以上学历的员工在总员工数中所占的比例。

（2）创建存储函数。

创建一个存储函数，返回员工的总人数。

```
CREATE FUNCTION EM_NUM()
    RETURNS INTEGER
    RETURN(SELECT COUNT(*) FROM Employees);
```

调用该存储函数：

```
SELECT EM_NUM();
```

输出：

```
+----------+
| EM_NUM() |
+----------+
|       12 |
+----------+
```

说明：创建存储函数之前必须先激活 log_bin_trust_function_creators 系统变量，操作方法见第 8 章【例 8.51】。

【思考与练习】

① 创建存储函数，判断一个员工是否在研发部工作，若是则返回其学历，若不是则返回字符串“NO”。

② 创建一个存储函数，将工作时间满 4 年的员工的收入增加 500。

（3）触发器。

- 创建触发器，当表 Employees 中删除一个员工信息时，同时将表 Salary 中该员工的信息删除，以确保数据的完整性。

```
CREATE TRIGGER DELETE_EM AFTER DELETE
    ON Employees FOR EACH ROW
    DELETE FROM Salary
        WHERE EmployeeID=OLD. EmployeeID;
```

创建完后删除表 Employees 中的一行数据，然后查看表 Salary 中的变化情况。

- 当修改表 Employees 时，若将表 Employees 中员工的工作时间增加 1 年则将收入增加 500，增加 2 年则增加 1000，以此类推。若工作时间减少则无变化。

```
DELIMITER $$
CREATE TRIGGER ADD_SALARY
    AFTER UPDATE ON Employees FOR EACH ROW
BEGIN
    DECLARE YEARS INTEGER;
    SET YEARS= NEW.WorkYear- OLD.WorkYear;
    IF YEARS>0 THEN
    UPDATE Salary SET InCome=InCome+500*YEARS
        WHERE EmployeeID=NEW.EmployeeID;
    END IF;
```

```
END$$
DELIMITER ;
```

【思考与练习】

① 创建 UPDATE 触发器，当表 Departments 中部门号发生变化时，表 Employees 中员工所属的部门号也将改变。

② 创建 UPDATE 触发器，当表 Salary 中 InCome 值增加 500 时，OutCome 值则增加 50。

实验 9

PHP 操作 MySQL

目的与要求

掌握 PHP 操作 MySQL 数据库的方法。

实验准备

了解 PHP 连接 MySQL 数据库的方法。

实验内容

PHP 操作 MySQL

本实验中 MySQL 使用的样本数据库为实验 8 中的 YGGL 数据库，在实验之前请创建 YGGL 数据库和该数据库的 3 个表，并将样本数据添加到数据库中。

【实验 9.1】 根据员工的编号、姓名、所在部门进行模糊查询，查询员工的信息，并分页显示。

新建 SY9_1_yg.php 文件，输入以下代码：

```
<html>
<head>
<title>员工信息查询</title>
<style type="text/css">
<!--
.STYLE1 {font-size: 15px; font-family: "幼圆";}
.STYLE2 {font-size: 15px; font-family: "幼圆";color:"#800080";}
-->
</style>
</head>
<body bgcolor="D9DFAA">
<div align=center><font face="幼圆" size="5" color="#008000"><b>员工信息查询</b></font></div>
<form action="" method="get" style="margin:0">
<table width="500" border="1" align="center" cellpadding=0 cellspacing=0>
<tr>
	<td height="10" class="STYLE1" bgcolor="#CCCCCC">编号:</td>
	<td><input name="Number" size="13" type="text"></td>
	<td class="STYLE1" bgcolor="#CCCCCC">姓名:</td>
	<td><input type="text" size="13" name="Name"></td>
	<td class="STYLE1" bgcolor="#CCCCCC">部门:</td>
	<td><select name="Depart">
```

```
        <option>所有部门</option>
            <?php
            $conn=mysql_connect("localhost","root","") or die('连接失败');              //连接服务器
            mysql_select_db("YGGL",$conn) or die('连接数据库失败');           //选择数据库
            mysql_query("SET NAMES 'gb2312'");                                //设置字符集
            $sql="select * from Departments";
            $result=mysql_query($sql,$conn);
            while($row=mysql_fetch_array($result))
            {
                echo "<option>".$row['DepartmentName']."</option>";            //输出部门名
            }
            ?>
        </select></td>
        <td bgcolor="#CCCCCC" align="center">
        <input type="submit" name="Query" class="STYLE1" value="查询"></td>
    </tr>
    </table>
    </form>
    <?php
    @include "SY9_1_search.php";                                          //包含 SY9_1_search.php 页面
    ?>
    </body>
    </html>
```

新建 SY9_1_search.php 文件，输入以下代码：

```
<?php
$conn=mysql_connect("localhost","root","") or die('连接失败');            //连接服务器
mysql_select_db("YGGL",$conn) or die('连接数据库失败');                  //选择数据库
mysql_query("SET NAMES 'gb2312'");                                       //设置字符集
$Number=@$_GET['Number'];                                                //获取编号
$Name=@$_GET['Name'];                                                    //获取姓名
$Depart=@$_GET['Depart'];                                                //获取部门名
//生成查询语句的 getsql 函数
function getsql($Num,$Na,$Dep)
{
        $sql="select * from Employees where ";
        $note=0;
        if($Num)
        {
            //如果填写了编号则在 where 子句后设置查询条件
            $sql.="EmployeeID like '%$Num%'";
            $note=1;
        }
        if($Na)
        {
            //如果填写了姓名则在$sql 后连接查询条件
            if($note==1)
                $sql.=" and Name like '%$Na%'";
            else
                $sql.="Name like '%$Na%'";
            $note=1;
        }
        if($Dep&&($Dep!="所有部门"))
```

```
        {
            if($note==1)
                $sql.=" and DepartmentID=(select DepartmentID from Departments
                                                    where DepartmentName='$Dep')";
            else
            {
                $sql.="DepartmentID=(select DepartmentID from Departments
                                                    where DepartmentName='$Dep')";
                $note=1;
            }
        }
        if($note==0)
        {
            //如果什么条件都没设则查询所有记录
            $sql="select * from Employees";
        }
        return $sql;                                    //返回 SQL 语句
}
$sql=getsql($Number,$Name,$Depart);                     //得到查询语句
$result=mysql_query($sql);
$total=mysql_num_rows($result);
$page=isset($_GET['page'])?$_GET['page']:1;             //获取地址栏中 page 的值，不存在则设为 1
$num=5;                                                 //每页显示 5 条记录
$url='SY9_1_yg.php';                                    //本页 URL
//页码计算
$pagenum=ceil($total/$num);                             //获得总页数，也是最后一页
$page=min($pagenum,$page);                              //获得首页
$prepg=$page-1;                                         //上一页
$nextpg=($page==$pagenum? 0: $page+1);                  //下一页
$new_sql=$sql." limit ".($page-1)*$num.",".$num;        //查找$num 条记录的查询语句
$new_result=mysql_query($new_sql);
if($new_row=mysql_fetch_array($new_result))
{
        //若有查询结果，则以表格形式输出员工信息
        echo "<br><center><font size=5 face=楷体_GB2312 color=#0000FF>
            员工信息查询结果</font></center>";
        echo "<table width=500 border=1 align=center cellpadding=0 cellspacing=0 class=STYLE1>";
        echo "<tr bgcolor=#CCCCCC><td>编号</td>";
        echo "<td>姓名</td>";
        echo "<td>学历</td>";
        echo "<td>性别</td>";
        echo "<td>出生日期</td>";
        echo "<td>所在部门</td></tr>";
        do
        {
            list($number,$name,$edu,$birthday,$sex,$workyear,$phone,$add,$depid)=$new_row;
            //查找部门名称的 SQL 语句
            $d_sql="select Department Name from Departments where DepartmentID=$depid";
            $d_result=mysql_query($d_sql);
            $d_row=mysql_fetch_row($d_result);
            echo "<tr><td>$number</td>";                //输出编号
            echo "<td>$name</td>";                      //输出姓名
            echo "<td>$edu</td>";                       //输出学历
```

```
            if($sex=='1')
                echo "<td>男</td>";
            else
                echo "<td>女</td>";
            $timeTemp=strtotime($birthday);              //将日期时间解析为 UNIX 时间戳
            $date=date("Y-n-j",$timeTemp);               //用 date 函数将时间转换为“年-月-日”形式
            echo "<td>$date</td>";                       //输出出生日期
            echo "<td>$d_row[0]</td>";                   //输出所在部门的名称
            echo "</tr>";
        }while($new_row=mysql_fetch_array($new_result));
        echo "</table>";
        //开始分页导航条代码
        $pagenav="";
        if($prepg)
            $pagenav.="<a href='$url?page=$prepg&Number=$Number&Name=$Name&Depart=$Depart'>
                    上一页</a> ";
        for($i=1;$i<=$pagenum;$i++)
        {
            if($page==$i)    $pagenav.=$i." ";
            else
            $pagenav.=" <a href='$url?page=$i&Number=$Number&Name=$Name&Depart=$Depart'>
                  $i</a> ";
        }
        if($nextpg)
            $pagenav.=" <a href='$url?page=$nextpg&Number=$Number&Name=$Name&Depart=$Depart'>
                  下一页</a>";
        $pagenav.="共(".$pagenum.")页";
        //输出分页导航
        echo "<br/><div align=center class=STYLE1><b>".$pagenav."</b></div>";
    }
    else
        echo "<script>alert('无记录!');location.href='SY8_1_yg.php';</script>";
    ?>
```

运行结果如图 T9.1 所示。

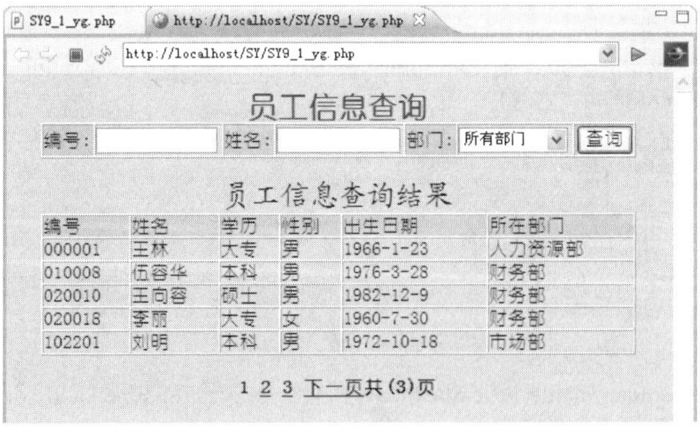

图 T9.1 查询员工信息

【思考与练习】

① 在表 Employees 中添加一个 picture 列，用于存放员工的照片。将显示结果中的编号设置为超链接，当单击编号时，从数据库中读取照片信息并在另外一个页面上显示。

② 新建一个页面，用于添加、修改和删除员工的信息。

实验 10

PHP 与 AJAX

目的与要求

（1）掌握 AJAX 的工作原理；
（2）掌握 PHP 中实现 AJAX 的过程和方法；
（3）使用 AJAX 制作无刷新交互页面。

实验准备

（1）了解 AJAX 的工作原理；
（2）了解 AJAX 初始化的方法；
（3）了解 PHP 与 AJAX 的交互方法。

实验内容

本实验要求使用 PHP 和 AJAX 制作一个无刷新的 Web 页面，首先进行 AJAX 的初始化，再发送 HTTP 请求，在响应处理函数中根据服务器返回的信息进行相应的处理动作。

【实验 10.1】 本实验使用 MySQL 数据库，样本数据库为 YGGL。使用 AJAX 技术，要实现的功能为：提供一个部门名称的下拉框，选择一个部门时将列出该部门的员工信息和收入情况。

新建 SY10_1.php 文件，输入以下代码：

```
<html>
<head>
<title>部门员工查询</title>
<style type="text/css">
<!--
.STYLE1 {font-size: 15px; font-family: "幼圆";}
-->
</style>
<script>
//初始化函数
function GetXmlHttpObject()
{
	var XMLHttp=null;
	try
	{
		XMLHttp=new XMLHttpRequest();
```

```
        }
        catch (e)
        {
            try
            {
                XMLHttp=new ActiveXObject("Msxml2.XMLHTTP");
            }
            catch (e)
            {
                XMLHttp=new ActiveXObject("Microsoft.XMLHTTP");
            }
        }
        return XMLHttp;
}
//选择列表框中选项时触发 run()函数
function run()
{
        XMLHttp=GetXmlHttpObject();
        var Depart=document.getElementById("Depart").value;
        var url="SY10_1_pro.php";                          //服务器端在 SY10_1_pro.php 中处理
        url=url+"?Depart="+Depart;                         //url 地址，以 GET 方式传递
        url=url+"&sid="+Math.random();                     //添加一个随机数，以防服务器使用缓存的文件
        XMLHttp.open("GET",url,true);                      //通过 GET 方式打开 XMLHTTP 对象
        XMLHttp.send(null);                                //向服务器发送 HTTP 请求，请求内容为空
        XMLHttp.onreadystatechange = function()            //定义响应处理函数
            {
                if (XMLHttp.readyState==4&&XMLHttp.status==200)
                {
                    //在"txthint"上显示返回信息
                    document.getElementById("txthint").innerHTML=XMLHttp.responseText;
                }
            }
}
</script>
</head>
<body bgcolor="D9DFAA">
<div align=center><font face="幼圆" size="5" color="#008000"><b>部门员工查询</b></font></div>
<form action="" method="get">
<div align="center"><select name="Depart" onchange="run()">
            <option>请选择</option>
            <?php
            $conn=mysql_connect("localhost","root","") or die('连接失败');      //连接服务器
            mysql_select_db("YGGL",$conn) or die('连接数据库失败');             //选择数据库
            mysql_query("SET NAMES 'gb2312'");                                  //设置字符集
            $sql="select * from Departments";
             $result=mysql_query($sql,$conn);
             while($row=mysql_fetch_array($result))
             {
                 $Dep=$row['DepartmentName'];
                 echo "<option value='$Dep'>$Dep</option>";                      //输出部门名
             }
             ?>
</select></div>
```

```
</form>
<!-- 设置 id 为"txthint"的 div 标记，用于显示返回信息 -->
<div id="txthint"></div>
</body>
</html>
```

新建 SY10_1_pro.php 文件，输入以下代码：

```
<?php
header('Content-Type:text/html;charset=gb2312');            //发送 header，将编码设为 gb2312
$Depart=$_GET['Depart'];
$conn=mysql_connect("localhost","root","");
mysql_select_db("YGGL",$conn);
mysql_query("SET NAMES gb2312");                            //设置字符集
$sql="select * from Employees where DepartmentID=(select DepartmentID from Departments
                                                  where DepartmentName='$Depart')";
$result=mysql_query($sql);
echo "<br/><center><font size=5 face=楷体_GB2312 color=#0000FF>
            员工信息查询结果</font></center>";
echo "<table width=500 border=1 align=center cellpadding=0 cellspacing=0 class=STYLE1>";
echo "<tr bgcolor=#CCCCCC><td>编号</td>";
echo "<td>姓名</td>";
echo "<td>学历</td>";
echo "<td>性别</td>";
echo "<td>出生日期</td>";
echo "<td>实际收入</td></tr>";
while($row=mysql_fetch_array($result))
{
    list($number,$name,$edu,$birthday,$sex,$workyear,$phone,$add,$depid)=$row;
    //查找部门名称的 SQL 语句
    $d_sql="select InCome,OutCome from Salary where EmployeeID='$number'";
    $d_result=mysql_query($d_sql);
    $d_row=mysql_fetch_row($d_result);
    $realcome=$d_row[0]-$d_row[1];
    echo "<tr><td>$number</td>";                         //输出编号
    echo "<td>$name</td>";                               //输出姓名
    echo "<td>$edu</td>";                                //输出学历
    if($sex=='1')
        echo "<td>男</td>";
    else
        echo "<td>女</td>";
    $timeTemp=strtotime($birthday);                      //将日期时间解析为 UNIX 时间戳
    $date=date("Y-n-j",$timeTemp);                       //用 date 函数将时间转换为“年-月-日”形式
    echo "<td>$date</td>";                               //输出出生日期
    echo "<td>$realcome</td>";                           //输出实际收入
    echo "</tr>";
}
echo "</table>";
?>
```

运行 SY10_1.php 文件，在下拉框中选择“财务部”，结果如图 T10.1 所示。

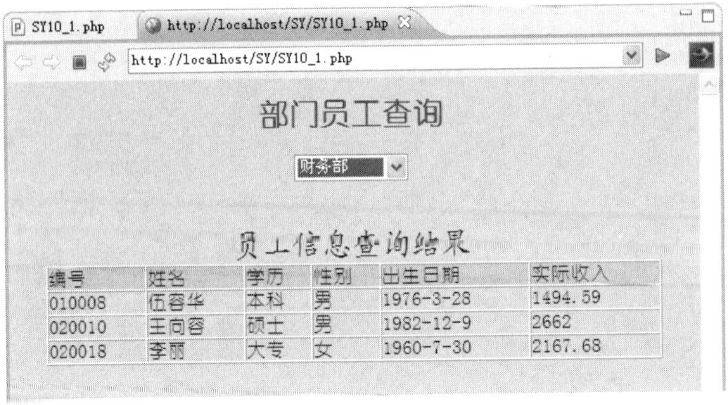

图 T10.1 部门员工查询

【思考与练习】

完成一个员工信息页面：创建查询表单，通过编号查询到员工信息并将信息显示在页面的另一个表单的各个文本框中；文本框中的员工信息可以修改，使用 AJAX 技术在页面不刷新的情况下，单击【修改】按钮对数据库中员工信息进行修改。

第 3 部分　综合应用实习

实习

PHP/MySQL 学生成绩管理系统

本系统是在 Windows 平台上，基于 PHP 脚本语言实现的学生成绩管理系统，采用集成的 WAMP 环境（PHP 5.4.16＋Apache 2.4.4＋MySQL 5.6.12）和 Zend Eclipse PDT 3.2.0 开发而成。本系统包含学生信息录入、学生信息查询、成绩信息录入、学生成绩查询等功能，读者可以在此基础上进行相应的扩展，如增加课程信息录入、课程信息查询、课程成绩排序等相关功能。开发环境的安装已经在本书前面基础部分介绍，这里不再赘述。

P.1　数据库的创建

1. 创建表

本系统使用数据库的 3 个表仍为 XSB、KCB 和 CJB。基于实际开发的原因，表的结构有所变化，原来的中文列名都改用英文表示，其中学生信息表中新加 ZP（照片）列，用于存放学生的照片信息。用新表组建的数据库命名为 PXSCJ2。

修改后的 3 个表的表结构如表 P.1、表 P.2 和表 P.3 所示。

表 P.1　表 XSB 的结构

列　名	数 据 类 型	长度	是否可空	默认值	说　明
XH	定长字符型（CHAR）	6	×	无	学号，主键
XM	定长字符型（CHAR）	8	×	无	姓名
XB	位型（TINYINT）	1	√	1	性别：1 为男；0 为女
CSSJ	日期型（DATE）	系统默认	√	无	出生时间
ZY	定长字符型（CHAR）	12	√	无	专业
ZXF	整数型（INT）	4	√	0	总学分
BZ	文本型（TEXT）	系统默认	√	无	备注
ZP	二进制（BOLB）	系统默认	√	无	照片

表 P.2　表 KCB 的结构

列　名	数 据 类 型	长度	可空	默认值	说　　明
KCH	定长字符型（CHAR）	3	×	无	课程号，主键
KCM	定长字符型（CHAR）	16	×	无	课程名
KKXQ	整数型（TINYINT）	1	√	1	开课学期
XS	整数型（TINYINT）	1	√	无	学时
XF	整数型（TINYINT）	1	×	无	学分

表 P.3　表 CJB 的结构

列　名	数 据 类 型	长度	可空	默认值	说　　明
XH	定长字符型（CHAR）	6	×	无	学号，主键
KCH	定长字符型（CHAR）	3	×	无	课程号，主键
CJ	整数型（INT）	4	√	无	成绩

创建这 3 个表的 SQL 语句如下所示。

- 创建 XSB 表：

```
USE PXSCJ2;
CREATE TABLE XSB
(
    XH      CHAR(6)       NOT NULL PRIMARY KEY,
    XM      CHAR(8)       NOT NULL ,
    XB      TINYINT(1)    NULL DEFAULT 1 ,
    CSSJ    DATE          NULL,
    ZY      CHAR(12)      NULL,
    ZXF     INT(4)        NULL DEFAULT 0,
    BZ      TEXT          NULL,
    ZP      BLOB          NULL
);
```

- 创建 KCB 表：

```
USE PXSCJ2;
CREATE TABLE KCB
(
    KCH     CHAR(3)       NOT NULL PRIMARY KEY,
    KCM     CHAR(16)      NOT NULL,
    KKXQ    TINYINT(1)    NULL DEFAULT 1,
    XS      TINYINT(1)    NULL,
    XF      TINYINT(1)    NOT NULL
);
```

- 创建 CJB 表：

```
USE PXSCJ2;
CREATE TABLE CJB
(
    XH      CHAR(6)       NOT NULL,
    KCH     CHAR(3)       NOT NULL,
    CJ      INT(4)        NULL,
    PRIMARY KEY(XH,KCH)
);
```

本实习使用的样本数据仍为第 8 章中 PXSCJ 数据库的样本数据。

2. 创建视图

创建学生课程成绩视图，名称为 XS_KC_CJ，通过学号将学生表和成绩表联系起来，通过课程号（KCH）将成绩表和课程表联系起来。包含学号（XH）、姓名（XM）、课程号（KCH）、课程名（KCM）、成绩（CJ）等列。命令如下：

```
CREATE VIEW XS_KC_CJ
AS
SELECT XSB.XH, XM, KCB.KCH, KCM, CJ
      FROM KCB, CJB, XSB
      WHERE KCB.KCH=CJB.KCH
            AND XSB.XH=CJB.XH;
```

3. 创建存储过程

创建存储过程 CJ_Data，参数为学号（in_xh）、课程号（in_kch）和成绩（in_cj），该存储过程实现的功能是完成学生成绩记录的添加删除、修改。

（1）如果参数 in_cj 不等于“–1”，表示要添加或修改成绩记录，等于“–1”表示要删除成绩记录。

（2）根据学号和课程号查询成绩记录。如果存在记录，则删除原来成绩记录。判断原来成绩是否大于 60，如果大于 60 则该学生总学分（ZXF）减去该课程的学分。如果参数 in_cj!= –1，则需要添加这个新成绩记录。

（3）添加成绩记录时，如果成绩>=60，则该学生总学分（ZXF）加上该课程的学分。

创建存储过程的 SQL 语句如下所示：

```
DELIMITER $$
CREATE PROCEDURE CJ_Data(in_xh CHAR(6),in_kch CHAR(3),in_cj INT(4))
BEGIN
      DECLARE in_count   INT(4);
      DECLARE in_xf      TINYINT(1);
      DECLARE in_cjb_cj  INT(4);
      SELECT XF INTO in_xf FROM KCB WHERE KCH=in_kch;
      SELECT COUNT(*) INTO in_count FROM CJB WHERE XH=in_xh AND KCH=in_kch;
      SELECT CJ INTO in_cjb_cj FROM CJB WHERE XH=in_xh AND KCH=in_kch;
      IF in_count>0 THEN
      BEGIN
            DELETE FROM CJB WHERE XH=in_xh and KCH=in_kch;
            IF in_cjb_cj>60 THEN
                  UPDATE XSB set ZXF=ZXF-in_xf WHERE XH=in_xh;
            END IF;
      END;
      END IF;
      IF in_cj!=-1 THEN
      BEGIN
            INSERT INTO CJB VALUES(in_xh,in_kch,in_cj);
            IF in_cj>60 THEN
                  UPDATE XSB SET ZXF=ZXF+in_xf WHERE XH=in_xh;
            END IF;
      END;
      END IF;
END$$
DELIMITER ;
```

4. 创建触发器

本系统创建的触发器要实现的功能是：当删除学生记录后，同步删除成绩表（CJB）该学生的成绩记录。可以通过创建学生表（XSB）的 DELETE 触发器实现此功能。触发器语句如下：

```
DELIMITER $$
CREATE TRIGGER Check_XSB_CJB AFTER DELETE
        ON XSB FOR EACH ROW
BEGIN
        DELETE FROM CJB WHERE XH=OLD.XH;
END$$
DELIMITER ;
```

下面开始进行本系统的程序设计。

P.2 主程序界面

目的要求：实现界面的布局、图片的显示和超链接的使用。

程序界面：如图 P.1 所示。

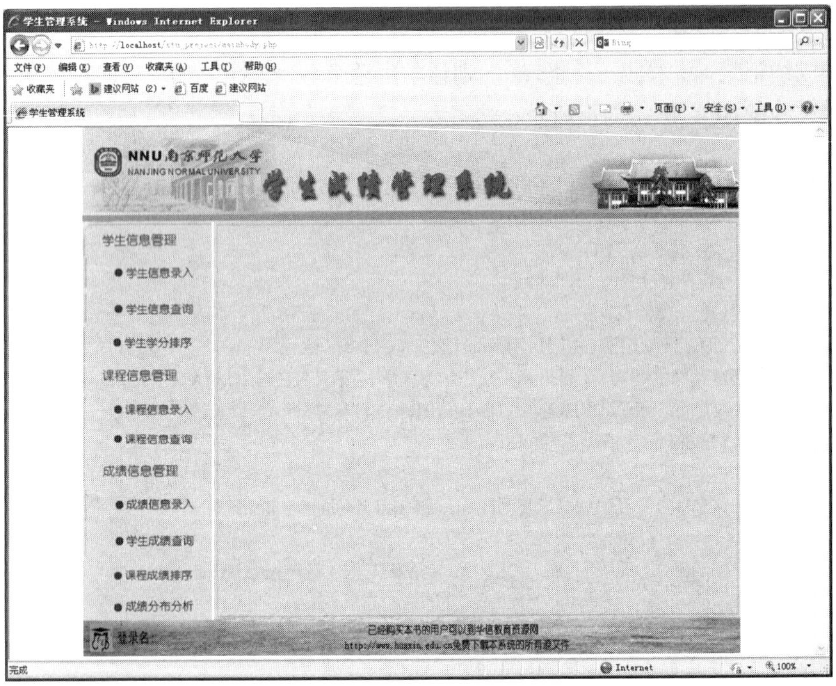

图 P.1 主程序界面

实现功能：单击主界面左边框中的图片超链接，可以在右边框中显示各个功能页面。

实现过程：

（1）创建 PHP 项目，项目命名为 stu_project，在项目目录树中创建 images 文件夹，用于存放本项目要用的图片资源（本书免费提供，读者可上网下载），下载后复制到项目 images 文件夹下即可。

（2）创建 mainbody.php 文件，形成主界面的整体结构。之所以命名为.php 而非.html，因为这个是整个项目的启动文件，运行程序系统是从它开始启动的。

（3）创建 stu_frame.html 文件，实现程序的主框架。

（4）创建 main_menu.html 文件，实现主界面左边框中的超链接。

（5）创建 main.html 文件，用于显示主界面右边框的空白主页。

主要代码如下。

● mainbody.php 文件

mainbody.php 文件以表格的形式输出主界面的内容，表格分为三行，第一行显示主界面的顶部图片，中间行存放程序的主框架 stu_frame.html，最下面一行显示主界面的底部图片，如图 P.1 所示。

代码如下：

```
<html>
<head>
 <title>学生管理系统</title>
</head>
<body topMargin="0" leftMargin="0" bottomMargin="0" rightMargin="0">
 <table width="850" border="0" align="center" cellpadding="0" cellspacing="0">
        <tr>
                <td><img src="images/学生成绩管理系统.gif" width="850" height="120"></td>
        </tr>
        <tr>
                <td><iframe src="stu_frame.html" width="850" height="500"></iframe></td>
        </tr>
        <tr>
                <td><img src="images/底端图片.gif" width="850" height="45"></td>
        </tr>
 </table>
</body>
</html>
```

● stu_frame.html 文件

stu_frame.html 文件是程序的主框架部分，框架分为两列，左边框显示学生成绩管理系统的超链接，右边框显示各个链接的页面。

代码如下：

```
<html>
<head>
        <meta http-equiv="Content-type" content="text/html; charset=GB2312"/>
        <title>学生成绩管理系统</title>
</head>
<frameset cols="20%,*">
        <frame frameborder=0 src="main_menu.html" name="frmleft" scrolling="no" noresize>
        <frame frameborder=0 src="main.html" name="frmmain" scrolling="no" noresize>
</frameset>
</html>
```

● main_menu.html 文件

main_menu.html 文件实现程序主框架的左边框超链接部分，使用表格的形式将提供的图片文件连接成一个整体，如图 P.1 的左边框所示。

代码如下：

```
<html>
 <head>
        <meta http-equiv="Content-type" content="text/html; charset=GB2312"/>
        <title>主菜单</title>
</head>
```

```
<body topMargin="0" leftMargin="0" bottomMargin="0" vlink="D9DFAA" bgcolor="D9DFAA">
 <table border="0" cellpadding="0" cellspacing="0">
        <tr>
            <td><img src="images/学生信息管理.gif" width="190" height="42"></td>
        </tr>
        <tr>
            <td>
                <a href="AddStu.php" target="frmmain"><img src="images/学生信息录入.gif" width="190"
height="38"></a>
            </td>
        </tr>
        <tr>
            <td>
                <a href="StuSearch_frame.html" target="frmmain"><img src="images/学生信息查询.gif"
width="190" height="36"></a>
            </td>
        </tr>
        <tr>
            <td>
                <img src="images/学生学分排序.gif" width="190" height="43">
            </td>
        </tr>
        <tr>
            <td>
                <img src="images/课程信息管理.gif" width="190" height="35">
            </td>
        </tr>
        <tr>
            <td><img src="images/课程信息录入.gif" width="190" height="36"></td>
        </tr>
        <tr>
            <td><img src="images/课程信息查询.gif" width="190" height="46"></td>
        </tr>
        <tr>
            <td><img src="images/成绩信息管理.gif" width="190" height="34"></td>
        </tr>
        <tr>
            <td>
                <a href="AddStuScore.php" target="frmmain"><img src="images/成绩信息录入.gif"
width="190" height="39"></a>
            </td>
        </tr>
        <tr>
            <td>
                <a href="ShowStuKC.php" target="frmmain"><img src="images/学生成绩查询.gif"
width="190" height="36"></a>
            </td>
        </tr>
        <tr>
            <td><img src="images/课程成绩排序.gif" width="190" height="37"></td>
        </tr>
        <tr>
            <td><img src="images/成绩分布分析.gif" width="190" height="42"></td>
```

```
        </tr>
        <tr>
                <td><img src="images/左下端图片.gif" width="190" height="17"></td>
        </tr>
  </table>
</body>
</html>
```

● main.html 文件

main.html 文件显示一张空白图片，使其作为程序右边框的主页。

代码如下：

```
<html>
<head>
        <title>content 网页</title>
</head>
<body topMargin="0" leftMargin="0" bottomMargin="0" rightMargin="0">
        <img src="images/主页.gif" width="678" height="500">
</body>
</html>
```

文件创建完后，单击面板上的图标 进行保存。下面试运行程序，请读者打开启动文件 mainbody.php，单击面板上的运行图标 ，在下拉菜单选项中选择“Run As”菜单项，在子菜单中选择“PHP Web Application”菜单项。主界面中将会出现运行结果，如图 P.1 所示。也可以选择直接在浏览器中运行程序。打开 IE，在地址栏输入 http://localhost/stu_project/mainbody.php，单击【Enter】键。

P.3 学生信息录入

目的要求：实现对 MySQL 数据库的 SELECT、INSERT、UPDATE 和 DELETE 操作。

程序界面：如图 P.2 所示。

图 P.2 学生成绩录入界面

实现功能：

通过输入学生学号可以查看该学生的具体信息。单击【修改】、【添加】、【删除】按钮可以修改、插入、删除学生信息。当删除一条学生记录时，触发器会自动到 CJB 表（成绩表）中删除此学生的相应记录，以保证数据的参照完整性。

实现过程：

（1）创建 fun.php 文件，用于链接数据库，在以后的程序中都会使用到。

（2）创建 AddStu.php 文件，在文件中新建一个查询表单 frm1，包括一个文本框和一个【查找】按钮；新建表单 frm2，包含一个学生信息的表格，表格包括学生的学号、姓名、性别、专业等信息，以及提交表单的修改、添加、删除和退出按钮。

（3）创建 showpicture.php 文件，用于接收使用 SESSION 从别的页面传来的学号值，并显示其照片。其他要显示照片的页面也将调用该文件来显示照片。

主要代码如下。

● fun.php 文件

fun.php 文件储存的是本系统中使用的全部信息，如数据库名称、服务器名称、用户名等。要使用数据库的时候都要调用本文件来连接数据库。

代码如下：

```
<?php
$server="localhost";                                  //服务器名
$user="root";                                         //用户名
$password="";                                         //密码
$database="PXSCJ2";                                   //要连接的数据库
$conn=mysql_connect($server,$user,$password);         //连接服务器
mysql_select_db($database,$conn);                     //打开数据库
mysql_query("SET NAMES gb2312");                      //设置字符集
?>
```

● AddStu.php 文件

AddStu.php 文件生成学生信息查询和显示界面，界面效果如图 P.2 所示。在界面上方的文本框输入学生学号后单击【查找】按钮，可以将数据提交到本页面，并将该学生的信息显示在界面下方的表格中。显示照片时调用 showpicture.php 文件。修改学生信息后单击【修改】按钮可以将修改后的信息提交到数据库，单击添加按钮可以将添加的学生信息插入数据库，单击【删除】按钮可以删除某个学生的信息，单击【退出】按钮回到主页。当删除一个学生信息时，将触发触发器 Check_XSB_CJB，同时将 CJB 表（成绩表）中该学生的相应记录删除。

代码如下：

```
<html>
<meta http-equiv="Content-Type" content="text/html; charset=gb2312" />
<head>
        <title>学生信息更新</title>
        <style type="text/css">
        <!--
                .STYLE1 {font-size: 15px; font-family: "幼圆";}
        -->
        </style>
</head>
<body bgcolor="D9DFAA">
<div align="center"><font face="幼圆" size="5" color="#008000"><b>学生信息录入</b></font></div>
<form name="frm1" method="post" action="AddStu.php" style="margin:0">
```

```
<table width="340" align="center">
    <tr>
        <td width="168"><span class="STYLE1">根据学号查询学生信息:</span></td>
        <td>
            <input name="StuNumber" id="StuNumber" type="text" size="10">
            <input type="submit" name="test" class="STYLE1" value="查找">
        </td>
    </tr>
</table>
</form>
<?php
require "fun.php";
session_start();                                    //启动 SESSION
$number=@$_POST['StuNumber'];                       //获取学号值
$_SESSION['number']=$number;                        //将学号值传给其他页面
$sql="select * from XSB where XH='$number'";        //查找该学生信息
$result=mysql_query($sql);
$row=mysql_fetch_array($result);
if(($number!==NULL)&&(!$row))                       //判断学号是否已经存在
 echo "<script>alert('没有该学生信息！')</script>";
$timeTemp=strtotime($row['CSSJ']);                  //将日期时间解析为 UNIX 时间戳
$time=date("Y-n-j",$timeTemp);                      //用 date 函数将时间转换为"年-月-日"形式
?>
 <form name="frm2" method="post" style="margin:0" enctype="multipart/form-data">
<table bgcolor="#CCCCCC" width="430" border="1" align="center" cellpadding="0" cellspacing="0">
    <tr>
        <td bgcolor="#CCCCCC" width="90"><span class="STYLE1">学号:</span></td>
        <td>
            <input name="StuNum" type="text" size="35" class="STYLE1" value="<?php echo
$row['XH']; ?>">
            <input name="h_StuNum" type="hidden" value="<?php echo $row['XH']; ?>">
        </td>
    </tr>
    <tr>
        <td bgcolor="#CCCCCC" width="90"><span class="STYLE1">姓名:</span></td>
        <td>
            <input name="StuName" type="text" size="35" class="STYLE1" value="<?php echo
$row['XM']; ?>">
        </td>
    </tr>
    <tr>
        <td bgcolor="#CCCCCC"><div class="STYLE1">性别:</div></td>
<?php
if($row['XB']==0)
{?>
    <td>
        <input type="radio" name="Sex" value="1"><span class="STYLE1">男</span>
        <input type="radio" name="Sex" value="0" checked="checked"><span class="STYLE1">女</span>
    </td>
<?php
}
else
{?>
```

```
            <td>
                <input type="radio" name="Sex" value="1" checked="checked"><span class="STYLE1">男</span>
                <input type="radio" name="Sex" value="0"><span class="STYLE1">女</span>
            </td>
        <?php
        }
        ?>
            </tr>
            <tr>
                <td bgcolor="#CCCCCC"><span class="STYLE1">出生日期:</span></td>
                <td>
                    <input name="Birthday" size="35" type="text" class="STYLE1"    value="<?php    if($time)
echo $time;?>">
                </td>
            </tr>
            <tr>
                <td bgcolor="#CCCCCC"><span class="STYLE1">专业:</span></td>
                <td>
                    <input   name="Project"   size="35"   type="text"   class="STYLE1"   value="<?php   echo
$row['ZY'];?>">
                </td>
            </tr>
            <tr>
                <td bgcolor="#CCCCCC"><span class="STYLE1">总学分:</span></td>
                <td>
                    <input   name="StuZXF"   size="35"   type="text"   class="STYLE1"   value="<?php   echo
$row['ZXF'];?>" readonly>
                </td>
            </tr>
            <tr>
                <td bgcolor="#CCCCCC"><span class="STYLE1">备注:</span></td>
                <td>
                    <textarea    cols="34"    rows="4"    name="StuBZ"    class="STYLE1"><?php    echo
$row['BZ']; ?></textarea>
                </td>
            </tr>
            <tr>
                <td bgcolor="#CCCCCC" height="150"><span class="STYLE1">学生照片:</span></td>
                <td align="center">
        <?php
        if($row['ZP'])
            /*调用 showpicture.php 页面用于显示照片，time()函数用于产生一个时间戳，防止服务器读取缓存中
的内容*/
            echo "<img src='showpicture.php?time=".time()."'>";
        else
            echo "<div class=STYLE1>暂无照片</div>";
        ?>
                    <br><input type="file" name="file">
                </td>
            </tr>
            <tr>
                <td align="center" colspan="2" bgcolor="#CCCCCC">
                    <input name="b" type="submit" value="修改" class="STYLE1">  
```

```
            <input name="b" type="submit" value="添加" class="STYLE1"/>  
            <input name="b" type="submit" value="删除" class="STYLE1">  
            <input name="b" type="button" value="退出" class="STYLE1" onclick="window.location='main.html'">
        </td>
    </tr>
 </table>
</form>
</body>
</html>

<?php
$num=@$_POST['StuNum'];                             //学号
$XH=@$_POST['h_StuNum'];                            //表单中原有的隐藏文本中的学号值
$name=@$_POST['StuName'];                           //姓名
$sex=@$_POST['Sex'];                                //性别
$birthday=@$_POST['Birthday'];                      //出生日期
$project=@$_POST['Project'];                        //专业
$points=@$_POST['StuZXF'];                          //总学分
$note=@$_POST['StuBZ'];                             //备注
$tmp_file=@$_FILES["file"]["tmp_name"];             //文件被上传后在服务端储存的临时文件
$handle=@fopen($tmp_file,'r');                      //打开文件
$picture=@addslashes(fread($handle,filesize($tmp_file))); //将图片文件转化为二进制流
//使用正则表达式简单验证日期的格式
$checkbirthday=preg_match('/^\d{4}-(0?\d|1?[012])-(0?\d|[12]\d|3[01])$/',$birthday);
//简单的验证函数，验证表单数据的正确性
function test($num,$name,$checkbirthday,$tmp_file)
{
    if($num==NULL)                                  //判断学号是否为空
    {
        echo "<script>alert('学号不能为空!');location.href='AddStu.php';</script>";
        exit;
    }
    else if($name==NULL)                            //判断姓名是否为空
    {
        echo "<script>alert('姓名不能为空!');location.href='AddStu.php';</script>";
        exit;
    }
    else if($checkbirthday==0)                      //判断日期是否符合格式要求
    {
        echo "<script>alert('日期格式错误!');location.href='AddStu.php';</script>";
        exit;
    }
    else
    {
        if($tmp_file)                               //如果上传了照片
        {
            $type=@$_FILES['file']['type'];         //上传文件的格式
            $Psize=@$_FILES['file']['size'];        //图片的大小
            //判断图片格式
            if ((($type!= "image/gif")&&($type!= "image/jpeg")&&($type!= "image/pjpeg")
&&($type!="image/bmp")))
            {
                echo "<script>alert('照片格式不对!');location.href='AddStu.php';</script>";
```

```
                        exit;
                    }
                    else if($Psize>100000)                    //照片大于 100KB 时不允许上传
                    {
                            echo "<script>alert('照片尺寸太大，无法上传!');location.href='AddStu.php';</script>";
                    exit;
                    }
                }
            }
    }
    //单击【修改】按钮
    if(@$_POST["b"]=='修改')
    {
        echo "<script>if(!confirm('确认修改')) return FALSE;</script>";
        test($num,$name,$checkbirthday,$tmp_file);                //检查输入信息
        if($num!=$XH)                                              //判断用户是否修改了原来的学号值
            echo "<script>alert('学号与原数据有异，无法修改!');location.href='AddStu.php';</script>";
        else
        {
            if(!$tmp_file)                                         //若没有上传文件则不修改照片列
            {
                $update_sql="update XSB set XM='$name',XB=$sex,CSSJ='$birthday',ZY='$project',BZ='$note'
where XH='$XH'";
            }
            else
            {
                $update_sql="update XSB set XM='$name',XB=$sex,CSSJ='$birthday',ZY='$project',BZ='$note',
ZP='$picture' where XH='$XH'";
            }
            $update_result=mysql_query($update_sql);
            if(mysql_affected_rows($conn)!=0)
                echo "<script>alert('修改成功!');location.href='AddStu.php';</script>";
            else
                echo "<script>alert('修改失败，请检查输入信息!');location.href='AddStu.php';</script>";
        }
    }
    //单击【添加】按钮
    if(@$_POST["b"]=='添加')
    {
        test($num,$name,$checkbirthday,$tmp_file);                //检查表单内容
        $s_sql="select XH from XSB where XH='$num'";               //查找该学生信息
        $s_result=mysql_query($s_sql);
        $s_row=mysql_fetch_array($s_result);
        if($s_row)                                                 //若要添加的学号已经存在则提示无法添加
            echo "<script>alert('学号已存在，无法添加!');location.href='AddStu.php';</script>";
        else
        {
            if(!$tmp_file)                                         //若未上传图片则不向 ZP 列插入内容
            {
                $insert_sql="insert into XSB(XH,XM,XB,CSSJ,ZY,ZXF,BZ)
values('$num','$name',$sex,'$birthday','$project',0,'$note')";
            }
            else
```

```
			{
				$insert_sql="insert into XSB(XH,XM,XB,CSSJ,ZY,ZXF,BZ,ZP)
values('$num','$name',$sex,'$birthday','$project',0,'$note','$picture')";
			}
			$insert_result=mysql_query($insert_sql);
			if(mysql_affected_rows($conn)!=0)
				echo "<script>alert('添加成功!');location.href='AddStu.php';</script>";
			else
				echo "<script>alert('添加失败，请检查输入信息!');location.href='AddStu.php';</script>";
		}
	}
	//单击【删除】按钮
	if(@$_POST["b"]=='删除')
	{
		if($num==NULL)
		{
			echo "<script>alert('请输入要删除的学号!');location.href='AddStu.php';</script>";
		}
		else
		{
			$d_sql="select XH from XSB where XH='$num'";  //查找该学生信息
			$d_result=mysql_query($d_sql);
			$d_row=mysql_fetch_array($d_result);
			if(!$d_row)                                   //学号如果不存在则提示
				echo "<script>alert('学号不存在，无法删除!');location.href='AddStu.php';</script>";
			else
			{
				$del_sql="delete from XSB where XH='$num'";
				$del_result=mysql_query($del_sql) or die('删除失败！ ');
				if($del_result)
					echo "<script>alert('删除学号".$num."成功!');location.href='AddStu.php';</script>";
			}
		}
	}
	?>
```

本程序插入图片的操作是通过 PHP 的 addslashes()函数将图片文件转化为二进制流后存入数据库的，在显示时直接显示数据即可。

● showpicture.php 文件

showpicture.php 文件通过接收学号值查找到学生照片并显示。

代码如下：

```
<?php
header('Content-type: image/gif');                 //输出 HTTP 头信息
session_start();                                   //启动 SESSION
require "fun.php";
$number=$_SESSION['number'];                       //接收学号值
$sql="select ZP from XSB where XH='$number'";      //根据学号查找照片
$result=mysql_query($sql);
$row=mysql_fetch_array($result);
$image=$row['ZP'];
echo  $image;                                      //输出图片
session_destroy();                                 //删除 SESSION
?>
```

P.4 学生信息查询

目的要求：实现对数据的模糊查询和分页显示。

程序界面：如图 P.3 所示。

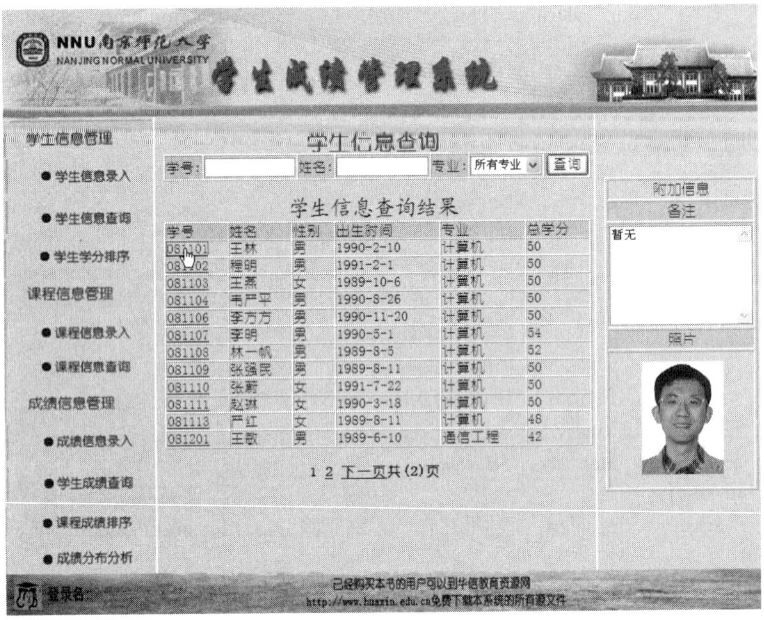

图 P.3 学生信息查询界面

实现功能：

可以满足简单查询的需要，若什么条件也不输入，则分页显示所有记录。可以输入条件进行简单的模糊查询，各条件之间为与的关系。在查询结果中，单击学号超链接可以查看此学生的备注和照片。当记录条数超过一页时，用户可以单击下面的分页链接来翻阅记录页。

实现过程：

（1）创建 StuSearch_frame.html 文件，实现学生信息查询的主框架，分为两列，左边是学生信息查询界面；右边是学生的附加信息界面。

（2）创建 StuSearch.php 文件，在文件中创建一个查询表单，表单包括学号、姓名文本框 StuNumber、StuName，专业下拉列表 select 和一个【查询】按钮，表单提交的地址是 StuQuery.php。文件最后包含 StuQuery.php 页面，把查询结果显示在本页面上。

（3）创建 StuQuery.php 文件，负责对学生数据进行查询和显示。文件中包含对学号设置超链接，链接到 info.php 文件。

（4）创建 info.php 文件，用于显示学生的附加信息，如备注、照片。文件中处理照片时调用 showpicture.php 文件。

主要代码如下。

● StuSearch_frame.html 文件

StuSearch_frame.html 文件规定了框架的左边部分为学生信息查询界面，由 StuSearch.php 文件实现，右边为学生附加信息界面，由 info.php 文件实现。

代码如下：

```
<html>
<head>
        <meta http-equiv="Content-type" content="text/html; charset=GB2312"/>
        <title>学生信息查询主框架</title></head>
<frameset cols="73%,*">
        <frame frameborder="0" src="StuSearch.php" name="search_frmleft" scrolling="no" noresize>
        <frame frameborder="0" src="info.php" name="search_frmright" scrolling="no" noresize>
</frameset>
</html>
```

● StuSearch.php 文件

StuSearch.php 文件生成了学生信息查询的界面，如图 P.3 所示。文件中唯一的 PHP 代码是最后一句“include "StuQuery.php"”，它的作用是将 StuQuery.php 中的内容包含到当前页面中，即把 StuQuery.php 文件生成的查询结果显示在本页面上。

代码如下：

```
<html>
<head>
        <title>学生信息查询</title>
        <style type="text/css">
        <!--
                .STYLE1 {font-size: 15px; font-family: "幼圆";}
                .STYLE2 {font-size: 15px; font-family: "幼圆";color:"#800080";}
        -->
        </style>
</head>
<body bgcolor="D9DFAA">
<div align=center><font face="幼圆" size="5" color="#008000"><b>学生信息查询</b></font></div>
<form action="StuSearch.php" method="get" style="margin:0">
<table width="480" border="1" align="center" cellpadding=0 cellspacing=0>
<tr>
        <td height="10" class="STYLE1" bgcolor="#CCCCCC">学号:</td>
        <td><input name="StuNumber" size="13" type="text"></td>
        <td class="STYLE1" bgcolor="#CCCCCC">姓名:</td>
        <td><input type="text" size="13" name="StuName"></td>
        <td class="STYLE1" bgcolor="#CCCCCC">专业:</td>
        <td><select name="select">
                <option>所有专业</option>
                <option>计算机</option>
                <option>通信工程</option>
          </select></td>
        <td bgcolor="#CCCCCC" align="center">
        <input type="submit" name="Query" class="STYLE1" value="查询"></td>
</tr>
</table>
</form>
<?php
@include "StuQuery.php";                                        //包含 StuQuery.php 页面
?>
</body>
</html>
```

● StuQuery.php 文件

StuQuery.php 文件以 GET 方式接收 StuSearch.php 文件提交表单中的具体查询条件，根据查询条件在数据库的 XSB 表（学生表）中进行检索，并以表格的形式分页显示查询结果。将查询到的学号列设置为超链接链接到 info.php 页面。当单击某个学生的学号时，info.php 页面则显示该学生的备注和照片。

代码如下：

```
<?php
require "fun.php";
$StuNumber=@$_GET['StuNumber'];                            //学号
$StuName=@$_GET['StuName'];                                //姓名
$Project=@$_GET['select'];                                 //专业
//生成 sql 语句的 getsql 函数
function getsql($StuNum,$StuNa,$Pro)
{
        $sql="select * from XSB where ";
        $note=0;
        if($StuNum)
        {
                $sql.="XH like '%$StuNum%'";
                $note=1;
        }
        if($StuNa)
        {
                if($note==1)
                        $sql=" and XM like '%$StuNa%'";
                else
                        $sql.="XM like '%$StuNa%'";
                $note=1;
        }
        if($Pro&&($Pro!="所有专业"))
        {
                if($note==1)
                        $sql.=" and ZY='$Pro'";
                else
                {
                        $sql.="ZY='$Pro'";
                        $note=1;
                }
        }
        if($note==0)
        {
                $sql="select * from XSB";
        }
        return $sql;
}
$sql=getsql($StuNumber, $StuName, $Project);               //得到查询语句
$result=mysql_query($sql);
$total=mysql_num_rows($result);
$page=isset($_GET['page'])?intval($_GET['page']):1;        //获取地址栏中 page 的值，不存在则设为 1
$num=12;                                                    //每页显示 12 条记录
$url='StuSearch.php';                                       //本页 URL
```

```
//页码计算
$pagenum=ceil($total/$num);                        //获得总页数，也是最后一页
$page=min($pagenum,$page);                         //获得首页
$prepg=$page-1;                                    //上一页
$nextpg=($page==$pagenum? 0: $page+1);             //下一页
$new_sql=$sql." limit ".($page-1)*$num.",".$num;   //按每页记录数生成查询语句
$new_result=mysql_query($new_sql);
if($new_row=mysql_fetch_array($new_result))
{
    //若有查询结果，则以表格形式输出学生信息
    echo "<br><center><font size=5 face=楷体_GB2312 color=#0000FF>
            学生信息查询结果</font></center>";
    echo "<table width=480 border=1 align=center cellpadding=0 cellspacing=0 class=STYLE1>";
    echo "<tr bgcolor=#CCCCCC><td>学号</td>";
    echo "<td>姓名</td>";
    echo "<td>性别</td>";
    echo "<td>出生时间</td>";
    echo "<td>专业</td>";
    echo "<td>总学分</td></tr>";
    do
    {
        list($XH,$XM,$XB,$CSSJ,$ZY,$ZXF)=$new_row;
        //设置学号超链接
        echo "<tr><td><a href='info.php?id=$XH' target=search_frmright>$XH</a></td>";
        echo "<td>$XM</td>";
        if($XB==1)
            echo "<td>男</td>";
        else
            echo "<td>女</td>";
        $timeTemp=strtotime($CSSJ);                //将日期时间解析为 UNIX 时间戳
        $time=date("Y-n-j",$timeTemp);             //用 date 函数将时间转换为“年-月-日”形式
        echo "<td>$time</td>";                     //输出出生日期
        echo "<td>$ZY</td>";                       //输出专业
        echo "<td>$ZXF</td>";                      //输出总学分
        echo "</tr>";
    }while($new_row=mysql_fetch_array($new_result));
    echo "</table>";
    //开始分页导航条代码
    $pagenav="";
    if($prepg)
        /*此处代码应处于同一行，为了美观分为两行，实际编写时不能分开，下同*/
        $pagenav.="<a href='$url?page=$prepg&StuNumber=$StuNumber
                    &StuName=$StuName&select=$Project'>上一页</a> ";
    for($i=1;$i<=$pagenum;$i++)
    {
        if($page==$i)   $pagenav.=$i." ";
        else
            $pagenav.=" <a href='$url?page=$i&StuNumber=$StuNumber
                        &StuName=$StuName&select=$Project'>$i</a>";
    }
    if($nextpg)
        $pagenav.=" <a href='$url?page=$nextpg&StuNumber=$StuNumber
                    &StuName=$StuName&select=$Project'>下一页</a>";
```

```
        $pagenav.="共(".$pagenum.")页";
        //输出分页导航
        echo "<br><div align=center class=STYLE1><b>".$pagenav."</b></div>";
}
else
        echo "<script>alert('无记录!');location.href='StuSearch.php';</script>";
?>
```

● info.php 文件

info.php 文件使用 GET 方法接收 StuQuery.php 中的学号，并显示该学生的附加信息。

代码如下：

```
<?php
require "fun.php";
header("Cache-Control: No-Cache");                //不使用缓存
header("Pragma: No-Cache");
session_start();                                  //启动 SESSION
@$number=$_GET['id'];                             //得到 StuQuery.php 页面的链接中传来的值
$_SESSION['number']=$number;                      //使用 SESSION 将学号传到其他页面
$sql="select BZ,ZP from XSB where XH='$number'";  //查找备注和照片列
$result=mysql_query($sql);
$row=mysql_fetch_array($result);
$BZ=$row['BZ'];
$ZP=$row['ZP'];
?>
<html>
<head>
        <title>备注和照片信息</title>
        <style type="text/css">
        <!--
                .STYLE1 {font-size: 16px; font-family: "幼圆";color:"#0000FF";}
        -->
        </style>
</head>
<body bgcolor="D9DFAA">
<br><br><br>
<table width="100" border="1">
  <tr>
        <td class="STYLE1" align="center">附加信息</td>
  </tr>
  <tr>
        <td class="STYLE1" bgcolor="#CCCCCC" align="center">备注</td>
  </tr>
  <tr>
        <td>
                <textarea rows="7" name="StuBZ" ><?php if($BZ)echo $BZ;else echo "暂无";?></textarea>
        </td>
  </tr>
  <tr>
        <td class="STYLE1" bgcolor="#CCCCCC" align="center">照片</td>
  </tr>
  <tr>
        <td height="150" align="center">
        <?php
```

```
        if($ZP)
            //调用 showpicture.php 页面显示照片，time()函数用于生成时间戳
            echo "<img src='showpicture.php?time=".time()."'>";
        else
             echo "<center>无</center>";
      ?>
        </td>
    </tr>
    </table>
    </body>
    </html>
```

P.5 成绩信息录入

目的要求：了解 PHP 中调用 MySQL 存储过程和操作多个表的方法。

程序界面：如图 P.4 所示。

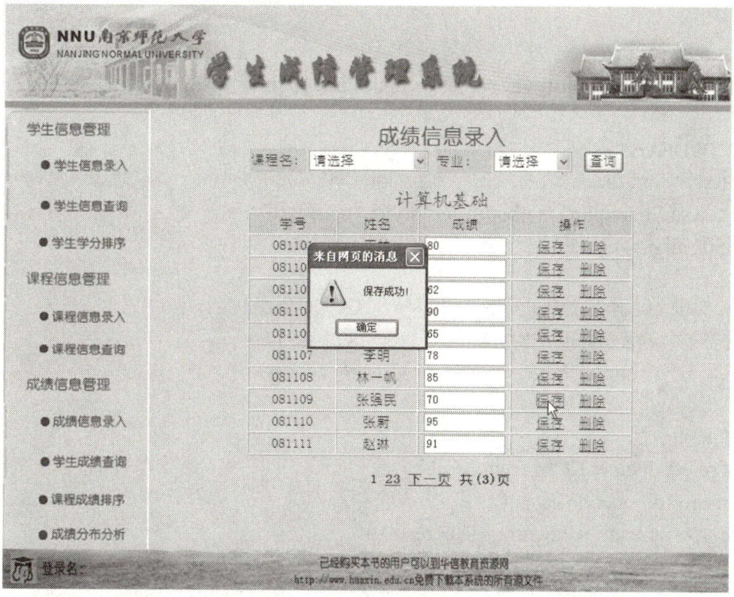

图 P.4 成绩信息录入界面

实现功能：

用户选择课程名和专业，下方的表格中会列出与专业对应的学生的学号、姓名和所选课程的成绩，并分页显示。如果未选该课程则成绩为空。在成绩文本框中插入新成绩或修改旧成绩，单击【保存】超链接可以向 CJB 表中插入一行新成绩或修改原来的成绩。单击【删除】超链接可以删除 CJB 表中对应的一行数据。

实现过程：

（1）创建 AddStuScore.php 文件，新建一个查询表单，表单包含课程名下拉框和专业下拉框，选择课程名和专业后单击【查询】按钮，将数据提交到 InsertScore.php 文件中处理。

（2）创建 InsertScore.php 文件，以 GET 方式接收 AddStuScore.php 文件中表单传来的课程名和专业的值，查找出学号、姓名和成绩，以表格形式输出。单击【保存】、【删除】超链接将数据传送到

StuCJ.php 文件中进行添加、修改和删除，且页面不跳转到 StuCJ.php 页面。

（3）创建 StuCJ.php 文件，处理 InsertScore.php 传来的学号、课程名、成绩值，调用存储过程对成绩进行相应的改动。

主要代码如下。

● AddStuScore.php 文件

AddStuScore.php 文件生成成绩信息录入的查询表单，其中课程名和专业下拉框中的选项通过 PHP 代码从数据库中检索出。文件最后使用 include()函数包含 InsertScore.php 文件，将其内容显示在本页面中。例如，图 P.4 所示的就是课程名为“计算机基础”的学生成绩信息。

代码如下：

```
<html>
<head>
        <title>学生信息查询</title>
        <style type="text/css">
        <!--
                .STYLE1 {font-size: 15px; font-family: "幼圆";}
                .STYLE2 {font-size: 22px; font-family: "楷体_GB2312";color:"#0000FF";}
        -->
        </style>
        <meta http-equiv="Content-type" content="text/html; charset=gb2312">
</head>
<body bgcolor="D9DFAA">
<div align="center"><font face="幼圆" size="5" color="#008000"><b>成绩信息录入</b></font></div>
<form action="AddStuScore.php" method="get" style="margin:0">
<table width="450" align="center">
<tr>
        <td width="60" class="STYLE1" bgcolor="#CCCCCC">课程名:</td>
        <td width=50><select name="KCName" class="STYLE1" >
                        <option value="请选择">请选择</option>
        <?php
        require "fun.php";
        $kc_sql="select distinct KCM from KCB";                     //查找课程名
        $kc_result=mysql_query($kc_sql);
        while($kc_row=mysql_fetch_array($kc_result))
        {
                echo "<option>".$kc_row['KCM']."</option>";          //输出课程名到下拉框中
        }
        ?>
        </select>
        </td>
        <td width="60" class="STYLE1" bgcolor="#CCCCCC">专业:</td>
        <td width=50><select name="ZYName" class="STYLE1" >
                        <option value="请选择">请选择</option>
        <?php
        $zy_sql="select distinct ZY from XSB";                      //查找专业
        $zy_result=mysql_query($zy_sql);
        while($zy_row=mysql_fetch_array($zy_result))
        {
                echo "<option>".$zy_row['ZY']."</option>";           //输出专业名到下拉框中
        }
        ?>
```

```
        </select>
        </td>
        <td width="60" align="center">
            <input type="submit" name="Query" class="STYLE1" value="查询">
        </td>
</tr>
</table>
</form>
<?php
@include "InsertScore.php";                                  //包含 InsertScore.php 页面
?>
</body>
</html>
```

● InsertScore.php 文件

InsertScore.php 文件通过 GET 方式接收课程名和专业的值，根据课程名在 KCB 表（课程表）中查找出课程号，根据专业查找出该专业的学生学号和姓名。再根据得到的课程号和学号查找出对应的成绩，以表格形式输出，如图 P.4 所示。每行都有【保存】、【删除】超链接，单击后会触发使用 AJAX 技术的 run()函数，函数触发后会将学号、成绩、课程名传给 StuCJ.php 文件进行处理。

代码如下：

```
<?php
require "fun.php";
$KCName=$_GET['KCName'];
$ZYName=$_GET['ZYName'];
echo "<br><div align=center class=STYLE2>$KCName</div>";        //输出课程名
echo "<table width=450 border=1 align=center cellpadding=0 cellspacing=0 class=STYLE1>";
echo "<tr bgcolor=#CCCCCC height=25 align=center><td>学号</td>";
echo "<td>姓名</td>";
echo "<td>成绩</td>";
echo "<td width=160>操作</td></tr>";
if(!$KCName&&!$ZYName)                                    //课程名和专业都为空则输出一张空表
{
    for($i=0;$i<10;$i++)
    {
        echo "<tr height=28><td> </td><td> </td><td> </td><td> </td>";
    }
}
else
{
    if($KCName=="请选择")                                  //如果未选课程则进行相应提示
        echo "<script>alert('请选择课程');location.href='AddStuScore.php'</script>";
    else
    {
        $total=0;                                          //初始化总记录数的值为 0
        if($ZYName=="请选择")
        {
            //查找学号、姓名和所在的行数
            $XS_sql="select XH, XM from XSB";
        }
        else
        {
            $XS_sql="select XH,XM from XSB where ZY='$ZYName'";
```

```
}
$XS_result=mysql_query($XS_sql);
$total=mysql_num_rows($XS_result);                    //计算总记录数
//获取地址栏中 page 的值不存在则设为 1
$page=isset($_GET['page'])?intval($_GET['page']):1;
$url='AddStuScore.php';                               //本页 URL
//页码计算
$num=10;                                              //设置每页显示的记录数
$pagenum=ceil($total/$num);                           //获得总页数，也是最后一页
$page=min($pagenum,$page);                            //获得首页
$prepg=$page-1;                                       //上一页
$nextpg=($page==$pagenum? 0: $page+1);                //下一页
$offset=($page-1)*$num;                               //获取本页记录数的起始值
$endnum=$offset+$num;                                 //本页记录数的最大值
//查找从($offset+1)行到$endnum 行的记录
$new_sql=$XS_sql." limit ".($page-1)*$num.",".$num;
$new_result=mysql_query($new_sql);                    //执行查询语句
while($new_row=mysql_fetch_array($new_result))
{
    list($number,$name)=$new_row;                     //列出结果值
    //查找成绩的 SQL 语句
    $CJ_sql="select CJ from CJB where XH='$number'
            and KCH=(select KCH from KCB where KCM='$KCName')";
    $CJ_result=mysql_query($CJ_sql);
    $CJ_row=mysql_fetch_array($CJ_result);
    $points=$CJ_row['CJ'];                            //取出成绩值
    //设置一个隐藏控件用于存放课程名
    echo "<input type=hidden value=$KCName id='course'>";
    //输出学号
    echo "<tr class=STYLE1 align=center><td width=110>$number</td>";
    echo "<td width=110>$name</td>";                  //输出姓名
    //在文本框中输出成绩
    echo "<td width=110><input id='points-$number' type=text size=12 value=$points></td>";
//设置保存超链接，单击超链接时调用 run()函数
    echo "<td><a href=# onclick=\"run(this.id,'$number')\" id='keep-$number'>
            保存</a>  ";
    //设置删除超链接
    echo "<a href=# onclick=\"run(this.id,'$number')\" id='delete-$number'>
            删除</a></td></tr>";
}
echo "</table>";
//开始分页导航条代码
$pagenav="";
if($prepg)
    $pagenav.=" <a href='$url?page=$prepg&KCName=$KCName&ZYName=$ZYName'>
            上一页</a> ";
for($i=1;$i<=$pagenum;$i++)
{
    if($page==$i)
        $pagenav.=$i." ";
    else
    $pagenav.="<a href='$url?page=$i&KCName=$KCName&ZYName=$ZYName'>$i</a>";
}
```

```
            if($nextpg)
                $pagenav.=" <a href='$url?page=$nextpg&KCName=$KCName&ZYName=$ZYName'>
                                下一页</a> ";
            $pagenav.="共(".$pagenum.")页";
            echo "<br><div align=center class=STYLE1><b>".$pagenav."</b></div>"; //输出分页导航
        }
}
?>
<script>
//使用 AJAX 无刷新技术
var xmlHttp;                                //定义一个 XMLHTTP 变量
function GetXmlHttpObject()                 //XMLHTTP 的实例化函数，用于创建一个 XMLHTTP 对象
{
    var xmlHttp=null;
    try
    {
        xmlHttp=new XMLHttpRequest();
    }
    catch(e)
    {
        try
        {
            ttp=new ActiveXObject("Msxml2.XMLHTTP");
        }
        catch(e)
        {
            mlHttp=new ActiveXObject("Microsoft.XMLHTTP");
        }
    }
    return xmlHttp;
}
//run()函数的参数 str 是超链接的 id，num 是成绩文本框 id 的后缀
function run(str,num)
{
    //调用 GetXmlHttpObject()创建一个 XMLHTTP 对象
    xmlHttp=GetXmlHttpObject();
    var kcname=document.getElementById("course").value;         //得到课程名
    var points=document.getElementById("points-"+num).value;    //得到文本框中的成绩值
    var url="StuCJ.php";                                        //服务器端在 StuCJ.php 中处理
    url=url+"?id="+str+"&points="+points+"&kcname="+kcname; //url 地址，以 GET 方式传递
    //添加一个随机数，以防服务器使用缓存的文件
    url=url+"&sid="+Math.random();
    //通过给定的 URL 打开 XMLHTTP 对象
    xmlHttp.open("GET",url,true);
    xmlHttp.send(null);                                         //向服务器发送 HTTP 请求
    xmlHttp.onreadystatechange = function()
        {
            if (xmlHttp.readyState==4 || xmlHttp.readyState=="complete")
            {
                alert(xmlHttp.responseText);                    //弹出对话框提示操作结果
                //如果执行了删除动作就将成绩文本框中的值清空
                if(xmlHttp.responseText=='删除成功！')
                    document.getElementById("points-"+num).value="";
```

```
            }
        }
}
</script>
```

● StuCJ.php 文件

StuCJ.php 文件接收 InsertScore.php 传来的学号、课程名、成绩。根据课程名查找出课程号，调用存储过程 CJ_Data 对成绩进行相应的修改。

代码如下：

```
<?php
require "fun.php";
header("Content-Type:text/html;charset=gb2312");   //使用 GB2312 编码，防止输出中文时出现乱码
$id=$_GET['id'];                                     //单击超链接得到的 id 值
$kcname=$_GET['kcname'];
$points=$_GET['points'];
$array=explode("-", $id);                            //将字符串$id 分解成数组
$action=$array[0];                                   //数组第一个值为单击的超链接的动作，keep 或 delete
$number=$array[1];                                   //第二个值为当前行的学号
//查询课程号
$kc_sql="select KCH from KCB where KCM='$kcname'";
$kc_result=mysql_query($kc_sql);
$kc_row=mysql_fetch_array($kc_result);
$kcnumber=$kc_row['KCH'];
if($action=="keep")                                  //如果单击了保存超链接
{
        if($points)
        {
                //调用存储过程 CJ_Data 实现成绩的插入和修改
                $cj_sql="CALL CJ_Data('$number','$kcnumber',$points)";
                $cj_result=mysql_query($cj_sql);
                if($cj_result)
                        echo '保存成功!';
                else
                        echo "保存失败！";
        }
        else
                echo "成绩值为空，请输入成绩！";
}
if($action=="delete")                                //如果单击了删除链接
{
        //调用存储过程 CJ_Data，成绩参数的值设为-1
        $cj_sql="CALL CJ_Data('$number','$kcnumber',-1)";
        $cj_result=mysql_query($cj_sql);
        if(mysql_affected_rows($conn)!=0)
                echo "删除成功！";
        else
                echo "删除失败！";
}
?>
```

P.6 学生成绩查询

目的要求：在多个表之间进行查询操作，视图的使用。

程序界面：如图 P.5 所示。

图 P.5 学生成绩查询界面

实现功能：

用户输入学号后，单击【查找】按钮，通过表格形式输出该学号学生的课程成绩情况和个人信息。

创建过程：

（1）创建 ShowStuKC.php 文件，在文件中建立查询表单，表单包括学号文本框 StuNum 和一个查询按钮，表单提交的地址为本页面，文件最后包含 SearchScore.php 文件。

（2）创建 SearchScore.php 文件，根据学号值从视图 XS_KC_CJ 中查找出课程号、课程名和成绩，在表 XSB 中查找出学生的姓名、总学分和照片信息。使用两个表格来显示这些信息，如图 P.5 所示的是学号为“081101”的学生的课程成绩信息。

主要代码如下。

● ShowStuKC.php 文件

ShowStuKC.php 文件用于生成一个查询表单，提交用户输入的学号值到本页面。文件最后使用 include()函数包含 SearchScore.php 文件，将其中的内容显示在本页面中。

代码如下：

```
<html>
<head>
    <title>学生成绩查询</title>
    <style type="text/css">
    <!--
        .STYLE1 {font-size: 15px; font-family: "幼圆";}
```

```
        -->
        </style>
</head>
<body bgcolor="D9DFAA">
<div align="center"><font face="幼圆" size="5" color="#008000"><b>学生成绩查询</b></font></div>
<form name="frm1" method="post" action="ShowStuKC.php" style="margin:0">
<table width="300" align="center">
<tr>
        <td width="60"><span class="STYLE1">学号:</span></td>
        <td width="160"><input name="StuNum" type="text" size="20"></td>
        <td><input type="submit" name="query" class="STYLE1" value="查找"></td>
        <td> </td>
</tr>
</table>
</form>
<?php
include "SearchScore.php";                                    //包含 SearchScore.php 页面
?>
</body>
</html>
```

● SearchScore.php 文件

SearchScore.php 文件用于从视图 XS_KC_CJ 和表 XSB 中查找出由用户输入的学号值的相应信息，以表格形式输出。在显示照片时调用 showpicture.php 文件。

代码如下：

```
<?php
require "fun.php";
session_start();                                              //开启 session
$number=@$_POST['StuNum'];                                    //获取 ShowStuKC.php 页面的学号值
$_SESSION['number']=$number;                                  //将学号传到其他页面
//根据学号在视图 XS_KC_CJ 中查找课程号、课程名和成绩
$sql1="select KCH, KCM, CJ from XS_KC_CJ where XH='$number'";
$sql2="select XM,ZXF,ZP from XSB where XH='$number'";         //查找学生姓名、总学分和照片
$result1=mysql_query($sql1);
$result2=mysql_query($sql2);
echo "<table width=500 height=350 align=center>";             //输出表格
echo "<tr><td>";
echo "<table width=350 height=340 border=1 cellpadding=0 cellspacing=0>";
echo "<tr bgcolor=#CCCCCC class=STYLE1>";
echo "<td width=100>课程号</td>";
echo "<td width=150>课程名</td>";
echo "<td width=100>成绩</td></tr>";
if(!$result1)                                                 //如果没有结果则输出一张空表
{
        for($i=0;$i<12;$i++)
        {
                echo "<tr><td> </td><td> </td><td> </td></tr>";
        }
}
else
{
        $count=0;                                             //设置计数器
        while($row1=mysql_fetch_array($result1))
```

```
		{
			list($KCH,$KCM,$CJ)=$row1;						//取得结果值
			echo "<tr class=STYLE1><td>$KCH </td>";		//将结果输出到表格中
			echo "<td>$KCM </td>";
			echo "<td>$CJ </td></tr>";
			$count++;									//获得结果的行数
		}
		for($i=0;$i<12-$count;$i++)						//将剩余的结果表格的空行代替
		{
			echo "<tr><td> </td><td> </td><td> </td></tr>";
		}
	}
	echo "</table></td>";
	$row2=mysql_fetch_array($result2);
	list($XM,$ZXF,$ZP)=$row2;
	if($number&&(!$XM))
		echo "<script>alert('该学号不存在!');location.href='ShowStuKC.php';</script>";
	else
	{
		//将姓名等信息输出到另外一个表格中
		echo "<td><table width=150 height=340 border=1 cellpadding=0 cellspacing=0>";
		echo "<tr class=STYLE1><td height=25 bgcolor=#CCCCCC>姓名:</td></tr>";
		echo "<tr><td class=STYLE1 height=25 align=center>$XM </td></tr>";
		echo "<tr><td class=STYLE1 height=25 bgcolor=#CCCCCC>总学分：</td></tr>";
		echo "<tr><td class=STYLE1 height=25 align=center>$ZXF </td></tr>";
		echo "<tr><td class=STYLE1 height=25 bgcolor=#CCCCCC>照片</td></tr>";
		echo "<tr><td height=170 align=center>";
		if($ZP)
			echo "<img src='showpicture.php?time=".time()."'>";		//显示照片
		else
			echo "<center>无</center></tr>";
		echo "<tr><td align=center>";
		//单击【退出】按钮回到主页
		echo "<input type=button name=exit class=STYLE1
			value=退出 onclick=\"window.location='main.html'\"></td></tr>";
		echo "</table></td>";
	}
	echo "</tr></table>";
?>
```

至此，本系统基本设计完毕，还有一些相应的扩展功能读者可以自行进行设计。

第 4 部分　附录

附录 A

PHP 程序调试与异常处理

在 PHP 的程序编写过程中，经常会遇到各种不同的错误。当代码出现错误时，需要开发人员对其进行调试。这些错误通常是实际编程中因为程序员的失误造成的。在实际运行过程中，往往还存在一些环境错误。例如，文件无法找到或数据库无法打开等。这时 PHP 还提供了异常处理的方法。本附录将主要介绍 PHP 程序调试和异常处理的方法。

A.1　程序调试

在实际开发中，程序出现错误是不可避免的，所以程序调试也是开发过程中必须经历的一步。能够有效地调试错误并修复错误是程序员必备的能力。在程序出现错误时，PHP 会提供详细的错误信息，而且还可以通过与 Eclipse 工具的结合使用来进行程序调试。

A.1.1　常见的编程错误

在 PHP 中常见的编程错误主要有以下几种。

1. 语法错误

语法错误是非常常见的一种错误，编程语言都有自己的语法要求，错误地使用了 PHP 语法会导致语法错误，例如，少写了引号、分号等。语法错误通常在 PHP 解释器分析程序代码时发生，当解释器遇到不符合 PHP 语法的语句时会提示语法错误，并显示出现错误的代码所在的行号。例如：

```
<?php
echo "hello"
echo "world";
?>
```

以上这段代码将提示如下所示错误：

```
Parse error: parse error, expecting "," or ";" in C:\wamp\www\1.php on line 3
```

由于在第 2 行语句末尾遗漏了分号“；”，PHP 解释器在解析第 3 行语句时遇到了错误。

2. 语义错误

语义错误是指程序员使用了错误的代码，没有得到预期的结果，而这些错误代码又不存在语法上的错误。例如：

```
<?php
$a="hello";
$b="world";
echo $a+$b;
?>
```

以上这段代码虽然不会产生错误信息，但结果并不是程序员预期的“helloworld”，而是“0”。因为 PHP 中的字符串连接符是“.”，而不是“+”。

3. 运行时错误

运行时错误与程序的代码无关，PHP 解释器一般不会检测到运行时错误。只有在程序运行过程中运行时错误才会发生。例如：

```
<?php
$fp=fopen("1.txt","r");
?>
```

以上这段代码运行时将提示如下错误：

```
Warning: fopen(1.txt) [function.fopen]: failed to open stream: No such file or directory in C:\wamp\www\1.php on line 2
```

由于工作目录中并不存在 1.txt 文件，所以在使用 fopen()函数打开该文件时就会发生错误。

A.1.2 PHP 错误报告管理

1. PHP 错误级别

PHP 的错误报告根据错误级别主要分为 4 类：语法错误、致命错误、警告和通知。

语法错误通常是在 PHP 解释器对 PHP 代码进行解析时产生的。例如：

```
Parse error: parse error, expecting "," or ";" in C:\wamp\www\1.php on line 3
```

致命错误是在运行 PHP 代码的过程中遇到环境或资源不可用导致的。致命错误通常会导致脚本终止。例如：

```
Fatal error: Call to undefined function hello() in C:\wamp\www\1.php on line 2
```

警告是在 PHP 代码运行过程中遇到的一些异常，例如，需要打开的文件不存在。信息提示如下：

```
Warning: fopen(1.txt) [function.fopen]: failed to open stream: No such file or directory in C:\wamp\www\ 1.php on line 2
```

通知一般用于比较小的错误，例如，在使用变量之前没有初始化，将提示如下信息：

```
Notice: Undefined variable: i in C:\wamp\www\1.php on line 2
```

与警告信息一样，通知级别的错误不会影响代码的整体运行。

2. 打开错误报告

PHP 配置文件 php.ini 文件中的 display_errors 选项表示是否显示错误信息，默认值为“Off”，表示错误报告默认是关闭的。本书在安装和配置 PHP 时已经将该选项的值修改为“On”，开启了错误报告。在程序开发时建议打开错误报告，这样有利于程序的调试，找到产生错误的原因。但在用户使用阶段，应该关闭此选项，这是出于美观和安全方面的考虑。如果错误报告被非法用户利用，对于系统是不安全的。

PHP 配置文件还有另外一个选项 error_reporting，这个选项用于设置要显示的 PHP 错误的级别，默认为“E_ALL”，表示将显示所有的 PHP 错误信息。如果要显示特定的错误信息，可以修改该选项的值。

例如，如果不想显示通知级别的错误，可以将选项值修改为“E_ALL &～E_NOTICE”。

A.1.3 PHP 错误调试方法

PHP 的错误调试方法有很多，在使用 Eclipse 进行 PHP 开发时，Eclipse 可以及时地显示 PHP 代码中的语法错误，这是一个很简便的方法。

如果在程序运行时发生错误，一般根据页面上产生的错误信息定位到代码中产生错误的一行，观察代码是否存在问题，例如，变量是否已经初始化，函数能否使用等。在必要时将产生的中间结果输出，查看是否是想要得到的中间结果。如果不是，则说明程序在运行过程中出现了与程序员预想的不相同的状况，这时需要分析产生中间结果的代码部分是否正确。最后找出原因所在。

一般的错误很容易被发现，但是有些错误很难被发现，有些程序通常能够产生正确的输出和结果，只有在特定的运行状况下才会产生错误。这时程序调试起来就比较困难。调试程序是一件复杂而艰巨的工作，需要程序开发人员具有足够的耐心和细心。当然拥有良好的编程习惯可以有效地减少错误代码的产生，减少程序调试的工作。

A.2 异常处理

在程序运行过程中，通常会遇到一些环境错误，如数据库无法连接等。这时 PHP 提供了异常处理的方法，可以有效地解决因为这种环境错误带来的异常。PHP 的异常处理是 PHP 5 新引进的功能。

A.2.1 异常处理类

Exception 类是 PHP 的内建异常处理类，该类的定义如下：

```
<?php
class Exception
{
	protected $message = 'Unknown exception';		//用户自定义异常信息
	protected $code = 0;					//用户自定义异常代码
	protected $file;					//发生异常的文件名
	protected $line;					//发生异常的代码行号
	//用于传递用户自定义异常信息和异常代码的构造函数
	function __construct($message = null, $code = 0);
	final function getMessage();				//返回用户自定义异常信息
	final function getCode();				//返回用户自定义异常代码
	final function getFile();				//返回发生异常的文件名
	final function getLine();				//返回发生异常的代码行号
	final function getTrace();				//backtrace()数组
	final function getTraceAsString();			//把异常追踪信息以字符串形式返回
	/* 可重载的方法 */
	function __toString();					//一个可重载的方法，用于返回可输出的字符串
}
```

```
?>
```

Exception 类用于在脚本发生异常时创建异常对象，该对象用于储存异常信息并用于抛出和捕获异常。创建异常对象的语法格式如下：

```
$e=new Exception(string $errmsg [, int $errcode])
```

参数$errmsg 表示用户自定义的异常信息，可选的参数$errcode 表示用户自定义的异常代码。例如：

```
<?php
$e=new Exception("发生异常",2);
echo $e->getMessage();                              //输出“发生异常”
?>
```

当然，用户还可以创建一个自定义的异常处理类，例如：

```
<?php
/*自定义一个异常处理类，继承 Exception 类*/
class MyException extends Exception
{
	//重定义构造函数使 message 变为必须被指定的属性
	public function __construct($message, $code = 0)
	{
		//自定义的代码，确保所有变量都被正确赋值
		parent::__construct($message, $code);
	}
	//自定义字符串输出的样式
	public function __toString()
	{
		return __CLASS__ . ": [{$this->code}]: {$this->message}\n";
	}
	public function customFunction()
	{
		echo "A Custom function for this type of exception\n";
	}
}
```

A.2.2　PHP 的异常处理方法

与其他语言类似，在 PHP 中也使用关键字 try、catch 和 throw 来实现异常处理。使用的格式如下所示：

```
try
{
	…
	throw new Expection($error);
	…
}
catch(Exception $e)
{
	…
}
```

说明：程序首先使用 try 关键字对可能产生异常的代码块进行检测，如果被检测的代码使用了 throw 关键字抛出了异常，则与 try 关键字对应的 catch 会根据异常的类型捕获异常。

每一个 try 至少要有一个与之对应的 catch。使用多个 catch 可以捕获不同的类所产生的异常。当 try 代码块不再抛出异常或者找不到 catch 能匹配所抛出的异常时，PHP 代码就会跳转到最后一个 catch 的后面继续执行。

当一个异常被抛出时，抛出异常时所在的代码块的代码将不会继续执行，而 PHP 会尝试查找第一个能与之匹配的 catch。如果一个异常也没有被捕获，而且又没用使用 set_exception_handler()函数做相应的处理的话，那么 PHP 将会产生一个严重的错误，并且输出 Uncaught Exception…（未捕获异常）的提示信息。

下面具体介绍 PHP 中进行异常处理的方法。

1. 抛出异常

抛出异常使用 throw 关键字，语法格式如下：

```
throw new Expection(string $errmsg [, int $errcode]);
```

这个语句在抛出异常的同时建立了一个异常对象。throw 语句运行后，脚本将终止运行，其抛出的异常将被捕获。如果抛出的异常没有被捕获，将导致一个致命错误。例如：

```
<?php
$file="1.txt";
if(!file_exists($file))
{
    throw new Exception("文件不存在",1);
}
echo "文件不存在";
?>
```

程序运行的结果如下所示：

```
Fatal error: Uncaught exception 'Exception' with message '文件不存在' in C:\wamp\www\1.php:5 Stack trace: #0 {main} thrown in C:\wamp\www\1.php on line 5
```

可以看出异常已经被抛出，但是由于没有任何捕获异常的行为，PHP 产生了一个错误。

2. 捕获异常

使用 try-catch 语句可以实现对异常的捕获，try 用于检测代码，当被检测的代码块中抛出异常时，catch 捕获异常。例如：

```
<?php
$file="1.txt";
function open_file($file)
{
    if(!file_exists($file))
    {
        throw new Exception("文件不存在",1);
    }
}
try
{
    open_file($file);
}
catch(Exception $e)
{
    echo $e->getMessage();
}
?>
```

以上代码的运行结果为："文件不存在"。

本附录简单介绍了 PHP 的错误调试和异常处理机制。在实际开发中，做到这两点非常重要。错误调试能够使程序正常运行，异常处理机制可以将程序的错误处理都集中到 catch 语句中，提高了代码的可续性，而且一旦异常被抛出，代码将终止执行。